ALLZEIT WACH
1842

Rolf Isermann

Digitale Regelsysteme

Zweite, überarbeitete und erweiterte Auflage

Band I: Grundlagen Deterministische Regelungen

Mit 88 Abbildungen

Springer-Verlag Berlin Heidelberg New York
London Paris Tokyo 1988

Professor Dr.-Ing. Rolf Isermann

Institut für Regelungstechnik
Fachgebiet Regelsystemtechnik
TH Darmstadt
Schloßgraben 1
6100 Darmstadt

ISBN 3-540-16596-7 Springer-Verlag Berlin Heidelberg New York
ISBN 0-387-16596-7 Springer-Verlag New York Heidelberg Berlin

CIP-Kurztitelaufnahme der Deutschen Bibliothek:
Isermann, Rolf: Digitale Regelsysteme/Rolf Isermann. – Berlin; Heidelberg; New York; London; Paris, Tokyo: Springer
Engl. Ausg. u. d. T.: Isermann, Rolf: Digital control systems
Bd. 1. Grundlagen: Deterministische Regelungen. – 2., überarb. u. erw. Aufl. – 1988.
ISBN 3-540-16596-7 (Berlin ...)
ISBN 0-387-16596-7 (New York ...)

Printed in Germany

Satz: Mit einem System der Springer Produktions-Gesellschaft
Datenkonvertierung: Brühlsche Universitätsdruckerei, Gießen
Druck: Saladruck, Steinkopf & Sohn, Berlin
Bindearbeiten: Lüderitz & Bauer, Berlin
2160/3020-543

Vorwort zu Band I und II

Die großen Fortschritte bei der Großintegration von Halbleitern und die entstandenen preiswerten digitalen Prozessoren und Datenspeicher prägen die derzeitige Entwicklung der Automatisierungstechnik.

Die Anwendung von digitalen Systemen zur Prozeßautomatisierung begann etwa 1960, als die ersten *Prozeßrechner* eingesetzt wurden. Seit etwa 1970 gehören Prozeßrechner mit Bildschirmwarten zur Standardausrüstung von größeren Automatisierungssystemen, mit jährlichen Zuwachsraten von 20 – 30% im Zeitraum bis etwa 1980. Die Kosten für die Hardware zeigten bereits damals eine fallende, die relativen Kosten zur Erstellung der Software jedoch eine ansteigende Tendenz. Wegen der hohen Gesamtkosten war die erste Phase der digitalen Prozeßautomatisierung durch eine *Zentralisierung* vieler Funktionen in einem (gelegentlich auch in mehreren) Prozeßrechner gekennzeichnet. Die Anwendung war im wesentlichen auf mittlere und große Prozesse beschränkt. Wegen der weitreichenden Folgen bei einem Ausfall des zentralen Rechners mußten dann Reserveprozeßrechner (standby) oder parallele analoge Automatisierungssysteme (back-up) vorgesehen werden, was die Kosten wesentlich erhöhte. Tendenzen zur Überladung der Kapazität und Software-Probleme bereiteten weitere Schwierigkeiten.

1971 erschienen die ersten *Mikroprozessoren* auf dem Markt, die zusammen mit großintegrierten Halbleiterspeichern und Ein/Ausgabebausteinen bei entsprechender Stückzahl zu preiswerten Mikroprozeßrechnern zusammengefügt werden können. Diese Mikroprozeßrechner unterscheiden sich von den Prozeßrechnern durch weniger, aber höher integrierte Bausteine und durch die Möglichkeit der Hardware- und Softwareanpassung an spezielle, weniger umfangreiche Aufgaben. Die Mikroprozessoren hatten anfänglich eine kleinere Wortlänge, eine kleinere Arbeitsgeschwindigkeit und kleinere Betriebssoftware-Systeme mit weniger Befehlen. Sie konnten jedoch von Anfang an vielseitig angewendet werden, so daß sich größere Stückzahlen und damit niedere Hardware-Kosten ergaben. Damit war auch die Möglichkeit zum Einsatz bei kleinen Prozessen gegeben. Mit Hilfe dieser Mikroprozeßrechner, die heute die Leistungsfähigkeit der früheren Prozeßrechner übertreffen, können nun dezentralisierte Automatisierungssysteme aufgebaut werden. Hierzu werden die bisher in einem Prozeßrechner zentral bearbeiteten Aufgaben an verschiedene Mikroprozeßrechner delegiert. Zusammen mit digitalen Sammelleitungen (Bus) und eventuell übergeordneten Rechnereinheiten können viele verschiedene, hierarchisch gegliederte Automatisierungsstrukturen aufgebaut werden, die sich dem jeweiligen Prozeß anpassen lassen. Man vermeidet dadurch die hohe Rechnerbelastung eines zentralen Rechners, eine umfangreiche und unübersichtliche Anwender-Software und eine hohe Anfälligkeit gegen Rechnerausfall. Ferner lassen sich dezentralisierte Systeme einfacher schrittweise in Betrieb nehmen, mit gegenseitiger Redundanz aufbauen (kleinere Störanfälligkeit), und es können Kabelkosten eingespart werden, usw. Die zweite Phase der digitalen Prozeßautomatisierung, ist also durch eine *Dezentralisierung* charakterisiert.

Neben dem Einsatz von Mikroprozeßrechnern als Unterstationen in dezentral angeordneten Automatisierungssystemen finden die Mikroprozeßrechner zunehmend Eingang in *einzelne Geräte* der Automatisierungstechnik. Seit 1975 sind digitale Regler und frei programmierbare Steuerungen auf der Basis von Mikroprozessoren auf dem Markt.

Die *digitalen Regler* ersetzen dabei mehrere analoge Regler. Sie benötigen im allgemeinen wegen der weit verbreiteten Meßfühler, Meßumformer und Meßsignalübertragung mit analogen Signalen am Eingang einen Analog/Digital-Wandler und zur Ansteuerung der für die Analogtechnik ausgelegten Stellglieder am Ausgang einen Digital/Analog-Wandler. Es ist jedoch damit zu rechnen, daß die Digitalisierung auf längere Sicht bis hin zum Meßfühler und Stellglied schreiten wird. Dadurch lassen sich nicht nur A/D- und D/A-Wandler einsparen, sondern auch Störsignalprobleme umgehen, Meßfühler mit digitalem Ausgang einsetzen oder eine Signalvorverarbeitung in digitalen Meßumformern (Meßbereichswahl, Korrektur nichtlinearer Kennlinien, Berechnung nicht direkt meßbarer Größen, automatische Fehlererkennung usw.) durchführen. Stellantriebe mit digitaler Ansteuerung werden ebenfalls entwickelt.

Digitale Regler können jedoch nicht nur einen oder mehrere analoge Regler ersetzen, sondern zusätzliche Funktionen ausüben, die bisher andere Geräte übernahmen, oder neue Funktionen erfüllen. Zusätzliche Funktionen sind z.B. die Zeitprogrammsteuerung von Sollwerten, das selbsttätige Umschalten auf verschiedene Regel- und Stellgrößen, adaptiv gesteuerte Reglerparameter in Abhängigkeit vom Betriebspunkt, die zusätzliche Grenzwertüberwachung, usw. Beispiele für neue Funktionen sind: Kommunikation mit anderen digitalen Reglern, gegenseitige Redundanz, automatische Fehlererkennung und -diagnose, vielerlei Zusatzfunktionen, Auswahlmöglichkeit für verschiedene Regelalgorithmen und insbesondere selbsteinstellende bzw. adaptive Regelalgorithmen. In einem digitalen Regler können ganze Regelschaltungen realisiert werden, wie z.B. Kaskadenregelungen, Mehrgrößenregelungen mit Koppelreglern, Störgrößenaufschaltungen, die sich leicht durch Konfiguration der Software bei der Inbetriebnahme, oder später, modifizieren und abändern lassen. Schließlich können sehr große Zahlenbereiche für die Reglerparameter und die Abtastzeit verwirklicht werden. Wegen dieser vielen Vorteile entstehen zur Zeit viele digitale Geräte der Automatisierungstechnik, die die bewährte analoge Meß- und Regelungstechnik entweder ergänzen oder ersetzen.

Einige *Kennzeichen von digitalen Regelungen*, die mit Prozeßrechnern oder mit Mikroprozeßrechnern verwirklicht werden, sind im Vergleich zu analogen Regelungen:

- Regel- und Steueralgorithmen sind als Software realisiert.
- Es entstehen zeitquantisierte (abgetastete) Signale.

- Die Signale sind durch endliche Wortlängen in A/D-Wandler, Zentraleinheit und D/A-Wandler amplitudenquantisiert.
- Analyse des Prozesses und Synthese der Regelung können durch den Rechner selbst durchgeführt werden.

Wegen der großen Flexibilität bei den in Software abgelegten Regel- und Steueralgorithmen ist man nicht mehr, wie bei den analogen Regelungen auf standardisierte Bausteine mit P-, I- und D-Verhalten beschränkt, sondern kann auch hochwertigere Algorithmen einsetzen, die von mathematischen Prozeßmodellen ausgehen. Hinzu kommen noch viele zusätzliche Funktionen. Besonders bedeutsam ist, daß prozeßgekoppelte Digitalrechner den Einsatz von Prozeßidentifikations-, Reglerentwurfs- und Simulationsverfahren erlauben und somit dem Ingenieur neue Werkzeuge in die Hand geben.

Zur theoretischen Behandlung und Synthese von linearen Abtastregelungen auf der Grundlage von Differenzengleichungen, Vektordifferenzengleichungen und der z-Transformation sind seit 1958 mehrere Bücher erschienen. Bis zum Erscheinen des *ersten Auflage* dieses Buches (1977) fehlten jedoch Abhandlungen, in denen die verschiedenen Methoden zum Entwurf von Abtastregelungen übersichtlich zusammengefaßt, verglichen und so aufbereitet werden, daß sie unmittelbar zum Entwurf von Regel- und Steueralgorithmen für verschiedene Klassen von Prozessen angewendet werden können. Dabei müssen unter anderem betrachtet werden: die Form und Genauigkeit der praktisch erhältlichen mathematischen Prozeßmodelle, der rechnerische Aufwand zum Entwurf und die Eigenschaften der resultierenden Regelalgorithmen, wie z.B. Verhältnis von Regelgüte zu Stellaufwand, Verhalten bei verschiedenen Prozessen und verschiedenen Störsignalen und Empfindlichkeit gegenüber Änderungen des Prozeßverhaltens. Schließlich ist das im Vergleich zu analogen Regelungen, durch die Abtastung und Amplitudenquantisierung entstehende veränderte Regelverhalten zu untersuchen.

In der ersten Auflage wurden außer deterministischen Regelungen auch stochastische Regelungen, Mehrgrößenregelungen und erste Ergebnisse von digitalen adaptiven Regelungen behandelt. Dieses Buch wurde 1983 in dic chinesische Sprache übersetzt. 1981 erschien eine erweiterte englische Ausgabe mit dem Titel „Digital Control Systems", 1984 deren Übersetzung in die russische Sprache und 1986, erneut, in die chinesische Sprache.

In der Zwischenzeit hat sich das Gebiet der digitalen Regelungen erwartungsgemäß weiterentwickelt. Zum einen sind aus Forschungsarbeiten neue Erkenntnisse und Methoden gewonnen worden, zum anderen lieferte der vermehrte praktische Einsatz eine reiche Erfahrung und damit eine tiefergehende Bewertung der verschiedenen Möglichkeiten. Mehrere Jahre Vorlesungsbetrieb und Lehrgänge bei verschiedenen Firmen gaben weitere Anregungen zur didaktischen Ausgestaltung des Stoffes. Die *zweite Auflage* ist deshalb eine vollständige Überarbeitung des ersten Buches und enthält viele Ergänzungen, besonders in den Kapiteln 1, 3, 5, 6, 10, 20, 21, 23, 26, 30 und 31. Der Umfang ist im Vergleich zur ersten Auflage deutlich angestiegen, sodaß die Aufteilung in zwei Bände erforderlich war.

Beide Bände richten sich an Studenten und an Ingenieure in der Praxis, die eine Einführung in die Theorie und Anwendung digitaler Regelungen wünschen. Die erforderlichen Voraussetzungen bestehen lediglich aus den üblichen Grundkenntnissen der zeitkontinuierlichen (analogen) Regelungstheorie und Regelungstechnik, gekennzeichnet z.B. durch die Stichworte: Differentialgleichung, Laplace-Transformation, Übertragungsfunktion, Frequenzgang, Pole, Nullstellen, Stabilitätskriterien und elementare Matrizenrechnung.

Der *erste Band* behandelt die theoretischen Grundlagen linearer Abtastsysteme und die deterministischen Regelungen. Die Einführung in die Grundlagen der Abtastregelungen im Teil A wurde wesentlich ausführlicher gestaltet, als in der ersten Auflage. Es werden konzentriert, mit vielen Beispielen und Übungsaufgaben versehen, die wesentlichen Grundkenntnisse vermittelt, die für die späteren Kapitel erforderlich sind und für den praktizierenden Ingenieur im allgemeinen ausreichen. Dabei wird sowohl die Ein/Ausgangs-Darstellung als auch die Zustandsdarstellung verwendet. Der Teil B behandelt die für deterministische Störsignale entworfenen Regelalgorithmen. Es wird zunächst ausführlich auf die parameteroptimierten Regelalgorithmen, insbesondere mit PID-Verhalten, eingegangen, da diese in der Praxis nach wie vor am meisten eingesetzt werden. Es folgen allgemeine lineare Regler (höherer Ordnung), Kompensationsregler und die für Abtastregelungen typischen Deadbeat-Regler. Zustandsregler einschließlich Zustandsbeobachter nach verschiedenen Entwurfsprinzipien und den erforderlichen Ergänzungen nehmen ebenfalls einen breiten Raum ein. Dann werden verschiedene Regelungen für Totzeitprozesse, unempfindliche und robuste Regler behandelt, und verschiedene Regelalgorithmen durch Simulationen verglichen. Im Anhang werden zahlreiche Übungsaufgaben und deren Lösungsergebnisse angegeben.

Der *zweite Band* widmet sich im Teil C dem Entwurf von Regelungen für stochastische Störsignale, darunter Minimal-Varianz-Regler. Im Teil D werden der Entwurf vermaschter Regelsysteme (Kaskaden-Regelung, Störgrößenaufschaltung) und im Teil E Mehrgrößen-Regelsysteme einschließlich Mehrgrößen-Zustandsschätzung behandelt. Ausführlich wird in Teil F auf digitale adaptive Regelungen eingegangen, die in den letzten 10 Jahren große Fortschritte gemacht haben. Nach einer generellen Übersicht folgen On-line-Identifikationsverfahren, auch im geschlossenen Regelkreis, und verschiedene parameteradaptive Regelungen. Der Teil G betrachtet praktische Aspekte, wie z.B. den Einfluß der Amplitudenquantisierung, analoge und digitale Störsignalfilterung und die Stellgliedansteuerung. Schließlich folgen eine Beschreibung des rechnergestützten Entwurfs von Regelungen mit besonderen Programmsystemen einschließlich verschiedener Anwendungen und Einsatzbeispiele von adaptiven und selbsteinstellenden Regelungen für verschiedene technische Prozesse.

Gerade die letzten Kapitel zeigen, daß die meisten in den beiden Bänden beschriebenen Regelungen und zugehörigen Entwurfsverfahren in Kombination mit Methoden der Modellgewinnung in Programmsystemen zusammengefaßt und praktisch an eigenen Pilotanlagen und Anlagen in der Industrie erprobt wurden. Weitere Angaben zum Inhalt werden im Kap. 1 gemacht.

In einer Vorlesung „Digitale Regelsysteme" mit 3 Stunden Vortrag und 1 Stunde Übung (pro Woche) werden für Studenten ab dem 6. Semester an der Techn. Hochschule Darmstadt folgende Kapitel behandelt: 1, 2, 3.1 bis 3.5, 3.7, 4, 5, 6, 7, 3.6, 8, 9, 11. Für eine Vorlesung geringeren Umfangs oder für das schnelle

Einarbeiten in die für praktische Belange wichtigsten Zusammenhänge wird folgende Reihenfolge empfohlen: 2, 3.1 bis 3.5 (evtl. ohne 3.2.4, 3.5.3, 3.5.4), 4, 5.1, 5.2.1, 5.6, 5.7, 6.2, 7.1, 11.2, 11.3 mit den jeweiligen Übungsaufgaben.

Viele der beschriebenen Methoden, Untersuchungen und Ergebnisse wurden anfänglich in einem mit Mitteln des Bundesministers für Forschung und Technologie (DV 5.505) geförderten Forschungsvorhaben des Projekts „Prozeßlenkung mit DV-Anlagen (PDV)" von 1973 bis 1981 und in Forschungsvorhaben der Deutschen Forschungsgemeinschaft erarbeitet. Für diese Unterstützung möchte sich der Autor auch an dieser Stelle sehr bedanken.

Der Verfasser dankt ferner seinen Mitarbeitern, die in mehrjähriger gemeinsamer Arbeit durch die Entwicklung von Methoden, die Durchrechnung von Beispielen, Erstellung von Programmpaketen, Simulationen auf Digital- und Prozeßrechnern, praktischen Erprobungen an verschiedenen Prozessen, den Bau von Mikrorechnern und schließlich durch das Korrekturlesen am Zustandekommen des Buches wesentlichen Anteil haben. Hierbei möchte ich besonders die Herren Dr.-Ing. S. Bergmann, Dr.-Ing. P. Blessing, Dr.-Ing. D. Bux, Dipl.-Ing. H. Hensel, Dipl.-Ing. W. Goedecke, Dipl.-Ing. R. Kofahl, Dr.-Ing. H. Kurz, Dr.-Ing. P. Kneppo, Dr.-Ing. K. H. Lachmann, Dr.-Ing. W. Mann, Dipl.-Ing. K. H. Peter, Dr.-Ing. F. Radke, Dr.-Ing. H. Schramm, Dr.-Ing. R. Schumann nennen. Herrn T. Knapp und Herrn S. Juraschek danke ich für das Durchrechnen der Übungsbeispiele. Mein Dank gilt ferner dem Springer-Verlag für die Herausgabe des Bandes und für die angenehme Zusammenarbeit. Schließlich danke ich Frau M. Widulle für die sorgfältige Gestaltung des Textes einiger Kapitel mit der Schreibmaschine.

Darmstadt, Januar 1986 Rolf Isermann

Inhaltsverzeichnis

Inhaltsübersicht Band II

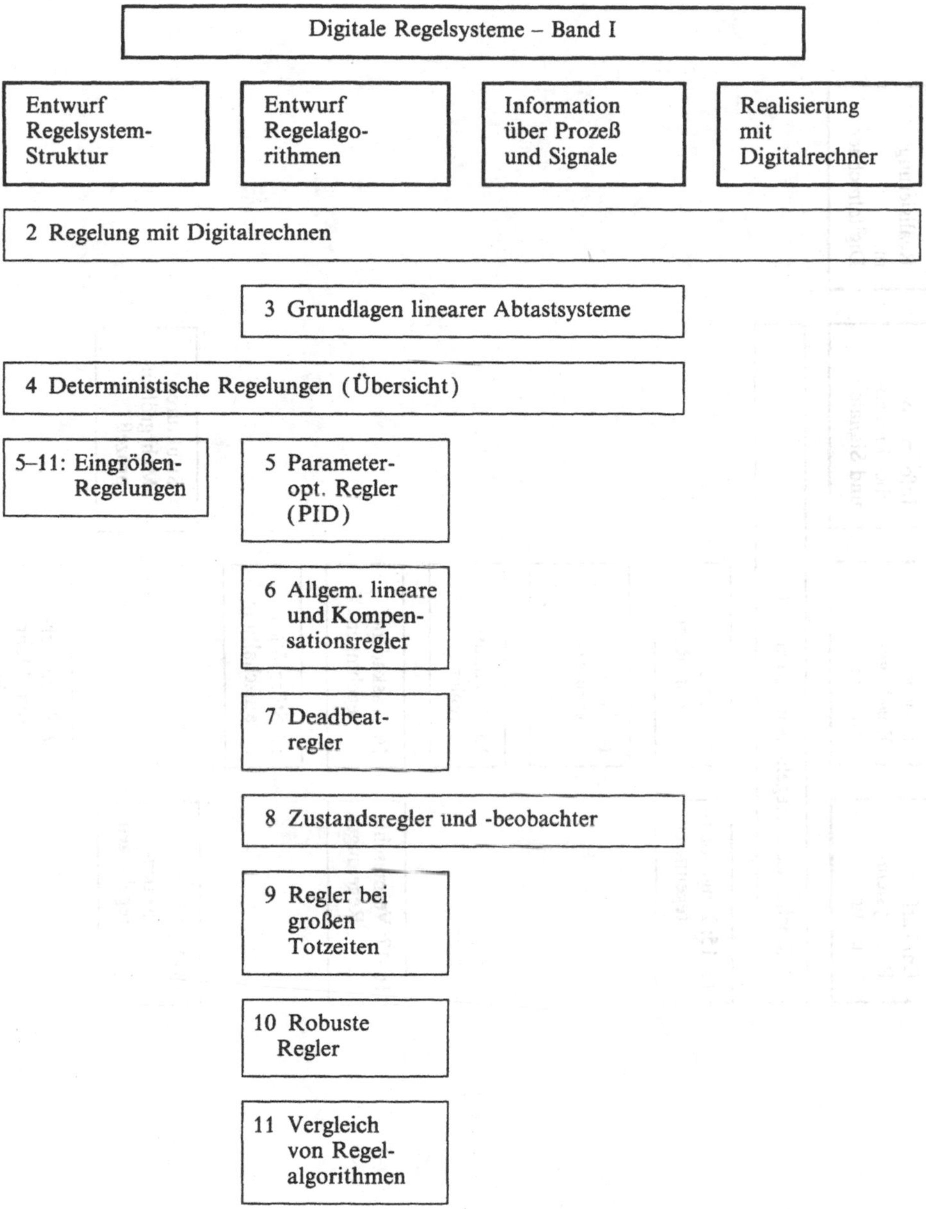
Digitale Regelsysteme – Band I
Entwurf Regelsystem-Struktur
Entwurf Regelalgo-rithmen
Information über Prozeß und Signale
Realisierung mit Digitalrechner
2 Regelung mit Digitalrechnen
3 Grundlagen linearer Abtastsysteme
4 Deterministische Regelungen (Übersicht)
5–11: Eingrößen-Regelungen
5 Parameter-opt. Regler (PID)
6 Allgem. lineare und Kompen-sationsregler
7 Deadbeat-regler
8 Zustandsregler und -beobachter
9 Regler bei großen Totzeiten
10 Robuste Regler
11 Vergleich von Regel-algorithmen

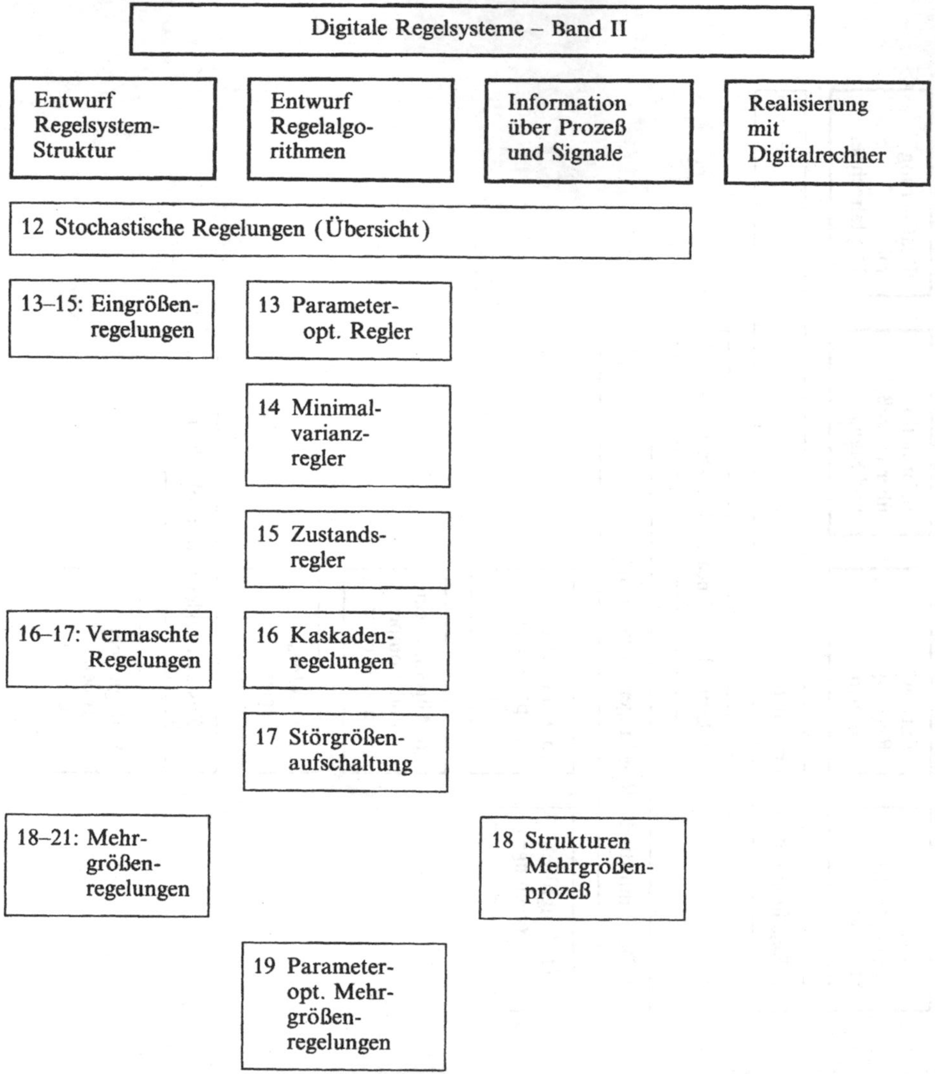
Digitale Regelsysteme – Band II
Entwurf Regelsystem-Struktur
Entwurf Regelalgorithmen
Information über Prozeß und Signale
Realisierung mit Digitalrechner
12 Stochastische Regelungen (Übersicht)
13–15: Eingrößenregelungen
13 Parameter-opt. Regler
14 Minimalvarianzregler
15 Zustandsregler
16–17: Vermaschte Regelungen
16 Kaskadenregelungen
17 Störgrößenaufschaltung
18–21: Mehrgrößenregelungen
18 Strukturen Mehrgrößenprozeß
19 Parameter-opt. Mehrgrößenregelungen

20 Polynom-Matrizenregler

21 Zustandsregler

22 Zustandsschätzung

23 Adaptive Regelungen (Übersicht)

24/25 Prozeßidentifikation

26 Parameteradaptive Regelungen

27 Amplitudenquantisierung

28 Signalfilterung

29 Stellantriebsteuerung

30 Rechnergestützter Entwurf von Regelalgorithmen mit Prozeßidentifikation

31 Adaptive Regelung mit Mikrorechnern

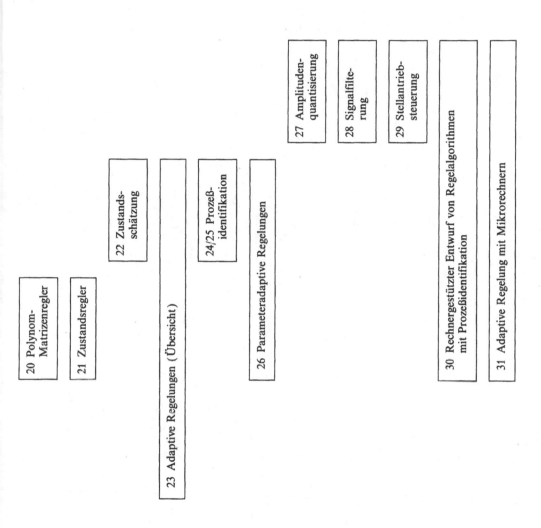

Verzeichnis der Abkürzungen

Es werden nur die häufig vorkommenden Abkürzungen und Symbole angegeben.

Buchstaben-Symbole

a, b	Parameter von Differenzengleichungen des *Prozesses*
c, d	Parameter von Differenzengleichungen *stochastischer Signale*
d	Totzeit $d = T_t/T_0 = 1,2,\ldots$
e	Regelabweichung $e = w - y$ (auch $e_w = w - y$) oder Gleichungsfehler bei Parameterschätzung oder Zahl e = 2,71828...
f	Frequenz, $f = 1/T_p$ (T_p Schwingungsdauer) oder Parameter
g	Gewichtsfunktion
h	Parameter
i	ganze Zahl oder laufender Index oder $i^2 = -1$
j	ganze Zahl oder laufender Index
k	diskrete Zeiteinheit $k = t/T_0 = 0,1,2,\ldots$
l	ganze Zahl oder Parameter
m	Ordnung der Polynome $A(\ )$, $B(\ )$, $C(\ )$, $D(\ )$
n	Störsignal
p	Parameter der Differenzengleichung des Reglers oder ganze Zahl
$p(\ )$	Verteilungsdichte
q	Parameter der Differenzengleichung des Reglers
r	Gewichtsfaktor der Stellgröße oder ganze Zahl
s	Variable der Laplace-Transformation $s = \delta + i\omega$ oder Nutzsignal
t	kontinuierliche Zeit
u	Eingangssignal des Prozesses, Stellsignal, Steuergröße $u(k) = U(k) - U_{00}$
v	nichtmeßbares, virtuelles Störsignal
w	Führungsgröße, Sollwert $w(k) = W(k) - W_{00}$
x	Zustandsgröße
y	Ausgangssignal des Prozesses, Regelgröße $y(k) = Y(k) - Y_{00}$
z	Variable der z-Transformation $z = e^{T_0 s}$
a, b	Parameter von Differentialgleichungen des Prozesses

$\mathrm{A}(s)$	Nennerpolynom von $G(s)$	
$\mathrm{B}(s)$	Zählerpolynom von $G(s)$	
$A(z)$	Nennerpolynom der z-Übertragungsfunktion des Prozeßmodells	
$B(z)$	Zählerpolynom der z-Übertragungsfunktion des Prozeßmodells	
$C(z)$	Nennerpolynom der z-Übertragungsfunktion des Störsignalmodells	
$D(z)$	Zählerpolynom der z-Übertragungsfunktion des Störsignalmodells	
$G(z)$	z-Übertragungsfunktion	
$G(s)$	Übertragungsfunktion für zeitkontinuierliche Signale	
$H(\,)$	Übertragungsfunktion eines Haltegliedes	
I	Regelgütekriterium	
K	Verstärkungsfaktor, Übertragungsbeiwert	
L	Wortlänge	
M	ganze Zahl	
N	ganze Zahl oder Meßzeit	
$P(z)$	Nennerpolynom der z-Übertragungsfunktion des Reglers	
$Q(z)$	Zählerpolynom der z-Übertragungsfunktion des Reglers	
$R(\,)$	Dynamischer Regelfaktor	
S	Leistungsdichte oder Summenkriterium	
T	Zeitkonstante	
T_{95}	Einschwingzeit einer Übergangsfunktion auf 95% des Endwertes	
T_0	Abtastzeit, Abtastintervall	
T_t	Totzeit	
U	Eingangsgröße des Prozesses (Absolutwert)	
V	Verlustfunktion	
W	Führungsgröße (Absolutwert)	
Y	Ausgangsgröße des Prozesses (Absolutwert)	
$\boldsymbol{b}$	Steuervektor	
$\boldsymbol{c}$	Ausgangsvektor	
$\boldsymbol{k}$	Parametervektor des Zustandsreglers	
$\boldsymbol{n}$	Störsignalvektor	$(r \times 1)$
$\boldsymbol{u}$	Stellgrößenvektor, Steuergrößenvektor	$(p \times 1)$
$\boldsymbol{v}$	Störsignalvektor	$(p \times 1)$
$\boldsymbol{w}$	Führungsgrößenvektor	$(r \times 1)$
$\boldsymbol{x}$	Zustandsgrößenvektor	$(m \times 1)$
$\boldsymbol{y}$	Ausgangsgrößenvektor, Regelgrößenvektor	$(r \times 1)$
$\boldsymbol{A}$	Systemmatrix	$(m \times m)$
$\boldsymbol{B}$	Steuermatrix	$(m \times p)$
$\boldsymbol{C}$	Ausgangs-, Beobachtungsmatrix	$(r \times m)$
$\boldsymbol{D}$	Durchgangsmatrix $(r\mathrm{x}p)$ oder Diagonalmatrix	
$\boldsymbol{F}$	Störmatrix oder $\boldsymbol{F}=\boldsymbol{A}-\boldsymbol{BK}$	
$\boldsymbol{G}$	Matrix von Übertragungsfunktionen	
$\boldsymbol{I}$	Einheitsmatrix	
$\boldsymbol{K}$	Parametermatrix des Zustandsreglers	
$\boldsymbol{Q}$	Gewichtsmatrix der Zustandsgrößen $(m \times m)$	

Anmerkung: Die Vektoren und Matrizen sind in den Bildern geradestehend mit Unterstreichung gesetzt. Also entsprechen sich z.B. $\boldsymbol{x} \rightarrow \underline{\mathrm{x}}$; $\boldsymbol{K} \rightarrow \underline{\mathrm{K}}$.

$\boldsymbol{R}$	Gewichtsmatrix der Steuergrößen $(p \times p)$ oder Reglermatrix
$\boldsymbol{0}$	Nullmatrix
$\mathscr{A}(z)$	Nennerpolynom z-Übertragungsfunktion, geschlossener Regelkreis
$\mathscr{B}(z)$	Zählerpolynom z-Übertragungsfunktion, geschlossener Regelkreis
$\mathfrak{F}$	Fourier-Transformierte
$\mathfrak{I}$	Information
$\mathfrak{L}(\,)$	Laplace-Transformierte
$\mathfrak{Z}(\,)$	z-Transformierte
$\mathscr{X}(\,)$	Korrespondenz $G(s) \to G(z)$
α	Koeffizient
β	Koeffizient
γ	Koeffizient oder Zustandsgröße des Führungsgrößenmodells
δ	Abweichung, Fehler
ε	Koeffizient
ζ	Zustandsgröße des Störsignalmodells
η	Zustandsgröße des Störsignalmodells oder Stör/Nutzsignalverhältnis
$\varkappa$	Koppelfaktor oder stochastischer Regelfaktor
λ	Standardabweichung des Störsignals $v(k)$
μ	Ordnung von $P(\,)$
ν	Ordnung von $Q(\,)$ oder Zustandsgröße des Führungsgrößenmodells
π	3,14159...
σ	Standardabweichung, σ^2 Varianz, oder bezogene komplexe Laplace-Variable
τ	Zeitverschiebung
ω	Kreisfrequenz $\omega = 2\pi/T_P$ (T_P Schwingungsdauer)
Δ	Abweichung, Änderung oder Quantisierungseinheit
Θ	Parameter
Π	Produkt
Σ	Summe
Ω	Bezogene Kreisfrequenz
$\dot{x}$	$= \mathrm{d}x/\mathrm{d}t$
x_0	exakte Größe
$\hat{x}$	geschätzte oder beobachtete Größe
$\tilde{x}, \Delta x$	$= \hat{x} - x_0$ Schätzfehler
$\bar{x}$	Mittelwert
X_{00}	Wert im Beharrungszustand

Mathematische Abkürzungen

$\exp(x)$	$= \mathrm{e}^x$
$E\{\}$	Erwartungswert einer stochastischen Größe
$var[\,]$	Varianz
$cov[\,]$	Kovarianz
dim	Dimension, Anzahl der Elemente
sp	Spur einer Matrix: Summe der Diagnolelemente
adj	Adjungierte
det	Determinante

Indizes

P	Prozeß
Pu	Prozeß mit Eingang *u*
Pv	Prozeß mit Eingang *v*
R	Regler, Regelalgorithmus
S	Steuerung, Steueralgorithmus
o	exakte Größe
oo	Beharrungszustand

Abkürzungen für Regler bzw. Regelalgorithmen (*R*)

$i-\mathrm{PR}-j$	Parameteroptimierter Regler mit *i* Parametern und *j* zu optimierenden, also $j-i$ vorgegebenen Parametern
DB	Deadbeat-Regler
LR – PV	Linearer Regler mit Polvorgabe
PID	Proportional-integral-differential-Regler
PRER	Prädiktor-Regler
MV	Minimalvarianz-Regler
ZR	Zustandsregler (meistens mit Beobachter)

Abkürzungen für Parameterschätzmethoden

COR-LS	Korrelationsanalyse mit LS-Parameterschätzung
IV	Instrumental Variables (Hilfsvariablen)
LS	Least Squares (kleinste Quadrate)
ML	Maximum-Likelihood
STA	Stochastische Approximation

Der Vorsatz R bedeutet Rekursiver Algorithmus, also z.B. RIV, RLS, RML.

Sonstige Abkürzungen

PRBS	Pseudo-Rausch-Binär-Signal

1 Einführung

Digitale Regelungen sind oft in Zusammenhang mit anderen Aufgaben der Prozeßautomatisierung zu sehen. Deshalb wird in dieser Einführung zunächst ein kurzer Überblick über die verschiedenen Aufgaben und die derzeitige Entwicklung der Prozeßautomatisierung gegeben.

Prozeßautomatisierung

In den letzten drei Jahrzehnten hat der Einfluß der Automatisierung auf Betrieb und Auslegung technischer Prozesse laufend zugenommen. Diese Entwicklung wurde verursacht durch die steigenden Anforderungen an die Prozesse selbst, die angebotenen Möglichkeiten insbesondere der elektronischen Geräte und die Vertiefung des theoretischen Wissens von Automatisierungsvorgängen und -methoden. Zur Zeit dringen mikroelektronische Automatisierungssysteme in allen technischen Bereichen vor.

Eine Einteilung von *technischen Prozessen* ist im Hinblick auf die Automatisierung nach der Art des Transports von Materie, Energie oder Information möglich, siehe Abschn. 3.7:

- *Fließprozesse*: Fluß in kontinuierlichen Strömen
- *Chargenprozesse*: Fluß in unterbrochenen Strömen (Schüben)
- *Stückprozesse*: Transport in Stücken.

In Bild 1.1.a sind jeweils einige Beispiele aufgezählt. Für diese Klassen von Prozessen wurden verschiedene Automatisierungssysteme entwickelt. Die Art der Automatisierung hängt aber auch von der Größe der Prozesse ab, die sich in der Zahl der Variablen (Meßfühler, Stellglieder) oder der Dimension ihrer Einheiten ausdrückt. Man unterscheidet, Bild 1.1.b:

- *Große Prozesse*
- *Mittlere Prozesse*
- *Kleine Prozesse*.

Die anteiligen Kosten für die Automatisierung sind in den letzten Jahren für alle Prozesse laufend gestiegen. Für Großprozesse der Verfahrenstechnik stiegen sie von 6% im Jahr 1963 auf 15% im Jahr 1980. Im Bereich der Kraftwerke nahm von 1965 bis 1980 die Zahl der Meßfühler von etwa 400 auf 4000 und die Zahl der Stellglieder von etwa 500 auf 2000 zu. Aber auch bei kleinen Prozessen haben die relativen Kosten für die Automatisierung zum Teil beträchtlich zugenommen (z.B. Heizanlagen, Werkzeugmaschinen, elektrische Antriebe, Fahrzeuge).

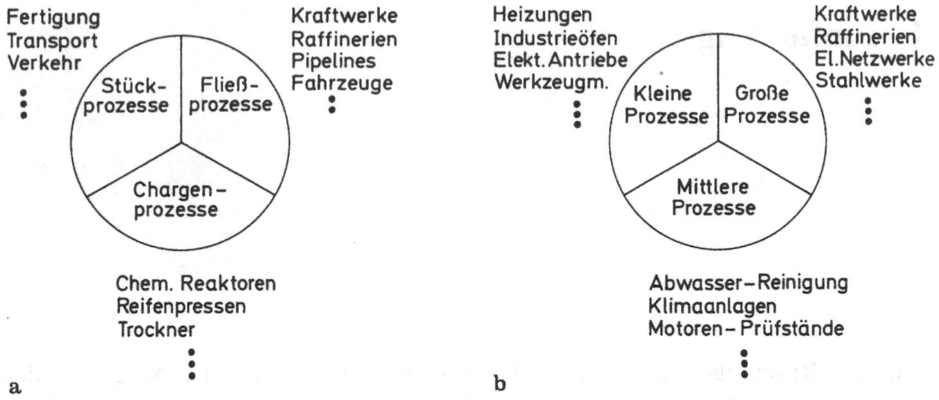

Bild 1.1. Klassifikation technischer Prozesse. **a** Material/Energiefluss; **b** Grösse

Bild 1.2 zeigt die verschiedenen *Aufgaben der Prozeßautomatisierung.*

Bei *Steuerungen* beeinflussen Eingangsgrößen nach bestimmten Gesetzmäßigkeiten andere Größen als Ausgangsgrößen. Diese Ausgangsgrößen der Steuerungen sind dann Eingangsgrößen des Prozesses, die durch die Steuerungen so beeinflußt werden, daß ein bestimmter kausaler und zeitlicher Prozeßablauf entsteht. Steuerungen sind durch einen offenen Wirkungsweg gekennzeichnet. Man unterscheidet Verknüpfungssteuerungen, bei denen die Ein- und Ausgangs-

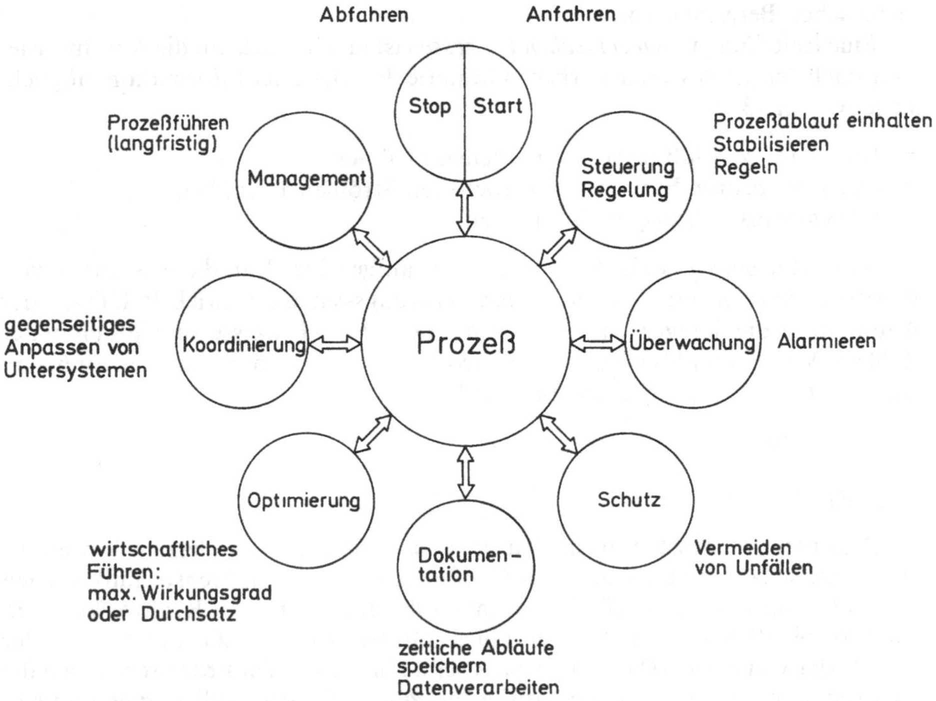

Bild 1.2. Aufgaben der Prozessautomatisierung

signale durch boolesche Verknüpfungen, Speicher und Zeitfunktionen zugeordnet sind, und Ablaufsteuerungen, bei denen das Weiterschalten von einem Schritt auf den programmgemäß folgenden Schritt in Abhängigkeit von Weiterschaltbedingungen erfolgt. Steuerungen werden auch zum automatischen *Anfahren* und *Abfahren* von Prozessen verwendet.

Regelungen haben die Aufgabe, bestimmte Größen (Regelgrößen) an gegebene Führungsgrößen anzugleichen. Sie sind durch einen geschlossenen Wirkungsablauf gekennzeichnet, der durch die Bildung von Rückführungen entsteht. Die Führungsgrößen sind entweder konstant (Festwert-Regelungen) oder von anderen Größen abhängig (Führungs- oder Nachlauf-Regelungen). Die Rückführungen sorgen gegebenenfalls auch für eine Stabilisierung des Prozesses. Regelungen werden z.B. eingesetzt um die Energie-, Massen- oder Impulsbilanz der Prozesse unabhängig von äußeren Störungen aufrechtzuerhalten und zusätzlich verschiedene Zustandsgrößen auf bestimmten Werten zu halten.

Die *Überwachung* dient dazu, unerwünschte oder unerlaubte Prozeßzustände anzuzeigen und entsprechende Maßnahmen einzuleiten. Hierzu wird z.B. festgestellt, ob ausgewählte Zustandsgrößen bestimmte Grenzwerte über-oder unterschreiten (Grenzwert-Überwachung). Dies hat im allgemeinen die Auslösung eines Alarmsignals zur Folge. Wenn diese Grenzwertverletzung einen Gefahrenzustand bedeutet, wird selbsttätig eine Gegenmaßnahme getroffen. Man spricht dann vom automatischen *Schutz* des Prozesses.

Das Abspeichern der zeitlichen Abläufe von Prozeßsignalen erfolgt durch eine *Dokumentation* (z.B. durch Schreiber oder Drucker). Häufig ist dies auch mit einer *Datenverarbeitung* und *-reduzierung* verbunden.

Die *Optimierung* hat eine wirtschaftlich beste Führung des Prozesses zum Ziel. Hierbei werden durch Verändern der Eingangsgrößen von Steuerungen und Regelungen z.B. Wirkungsgrade oder Durchsätze maximiert und dadurch Betriebskosten minimiert.

Falls mehrere Prozesse in einem Verbund zusammenhängen, müssen sie durch eine *Koordinierung* gegenseitig angepaßt werden.

Das Prozeß-*Management* sorgt für die langfristige Anpassung eines Systems von Prozessen (Werk, Verbundnetz) an die Planung, den Markt, die Rohprodukte und an das Personal.

Der minimale Umfang der Automatisierung besteht bei kleinen Prozessen in der Steuerung, Regelung und Überwachung. Bei mittelgroßen Anlagen kommt mindestens noch die Dokumentation hinzu. Bei modernen großen Prozessen (z.B. Kraftwerke) werden fast alle Aufgaben automatisch ausgeführt, mit Ausnahme des Prozeßmanagements.

Die Aufgaben der Prozeßautomatisierung werden im allgemeinen auf verschiedene Ebenen verteilt. Bild 1.3 zeigt hierzu ein Beispiel. In der unteren Ebene sind die Aufgaben untergebracht, die örtlich wirken und eine schnelle Reaktion erfordern und in den oberen Ebenen solche, die globaler wirken, im allgemeinen keine schnelle Reaktion benötigen und Entscheidungen beinhalten können.

In allen Ebenen werden die Prinzipien der Steuerung und Regelung (Rückführung) verwendet. Im Fall von Rückführungen kann man in Analogie zu Regelkreisen auch von Überwachungskreisen, Optimierungskreisen und Koordinierungskreisen sprechen, oder allgemein von einer *Mehrebenen-Regelung*.

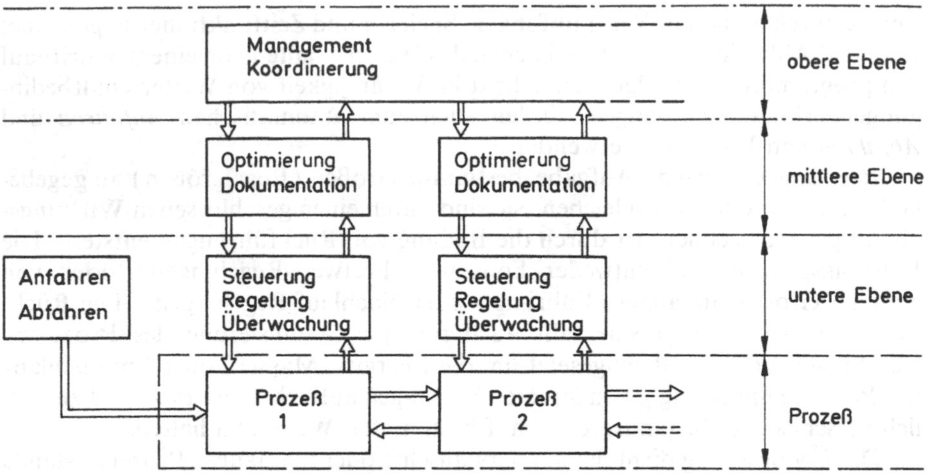

Bild 1.3. Prozessautomatisierung in verschiedenen Ebenen

Konventionelle Automatisierungssysteme

In konventionellen Automatisierungssystemen werden analoge oder binäre Signale in festverdrahteten Geräten verarbeitet. Jede Aufgabe wird deshalb durch ein besonderes Gerät ausgeführt, wie z.B. Regler, Steuerung, Grenzwertmelder, Schutzschalter oder Linienschreiber. Deshalb ergibt sich eine *völlig dezentrale Systemstruktur*, Bild 1.4a. Diese Systeme erfordern einen hohen Planungsaufwand und große Kabelkosten und sind sehr unflexibel nach der Installation. Sie erlauben nur die Verwirklichung der wichtigsten Aufgaben der unteren Automatisierungsebene, sind aber sehr zuverlässig, leicht zu verstehen und zu bedienen.

Prozeßrechner (Minirechner)

Das Aufkommen von digitalen Prozeßrechnern beeinflusste die Prozeßautomatisierung sowohl in der gesamten Struktur als auch in der Funktion wesentlich. Dabei beobachtete man folgende Entwicklungsschritte.

In direkter, aber offener Kopplung mit dem Prozeß (on-line, open loop) wurden erstmalig 1959 Prozeßrechner zur Datenregistrierung, Datenreduzierung und Überwachung von Prozessen eingesetzt. Die direkte Regelung von Prozeßgrößen ist dabei, zumeist aus Gründen der noch unbefriedigenden Zuverlässigkeit der damaligen Prozeßrechner, durch analog arbeitende Geräte durchgeführt worden. Dann wurde dazu übergegangen, die Führungsgrößen von analogen Reglern vom Prozeßrechner vorzugeben (supervisory control), z.B. zur Prozeßsteuerung nach Zeitplänen oder zur Prozeßoptimierung. Prozeßrechner zur direkten digitalen Regelung (direct digital control → DDC) in direkter, geschlossener Kopplung mit dem Prozeß (on-line, closed loop) sind zum ersten Mal 1962 bei verfahrenstechnischen und energietechnischen Prozessen eingesetzt worden [1.1 – 1.6].

Der Entwicklung immer leistungsfähigerer Prozeßrechner und zugehöriger Software entsprechend, hat der Einsatz von Prozeßrechnern seitdem stark

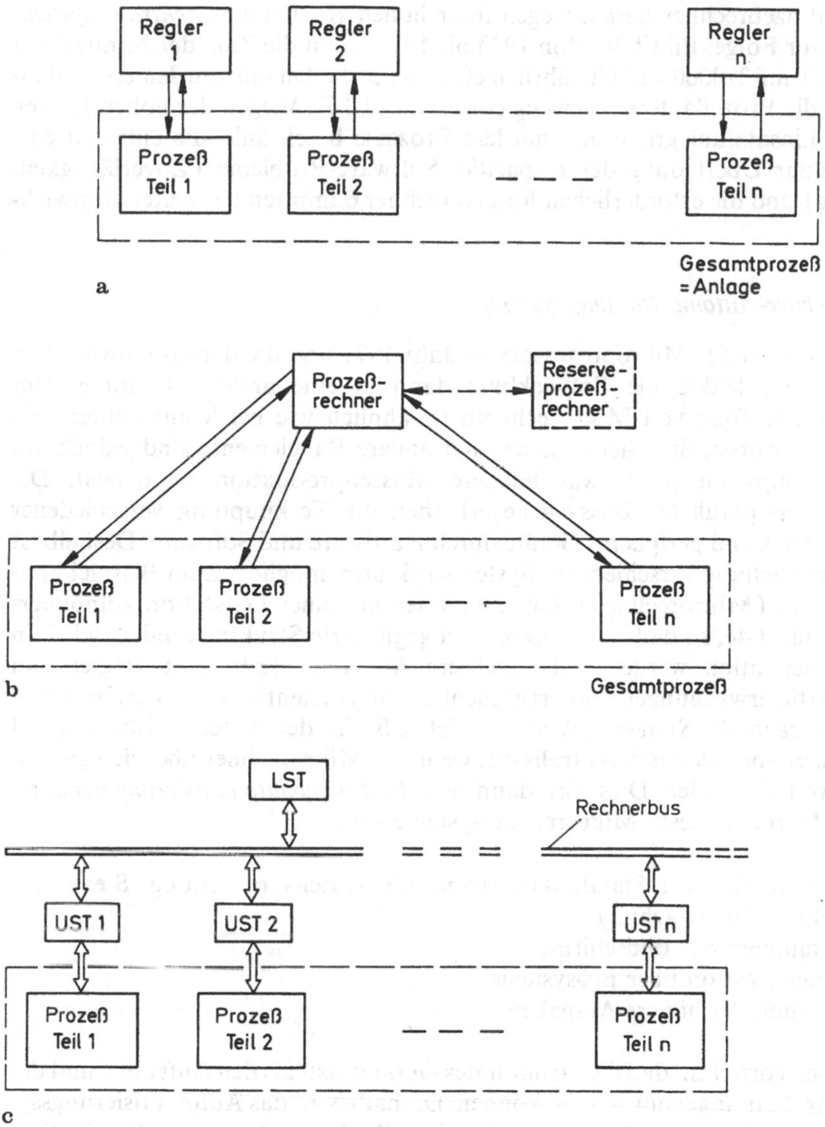

Bild 1.4. Strukturen von Prozeßautomatisierungssystemen. **a** Völlig dezentrale Systemstruktur: Konventionell **b** Zentrale Systemstruktur: Prozeßrechner **c** Dezentrale/zentrale Systemstruktur: Verteilte Mikrorechner (UST Unterstation; LST Leitstation)

zugenommen. Prozeßrechner sind seit etwa 1965 übliche Bestandteile der Prozeßautomatisierung [1.5, 1.6]. Weitere Angaben zur Entwicklung des Einsatzes von Prozeßrechnern können den Büchern [1.7 – 1.15] entnommen werden.

Prozeßrechner wurden außer zur Datenregistrierung und -reduzierung hauptsächlich zur Überwachung und Koordinierung eingesetzt [1.7 – 1.11]. Eine on-line-Optimierung wurde nur selten ausgeführt.

Die Prozeßrechner hatten wegen ihrer hohen Kosten eine *zentrale Systemstruktur* zur Folge, Bild 1.4b. Von 1973 bis 1978 nahm die Zahl der Minirechner von 35000 auf 210000 zu, d.h. jährlich etwa um 35%. Davon wurden etwa 30 bis 50% für die Prozeßautomatisierung eingesetzt [1.16]. Wegen der hohen Kosten war der Einsatz auf große und mittlere Prozesse beschränkt. Es entstand eine Tendenz zur Überladung der Kapazität. Software-Probleme (Zuverlässigkeit, Wartung) und die erforderlichen Reserverechner dämpften die weitere Entwicklung.

Mikrorechner-Automatisierungssysteme

Das Erscheinen des Mikroprozessors im Jahr 1971 und die daraus entwickelten Mikrorechner lenkte die Entwicklung dann in eine andere Richtung. Der prinzipielle Aufbau von Mikrorechnern ist ähnlich wie bei Minirechnern, die Mikroprozessoren, Speichereinheiten und andere Bauelemente sind jedoch auf einzelne Chips integriert, was billigere Massenproduktion ermöglicht. Die seriellen und parallelen Bussysteme erlauben die Verknüpfung verschiedener Mikrorechner und peripherer Geräte durch Hardware und Software. Deshalb ist die Verwirklichung verschiedener Systemstrukturen möglich. Zum Beispiel können mehrere (Mikrorechner-) Unterstationen mit einer Leitstation kombiniert werden, Bild 1.4c, so daß eine hierarchisch gegliederte Struktur gebildet wird. In einer Unterstation werden meist mehrere Aufgaben (z.B. 2–8 Regler und Grenzwertüberwachungen) untergebracht. Somit entsteht sowohl eine *dezentrale* als auch *zentrale Systemstruktur*. Sie ist z.B. in der unteren Ebene lokal zentralisiert aber global dezentralisiert, wenn die Mikrorechner über den ganzen Prozeß verteilt werden. Dies wird dann *verteilte Prozeßautomatisierung* genannt. Einige Merkmale dieser Mikrorechnersysteme sind:

1. Unterstationen für Standardaufgaben, z.B. Datenverarbeitung, Steuerung, Regelung, Überwachung
2. Leitstationen mit Bildschirmen
3. Kommunikation über Bussysteme
4. Leitstation für höhere Aufgaben.

Ein großer Vorteil ist, daß die Struktur des Gesamtsystems den Aufgaben und der Prozeßstruktur angepaßt werden können. Deshalb wird das Automatisierungssystem transparenter, zuverlässiger, leichter installierbar, programmierbar, bedienbar und lernbar. Durch die Verwendung von seriellen Bussystemen können auch Kabelkosten eingespart werden.

Für mittelgroße und kleine Prozesse ist die Entwicklung von *alleinstehenden Mikrorechnergeräten* von Interesse. Sie sind seit etwa 1975 am Markt und zeigen eine ständige Weiterentwicklung. Einige Merkmale sind Tastaturen zum Aufruf bestimmter Software-Funktionen, programmierbare Sollwert- und Reglerparameterzuordnungen, digitale Anzeigen auch interner Größen, Selbstdiagnose. Der vorprogrammierten Algorithmen wegen sind sie sehr flexibel einsetzbar. Als nächster Entwicklungsschritt deutet sich die Selbsteinstellung der Reglerparameter an. Erste Geräte sind seit 1981 am Markt.

Entwicklung der Digitalrechner

In Tabelle 1.1 sind einige Kennzahlen zusammengestellt, die die Entwicklung der Rechnertechnologie ausdrücken, auf der Basis von [1.17–1.21]. Fast alle Kennzahlen zeigen eine exponentielle Entwicklung. So nahm z.B. die Zahl der Komponenten pro Chip für dynamische Speicher um einen Faktor von 20 bis 30 pro Jahrzehnt zu (Verdopplung jedes Jahr). 1982 wurde das 64 k-RAM (random access memory) in etwa 50 Mio Stücken hergestellt. 1984 wurden die 256 kbit Speicher eingeführt und für 1986 werden 1 Mbit RAM auf einem Chip und demnächst 4Mbit erwartet. Mikroprozessoren haben wegen ihrer komplexeren Schaltkreise eine kleinere Komponentendichte. Die Entwicklung verläuft jedoch

Tabelle 1.1. Entwicklung der Computer

	Komponenten pro Chip	Computer Hardware			Speicher		Computer Software
		Kosten $/MIPS	Größe FT^3/MIPS	Zuverl. MTBF/Std	Kosten $/MByte	Größe FT^3/MByte	Kosten %
1965	50	3 000 000	3 000	40	2 000 000	100	40
1975	1 000	80 000	30	800	100 000	0,3	80
1985	30 000	2 000	0,2	10 000	1 000	0,008	90
Faktor pro Dekade							
65/75	20	37,5	100	20	20	33	0,5
75/85	30	40	150	12,5	100	37,5	0,9

parallel zu den Speichern. Das Verhältnis Kosten/Leistung der Rechner-Hardware, ausgedrückt in MIPS (million instructions per second) drückt viele einzelne technologische Entwicklungen aus. Eine Kostenreduktion um den Faktor 40 pro Jahrzehnt hat sich eingestellt. Andere Kennzahlen in Tabelle 1.1 drücken ähnlich große Fortschritte aus. Besonders wichtig ist die Zuverlässigkeit. Die MTBF (mean time between failures) eines 1 MIPS-Rechners liegt 1985 bei 10.000 Stunden (1,14 Jahre).

Eine ganz andere Entwicklung zeigen jedoch die relativen Software-Kosten für vollständige Rechnersysteme. Zunächst waren die Hardware-Kosten dominierend. 1965 stiegen die Software-Kosten auf 40% und 1975 auf 80% an. Dies bedeutet eine komplette Veränderung der Aufteilung zwischen Hardware und Software und unterstreicht die große Bedeutung der Software-Herstellung.

In Betracht dieser schnellen und weitreichenden Entwicklung, beginnend mit den ersten mikroelektronischen Si-Kristall-Schaltkreisen um 1960 und resultierend in leistungsfähigen Mikroprozessoren und großen Speichern um 1980 ist es nicht übertrieben, von einer technischen Umwälzung zu sprechen. Da etwa 18% des IC (intergrated circuit)-Marktes 1980 für die Prozeßautomatisierung verwendet wurde [1.17], muß dies einen großen Einfluß auf die Automatisierung technischer Prozesse ausüben. Die Automatisierungssysteme werden daher in zunehmendem Umfange auf digitaler Basis arbeiten. [1.20, 1.21].

Digitale Regelsysteme

Die Signalverarbeitung bei digitalen Prozeßrechnern bzw. Mikroprozeßrechnern ist bekanntlich nicht, wie bei Regel- und Steuergeräten in analoger Technik oder bei programmgesteuerten Steuerungen mit binären Bauelementen, an einige wenige standardisierte Grundfunktionen gebunden, sondern kann mittels Software frei programmiert und mit vielen Rechnungen versehen werden. Dadurch lassen sich viele neue Methoden entwickeln, die für die unteren Ebenen als programmierte *Algorithmen* und für die höheren Ebenen als programmierte *Lösungsmethoden* realisiert werden können. Da der Eingriff aller Ebenen in den Prozeß über Steuerungen und Regelungen erfolgt, müssen beim Einsatz von digitalen Automatisierungssystemen stets Regel- und Steueralgorithmen entworfen, ausgewählt und an den Prozeß angepaßt werden.

Dieses Buch befaßt sich mit der digitalen Regelung und Steuerung in der untersten Ebene der Prozeßautomatisierung. Dabei steht die Anwendung bei Fließ- und Chargenprozessen im Vordergrund. Viele der behandelten Methoden zum Entwurf von Algorithmen, zur Gewinnung von Prozeßmodellen, zur Schätzung von Zustandsgrößen und Parametern, zur Störsignalfilterung und Stellgliedansteuerung lassen sich jedoch auch zur Synthese digitaler Überwachungs-, Optimierungs- und Koordinierungssysteme verwenden und auch bei Stückprozessen einsetzen.

Zum Inhalt

In diesem Buch wird der Entwurf von digitalen Regelsystemen im Hinblick auf die Realisierung mit Prozeßrechnern und Mikroprozeßrechnern behandelt. Aufgrund der bekannten Theorie der linearen Abtastregelungen für deterministische und stochastische Signale werden geeignete Entwurfsmethoden beschrieben. Dabei werden sowohl die in Anlehnung an die klassische Regelungstheorie entstehenden parameteroptimierten (PID-), Kompensations- und Deadbeat-Regelalgorithmen als auch die aus der modernen Regelungstheorie über die Zustandsgrößendarstellung und parametrischen stochastischen Prozeß/Signalmodelle hervorgehenden Zustands- und Minimal-Varianz-Regelalgorithmen betrachtet. Um das Verhalten der verschiedenen Regel- und Steueralgorithmen zu untersuchen, wurden fast alle behandelten Algorithmen (und entstehenden Regelkreise) auf Digitalrechnern simuliert, auf Prozeßrechnern und Mikrorechnern mit Software-Programmpaketen rechnergestützt entworfen und im On-line-Betrieb mit analog simulierten Prozessen, Pilotprozessen und industriellen Prozessen praktisch erprobt und ausführlich nach vielen Gesichtspunkten verglichen. Eine besondere Rolle spielt bei allen Entwurfsverfahren und Regelalgorithmen der Zusammenhang mit den Methoden zur Gewinnung von Prozeßmodellen.

Ein Schema zur Gliederung des Inhaltes beider Bände ist nach dem Inhaltsverzeichnis angegeben. Hierbei sind die einzelnen Kapitel folgenden Aspekten zugeordnet:

- Entwurf der Regelsystemstruktur
- Entwurf von Regelalgorithmen
- Information über Prozesse und Signale
- Realisierung mit Digitalrechner

Zum Inhalt und zur Auswahl des Stoffes sollen noch einige Anmerkungen gemacht werden (mit Hinweisen für den in der 2. Auflage neu hinzugekommenen Stoff):

Als Prozeßmodelle und Signalmodelle werden hauptsächlich *parametrische Modelle* in Form von Differenzengleichungen oder Vektordifferenzengleichungen verwendet, da die modernen Syntheseverfahren auf diesen Modellen aufbauen, die Prozesse kompakt mit einigen wenigen Parametern beschrieben werden, sich Syntheseverfahren im Zeitbereich mit kleinem Rechenaufwand und strukturoptimale Regler ergeben, und da diese Modelle direkt das Ergebnis von Parameterschätzmethoden sind und direkt zur Zustandsgrößenbeobachtung bzw. -schätzung verwendet werden können. Nichtparametrische Modelle wie z.B. Übergangsfunktions- oder Frequenzgangwerte in Tabellenform besitzen diese Vorteile zum Teil nicht. Sie beschränken die Möglichkeiten zur Synthese, insbesondere im Hinblick auf den rechnergestützten Entwurf und auf adaptive Regelalgorithmen. In besonderen Fällen können aber auch nichtparametrische Modelle zweckmäßig sein, zum Beispiel zur Analyse des dynamischen Verhaltens, zur Veranschaulichung von Ergebnissen und zum Entwurf parameteroptimierter Regler.

In Kap. 2 werden der prinzipielle Signalfluß bei *digitalen Regelungen* und die einzelnen Schritte zum Entwurf von digitalen Regelsystemen kurz erläutert. Es folgt in Kap. 3 eine ausführliche Einführung in die *theoretischen Grundlagen linearer Abtastsysteme* auf der Basis von Differenzengleichungen, der z-Transformation und der Zustandsdarstellung. (In der 1. Auflage war hier nur eine Zusammenstellung von Grundbeziehungen gegeben worden. Die Verwendung anderer Einführungsbücher ist jetzt nicht mehr unbedingt erforderlich).

Eine Übersicht der für deterministische und stochastische Störsignale entworfenen Regelalgorithmen gibt Kap. 4.

Für die *parameteroptimierten Regelalgorithmen* mit z.B. P-, PI- oder PID-Verhalten, werden in Kap. 5 sowohl Ableitung und Entwurf in Anlehnung an die bekannten analogen Regler als auch, losgelöst von den kontinuierlichen Signalen, allgemeine diskrete Regelalgorithmen niederer Ordnung behandelt. Richtlinien zur Wahl der Abtastzeit und Einstellregeln für die Reglerparameter werden aus der Literatur zusammengestellt und es werden aufgrund der vielen Simulationsergebnisse neue Vorschläge angegeben. Ferner werden Angaben zum rechnergestützten Entwurf gemacht. Dieses Kapitel wurde wesentlich ergänzt durch weitere Beispiele, Methoden zur Parameteroptimierung, Entwurfsverfahren über Polvorgabe, Kompensationsregler und durch die für die Praxis wichtigen Zusatzfunktionen.

Kapitel 6 behandelt die *allgemeinen linearen Regler* und *Kompensationsregler*.

Die in Kap. 7 beschriebenen *Deadbeat-Regler* zeichnen sich durch einen sehr kleinen Syntheseaufwand aus. Der modifizierte Deadbeat-Regler erhöhter Ordnung ist bei manchen Prozessen durchaus einsetzbar.

In Kap. 8 wird der Entwurf von *Zustandsreglern* durch Minimierung von quadratischen Gütefunktionalen (sog. Matrix-Riccati-Entwurf) und durch Polvorgabe behandelt. In dieser Form ist ein diskreter Zustandsregler allerdings noch nicht gut einsetzbar. Deshalb wird zunächst auf den Entwurf für bleibende äußere Störsignale eingegangen. Zur Ermittlung der meist nicht meßbaren Zustandsgrößen werden Zustandsgrößenbeobachter und die Zustandsrekonstruktion verwendet. .Verschiedene Modifikationen zeigen schließlich die zweckmäßige Realisierung von diskreten Zustandsreglern in Rechnern.

Kapitel 9 befaßt sich mit der Regelung von *Prozessen mit großen Totzeiten*, unter Einschluß des *Prädiktorreglers.* Ein Vergleich verschiedener Regelalgorithmen zeigt die Überlegenheit von Zustandsreglern mit Beobachtern.

Da beim Entwurf von Regelungen fast immer Änderungen des Prozeßverhaltens berücksichtigt werden müssen, wird in Kap 10 die *Empfindlichkeit* und *Robustheit* verschiedener Regelalgorithmen untersucht und es wird der Entwurf von unempfindlichen und robusten Reglern dargestellt. Dieses Kapitel ist jetzt wesentlich umfangreicher.

In Kap. 11 schließt sich ein ausführlicher *Vergleich* der wichtigsten Regelalgorithmen, die für deterministische Signale entworfen werden, an. Dabei werden sowohl die resultierenden Pole und Nullstellen des geschlossenen Regelkreises, als auch Regelgüte, Stellaufwand, Empfindlichkeit, Syntheseaufwand und laufender Rechenaufwand verglichen. Es folgen Hinweise zur Auswahl von Regelalgorithmen am Ende des Bandes I.

Im *Anhang* sind Tabellen, Testprozesse zu Simulationen, 40 Übungsaufgaben und deren Lösungen zusammengefaßt.

Im Band II werden nach einer kurzen Einführung in mathematische Modelle *stochastischer Signalprozesse* mit zeitdiskreten Signalen, Kap. 12, in Kap. 13 u.a. die Einstellung der optimalen Parameter der *parameteroptimierten Regelalgorithmen* bei Einwirken von stochastischen Störsignalen behandelt.

In Kap. 14 werden dann die aufgrund parametrischer, stochastischer Prozeß- und Signalmodelle entworfenen *Minimalvarianzregler* abgeleitet und analysiert. Die modifizierten Minimalvarianzregler wurden in der angegebenen parametrischen Form im Hinblick auf die Anwendung in adaptiven Regelungen entwickelt.

Zustandsregler für stochastische Störungen werden in Kap. 15 betrachtet.

Zur Gestaltung von *vermaschten Regelungen* in Form von Kaskadenregelungen, Kap. 16, und Störgrößenaufschaltungen, Kap. 17, werden einige Beispiele betrachtet. Verschiedene Entwurfsverfahren von Steueralgorithmen, wie z.B. mittels Parameteroptimierung und nach dem Minimalvarianzprinzip, ergänzen den Entwurf von Regelalgorithmen.

Zum Entwurf von Regelalgorithmen für *Mehrgrößenregelungen* sind die Strukturen der Mehrgrößenprozesse wichtig, Kap. 18. Dabei wird sowohl auf die Übertragungsfunktions- als auch die Zustandsdarstellung eingegangen. Der Entwurf von Mehrgrößenregelungen mit parameteroptimierten Regelalgorithmen berücksichtigt *Hauptregler, Koppelregler* (mit Tendenz zur Verstärkung der Kopplung oder zur Entkopplung), Stabilitätsgebiete, gegenseitige Wirkung der Hauptregler und Einstellregeln für Zweigrößenregelungen, Kap. 19. Es folgt der Entwurf von Mehrgrößenregelungen mit *Polynom-Matrizen* in Kap. 20 (neu aufgenommen), und der Entwurf von Mehrgrößenregelungen mit *Zustandsreglern*, Kap. 21).

Dann schließt sich eine ausführliche und anschauliche Ableitung der *rekursiven Schätzung zeitvarianter Zustandsgrößen* an, die schließlich das *Kalman-Filter* ergeben, Kap. 22. Dieses ist Grundlage zur Ermittlung nicht direkt meßbarer Zustandsgrößen und wird für die stochastische (Mehrgrößen-) Zustandsregelung benötigt.

Einen wesentlichen Schwerpunkt bilden die Kap 23 bis 26 über *adaptive Regelungen.* In einer Übersicht in Kap. 23 wird in die adaptive Regelung mit Referenzmodell und mit Identifikationsmodell eingeführt (neu aufgenommen). Dann werden in Kap. 24 verschiedene Methoden zur *On-line-Identifikation* dynamischer Prozesse und stochastischer Signale mit *rekursiven Parameterschätzalgorithmen* beschrieben und verglichen, und die Parameterschätzung im *geschlossenen Regelkreis* ohne und mit Zusatzsignal in Kap. 25 behandelt. Schließlich gehen durch geeignete Kombinationen von Parameterschätzmethoden und Reglersyntheseverfahren verschiedene *parameteradaptive Regelungen* hervor, Kap. 26. Dieses Kapitel wurde dem Stande der Forschung entsprechend angepaßt und wesentlich umfangreicher. Nach einer Erläuterung der Entwurfsprinzipien, geeigneter Kombinationen, deren Stabilitäts- und Konvergenzeigenschaften werden stochastische und deterministische parameteradaptive Regler beschrieben und verglichen. Maßnahmen zur Anwendung, die laufende Überwachung und Einsatzmöglichkeiten werden ebenfalls betrachtet. Die adaptiven Methoden lassen sich auch für Mehrgrößenregelungen und Störgrößenaufschaltungen verwirklichen.

Im letzten Teil des Buches werden in Kap. 27 die durch die *Amplitudenquantisierung* bzw. Rundungsfehler eingeführten Nichtlinearitäten und die daraus entstehenden Effekte wie bleibende Abweichungen und Grenzzyklen bei digitalen Regelungen und tote Bereiche bei digitalen Steuerungen und Filtern untersucht. Kap. 28 befaßt sich mit der analogen und digitalen *Störsignalfilterung* und in Kap. 29 werden verschiedene Möglichkeiten zur *Steuerung und Regelung der Stellantriebe* beschrieben.

Viele der in diesem Buch behandelten Entwurfsverfahren sind für Programmpakete zum *rechnergestützten Entwurf von Regelalgorithmen* geeignet. Kap. 30 beschreibt kurz den Ablauf des rechnergestützten Entwurfs und zeigt die Anwendung von experimenteller Modellgewinnung mittels eines Programmpaketes zur On-line-Identifikation und den rechnergestützten Regelungsentwurf an verschiedenen Beispielen. Mit Hilfe solcher Programmpakete können digitale Regelsysteme (Regelschaltung, Regel- und Steueralgorithmen) rechnergestützt in kurzer Zeit entworfen, modifiziert, ausgewählt und im On-line-Betrieb getestet werden, auch ohne daß man alle darin enthaltenen Syntheseverfahren im Detail beherrscht.

Das letzte Kap. 31 zeigt *Anwendungsbeispiele für adaptive und selbsteinstellende Regelungen* mit eigens dazu gebauten Mikrorechnern.

A Grundlagen

2 Regelung mit Digitalrechnern (Prozeßrechner, Mikrorechner)

Abtastregelungen

Bei der Datenverarbeitung mit Prozeßrechnern werden die Prozeßsignale abgetastet und digitalisiert. Durch das Abtasten und durch das Digitalisieren entstehen *diskrete (diskontinuierliche) Signale*, die nach der *Amplitude* und nach der *Zeit* quantisiert sind, Bild 2.1.

Im Unterschied zu kontinuierlichen (stetigen) Signalen haben diese Signale diskrete Amplitudenwerte zu diskreten Zeitpunkten. Es entstehen *amplitudenmodulierte* Impulsfolgen, bei denen die Höhen der Impulse proportional zu den stetigen Signalwerten sind. Die Impulshöhen werden dabei, entsprechend der Quantisierungseinheit bei der Digitalisierung, auf- oder abgerundet.

Die Abtastung erfolgt im allgemeinen periodisch mit der Abtastzeit T_0 durch den Meßstellenschalter, der zusammen mit dem Meßbereichswähler und dem Analog/Digital-Wandler meist in einer Baugruppe untergebracht ist. Die digitalisierten Eingangsdaten gelangen dann zur Zentraleinheit. Dort erfolgt die Berechnung der Ausgangsdaten mittels programmierter Algorithmen. Falls das Stellglied ein analoges Signal erfordert, müssen die Ausgangsdaten einem Digital/Analog-Wandler zugeführt werden, und in einem Halteglied für die Zeitdauer einer Abtastperiode gehalten werden. Es ergibt sich somit das in Bild 2.2 dargestellte, vereinfachte Blockschaltbild.

Die Abtaster für das Ein- und Ausgangssignal arbeiten nicht synchron, sondern sind um den Zeitabschnitt T_R zueinander versetzt. Dieser Zeitabschnitt wird für die A/D-Wandlung und für die Datenverarbeitung in der Zentraleinheit benötigt. Da sie jedoch meist sehr klein ist im Vergleich zu den Zeitkonstanten der

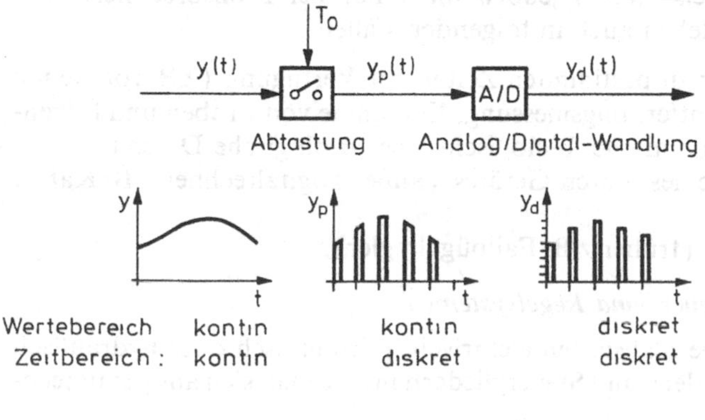

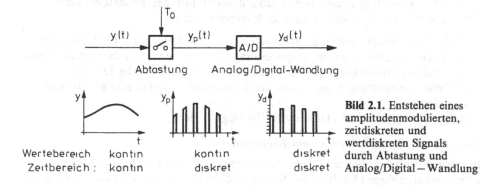

Bild 2.1. Entstehen eines amplitudenmodulierten, zeitdiskreten und wertdiskreten Signals durch Abtastung und Analog/Digital – Wandlung

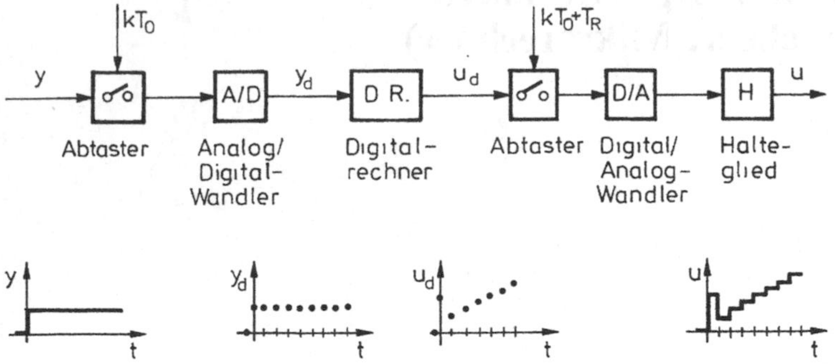

Bild 2.2. Prozeßrechner als Abtastregler. $k=0,1,2,3...$

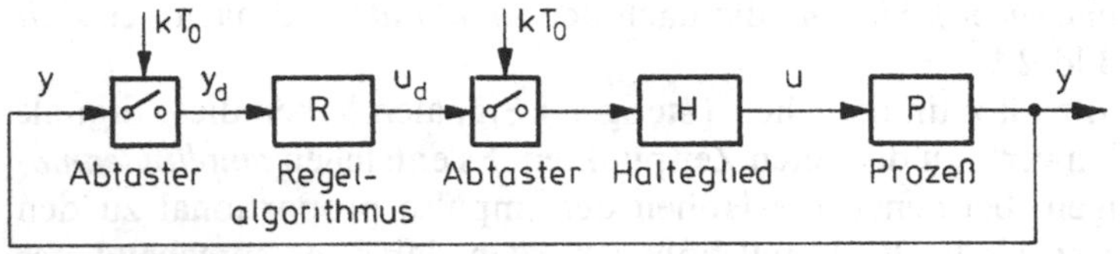

Bild 2.3. Regelkreis mit Prozeßrechner als Abtastregler

Stellglieder der Prozesse und der Meßglieder, kann sie oft vernachlässigt werden, so daß man dann näherungsweise mit synchroner Abtastung am Ein- und Ausgang des Prozeßrechners rechnen kann. Da ferner die Quantisierung der Signalamplituden bei Prozeßrechnern mit Wortlängen von 16 bit und mehr relativ feinstufig erfolgt, kann der Wertebereich der Signale für größere Signaländerungen zunächst als quasikontinuierlich betrachtet werden.

Mit diesen Vereinfachungen erhält man das in Bild 2.3 dargestellte Blockschaltbild eines Regelkreises mit einem Prozeßrechner als Abtastregler. Die Abtaster arbeiten nun synchron und erzeugen zeitdiskrete Signale. Die Stellgröße u wird mittels eines im Arbeitsspeicher gespeicherten Regelalgorithmus aus der Regelgröße y und der ebenfalls im Arbeitsspeicher gespeicherten Führungsgröße w berechnet.

Solche Abtastregelkreise treten jedoch nicht nur bei Prozeßrechnern auf. Abgetastete Signale entstehen auch in folgenden Fällen:

- Meßgrößen stehen nur zu bestimmten Zeiten zur Verfügung (z.B. rotierende Radarantenne, Radarentfernungsmessung, Entnahme von Proben und folgende Analyse, sozio-ökonomische, biologische, meteorologische Daten)
- Mehrfachausnutzung eines teuren Gerätes (außer Digitalrechner z.B. Kabel, Funkkanäle)
- Billige Energieschalter (früher z.B. Fallbügelregler).

Entwurf von digitalen Steuer- und Regelsystemen

Bei den mittels Hardware realisierten elektrisch, pneumatisch oder hydraulisch arbeitenden analogen Reglern und Steuergliedern mußte man sich aus gerätetechnischen und wirtschaftlichen Gründen auf bestimmte Einzweckbausteine mit P-, I- oder D-Verhalten beschränken. Die Möglichkeiten zur Synthese von Regelungen und Steuerungen wurden dadurch sehr eingeschränkt. Diese Einschränkung fällt bekanntlich bei den mittels Software in Prozeßrechnern realisierten Regelalgorithmen weg. Wegen der großen Flexibilität bei der Programmierung von Prozeßrechnern steht zur Realisierung auch hochwertiger Regel- und Steueralgorithmen und damit den modernen Syntheseverfahren ein großer Spielraum zur Verfügung. Damit tritt aber verstärkt die Frage auf, welche Regel- und Steueralgorithmen für welche Anwendungszwecke geeignet sind.

Die Beantwortung dieser Frage ist nur dann möglich, wenn genügend Information über die Prozesse und ihre Signale, u.a. in Form von mathematischen Modellen, zur Verfügung steht, und wenn bekannt ist, wie sich die einzelnen Regel- und Steueralgorithmen in Bezug auf die Regelgüte, Stellaufwand, Empfindlichkeit, verschiedene Störsignale, Syntheseaufwand, laufender Rechenaufwand im On-line-Betrieb und insbesondere in Bezug auf das Prozeßverhalten (z.B. linear, nichtlinear, Lage der Pole und Nullstellen, Totzeiten, Struktur bei Mehrgrößenprozessen) im Vergleich zueinander verhalten.

Zur theoretischen Behandlung von Abtastregelungen existiert eine reichhaltige Literatur. In vielen Fachbüchern über Regelungstechnik sind besondere Kapitel den Abtastregelungen gewidmet. Spezielle Bücher zur Theorie von Abtastregelungen haben zuerst Differenzengleichungen als Grundlage verwendet [2.1, 2.2]. Dann folgten Werke, in denen zusätzlich die z-Transformation verwendet wird [2.3 – 2.13, 2.15, 2.20]. Schließlich hielt die Zustandsgrößendarstellung Einzug [2.14, 2.17, 2.18, 2.19, 2.21]. Außer der ersten Auflage dieses Buches [2.22], der überarbeiteten englischen Version [2.23] nebst Übersetzungen in verschiedene Sprachen [2.24, 2.25], erschienen in der Zwischenzeit noch andere Bücher, die sich speziell mit der digitalen Regelung beschäftigen: [2.25 – 2.29].

In den Büchern [1.7 – 1.11], die sich mit dem praktischen Einsatz von Prozeßrechnern befassen, wurde meistens nur auf die von den analogen Reglern übertragenen diskretisierten Regelalgorithmen mit PID-Verhalten eingegangen.

Zum Entwurf von digitalen Regelsystemen werden in diesem Band folgende Schritte beachtet, vgl. auch die Übersicht auf Seite XVII.

1. Informationen über Prozesse und Signale

Die Grundlage für jeden systematischen Entwurf von Regelsystemen ist die zur Verfügung stehende Information über den Prozeß und seine Signale, z.B. gegeben durch

- direkt meßbare Eingangs-, Ausgangs-, Zustandsgrößen,
- Prozeßmodelle und Signalmodelle.
- geschätzte Zustandsgrößen der Prozesse und Signale.

Die Prozeß- und Signalmodelle können durch Identifikation und Parameterschätzung, Prozeßmodelle auch durch theoretische Modellbildung, gewonnen werden. Nichtmeßbare Zustandsgrößen werden mittels Zustandsgrößenbeobachtung und Zustandsgrößenschätzung ermittelt.

2. Regelsystemstruktur

In Kenntnis des Prozesses ist nach Festlegung geeigneter Stell-, Regel- und Steuergrößen die Regelsystemstruktur festzulegen, also die prinzipielle Anordnung von z.B.

- Eingrößen-Regelungen
- Vermaschte Regelungen
- Mehrgrößen-Regelungen
- Dezentrale Regelungen.

3. Regel- und Steueralgorithmen (Entwurf und Anpassung)

Schließlich sind Regel- und Steueralgorithmen zu entwerfen und an den Prozeß anzupassen. Dies kann erfolgen durch:

- Einfache Einstellregeln für die Parameter
- Rechnergestützter Entwurf
- Adaptive Regelalgorithmen.

Da meist mehrere Regelalgorithmen zur Verfügung stehen, sind sie nach verschiedenen Gesichtspunkten zu vergleichen und auszuwählen.

4. Störsignalfilterung

Die nicht ausregelbaren, in der Regelgröße enthaltenen hochfrequenten Störsignale sind durch analoge und digitale Filter auszufiltern.

5. Steuerung oder Regelung des Stellantriebes

Je nach der Bauart des Stellantriebes sind verschiedene Steuerungen oder Regelungen des Stellantriebes möglich. Die Regel- und Steueralgorithmen sind hiernach anzupassen.

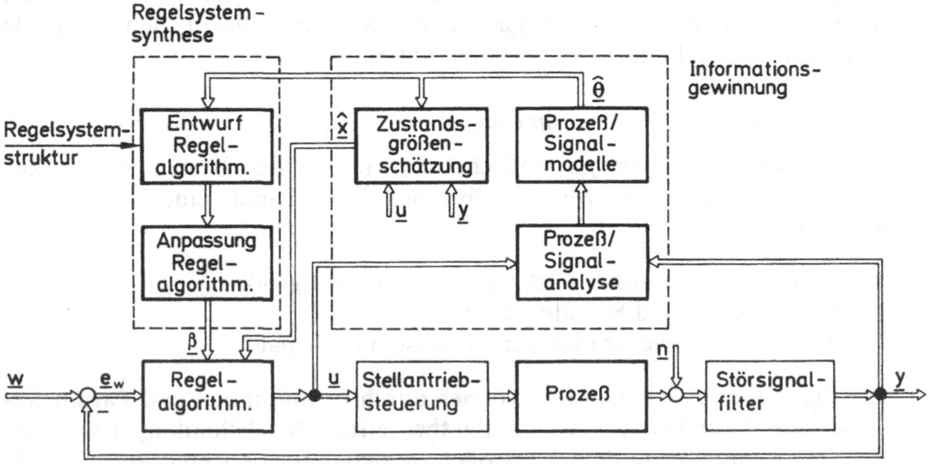

Bild 2.4. Schema zum Entwurf von digitalen Regelsystemen

Schließlich sind bei allen Steuer-, Regel- und Filteralgorithmen die durch die Amplitudenquantisierung entstehenden Effekte zu beachten. In Bild 2.4 ist ein Schema zum Entwurf von digitalen Regelsystemen angegeben. Verwendet man *Einstellregeln* zur Anpassung von einfachen, parameteroptimierten Regelalgorithmen, dann genügen einfachste Prozeßmodelle. Zum einmaligen *rechnergestützten Entwurf* sind als Information genaue Prozeß/Signalmodelle erforderlich, die am zweckmäßigsten durch Identifikation und Parameterschätzung gewonnen werden. Werden Informationsgewinnung und Regelalgorithmus-Synthese laufend (on-line, Echtzeit) durchgeführt, lassen sich *adaptive Regelsysteme* verwirklichen.

3 Grundlagen linearer Abtastsysteme (zeitdiskrete Systeme)

In diesem Kapitel wird eine Einführung in die mathematische Behandlung linearer zeitdiskreter Systeme (Abtastsysteme) gegeben. Dabei werden jene grundlegenden Beziehungen gebracht, die für den Entwurf der in diesem Buch behandelten digitalen Regelungen erforderlich sind. Zum besseren Verständnis wird oft Gebrauch von Beispielen gemacht. Übungsaufgaben sind im Anhang gegeben.

3.1 Zeitdiskrete Signale

3.1.1 Diskrete Funktionen, Differenzengleichungen

Diskrete Signale

Diskrete (diskontinuierliche) Signale sind nach der *Amplitude* oder nach der *Zeit* quantisiert. Im Unterschied zu stetigen (kontinuierlichen) Signalen, die die Werte einer Größe zu jedem Momentanwert beschreiben, enthalten diskrete Signale nur Werte zu diskreten Amplitudenwerten oder zu diskreten Zeitpunkten.

Im folgenden werden nur *zeitdiskrete* Signale betrachtet. Sie bestehen aus einer Folge von Impulsen, die zu bestimmten Zeitpunkten auftreten. Besonders häufig kommen zeitdiskrete Signale vor, die durch *Abtasten* eines stetigen Signals in konstanten Zeitabständen entstehen. Die einzelnen Impulse der Impulsfolgen können dabei in Abhängigkeit vom jeweiligen Wert des stetigen Signales verschieden moduliert sein. Man unterscheidet Impulsamplituden-, Impulsbreiten- und Impulszeitmodulation. Am häufigsten verbreitet ist die *Impulsamplitudenmodulation*, bei der die Höhe des Impulses proportional zum stetigen Signalwert ist, die Impulsbreite konstant ist und die Impulse in äquidistanten Zeitpunkten auftreten, vgl. Bild 3.1. Diese Form zeitdiskreter Signale führt zu linearen Beziehungen bei der Behandlung linearer dynamischer Systeme.

Da beim Einsatz von Digitalrechnern hauptsächlich amplitudenmodulierte Signale interessieren, werden im folgenden die wichtigsten Beziehungen dieser Signale abgeleitet.

Bild 3.1 zeigt das Entstehen einer zeitdiskreten amplitudenmodulierten Impulsfolge durch periodisches Erfassen des stetigen Signals $x(t)$ mit einem *Schalter*, der sich mit der Periodendauer T_0 (Abtastzeit) für die Zeitdauer h schließt. Falls die Schaltdauer h sehr klein ist im Vergleich zur Periodendauer T_0 und falls dem Schalter ein lineares Übertragungsglied folgt, dessen Zeitkonstanten $T_i \gg h$ sind, läßt sich das Signal $x_p(t)$ durch das zeitdiskrete Signal $x(kT_0)$

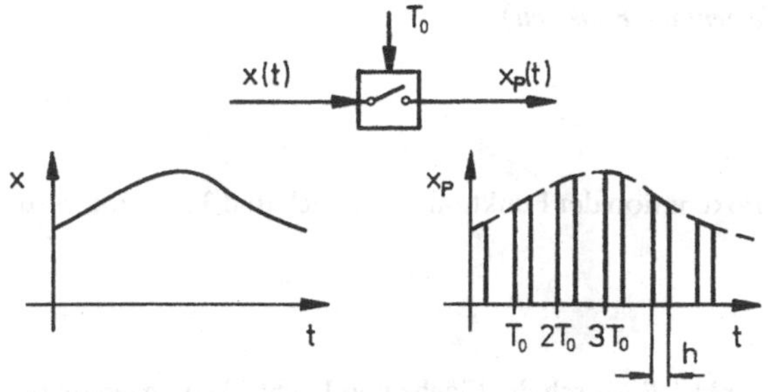

Bild 3.1. Entstehen eines amplitudenmodulierten zeitdiskreten Signals durch einen *Schalter* der Schaltdauer h und der Periodendauer T_0

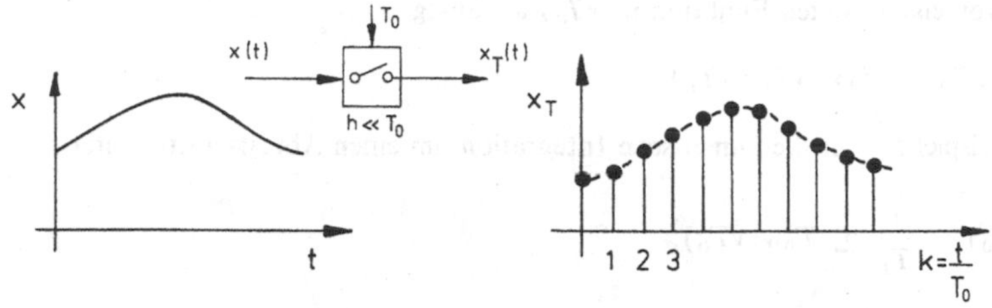

Bild 3.2. Zeitdiskretes Signal $x_T(k)$ für $h << T_0$, erzeugt durch einen *Abtaster*

darstellen, Bild 3.2, wobei $x(kT_0)$ Momentanwerte zu den Abtastzeitpunkten sind. Der Schalter geht dann in einen *Abtaster* über.

Zeitdiskrete Funktionen

Eine amplitudenmodulierte zeitdiskrete Funktion $x_T(t)$, die durch äquidistante Abtastung einer stetigen Funktion $x(t)$ mit der Abtastzeit T_0 entsteht, ist wie folgt definiert

$$\left.\begin{array}{lll} x_T(t)=x(kT_0) & \text{für} & t=kT_0 \\ x_T(t)=0 & \text{für} & kT_0<t<(k+1)T_0 \end{array}\right\} \quad k=0,1,2,\ldots \qquad (3.1.1)$$

Im folgenden Beispiel werden verschiedene Möglichkeiten zur Bildung von zeitdiskreten Funktionen angegeben. Dabei werden sowohl Signalverläufe als auch Ein/Ausgangsbeziehungen betrachtet.

Beispiel 3.1: Zeitdiskrete Funktionen
a) Die zur expliziten stetigen Funktion (*elementare Funktion*)

$$x(t) = e^{-\alpha t}$$

gehörende explizite zeitdiskrete Funktion lautet

$$x(kT_0) = e^{-\alpha k T_0} \qquad k = 0,1,2\ldots$$

Damit kann also direkt durch Einführen der diskreten Zeit $t = kT_0$

$$x_T(t) = x(kT_0)$$

angegeben werden.

b) Führt man die Integration (*nichtelementare Funktion*)

$$x(t) = \frac{1}{T_I}\int_0^t w(t')dt'$$

numerisch aus durch stufenförmige Approximation der Funktion $w(t')$ nach Bild 3.3a, dann wird

$$x(kT_0) = \frac{1}{T_I}\sum_{\nu=0}^{k-1} T_0 w(\nu T_0).$$

Hierbei wird das Integral bis zum Zeitpunkt kT_0 durch die Fläche von Rechtecken angenähert, deren Höhe aus dem vergangenen Wert $w((k-1)T_0)$ folgt (nacheilende Stufenfunktion). Somit ist $x(kT_0)$ von einer zweiten Funktion $w(\nu T_0)$ abhängig

$$x_T(t) = x(kT_0) = f[w(\nu T_0), kT_0].$$

c) Beim letzten Beispiel gilt für die numerische Integration um einen Abtastschritt weiter

$$x((k+1)T_0) = \frac{1}{T_I}\sum_{\nu=0}^{k} T_0 w(\nu T_0).$$

Die Subtraktion der beiden Gleichungen liefert die *rekursive Beziehung*

$$x((k+1)T_0) - x(kT_0) = \frac{T_0}{T_I} w(kT_0).$$

Ersetzt man kT_0 durch k, dann gilt

$$x(k+1) + a_1 x(k) = b_1 w(k)$$

mit $a_1 = -1$ und $b_1 = T_0/T_I$.
Bei Zeitverschiebung um einen Abtastschritt zurück wird

$$x(k) + a_1 x(k-1) = b_1 w(k-1).$$

Dies ist eine Differenzengleichung erster Ordnung.

d) Nähert man das Integral von b) bis zum Zeitpunkt kT_0 durch die Fläche von Rechtecken an, deren Höhe aus dem momentanen Wert $w(kT_0)$ folgt (voreilende Stufenfunktion), s. Bild 3.3b, dann wird

$$x(kT_0) = \frac{1}{T_I}\sum_{\nu=1}^{k} T_0 w(\nu T_0)$$

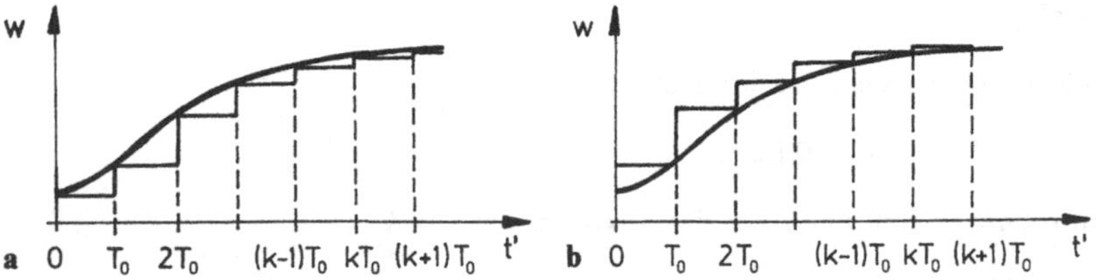

Bild 3.3. Stufenförmige Approximation einer stetigen Funktion $w(t)$. **a** nacheilende Stufenfunktion; **b** voreilende Stufenfunktion

und die *rekursive Gleichung* entsprechend c) lautet

$$x(k+1) + a_1 x(k) = b_1 w(k+1)$$

bzw.

$$x(k) + a_1 x(k-1) = b_1 w(k).$$

Bei kleinen Abtastzeiten T_0 liefert diese Näherung etwa dasselbe Ergebnis wie c).

Wenn sich diskrete Funktionen in Abhängigkeit einer anderen diskreten Funktion in rekursiver Form schreiben lassen, dann erhält man *Differenzengleichungen.*

Eine Differenzengleichung m-ter Ordnung lautet

$$\begin{aligned} x(k) &+ a_1 x(k-1) + \dots + a_m x(k-m) \\ &= b_0 w(k) + b_1 w(k-1) + \dots + b_m w(k-m). \end{aligned} \tag{3.1.2}$$

Der momentane Wert des Ausgangssignals zum Zeitpunkt k kann dann rekursiv aus

$$\begin{aligned} x(k) &= -a_1 x(k-1) - \dots - a_m x(k-m) \\ &\quad + b_0 w(k) + b_1 w(k-1) + \dots + b_m w(k-m) \end{aligned} \tag{3.1.3}$$

berechnet werden, wenn das momentane Eingangssignal $w(k)$ und die m vergangenen Eingangssignale $w(k-1), \dots, w(k-m)$ und die m vergangenen Ausgangssignale $x(k-1), \dots, x(k-m)$ bekannt sind.

Differenzengleichungen aus Differentialgleichungen

Differenzengleichungen können auch durch *Diskretisieren von Differentialgleichungen* erhalten werden. Hierbei wird ein Differential 1. Ordnung durch eine Differenz 1. Ordnung, ein Differential 2. Ordnung durch eine Differenz 2. Ordnung, usw., approximiert. Dabei entsprechen sich, wenn die Differenzen nach rückwärts gebildet werden:

Stetige Funktion	*Zeitdiskrete Funktion*
·Differential 1. Ordnung	·Differenz 1. Ordnung
$\frac{dx(t)}{dt} = \lim_{\Delta t \to 0} \frac{x(t) - x(t-\Delta t)}{\Delta t}$	$\Delta x(k) = x(k) - x(k-1)$
·Differential 2. Ordnung	·Differenz 2. Ordnung
$\frac{d^2x(t)}{dt^2} = \lim_{\Delta t \to 0} \frac{\frac{dx(t)}{dt} - \frac{dx(t-\Delta t)}{dt}}{\Delta t}$	$\Delta^2 x(k) = \Delta x(k) - \Delta x(k-1) = x(k) - 2x(k-1) + x(k-2)$
$\frac{d^3x(t)}{dt^3} = \lim_{\Delta t \to 0} \frac{\frac{d^2x(t)}{dt^2} - \frac{d^2x(t-\Delta t)}{dt^2}}{\Delta t}$	$\Delta^3 x(k) = \Delta^2 x(k) - \Delta^2 x(k-1) = x(k) - 3x(k-1) + 3x(k-2) - x(k-3)$
$\vdots$	$\vdots$

Beim Diskretisieren einer Differentialgleichung setzt man deshalb anstelle der Differentiale folgende Ausdrücke ein

$$\left.\begin{aligned} \frac{\mathrm{d}x(t)}{\mathrm{d}t} &\approx \frac{x(k)-x(k-1)}{T_0} \\ \frac{\mathrm{d}^2x(t)}{\mathrm{d}t^2} &\approx \frac{x(k)-2x(k-1)+x(k-2)}{T_0^2} \\ \frac{\mathrm{d}^3x(t)}{\mathrm{d}t^3} &\approx \frac{x(k)-3x(k-1)+3x(k-2)-x(k-3)}{T_0^3}. \\ &\vdots \qquad\qquad \vdots \end{aligned}\right\} \qquad (3.1.4)$$

Beispiel 3.2: Diskretisierung eines Differentials
Im Unterschied zu Beispiel 3.1b), c) und d) werde die Funktion $w(t)$ nicht integriert sondern differenziert

$$x(t) = T_D\frac{\mathrm{d}w(t)}{\mathrm{d}t}.$$

Diskretisieren mit Differenzenbildung nach rückwärts ergibt

$$x(kT_0) = \frac{T_D}{T_0}\,[w(kT_0) - w((k-1)T_0)]$$

und damit die Differenzengleichung

$$x(k) = b_0w(k) - b_1w(k-1)$$

mit $b_0 = b_1 = T_D/T_0$.

Beispiel 3.3: Diskretisierung einer Differentialgleichung erster Ordnung
Gegeben ist die Differentialgeichung

$$\mathrm{a}_1\frac{\mathrm{d}x(t)}{\mathrm{d}t} + x(t) = \mathrm{b}_0\, w(t)$$

Durch Differenzenbildung nach rückwärts folgt mit (3.1.4)

$$a_0x(k) + a_1x(k-1) = b_0w(k)$$

mit

$$a_0 = \frac{\mathrm{a}_1}{T_0} + 1;\ a_1 = -\frac{\mathrm{a}_1}{T_0};\ \mathrm{b}_0 = b_0.$$

Beispiel 3.4: Diskretisierung einer Differentialgleichung zweiter Ordnung
Gegeben ist eine Differentialgleichung

$$\mathrm{a}_2\ddot{x}(t) + \mathrm{a}_1\,\dot{x}(t) + x(t) = \mathrm{b}_0\,w(t).$$

Durch Differenzenbildung nach rückwärts wird nach Einsetzen von (3.1.4)

$$a_0x(k) + a_1x(k-1) + a_2x(k-2) = b_0w(k)$$

mit

$$a_0 = \frac{\mathrm{a}_2}{T_0^2} + \frac{\mathrm{a}_1}{T_0} + 1;\ a_1 = -\ \frac{\mathrm{a}_1}{T_0} - \frac{2\mathrm{a}_2}{T_0^2};\ a_2 = \frac{\mathrm{a}_2}{T_0^2}$$

$$b_0 = \mathrm{b}_0.$$

Es sei jedoch bemerkt, daß diese Approximationen durch Differenzenbildung nur dann befriedigende Ergebnisse liefern können, wenn die Abtastzeit T_0 klein ist. Denn zur Beschreibung der Funktion $x(t)$ werden, wenn die Differenzen nach rückwärts gebildet werden, nur der Funktionswert $x(k)$ selbst und seine Differenzen zum benachbarten Wert $x(k-1)$ und anderen vergangenen Werten $x(k-2)$, $x(k-3)$, ... verwendet, was einem Abbruch einer Taylor-Reihenentwicklung für jedes Differential von $x(t)$ nach dem ersten Glied entspricht. Zur Behandlung von dynamischen Systemen mit diskreten Ein- und Ausgangssignalen werden im folgenden daher andere Differenzengleichungen abgeleitet, die auch für große Abtastzeiten T_0 gelten.

Gleichung (3.1.2) ist die Normalform einer Differenzengleichung. Eine andere, der Differentialgleichung entsprechende Form, erhält man durch Einführung der Differenzen erster bis n-ter Ordnung

$$\begin{aligned} &\alpha_n \Delta^n x(k) + \alpha_{n-1}\Delta^{n-1}x(k) + \dots + \alpha_1 \Delta x(k) + x(k) \\ &\quad = \beta_m \Delta^m w(k) + \dots + \beta_1 \Delta w(k) + \beta_0 w(k) \end{aligned} \tag{3.1.5}$$

3.1.2 Impulsfolgen

Eine zweckmäßige mathematische Behandlung zeitdiskreter Funktionen wird durch Approximation der Impulsfolge $x_p(t)$ durch eine δ-Impulsfolge ermöglicht.

Ein δ-Impuls ist bekanntlich wie folgt definiert

$$\delta(t) = \begin{cases} 0 & t \neq 0 \\ \infty & t = 0 \end{cases} \tag{3.1.6}$$

und besitzt die Fläche

$$\int_{-\infty}^{\infty} \delta(t)\mathrm{d}t = 1\ \mathrm{s}. \tag{3.1.7}$$

Wenn die Schaltdauer sehr klein ist im Vergleich zur Abtastzeit, $h \ll T_0$, dann lassen sich die Impulse der Impulsfolge $x_p(t)$ mit der Fläche $x(t) \cdot h$ durch flächengleiche δ-Impulse approximieren

$$x_p(t) \approx x_\delta(t) = x(t)\frac{h}{1\ \mathrm{s}} \sum_{k=0}^{\infty} \delta(t-kT_0). \tag{3.1.8}$$

Die resultierende δ-Impulsfolge $x_\delta(t)$ ist dann zwar kein existierendes Signal, sondern nur eine Approximation der Impulsfolge $x_p(t)$. Dies führt jedoch zu einer wesentlich vereinfachten mathematischen Beschreibung von Übertragungssystemen mit zeitdiskreten Signalen, falls auf den Schalter lineare Übertragungsglieder folgen. Bild 3.4 veranschaulicht diese Approximation. Die Länge der Pfeile der angedeuteten Impulsfolge entspricht der Fläche der δ-Impulse.

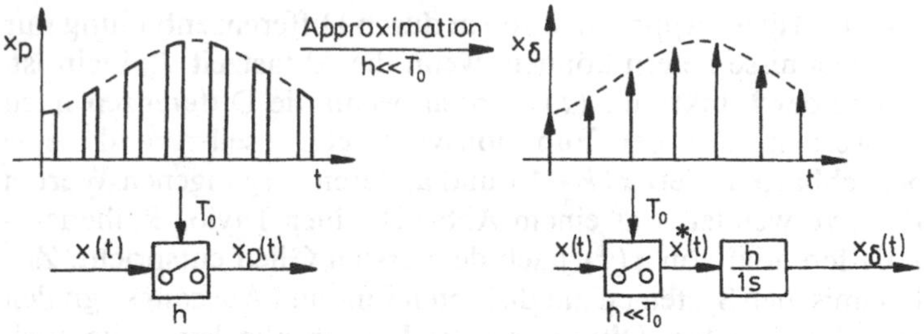

Bild 3.4. Approximation der Impulsfolge $x_p(t)$ durch eine δ – Impulsfolge

Die δ-Impulsfolge $x_\delta(t)$ existiert nur für $t=kT_0$. Deshalb wird aus (3.1.8)

$$x_\delta(t) = \frac{h}{1\text{ s}} \sum_{k=0}^{\infty} x(kT_0)\delta(t-kT_0). \tag{3.1.9}$$

Der Schalter mit der Impulsfolge $x_p(t)$ wird also ersetzt durch einen idealen Abtaster, der eine δ-Impulsfolge erzeugt, die durch $h/1$ s verstärkt wird. Da die Größe der Schaltdauer h bei der Behandlung von Übertragungssystemen mit gleichem, synchron arbeitendem Schalter am Ein- und Ausgang herausfällt bzw. bei nachfolgendem Halteglied keine Rolle spielt, wird die Schaltdauer nicht weiter berücksichtigt (bzw. $h = 1$ s gesetzt), und mit der Impulsfolge

$$x^*(t) = \sum_{k=0}^{\infty} x(kT_0)\delta(t-kT_0) \tag{3.1.10}$$

weiter gerechnet. Durch diese Approximation und „Normierung" wird das Ausgangssignal $x(kT_0)$ des Abtasters nach Bild 3.2 einfach mit δ-Impulsen $\delta(t-kT_0)$ multipliziert.

Es sei noch einmal vermerkt, daß diese Approximation voraussetzt:

a) $h \ll T_0$
b) Dem Abtaster folgt ein lineares Übertragungsglied $G(s) = Z(s)/N(s)$.

3.1.3 Fourier-Transformierte der Impulsfolge

Endliche Schaltdauer

Die Impulsfolge $x_p(t)$ und ihre Approximation $x_\delta(t)$ sollen nun im Frequenzbereich betrachtet werden. Die Impulsfolge $x_p(t)$ bestehe aus einer Folge von Rechteckimpulsen der Breite h und der Höhe $x(kT_0)$. Dies kann auch so aufgefaßt werden, daß der Schalter ein Trägersignal in Form von Rechteckimpulsfolgen $p(t)$ der Höhe 1 erzeugt,

$$p(t) = \sum_{k=0}^{\infty} [1(t-kT_0) - 1(t-kT_0-h)] = \sum_{k=0}^{\infty} p'(t-kT_0) \tag{3.1.11}$$

wobei $1(t)$ eine Sprungfunktion der Höhe 1 darstellt, und dieses Trägersignal mit dem Eingangssignal moduliert (also multipliziert) wird, so daß gilt

$$x_p(t) = x(t)p(t). \tag{3.1.12}$$

Da $p(t)$ periodisch mit der Periodendauer T_0 ist, läßt sich das Trägersignal in eine Fourier-Reihe entwickeln

$$p(t) = \sum_{\nu=-\infty}^{\infty} c_\nu e^{i\nu\omega_0 t} \tag{3.1.13}$$

wobei ω_0 die Abtastfrequenz

$$\omega_0 = \frac{2\pi}{T_0}$$

ist und die Fourier-Koeffizienten

$$c_\nu(i\nu\omega_0) = \frac{1}{T_0}\int_0^{T_0} p(t)e^{-i\nu\omega_0 t}dt \tag{3.1.14}$$

lauten. Mit $p(t) = 1$ wird

$$c_\nu(i\nu\omega_0) = \frac{1}{T_0}\int_0^{h} e^{-i\nu\omega_0 t}dt = \frac{1-e^{-i\nu\omega_0 h}}{i\nu\omega_0 T_0}. \tag{3.1.15}$$

Dies entspricht der Fourier-Transformierten eines Rechteckimpulses, für die durch trigonometrische Umformung auch gilt

$$c_\nu(i\nu\omega_0) = \frac{h}{T_0}\,\frac{\sin\frac{\nu\omega_0 h}{2}}{\frac{\nu\omega_0 h}{2}}\cdot e^{-\frac{i\nu\omega_0 h}{2}}, \tag{3.1.16}$$

s. Bild 3.5a.

Damit wird mit (3.1.13)

$$\begin{aligned} p(t) &= \frac{h}{T_0}\sum_{\nu=-\infty}^{\infty} \frac{\sin\frac{\nu\omega_0 h}{2}}{\frac{\nu\omega_0 h}{2}} e^{-\frac{i\nu\omega_0 h}{2}}\cdot e^{i\nu\omega_0 t} \\ &= \sum_{\nu=-\infty}^{\infty} c_\nu(i\nu\omega_0)e^{i\nu\omega_0 t}. \end{aligned} \tag{3.1.17}$$

Für die Fourier-Transformierte der Impulsfolge $x_p(t)$ gilt

$$\begin{aligned} \mathfrak{F}\{x_p(t)\} &= x_p(i\omega) = \int_{-\infty}^{\infty} x_p(t)e^{-i\omega t}dt = \int_{-\infty}^{\infty} x(t)p(t)e^{-i\omega t}dt \\ &= \sum_{\nu=-\infty}^{\infty} c_\nu(i\nu\omega_0)\int_{-\infty}^{\infty} x(t)e^{-i(\omega-\nu\omega_0)t}dt \\ &= \sum_{\nu=-\infty}^{\infty} c_\nu(i\nu\omega_0)x(i(\omega-\nu\omega_0)) \\ &= c_0 x(i\omega) + c_1(i\omega_0)x(i(\omega-\omega_0)) \\ &\quad + c_2(i2\omega_0)x(i(\omega-2\omega_0)) + \ldots \end{aligned} \tag{3.1.18}$$

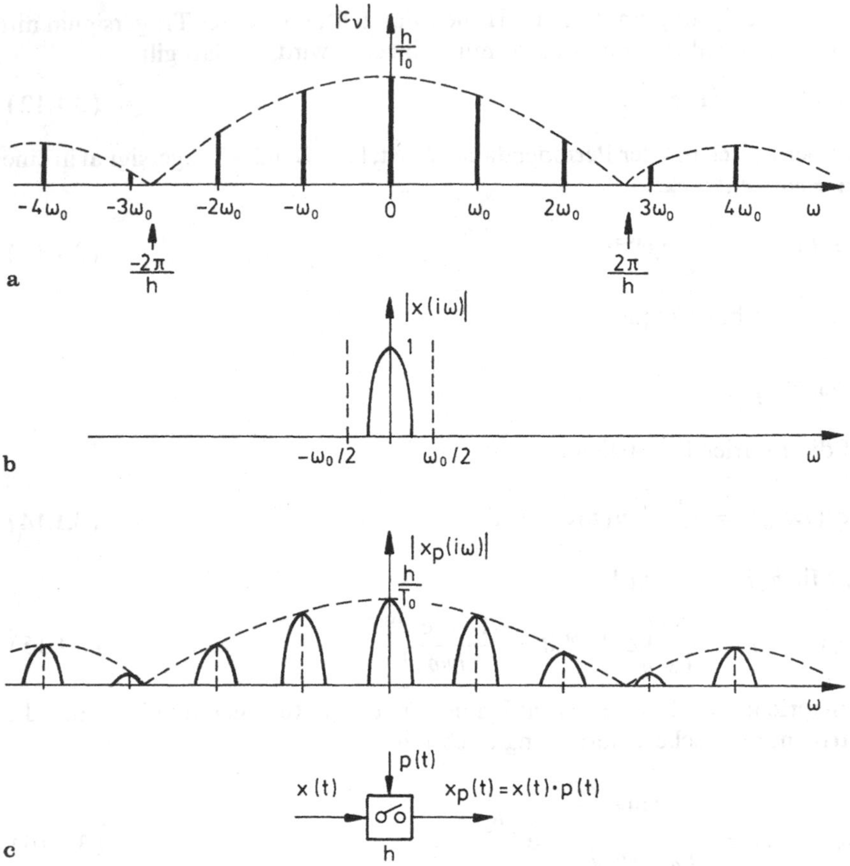

Bild 3.5. Amplitudenspektren der Ein- und Ausgangssignale eines Schalters mit der Schaltdauer h. **a** Amplitudenspektrum der Rechteckimpulsfolge $p(t)$; **b** Amplitudenspektrum des kontinuierlichen Eingangssignales $x(t)$; **c** Amplitudenspektrum des Schalterausgangssignales $x_p(t)$

Durch den Abtastvorgang werden also höherfrequente Signalanteile eingeführt. Die Fouriertransformierte setzt sich nach (3.1.15) aus dem *Grundspektrum*

$$x_p(i\omega)|_{\nu=0} = \frac{h}{T_0} x(i\omega) \tag{3.1.19}$$

und den mit den Fourierkoeffizienten c_ν multiplizierten *Seitenspektren* $x(i(\omega - \nu\omega_0), \nu = \pm 1, \pm 2, ...,$ zusammen, s. Bild 3.5. Also ist das kontinuierliche Spektrum des Eingangssignales $x(t)$ auch im abgetasteten Signal enthalten, allerdings multipliziert mit den Faktoren c_ν.

Kleine Schaltdauer

Für kleine Impulsbreiten h gilt

$$x_p(t) = \sum_{k=0}^{\infty} x(kT_0)[1(t-kT_0) - 1(t-kT_0-h)] \tag{3.1.20}$$

und Laplace-Transformation liefert

$$x_p(s) = \sum_{k=0}^{\infty} x(kT_0)\left[\frac{1-e^{-hs}}{s}\right]e^{-kT_0 s}. \qquad (3.1.21)$$

Mit $h \to 0$ wird

$$1 - e^{-hs} = 1 - \left[1 - hs + \frac{(hs)^2}{2!} - \dots\right] \approx hs \qquad (3.1.22)$$

und somit

$$x_\delta(s) \approx h \sum_{k=0}^{\infty} x(kT_0)e^{-kT_0 s}. \qquad (3.1.23)$$

Laplace-Rücktransformation ergibt

$$x_\delta(t) = \frac{h}{1\ \mathrm{s}} \sum_{k=0}^{\infty} x(kT_0)\delta(t-kT_0), \qquad (3.1.24)$$

also derselbe Ausdruck wie (3.1.9). Das bedeutet, daß bei kleinen Impulsdauern h das resultierende Ausgangssignal durch δ-Impulse angenährt werden kann, die mit $x(kT_0)$ und $h/1\ s$ multipliziert werden. Das Trägersignal besteht jetzt anstelle der Rechteckimpulse aus δ-Impulsen.

Um die Fourier-Transformierte für den Fall $h \to 0$ zu erhalten, wird die δ-Funktion durch einen Rechteckimpuls der Höhe $1/h$ approximiert

$$\delta(t) = \lim_{h\to 0} \frac{1}{h} p'(t). \qquad (3.1.25)$$

Dann folgt aus (3.1.18) und (3.1.15)

$$\begin{aligned} \mathfrak{F}\{x_\delta(t)\} = x_\delta(i\omega) &= \lim_{h\to 0} \frac{1}{h}\mathfrak{F}\{x_p(t)\} \\ &= \lim_{h\to 0} \sum_{\nu=-\infty}^{\infty} \frac{1-e^{-i\nu\omega_0 h}}{i\nu\omega_0 T_0 h} x(i(\omega-\nu\omega_0)) \\ &= \frac{1}{T_0} \sum_{\nu=-\infty}^{\infty} x(i(\omega-\nu\omega_0)). \end{aligned} \qquad (3.1.26)$$

Die Fourier-Transformierte der mit δ-Funktionen approximierten Impulsfolge $x_\delta(t)$ setzt sich also aus dem Grundspektrum des kontinuierlichen Signals $x(t)$

$$x_\delta(i\omega) = \frac{1}{T_0} x(i\omega) \qquad (3.1.27)$$

und den mit $1/T_0$ multiplizierten Seitenspektren $x(i(\omega-\nu\omega_0))$, $\nu = \pm 1, \pm 2, \dots$ zusammen.

(Falls $x(t)$ sprungfähig ist bei $t = 0$, gilt

$$x_\delta(i\omega) = x(0^+)/2 + (1/T_0) \sum_{\nu=-\infty}^{\infty} x(i(\omega - \nu\omega_0))$$

s. [2.25]).

3.2 Laplace-Transformation zeitdiskreter Funktionen und Shannonsches Abtasttheorem

3.2.1 Laplace-Transformation zeitdiskreter Funktionen

Die Laplace-Transformation einer *nichtperiodischen* Funktion $x(t)$ ist

$$x(s) = \mathfrak{L}\{x(t)\} = \int_0^\infty x(t)e^{-st}\mathrm{d}t \tag{3.2.1}$$

mit $s = \delta + i\omega$ liefert, auf einen δ-Impuls angewandt,

$$\mathfrak{L}\{\delta(t)\} = \int_0^\infty \delta(t)e^{-st}\mathrm{d}t = 1\ \mathrm{s}. \tag{3.2.2}$$

Für zeitverschobene δ-Impulse gilt

$$\mathfrak{L}\{\delta(t-kT_0)\} = e^{-kT_0 s} \cdot 1\ \mathrm{s}. \tag{3.2.2}$$

und mit (3.1.10) folgt für die δ-Impulsfolge

$$\mathfrak{L}\{x^*(t)\} = x^*(s) = \sum_{k=0}^{\infty} x(kT_0)\,\mathrm{e}^{-kT_0 s} \cdot 1\ \mathrm{s}. \tag{3.2.4}$$

Man beachte, daß die Laplacetransformierte die Dimension s beinhaltet.

Diese Laplace-Transformierte einer diskreten Funktion $x(kT_0)$ hat nun die Eigenschaft, daß sie periodisch mit der Kreisfrequenz

$$\omega_0 = 2\pi/T_0 \tag{3.2.5}$$

ist, da

$$x^*(s+i\nu\omega_0) = x^*(s) \qquad \nu = 0, \pm 1, \pm 2, \ldots \tag{3.2.6}$$

Dies folgt aus

$$\begin{aligned} x^*(s+i\nu\omega_0) &= \sum_{k=0}^{\infty} x(kT_0)e^{-kT_0 s} \cdot \mathrm{e}^{-kT_0\nu\omega_0 i} \\ &= \sum_{k=0}^{\infty} x(kT_0)\mathrm{e}^{-kT_0 s} \cdot \underbrace{\mathrm{e}^{-k\nu 2\pi i}}_{1} \\ &= x^*(s) \end{aligned} \tag{3.2.7}$$

Dann gilt mit $s = \delta + i\omega$

$$x^*(\delta+i(\omega+\nu\omega_0)) = x^*(\delta+i\omega);\ \nu = \pm 1, \pm 2, ... \tag{3.2.8}$$

Dies bedeutet, daß $x^*(s)$ sich für alle $\nu\omega_0$ wiederholt, wie die Fouriertransformierte $x_\delta(i\omega)$, (3.1.26). Wenn $x^*(\delta+i\omega)$ also bekannt ist, für alle δ und $-\omega_0/2 \leqq \omega < \omega_0/2$, d.h. für einen Streifen in der s-Ebene parallel zur reellen Achse, dann ist es vollständig bekannt für alle ω.

3.2.2 Shannonsches Abtasttheorem

Wenn das kontinuierliche Signal $x(t)$ mit einer kleinen Abtastzeit $T_0 = \Delta t$ abgetastet und durch eine Treppenfunktion approximiert wird, kann die Laplace-Transformierte nach (3.2.1) angenähert werden durch

$$x(s) \approx \sum_{k=0}^{\infty} x(k\Delta t) e^{-k\Delta t s} \Delta t. \tag{3.2.9}$$

Durch Vergleich mit (3.2.4) folgt somit für kleine $T_0 = \Delta t$

$$T_0 x^*(s) \approx x(s) \text{ bzw. } T_0 x^*(\delta+i\omega) \approx x(\delta+i\omega). \tag{3.2.10}$$

Siehe auch (3.1.26). Es were nun angenommen, daß ein kontinuierliches Signal $x(t)$ eine Fouriertransformierte $x(i\omega)$ besitzt, für die gilt

$$x(i\omega) \neq 0 \quad \text{für } -\omega_{max} \leqq \omega \leqq \omega_{max}$$

$$x(i\omega) = 0 \quad \text{für } \omega < -\omega_{max} \text{ und } \omega > \omega_{max},$$

s. Bild 3.6a. Dieses bandbegrenzte Signal werde nun mit der Abtastzeit T_0 abgetastet und durch eine δ-Impulsfolge $x^*(t)$ approximiert. Falls die Abtastzeit genügend klein ist, besteht die Fouriertransformierte dann aus einem „Grundspektrum“

$$T_0 x^*(i\omega) \approx x(i\omega) \qquad -\omega_{max} \leqq \omega \leqq \omega_{max}$$

und wegen (3.2.8) aus periodisch sich alle ω_0 wiederholende „Seitenspektren“

$$T_0 x^*(i(\omega+\nu\omega_0)) \approx x(i\omega) \qquad \nu = \pm 1, \pm 2, ...$$

vgl. Bild 3.6b. Durch das Abtasten entstehen also zusätzlich höherfrequente Komponenten im Vergleich zum kontinuierlichen Signal, wie bereits in Abschn. 3.1.3 erörtert.

Falls man nun daran interessiert ist, aus dem abgetasteten Signal $x^*(t)$ das ursprüngliche stetige Signal wieder zurückzugewinnen, kann man dies durch

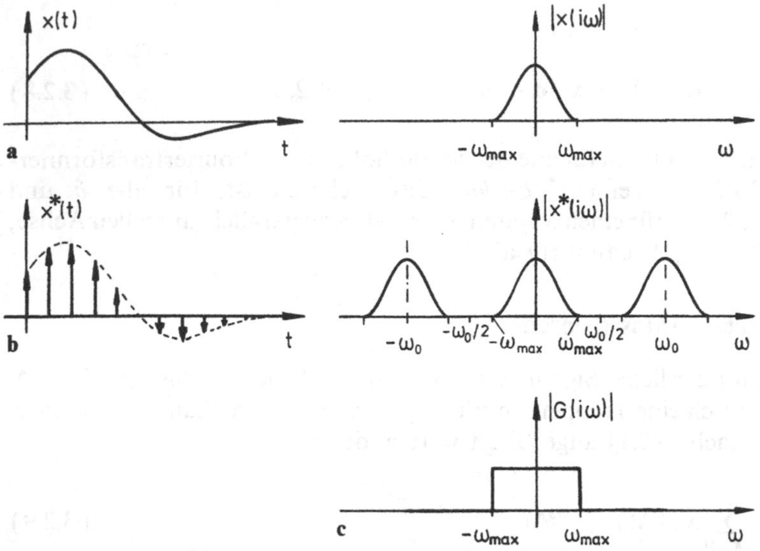

Bild 3.6. Fourier-Transformierte einer abgetasteten Funktion. **a** Betrag der Fourier-Transformierten für eine stetige Funktion; **b** Betrag der Fourier-Transformierten für eine abgetastete Funktion; **c** Betrag des Frequenzganges eines idealisierten Bandpaßfilters

Nachschalten eines idealisierten bandbegrenzten Tiefpaßfilters mit

$$|G(i\omega)| = 1 \qquad -\omega_{max} \leqq \omega \leqq \omega_{max}$$

$$|G(i\omega)| = 0 \qquad \omega < -\omega_{max} \text{ und } \omega > \omega_{max}$$

erreichen, Bild 3.6c. Dies ist ohne Fehler jedoch nur möglich, falls

$$\omega_0/2 = \pi/T_0 > \omega_{max}$$

ist. Falls die Abtastzeit zu groß ist und die Abtastfrequenz

$$\omega_0/2 < \omega_{max},$$

also zu klein wird, dann überlappen sich Grund- und Seitenspektren, und eine Zurückgewinnung des dem stetigen Signal entsprechenden Grundspektrums ist nicht mehr ohne Fehler möglich.

Um also das kontinuierliche bandbegrenzte Signal mit der maximalen Frequenz ω_{max} aus dem abgetasteten Signal wieder zurückzugewinnen, muß die Abtastfrequenz

$$\omega_0 > 2\,\omega_{max} \tag{3.2.11}$$

sein, bzw. die Abtastzeit T_0 nach (3.2.5)

$$T_0 < \pi/\omega_{max}. \tag{3.2.12}$$

Dies ist das *Shannonsche Abtasttheorem.* Die Schwingung höchster Frequenz ω_{max} mit der Periodendauer $T_p = 2\pi/\omega_{max}$ muß also pro Periode mindestens zweimal abgetastet werden.

Es sei noch erwähnt, daß ungefilterte bandbegrenzte Signale in Wirklichkeit weder in der Nachrichtentechnik noch in der Regelungstechnik auftreten. Bei Abtastsystemen spielt jedoch die Shannon-Frequenz (auch Nyquist-Frequenz genannt)

$$\omega_{Sh} = \frac{\omega_0}{2} = \frac{\pi}{T_0} \tag{3.2.13}$$

eine bedeutende Rolle, zumindest als Bezugsfrequenz.

3.2.3 Halteglied

Folgt auf den Abtaster ein *Halteglied nullter Ordnung*, das die abgetasteten Werte $x(kT_0)$ für die Dauer einer Periode T_0 hält, dann wird an seinem Ausgang eine Stufenfunktion $m(t)$ erzeugt, Bild 3.7.

Die Übertragungsfunktion eines Haltegliedes nullter Ordnung kann wie folgt abgeleitet werden. Für die Impulsfolge am Eingang gilt

$$x^*(t) = \sum_{k=0}^{\infty} x(kT_0)\delta(t-kT_0)$$

mit der Laplace-Transformierten

$$x^*(s) = \sum_{k=0}^{\infty} x(kT_0)e^{-kT_0 s}.$$

Die Stufenfunktion läßt sich durch Überlagerung von zeitverschobenen Sprungfunktionen $1(t)$ beschreiben

$$m(t) = \sum_{k=0}^{\infty} x(kT_0)[1(t-kT_0) - 1(t-(k+1)T_0].\tag{3.2.14}$$

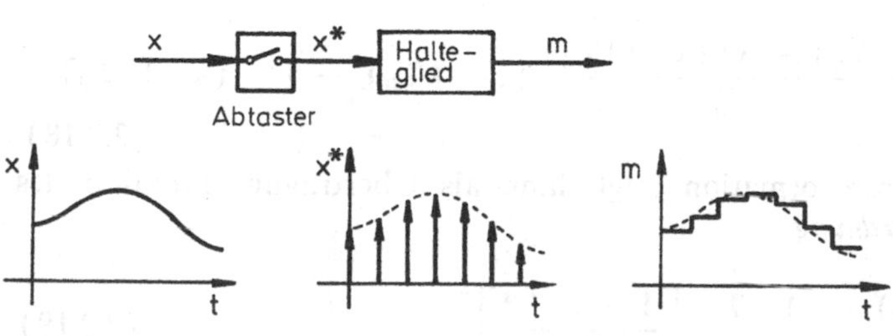

Bild 3.7. Abtaster mit Halteglied nullter Ordnung

Deren Laplace-Transformation liefert

$$m(s) = \underbrace{\sum_{k=0}^{\infty} x(kT_0) e^{-kT_0 s}}_{x^*(s)} \cdot \frac{1}{s} [1 - e^{-T_0 s}].$$

Die Übertragungsfunktion des Haltegliedes lautet somit

$$H(s) = \frac{m(s)}{x^*(s)} = \frac{1}{s} [1 - e^{-T_0 s}]. \tag{3.2.15}$$

Das Halteglied nullter Ordnung kann aufgefaßt werden als ein Integrator, der nur über die Zeitdauer T_0 wirkt. Seine Gewichtsfunktion ist gleich einem Rechteckimpuls der Höhe 1 und Dauer T_0. Der Verstärkungsfaktor folgt aus (3.2.15) für $s \to 0$ zu $H(0) = T_0/1$ s.

Würde man versuchen, das stetige Signal $x(t)$ durch Mittelwertbildung aus dem Stufensignal $m(t)$ zurückzugewinnen, dann wird es um $T_0/2$ zeitverschoben sein. Abtaster und Halteglied führen somit eine Phasenverschiebung ein, die näherungsweise einem Totzeitglied mit der Totzeit $T_t = T_0/2$ entspricht.

Eine Reihenentwicklung der (3.2.15) ergibt für $s = i\omega$

$$H(i\omega) = \frac{1}{i\omega} \left[1 - \frac{1}{1 + \frac{T_0 i\omega}{1!} + \frac{(T_0 i\omega)^2}{2!} + \dots} \right]. \tag{3.2.16}$$

Hieraus folgt

$$\lim_{\omega \to 0} H(i\omega) = \frac{T_0}{1 + T_0 i\omega}. \tag{3.2.17}$$

Für kleine Frequenzen verhält sich das Halteglied nullter Ordnung also wie ein Tiefpaßfilter erster Ordnung.

Abtaster und Halteglied nullter Ordnung bewirken eine stufenförmige Approximation des stetigen Eingangssignals $x(t)$. Möchte man dieses Signal nach der Abtastung noch besser approximieren, dann kann man auch die Steigung $x(t)$ zum Abtastzeitpunkt halten, also bilden

$$\begin{aligned} m(t) = & \sum_{k=0}^{\infty} x(kT_0) [1(t-kT_0) - 1(t-(k+1)T_0)] \\ & + \frac{x(kT_0) - x((k-1)T_0)}{T_0} [(t-kT_0) - (t-(k+1)T_0] \end{aligned} \tag{3.2.18}$$

Über die Laplace-Transformation folgt dann als Übertragungsfunktion des *Haltegliedes erster Ordnung*

$$H'(s) = \frac{m(s)}{x^*(s)} = \frac{1 + T_0 s}{T_0} \left[\frac{1 - e^{-T_0 s}}{s} \right]^2. \tag{3.2.19}$$

Der Verstärkungsfaktor ist $H'(0) = T_0$ und für kleine Frequenzen ergibt sich ebenfalls (3.2.17). Der Vorteil eines Haltegliedes erster Ordnung im Vergleich zum Halteglied nullter Ordnung macht sich deshalb erst bei höheren Frequenzen bemerkbar.

Bei digitalen Regelungen wird wegen der einfacheren Realisierung meist ein Halteglied nullter Ordnung verwendet.

3.2.4 Frequenzgang von Abtastsystemen

Folgt dem Abtaster ein lineares Übertragungsglied mit dem Frequenzgang

$$G(i\omega) = \frac{y(i\omega)}{u(i\omega)}, \tag{3.2.20}$$

dann gilt nach (3.1.26) für das Eingangssignal die δ-Impulsfolge

$$u_\delta(i\omega) = \frac{1}{T_0} \sum_{\nu=-\infty}^{\infty} u(i(\omega - \nu\omega_0)) \tag{3.2.21}$$

und für das kontinuierliche Ausgangssignal

$$y(i\omega) = G(i\omega) u_\delta(i\omega). \tag{3.2.22}$$

Wenn auch $y(t)$ abgetastet wird, ist, auch nach (3.1.26)

$$y_\delta(i\omega) = \frac{1}{T_0} \sum_{\nu=-\infty}^{\infty} y(i(\omega - \nu\omega_0)). \tag{3.2.23}$$

Es entstehen also auch im Ausgangssignal Seitenbänder. Aus (3.2.22) und (3.2.23) folgt mit (3.2.6)

$$\begin{aligned} y_\delta(i\omega) &= \frac{1}{T_0} \sum_{\nu=-\infty}^{\infty} G(i(\omega - \nu\omega_0)) \cdot u_\delta(i(\omega - \nu\omega_0)) \\ &= u_\delta(i\omega) \frac{1}{T_0} \sum_{\nu=-\infty}^{\infty} G(i(\omega - \nu\omega_0)) \end{aligned} \tag{3.2.24}$$

Setzt man (3.1.9) ein, dann fällt der Faktor $h/1$ s heraus und es bleibt

$$y^*(i\omega) = u^*(i\omega) G^*(i\omega) \tag{3.2.25}$$

Der Frequenzgang eines Übertragungsgliedes mit Abtaster am Eingang und Ausgang lautet also [2.11, 2.20],

$$G^*(i\omega) = \frac{y^*(i\omega)}{u^*(i\omega)} = \frac{1}{T_0} \sum_{\nu=-\infty}^{\infty} G(i(\omega - \nu\omega_0)) \tag{3.2.26}$$

d.h. der so definierte Frequenzgang enthält auch „Seitenbänder". Für den Bereich des Grundspektrums des Eingangssignals gilt für große ω_0

$$G^*(i\omega) = \frac{1}{T_0}G(i\omega) \qquad 0 \leqq \omega < \omega_0/2. \tag{3.2.27}$$

Für die Nyquist-Frequenz $\omega = \omega_0/2$ hängen Betrag und Phase des Frequenzganges davon ab, mit welcher Phasenlage die Ausgangsschwingung abgetastet wird.

Solange die Abtastzeit klein genug ist, kann man im Bereich $\omega < \omega_0/2$ den Frequenzgang von abgetasteten Systemen wie bei kontinuierlichen Systemen experimentell bestimmen. Wenn die Abtastzeit jedoch zu groß ist, dann wirkt sich die Überlappung der Seitenbänder aus, so daß die Komponenten nicht mehr trennbar sind. Der Frequenzgang hat wegen der unbequemen Handhabung bei zeitdiskreten Systemen und wegen der zweckmäßigeren Behandlung im Zeitbereich und z-Bereich keine große Verbreitung gefunden.

3.3 Die z-Transformation

3.3.1 Einführen der z-Transformation

Führt man in (3.2.4) die Abkürzung

$$z = e^{T_0 s} = e^{T_0(\delta + i\omega)} = e^{T_0\delta}[\cos T_0\omega + i \sin T_0\omega] \tag{3.3.1}$$

ein, dann entsteht die *z-Transformierte*

$$\begin{aligned} x(z) = \mathfrak{Z}\{x(kT_0)\} &= \sum_{k=0}^{\infty} x(kT_0)z^{-k} \cdot 1\,\mathrm{s} \\ &= [x(0) + x(T_0)z^{-1} + x(2T_0)z^{-2} + \ldots] \cdot 1\,\mathrm{s} \end{aligned} \tag{3.3.2}$$

Man beachte, daß, wie die $\mathfrak{L}$-Transformierte, auch die z-Transformierte die Dimension s beinhaltet. Diese Definition ist jedoch nur dann sinnvoll, wenn $x(z)$ konvergiert. Falls $x(kT_0)$ beschränkt ist, konvergiert $x(z)$ für $|z| = |\exp(T_0\delta)| > 1$. δ ist jedoch, wie bei der Laplace-Transformation, frei wählbar, so daß die Konvergenz für die meisten diskreten Funktionen erzwungen werden kann. Die für die Laplace-Transformation gemachten Annahmen gelten auch bei der z-Transformierten, besonders $x(kT_0) = 0$ für $k < 0$.

$x(z)$ ist im allgemeinen eine unendlich lange Reihe. Für viele Funktionen sind jedoch geschlossene Ausdrücke möglich, wenn man die Eigenschaften von Potenzreihenentwicklungen beachtet.

Beispiel 3.5:
a) Sprungfunktion: $x(kT_0) = 1(kT_0)$

$$x(z) = 1 + z^{-1} + z^{-2} + \ldots = \frac{1}{1 - z^{-1}} = \frac{z}{z - 1} \tag{3.3.3}$$

falls $|z| > 1$.

b) Exponentialfunktion: $x(kT_0) = e^{-akT_0}$ (a reell)

$$x(z) = 1 + (e^{+aT_0}z)^{-1} + (e^{+aT_0}z)^{-2} + \ldots$$

$$= \frac{1}{1-(e^{+aT_0}z)^{-1}} = \frac{z}{z-e^{-aT_0}} = \frac{z}{z+a_1} \tag{3.3.4}$$

falls $|e^{+aT_0}z| > 1$.

c) Sinusfunktion: $x(kT_0) = \sin \omega_1 kT_0$

Mit $\sin \omega_1 kT_0 = \frac{1}{2i}[e^{i\omega_1 kT_0} - e^{-i\omega_1 kT_0}]$

folgt aus b) mit $a = i\omega_1$

$$x(z) = \frac{1}{2i}\left[\frac{z}{z-e^{i\omega_1 T_0}} - \frac{z}{z-e^{-i\omega_1 T_0}}\right]$$
$$= \frac{z\sin\omega_1 T_0}{z^2 - 2z\cos\omega_1 T_0 + 1} = \frac{b_1 z}{z^2 + a_1 z + 1}. \tag{3.3.5}$$

Diese Beispiele zeigen, wie die z-Transformierten einfacher Funktionen erhalten werden können. Eine Tabelle wichtiger Korrespondierenden (kontinuierliche Zeitfunktionen, Laplace-Transformierte und z-Transformierte) ist im Anhang A1 angegeben. Dort sind folgende Eigenschaften zu erkennen:

a) Es existiert eine eindeutige Beziehung zwischen den Nennern von $x(s)$ und $x(z)$

$$\frac{\ldots}{\prod_{j=1}^{n}(s-s_j)} \leftrightarrow \frac{\ldots}{\prod_{j=1}^{n}(z-z_j)} \quad \text{mit} \quad z_j = e^{T_0 s_j}.$$

b) Es existiert aber keine direkte Korrespondenz zwischen den Zählern von $x(s)$ und $x(z)$. So besitzt im allgemeinen $x(z)$ Zählerpolynome, wenn $x(s)$ keine Zählerpolynome hat.

3.3.2 Rechenregeln der z-Transformation

Im folgenden werden einige wichtige Rechenregeln der z-Transformation angegeben.

Linearität:

$$\mathfrak{Z}\{a\, x_1(k) + b\, x_2(k)\} = a\,\mathfrak{Z}\{x_1(k)\} + b\,\mathfrak{Z}\{x_2(k)\} \tag{3.3.6}$$

Beweis: Durch Einsetzen in (3.3.2) folgt das angegebene Superpositionsgesetz.

Beispiel: Es sei $x_1(k) = c_1 k$ und $x_2(k) = c_2$.
Dann gilt

$$\mathfrak{Z}\{c_1 k + c_2\} = c_1\frac{T_0 z}{(z-1)^2} + c_2\frac{z}{(z-1)} = \frac{(c_1 T_0 - c_2)z + c_2 z^2}{(z-1)^2}$$

Rechtsverschiebung:

Die zeitdiskrete Funktion $x(k)$ wird um d Abtastwerte T_0 nach rechts verschoben (verzögert):

$$\mathfrak{Z}\{x(k-d)\} = z^{-d}x(z) \quad d \geqq 0 \tag{3.3.7}$$

Beweis:

$$\mathfrak{Z}\{x(k-d)\} = \sum_{k=0}^{\infty} x(k-d)z^{-k} = z^{-d}\sum_{k=0}^{\infty} x(k-d)z^{-(k-d)}$$

Substitution $q=k-d$ und Beachtung von $x(q) = 0$ für $q < 0$ liefert

$$\mathfrak{Z}\{x(k-d)\} = z^{-d}\sum_{q=-d}^{\infty} x(q)z^{-q} = z^{-d}\sum_{q=0}^{\infty} x(q)z^{-q}$$

$$= z^{-d}x(z).$$

Beispiel: Die z-Transformierte für eine um 3 Abtastzeiten verzögerte Sprungfunktion der Höhe 1 lautet:

$$\mathfrak{Z}\{1(k-3)\} = z^{-3}\frac{z}{z-1} = \frac{1}{z^2(z-1)}.$$

Linksverschiebung:

Die zeitdiskrete Funktion $x(k)$ wird um d Abtastwerte T_0 nach links verschoben (zeitlich vorgezogen).

$$\mathfrak{Z}\{x(k+d)\} = z^{d}\left[x(z) - \sum_{q=0}^{d-1} x(q)z^{-q}\right] \quad \mathrm{d} \geqq 0 \tag{3.3.8}$$

Beweis:

$$\mathfrak{Z}\{x(k+d)\} = \sum_{k=0}^{\infty} x(k+d)z^{-k} = z^{d}\sum_{k=0}^{\infty} x(k+d)z^{-(k+d)}$$

Substitution $q = k+d$

$$\mathfrak{Z}\{x(k+d)\} = z^{d}\sum_{q=d}^{\infty} x(q)z^{-q} = z^{d}\left[\sum_{q=0}^{\infty} x(q)z^{-q} - \sum_{q=0}^{d-1} x(q)z^{-q}\right]$$

$$= z^{d}\left[x(z) - \sum_{q=0}^{d-1} x(q)z^{-q}\right].$$

Durch die Linksverschiebung fallen die Funktionswerte der ursprünglichen nichtverschobenen Funktion $x(k)$ für $k = 0,1,..., d-1$ weg, da die z-Transformierte nur für $q > 0$ definiert ist.

Beispiel: Die z-Transformierte für eine um 3 Abtasteinheiten vorgezogene Sprungfunktion der Höhe 1 lautet:

$$\mathfrak{Z}\{1(k+3)\} = z^3\left[\frac{z}{z-1} - (1 + z^{-1} + z^{-2})\right] = \frac{z}{z-1}$$

Dämpfung:

$$\mathfrak{Z}\{x(k)\mathrm{e}^{-akT_0}\} = x(z\mathrm{e}^{aT_0}) \tag{3.3.9}$$

Beweis: Mit der Substitution $z_s = z\mathrm{e}^{aT_0}$ gilt

$$\mathfrak{Z}\{x(k)\mathrm{e}^{-akT_0}\} = \sum_{k=0}^{\infty} x(k)\mathrm{e}^{-akT_0}z^{-k} = \sum_{k=0}^{\infty} x(k)\,(z\mathrm{e}^{aT_0})^{-k}$$

$$= \sum_{k=0}^{\infty} x(k)z_s^{-k} = x(z_s) = x(z\mathrm{e}^{aT_0})$$

Beispiel: Gegeben ist die z-Transformierte einer Sprungfunktion $x(z) = z/(z-1)$. Gesucht ist diejenige von e^{-2kT_0}.

$$\mathfrak{Z}\{1(k)\mathrm{e}^{-2kT_0}\} = \frac{z\mathrm{e}^{2T_0}}{z\mathrm{e}^{2T_0}-1} = \frac{z}{z-\mathrm{e}^{-2T_0}}.$$

Anfangswert

$$x(0) = \lim_{z\to\infty} x(z)$$

Beweis:

$$x(z) = \sum_{k=0}^{\infty} x(k)z^{-k} = x(0) + x(1)z^{-1} + x(2)z^{-2} + \ldots$$

$$\lim_{z\to\infty} x(z) = x(0)$$

Beispiel: Es ist der Anfangswert der zeitdiskreten Funktion zu berechnen, die die z-Transformierte im Beispiel *Linearität* besitzt

$$x(0) = \lim_{z\to\infty} \frac{(c_1T_0-c_2)z + c_2z^2}{(z-1)^2}\cdot\frac{z^{-2}}{z^{-2}}$$

$$= \lim_{z\to\infty} \frac{(c_1T_0-c_2)z^{-1} + c_2}{1 - 2z^{-1} - z^{-2}} = c_2$$

Endwert:

$$\lim_{k\to\infty} x(k) = \lim_{z\to 1} \frac{z-1}{z}x(z) = \lim_{z\to 1}(z-1)x(z).$$

Gilt nur, wenn der Endwert $x(\infty)$ existiert. Dies ist der Fall, wenn für die Pole von $(z-1)x(z)$ gilt: $|z|<1$.

Beweis: Die diskrete Funktion $x(k)$ läßt sich als Summe ihrer Differenz erster Ordnung darstellen

$$x(k) = \sum_{q=0}^{k} [x(q) - x(q-1)] = \sum_{q=0}^{k} \Delta x(q).$$

Dann gilt der Endwert

$$\lim_{k\to\infty} x(k) = \sum_{q=0}^{\infty} \Delta x(q) = \Delta x(0) + \Delta x(1) + \Delta x(2) + ...$$

Diese Reihe folgt auch aus der z-Transformierten der Differenzen $\Delta x(q)$, wenn man bildet

$$\lim_{z\to 1} \mathfrak{Z}\{\Delta x(q)\} = \lim_{z\to 1} \sum_{q=0}^{\infty} \Delta x(q) z^{-q} = \Delta x(0) + \Delta x(1) + \Delta x(2) + ...$$

Somit gilt

$$\lim_{k\to\infty} x(k) = \lim_{z\to 1} \mathfrak{Z}\{x(q) - x(q-1)\} = \lim_{z\to 1} (1-z^{-1})x(z)$$

$$= \lim_{z\to 1} \frac{z-1}{z} x(z).$$

Beispiel: Es ist der Endwert der Funktion $x(k)$ mit der z-Transformierten $x(z) = 2z/(z-1)(z-0{,}5)$ gesucht.

$$\lim_{k\to\infty} x(k) = \lim_{z\to 1} (z-1)\frac{2z}{(z-1)(z-0{,}5)} = 4.$$

3.3.3 z-Rücktransformation

Gleichung für die Rücktransformation

Zur Ableitung der z-Rücktransformierten wird davon Gebrauch gemacht, daß $x(z)$ bzw. $x^*(s)$ periodisch ist mit $\omega_0 = 2\pi/T_0$ und außerdem symmetrisch zur reellen Achse der s-Ebene. Deshalb braucht $x^*(s)$ nur im Bereich $\delta - i\pi/T_0 \leqq s \leqq \delta + i\pi/T_0$ zurücktransformiert werden, wobei δ größer als die Konvergenzabszisse zu wählen ist.

Multipliziert man

$$x^*(s) = \sum_{k=0}^{\infty} x(k) e^{-kT_0 s} \qquad (3.3.10)$$

mit $e^{\ell T_0 s}$ und integriert diese Gleichung ($a = \pi/T_0$), dann wird

$$\int_{\delta-ia}^{\delta+ia} x^*(s)e^{\ell T_0 s}ds = \int_{\delta-ia}^{\delta+ia}\left[\sum_{k=0}^{\infty} x(k)e^{-kT_0 s}\right]e^{\ell T_0 s}ds$$

$$= \sum_{k=0}^{\infty} x(k) \underbrace{\int_{\delta-ia}^{\delta+ia} e^{-(k-\ell)T_0 s}ds}_{\substack{=0 \text{ für } k\neq\ell \\ =2ia \text{ für } k=\ell}}$$

$$= 2ia\, x(\ell).$$

Somit ist

$$x(\ell) = \mathfrak{Z}^{-1}\{x^*(s)\} = \frac{T_0}{2\pi i}\int_{\delta-i\pi/T_0}^{\delta+i\pi/T_0} x^*(s)e^{\ell T_0}ds. \qquad (3.3.11)$$

Setzt man $z = e^{T_0 s}$ und $dz = T_0 e^{T_0 s}ds$ dann wird

$$x(\ell) = \mathfrak{Z}^{-1}\{x(z)\} = \frac{1}{2\pi i}\oint x(z)z^{\ell-1}dz. \qquad (3.3.12)$$

Die Integration ist hierbei auf einem Kreis mit Radius e^{δ} auszuführen. Für gebrochene rationale $x(z)$ kann das Integral durch Anwenden des Residuensatzes von Cauchy berechnet werden [2.11, 2.13].

Rücktransformation durch Zerlegung in einfache Terme

Eine einfachere Vorgehensweise ergibt sich durch Zerlegung der z-Transformierten $x(z)$ in solche Terme, die in der z-Transformationstabelle vorkommen und Anwendung des Satzes über die Linearität (3.3.6). Ein gegebener gebrochen rationaler Ausdruck $x(z)$ wird hierzu nach den Regeln einer Partialbruchzerlegung z.B. in folgende Form gebracht

$$x(z) = \frac{Az}{(z-1)} + \frac{Bz}{(z-1)^2} + \frac{Cz}{(z-a)} + \frac{Dz}{(z^2-cz+d)} + \ldots \qquad (3.3.13)$$

Man erhält dann aufgrund der Korrespondenzen der Tabelle Anhang A1 eine explizite Funktion des kontinuierlichen Signales im Zeitbereich

$$x(t) = A + Bt/T_0 + Ce^{-at} + De^{-at}\sin\omega_1 t + \ldots \qquad (3.3.14)$$

und mittels $t = kT_0$ die zeitdiskrete Funktion

$$x(k) = A + Bk + Ce^{-akT_0} + De^{-akT_0}\sin\omega_1 kT_0 + \ldots \qquad (3.3.15)$$

Rücktransformation durch Ausdividieren

Wenn man nicht an einer expliziten Funktion $x(k)$ interessiert ist, sondern nur an Zahlenwerten, kann man $x(z)$ durch Ausdividieren in folgende Form bringen

$$(b_0 z^n + b_1 z^{n-1} + \dots + b_n):(z^n + a_1 z^{n-1} + \dots + a_n)$$
$$= c_0 + c_1 z^{-1} + c_2 z^{-2} + \dots \tag{3.3.16}$$

Aus dem Koeffizientenvergleich mit der Definitionsgleichung

$$x(z) = \sum_{k=0}^{\infty} x(k) z^{-k} = x(0) + x(1) z^{-1} + x(2) z^{-2} + \dots \tag{3.3.17}$$

folgt dann unmittelbar

$$x(0) = c_0;\; x(1) = c_1;\; x(2) = c_2;\; \dots \tag{3.3.18}$$

Beispiel 3.6:
Gegeben ist die z-Transformierte

$$x(z) = \frac{0{,}1(z+1)z}{(z-1)^2(z-0{,}6)}$$

mit der Abtastzeit $T_0 = 1$ s.
Gesucht ist die zeitdiskrete Funktion $x(k)$.
a) Zerlegung in einfache Terme:

$$x(z) = \frac{Az}{(z-1)} + \frac{Bz}{(z-1)^2} + \frac{Cz}{(z-0{,}6)}$$
$$= \frac{(A+C)z^3 + (B-2C-1{,}6A)z^2 + (0{,}6A-0{,}6B+C)z}{(z-1)^2(z-0{,}6)}.$$

Aus dem Koeffizientenvergleich folgt $A=-1$; $B=0{,}5$; $C=1$ und somit

$$x(z) = \frac{-z}{(z-1)} + \frac{0{,}5z}{(z-1)^2} + \frac{z}{(z-0{,}6)}.$$

Aus den Korrespondenzen der z-Transformationstabelle und $e^{-aT_0} = 0{,}6$ bzw. $a = -(\ln 0{,}6)/T_0 = 0{,}5108/T_0$ folgt

$$x(t) = -1 + 0{,}5\, t/T_0 + e^{-at}$$

und mit $t=kT_0$

$$x(k) = -1 + 0{,}5\, k + e^{-0{,}5108\, k}.$$

Die Zahlenwerte lauten

$x(0)=0$	$x(3)=0{,}716$
$x(1)=0{,}1$	$x(4)=1{,}1296$
$x(2)=0{,}36$	.
	.
	.

b) Ausdividieren:

$$(0{,}1z^2 + 0{,}1z) : (z^3 - 2{,}6z^2 + 2{,}2z - 0{,}6)$$
$$= 0{,}1z^{-1} + 0{,}36z^{-2} + 0{,}716z^{-3} + 1{,}1296z^{-4} + \ldots$$

Hieraus folgen die Zahlenwerte

$$x(0) = 0 \qquad x(3) = 0{,}716$$
$$x(1) = 0{,}1 \qquad x(4) = 1{,}1296$$
$$x(2) = 0{,}36 \qquad \vdots$$

3.4 Faltungssumme und z-Übertragungsfunktion

3.4.1 Faltungssumme

Wie aus Bild 2.3 bekannt ist, sind dem zu regelnden Prozeß Abtaster vor- und nachgeschaltet. Dies ist in Bild 3.8 noch einmal dargestellt. Es wirkt also zunächst ein Abtaster am Eingang eines linearen Systems mit der Übertragungsfunktion $G(s)$ oder Gewichtsfunktion $g(t)$. Die Approximation der Impulsfolge des Eingangssignales lautet dann

$$u^*(t) = \sum_{k=0}^{\infty} u(kT_0)\delta(t-kT_0). \tag{3.4.1}$$

Da die Antwortfunktion auf einen δ-Impuls die Gewichtsfunktion $g(t)$ ist, folgt für die Ausgangsgröße $y(t)$ die *Faltungssumme*

$$y(t) = \sum_{k=0}^{\infty} u(kT_0)g(t-kT_0). \tag{3.4.2}$$

Wenn auch die Ausgangsgröße abgetastet wird, und zwar synchron zur Eingangsgröße, dann gilt mit $t=nT_0$

$$y(nT_0) = \sum_{k=0}^{\infty} u(kT_0)g((n-k)T_0)$$
$$= \sum_{\nu=0}^{\infty} u((n-\nu)T_0)g(\nu T_0). \tag{3.4.3}$$

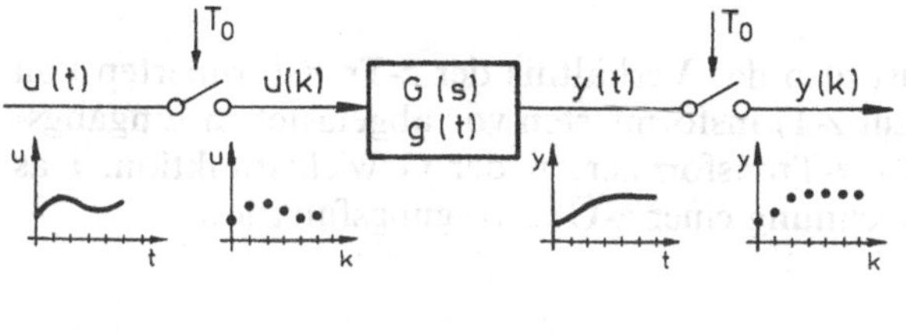

Bild 3.8. Linearer Prozeß mit abgetastetem Ein- und Ausgangssignal

Wie beim Faltungsintegral für zeitkontinuierliche Systeme erhält man den Wert des Ausgangssignals zum Zeitpunkt nT_0 aus der Summe der Produkte der um nT_0 zueinander zeitverschobenen und gegenläufigen $u(kT_0)$ und $g((n-k)T_0)$. Dabei kann die Zeitverschiebung entweder in der Gewichtsfunktion, also $g((n-k)T_0)$ oder im Eingangssignal, also $u((n-v)T_0)$ erfolgen, wie man nach Ausschreiben der Summanden von (3.4.3) unmittelbar sieht.

3.4.2 Impulsübertragungsfunktion, z-Übertragungsfunktion

Die Laplace-Transformation des abgetasteten Ausgangssignals $y(nT_0)$ lautet nach Einsetzen von (3.4.3)

$$
\begin{aligned}
y^*(s) &= \sum_{n=0}^{\infty} y(nT_0)e^{-nT_0s} \\
&= \sum_{n=0}^{\infty}\sum_{k=0}^{\infty} u(kT_0)g((n-k)T_0)e^{-nT_0s}. \qquad (3.4.4)
\end{aligned}
$$

Durch die Substitution $q = n-k$ (und damit auch $n = q+k$) wird

$$
\begin{aligned}
y^*(s) &= \sum_{q=-k}^{\infty}\sum_{k=0}^{\infty} u(kT_0)g(qT_0)e^{-qT_0s}e^{-kT_0s} \\
&= \underbrace{\sum_{q=0}^{\infty} g(qT_0)e^{-qT_0s}}_{G^*(s)}\ \underbrace{\sum_{k=0}^{\infty} u(kT_0)e^{-kT_0s}}_{u^*(s)} \qquad (3.4.5)
\end{aligned}
$$

wobei berücksichtigt wurde, daß $g(qT_0) = 0$ ist für $q < 0$. Die Laplace-Transformierte $u^*(s)$ des Eingangssignals tritt also als getrennter Faktor auf und entsprechend dem Fall der kontinuierlichen Signale definiert man die *Impuls-Übertragungsfunktion*

$$
G^*(s) = \frac{y^*(s)}{u^*(s)} = \sum_{q=0}^{\infty} g(qT_0)e^{-qT_0s}. \qquad (3.4.6)
$$

Die Einführung der Abkürzung $z = e^{T_0s}$ führt zur *z-Übertragungsfunktion*

$$
G(z) = \frac{y(z)}{u(z)} = \sum_{q=0}^{\infty} g(qT_0)z^{-q} = \mathfrak{Z}\{g(q)\}. \qquad (3.4.7)
$$

Die z-Übertragungsfunktion ist also das Verhältnis der z-Transformierten von abgetastetem Ausgangssignal zur z-Transformierten von abgetastetem Eingangssignal. Sie ist ferner gleich der z-Transformierten der Gewichtsfunktion. Das folgende Beispiel zeigt die Berechnung einer z-Übertragungsfunktion.

Beispiel 3.7: Verzögerungsglied erster Ordnung ohne Halteglied
Ein Verzögerungsglied mit der s-Übertragungsfunktion

$$G(s) = \frac{K}{1+Ts} = \frac{K'}{a+s}$$

mit $a = 1/T$ und $K' = K/T$ hat nach der Laplace-Transformationstabelle die Gewichtsfunktion

$$g(t) = K' e^{-at} \cdot 1\,\mathrm{s}\,[-]$$

(Damit $g(t)$ die richtige bzw. keine Dimension beibehält, muß hier mit der Zeiteinheit korrigiert werden. Die Zeiteinheit wurde dabei durch die Laplace-Rücktransformation hereingebracht.)
Für die Abtastzeitpunkte gilt

$$g(kT_0) = K' e^{-akT_0} \cdot 1\,\mathrm{s}.$$

Dies führt mit (3.4.7) und Beispiel 3.5b) zu

$$G(z) = K' \sum_{q=0}^{\infty} (e^{+aT_0} z)^{-q} \cdot 1\,\mathrm{s} = \frac{K'z}{z - e^{-aT_0}} \cdot 1\,\mathrm{s}$$

$$= \frac{K' \cdot 1\,\mathrm{s}}{1 - e^{-aT_0} z^{-1}} = \frac{b_0}{1 + a_1 z^{-1}}.$$

Mit den Zahlenwerten $K = 1$, $T = 7{,}5$ s und $T_0 = 4$ s erhält man

$$b_0 = K' \cdot 1\,\mathrm{s} = (K/T) \cdot 1\,\mathrm{s} = 0{,}1333$$

$$a_1 = -e^{-aT_0} = -0{,}5866.$$

Die in Beispiel 3.7 durchgeführten Schritte bestehen aus

$$G(s) \to g(t) \to g(kT_0) \to G(z)$$

oder

$$G(z) = \mathfrak{Z}\{[\mathfrak{L}^{-1}\{G(s)\}]_{t = kT_0}\}. \qquad (3.4.8)$$

Da jedoch für einfache Ausdrücke aus der z-Transformationstabelle direkt folgt

$$G(s) \to G(z),$$

kann man sich den Umweg über die Gewichtsfunktion ersparen. Sucht man auf dem direkten Weg in der z-Transformationstabelle die Korrespondierenden auf, so werde dies geschrieben

$$G(z) = \mathscr{Z}\{G(s)\}. \qquad (3.4.9)$$

Beispiel 3.7 lautet dann:

$$G(z) = \mathscr{Z}\left\{\frac{K'}{a+s}\right\} \cdot 1\,\mathrm{s} = \frac{K'z}{z - e^{-aT_0}} 1\mathrm{s}.$$

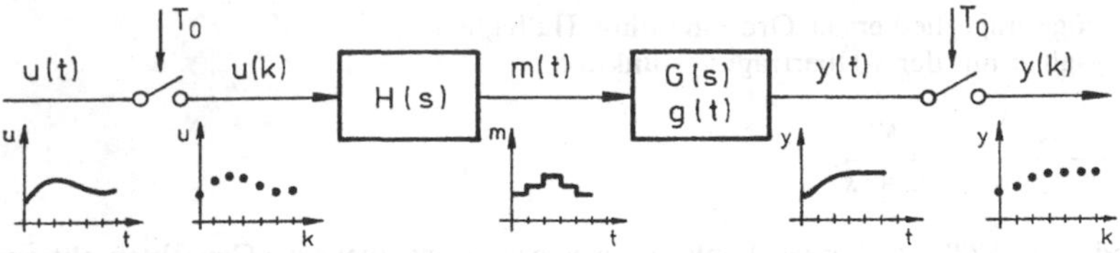

Bild 3.9. Linearer Prozeß mit vorgeschaltetem Halteglied und abgetasteten Ein– und Ausgangssignalen

Wenn dem Abtaster am Eingang ein Halteglied folgt, s. Bild 3.9, dann gilt entsprechend

$$HG(z) = \mathscr{Z}\{H(s)G(s)\}. \qquad (3.4.10)$$

Für ein Halteglied nullter Ordnung ist dann

$$HG(z) = \mathscr{Z}\left\{\frac{1-e^{-T_0 s}}{s}G(s)\right\} = \mathscr{Z}\left\{\frac{G(s)}{s}\right\} - \mathscr{Z}\left\{\frac{G(s)}{s}e^{-T_0 s}\right\}$$

$$= (1-z^{-1})\mathscr{Z}\left\{\frac{G(s)}{s}\right\} = \frac{z-1}{z}\mathscr{Z}\left\{\frac{G(s)}{s}\right\} \qquad (3.4.11)$$

und für ein Halteglied erster Ordnung

$$HG(z) = (1-z^{-1})^2\mathscr{Z}\left\{\frac{1+T_0 s}{T_0}\,\frac{G(s)}{s^2}\right\}. \qquad (3.4.12)$$

Diese Übertragungsfunktion mit Halteglied erster Ordnung bringt jedoch im allgemeinen keine Vorteile, s. [2.17]. Deshalb wird sie im weiteren nicht mehr betrachtet.

Beispiel 3.8: Verzögerungsglied erster Ordnung mit Halteglied nullter Ordnung
Nach (3.4.11) und der z-Transformationstabelle (Anhang) wird

$$HG(z) = \frac{z-1}{z}\mathscr{Z}\left\{\frac{K'}{s(a+s)}\right\} = \frac{z-1}{z}\,\frac{(1-e^{-aT_0})z}{(z-1)(z-e^{-aT_0})}\,\frac{K'}{a}$$

$$= \frac{(1-e^{-aT_0})}{(z-e^{-aT_0})}\,\frac{K'}{a} = \frac{b_1 z^{-1}}{1+a_1 z^{-1}}.$$

Mit den Zahlenwerten von Beispiel 3.7 lauten die Parameter

$$b_1 = (1-e^{-aT_0})\,\frac{K'}{a} = 0{,}4134$$
$$a_1 = -e^{-aT_0} = -0{,}5866.$$

Wie aus dem Vergleich mit Bsp. 3.7 hervorgeht, führt das Halteglied eine Verzögerung z^{-1} und einen anderen Parameter im Zähler ein. Der Nenner ändert sich nicht.

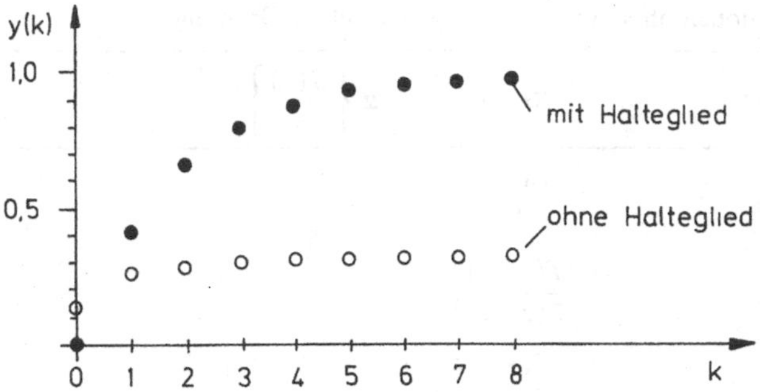

Bild 3.10. Übergangsfunktionen eines Verzögerungsgliedes erster Ordnung ohne und mit Halteglied nullter Ordnung

Es sollen nun die Übergangsfunktionen beider Verzögerungsglieder betrachtet werden. Ohne Halteglied gilt nach Beispiel 3.7.

$$y(k) = -a_1 y(k-1) + b_0 u(k).$$

Mit $u(k) = 1\,(k)$ und den Zahlenwerten für a_1 und b_0 folgt:

$$y(0) = 0{,}1333 \quad y(2) = 0{,}2897$$
$$y(1) = 0{,}2666 \quad y(3) = 0{,}3032.$$

Mit Halteglied ist

$$y(k) = -a_1 y(k-1) + b_1 u(k-1)$$

und die entsprechenden Zahlenwerte ergeben:

$$y(0) = 0 \quad y(2) = 0{,}6559$$
$$y(1) = 0{,}4134 \quad y(3) = 0{,}7891$$

Bild 3.10 zeigt beide Übergangsfunktionen. Auch hieraus ist zu erkennen, daß man ein Halteglied vorschalten muß, wenn das zeitdiskrete Modell ein dem zeitkontinuierlichen Übertragungsglied entsprechendes Verhalten haben soll.

Weitere Beispiele, die aus der z-Transformationstabelle ableitbar sind, gibt Tabelle 3.1 an. Siehe auch Anhang A2. Die Bestimmung von z-Übertragungsfunktionen aus s-Übertragungsfunktionen höherer Ordnung wird gesondert in Abschn. 3.7.3 behandelt.

Liegt bereits eine Beschreibung eines linearen dynamischen Systems in Form einer Differenzengleichung entsprechend (3.1.2) vor

$$y(k) + a_1 y(k-1) + \ldots + a_m y(k-m)$$
$$= b_0 u(k) + b_1 u(k-1) + \ldots + b_m u(k-m) \tag{3.4.13}$$

dann folgt nach dem Rechtsverschiebungssatz

$$y(z)[1 + a_1 z^{-1} + \ldots + a_m z^{-m}] = u(z)\,[b_0 + b_1 z^{-1} + \ldots + b_m z^{-m}]$$

und somit die z-Übertragungsfunktion

$$G(z) = \frac{y(z)}{u(z)} = \frac{b_0 + b_1 z^{-1} + \ldots + b_m z^{-m}}{1 + a_1 z^{-1} + \ldots + a_m z^{-m}} = \frac{B(z^{-1})}{A(z^{-1})}. \tag{3.4.14}$$

Tabelle 3.1. z-Übertragungsfunktionen ohne und mit Halteglied nullter Ordnung

$G(s)$	$G(z)=\mathscr{Z}\{G(s)\}$	$HG(z)=\frac{z-1}{z}\mathscr{Z}\left\{\frac{G(s)}{s}\right\}$
$\frac{1}{s}$	$\frac{z}{z-1}$	$\frac{T_0}{z-1}$
$\frac{1}{s^2}$	$\frac{T_0 z}{(z-1)^2}$	$\frac{T_0^2(z+1)}{2(z-1)^2}$
$\frac{1}{s^3}$	$\frac{T_0^2 z(z+1)}{(z-1)^3}$	$\frac{T_0^3(z^2+4z+1)}{6(z-1)^3}$
$\frac{1}{s^4}$	$\frac{T_0^3 z(z^2+4z+1)}{6(z-1)^4}$	$\frac{T_0^4(z^3+11z^2+11z+1)}{24(z-1)^4}$
$\frac{1}{s+a}$	$\frac{z}{z-e^{-aT_0}}$	$\frac{(1-e^{-aT_0})}{a(z-e^{-aT_0})}$
$\frac{1}{(s+a)^2}$	$\frac{T_0 z e^{-aT_0}}{(z-e^{-aT_0})^2}$	$\frac{(1-e^{-aT_0}(1+aT_0))z+e^{-aT_0}(e^{-aT_0}-1+aT_0)}{a^2(z-e^{-aT_0})^2}$
$\frac{1}{(s+a)(s+b)}$	$\frac{1}{(b-a)}\frac{(e^{-aT_0}-e^{-bT_0})z}{(z-e^{-aT_0})(z-e^{-bT_0})}$	$\frac{1}{ab(a-b)}\frac{(Az+B)}{(z-e^{-aT_0})(z-e^{-bT_0})}$ $A=a-b-ae^{-bT_0}+be^{-aT_0}$ $B=(a-b)e^{-(a+b)T_0}-ae^{-aT_0}+be^{-bT_0}$

3.4.3 Eigenschaften von z-Übertragungsfunktionen und Differenzengleichungen

Proportionales Verhalten

Für Prozesse mit proportionalem Verhalten erhält man den *Verstärkungsfaktor* durch Anwenden des Endwertsatzes

$$K=\frac{y(k\to\infty)}{u(k\to\infty)}=\frac{\lim\limits_{z\to 1}(z-1)y(z)}{\lim\limits_{z\to 1}(z-1)u(z)}=\lim_{z\to 1}\frac{y(z)}{u(z)}$$

$$=\lim_{z\to 1}G(z)=\frac{b_0+b_1+\ldots+b_m}{1+a_1+\ldots+a_m}. \tag{3.4.15}$$

Es müssen (im Unterschied zu $G(s)$) die Summen aller Parameter im Zähler und Nenner gebildet werden.

Integrales Verhalten

Wie z.B. mit $G(s) = 1/T_I s$ und aus der z-Transformationstabelle für $G(z) = \mathscr{Z}\{1/T_I s\} = z/T_I(z-1) = 1/T_I(1-z^{-1})$ hervorgeht, besitzen Prozesse mit integralwirkendem Verhalten einen *Pol* bei $z = 1$ und somit gilt

$$G(z) = \frac{y(z)}{u(z)} = \frac{1}{(1-z^{-1})} \frac{b_0 + b_1 z^{-1} + \ldots + b_m z^{-m}}{1 + a'_1 z^{-1} + \ldots + a'_m z^{-(m-1)}}. \tag{3.4.16}$$

Die Anstiegsgeschwindigkeit im eingeschwungenen Zustand nach einem sprungförmigen Eingangssignal der Höhe u_0 ist dann

$$\begin{aligned} \lim_{k\to\infty} \Delta y(k) &= \lim_{k\to\infty} (y(k) - y(k-1)) \\ &= \lim_{z\to 1} y(z)\ (1 - z^{-1}) \\ &= \frac{b_0 + b_1 + \ldots + b_m}{1 + a'_1 + \ldots + a'_m} u_0. \end{aligned} \tag{3.4.17}$$

Wenn $b_0 \neq 0$, zeigt die Übergangsfunktion einen Sprung bei $k = 0$. Für die meisten Prozesse ist aus Realisierbarkeitsgründen jedoch $b_0 = 0$.

Differenzierendes Verhalten

Bei endlicher Abtastzeit kann nicht erwartet werden, daß ein zeitdiskretes Übertragungsglied mit ideal differenzierendem Verhalten existiert. Geht man von dem zeitkontinuierlichen verzögerten Differentiationsglied

$$G(s) = \frac{y(s)}{u(s)} = \frac{T_D s}{1 + T_1 s} \tag{3.4.18}$$

aus, dann gilt mit Halteglied nullter Ordnung

$$HG(z) = \frac{z-1}{z} \mathscr{Z}\left\{\frac{T_D}{1 + T_1 s}\right\} = \frac{b_0(z-1)}{(z+a_1)} = \frac{b_0(1-z^{-1})}{1 + a_1 z^{-1}} \tag{3.4.19}$$

mit $a_1 = e^{-T_0/T_1}$ und $b_0 = T_D/T_1$.

Es tritt also ein Pol bei $z = -a_1$ und eine *Nullstelle* bei $z_{D1} = 1$ auf. Hierzu gehört die Differenzengleichung

$$y(k) + a_1 y(k-1) = b_0[u(k) - u(k-1)] = b_0 \Delta u(k) \tag{3.4.20}$$

Es wird also die Differenz erster Ordnung des Eingangssignales gebildet. Für $T_1 \to 0$ gilt

$$a_1 \to 0 \quad \text{und} \quad b_0 \to \infty$$

was nicht mehr darstellbar ist.

Totzeit

Ein Totzeitglied folgt der Gleichung

$$y(t) = u(t - T_t)$$

und der s-Übertragungsfunktion

$$G(s) = \frac{y(s)}{u(s)} = e^{-T_t s}.$$

Wenn die Totzeit in ganzzahligen Werten $d = T_t/T_0 = 1,2,3, \ldots$ ausgedrückt werden kann, gilt nach dem Rechtsverschiebungssatz

$$y(z) = z^{-d}u(z)$$

und somit

$$G(z) = D(z) = \frac{y(z)}{u(z)} = z^{-d}. \tag{3.4.21}$$

Für ein Übertragungsglied $G(z)$, dem ein Totzeitglied vor- oder nachgeschaltet ist, gilt deshalb

$$DG(z) = \frac{y(z)}{u(z)} = G(z)\, z^{-d}. \tag{3.4.22}$$

Totzeitglieder haben bei zeitdiskreten Systemen also denselben Typ von Übertragungsfunktion wie andere dynamische Glieder. Im Unterschied zu zeitkontinuierlichen Systemen lassen sich Totzeitglieder deshalb sehr einfach einbeziehen.

Realisierbarkeit

Ein zeitdiskretes Übertragungssystem wird dann als realisierbar bezeichnet, wenn das Kausalitätsprinzip erfüllt wird, d.h. die Ausgangsgröße $y(k)$ hängt nicht von zukünftigen Werten des Eingangssignals $u(k+j)$, $j = 1,2, \ldots$ ab. Hieraus folgt:
a) eine Differenzengleichung in der Form

$$\begin{aligned} a_0 y(k) + a_1 y(k-1) + \ldots + a_n y(k-n) \\ = b_0 u(k) + b_1 u(k-1) + \ldots + b_m u(k-m) \end{aligned} \tag{3.4.23}$$

und die zugehörige z-Übertragungsfunktion

$$G(z) = \frac{y(z)}{u(z)} = \frac{b_0 + b_1 z^{-1} + \ldots + b_m z^{-m}}{a_0 + a_1 z^{-1} + \ldots + a_n z^{-n}} \tag{3.4.24}$$

sind unter folgenden Bedingungen realisierbar

– wenn $b_0 \neq 0$, muß $a_0 \neq 0$ sein.
– wenn $b_0 = 0$, $a_0 = 0$ und $b_1 \neq 0$, muß $a_1 \neq 0$ sein usw. (3.4.25)

Somit gilt

$$m \lesseqgtr n.$$

b) Eine Differenzengleichung in der Form

$$\begin{aligned} &a'_0 y(k) + a'_1 y(k+1) + \dots + a'_n y(k+n) \\ &\quad = b'_0 u(k) + b'_1 u(k+1) + \dots + b'_m u(k+m) \end{aligned} \tag{3.4.26}$$

und die zugehörige z-Übertragungsfunktion

$$G(z) = \frac{y(z)}{u(z)} = \frac{b'_0 + b'_1 z + \dots + b'_m z^m}{a'_0 + a'_1 z + \dots + a'_n z^n} \tag{3.4.27}$$

sind realisierbar, wenn

$$m \leqq n \quad \text{für} \quad a'_n \neq 0. \tag{3.4.28}$$

da $y(k+n)$ dann nicht von zukünftigen $u(k+m)$ abhängt.

Zusammenhang mit der Gewichtsfunktion

Die Gewichtsfunktion folgt aus der Differenzengleichung (3.4.23) in der Form

$$\begin{aligned} y(k) &= b_0 u(k) + b_1 u(k-1) + \dots + b_m u(k-m) \\ &\quad - a_1 y(k-1) - \dots - a_n y(k-n) \end{aligned} \tag{3.4.29}$$

indem man als Eingangssignal einen δ-Impuls einsetzt, der nach (3.4.1) beschrieben wird durch

$$\left.\begin{aligned} u(0) &= 1 \\ u(k) &= 0 \quad \text{für} \quad k > 0. \end{aligned}\right\} \tag{3.4.30}$$

Dann wird

$$\left.\begin{aligned} g(0) &= b_0 \\ g(1) &= b_1 - a_1 g(0) = b_1 - a_1 b_0 \\ g(2) &= b_2 - a_1 g(1) - a_2 g(0) = b_2 - a_1 b_1 + a_1^2 b_0 - a_2 b_0 \\ &\;\;\vdots \\ g(k) &= b_k - a_1 g(k-1) - \dots - a_k g(0) \quad \text{für} \quad k \leqq m \\ g(k) &= \quad\;\; - a_1 g(k-1) - \dots - a_k g(k-n) \quad \text{für} \quad k > m \end{aligned}\right\} \tag{3.4.31}$$

Der Parameter b_0 ist also gleich $g(0)$. Falls $b_0 = 0$ ist, gilt $g(1) = b_1$. Die letzte Gleichung zeigt, daß mit zunehmendem k die Gewichtsfunktion immer mehr durch die Parameter a_i bestimmt wird.

Zusammenhang mit der Übergangsfunktion

Aus (3.4.29) folgt mit

$$u(k) = 1 \, für \; k \geqq 0 \tag{3.4.32}$$

für die Übergangsfunktion

$$\begin{aligned}
h(0) &= b_0\\
h(1) &= b_0 + b_1 - a_1 h(0) = b_0 + b_1 - a_1 b_0\\
h(2) &= b_0 + b_1 + b_2 - a_1 h(1) - a_2 h(0)\\
&= b_0 + b_1 + b_2 - a_1 b_0 + a_1 b_1 + a_1^2 b_0 - a_2 b_0\\
&\vdots\\
h(k) &= b_0 + b_1 + \ldots + b_k - a_1 h(k-1) - a_2 h(k-2) - \ldots - a_k h(0) \quad \text{für } k \leqq m\\
h(k) &= b_0 + b_1 + \ldots + b_m - a_1 h(k-1) - a_2 h(k-2) - \ldots - a_n h(k-n) \quad \text{für } k > m
\end{aligned} \tag{3.4.33}$$

Zusammenhang von Gewichtsfunktion und Übergangsfunktion

Aus der Faltungssumme (3.4.3) ergibt sich mit dem Einheitssprung $u(kT_0) = 1$, $k \geqq 0$, als Eingangssignal die Übergangsfunktion zu

$$h(n) = \sum_{k=0}^{\infty} g(n-k). \tag{3.4.34}$$

Die Übergangsfunktion entsteht also durch die Überlagerung zeitverschobener Gewichtsfunktionen. Schreibt man (3.4.34) für $n-1$ an, gilt

$$h(n-1) = \sum_{k=0}^{\infty} g(n-1-k)$$

und

$$h(n) = \sum_{k=0}^{\infty} g(n-1-k) + g(n).$$

Somit folgt für die Berechnung der Gewichtsfunktion bei gegebener Übergangsfunktion

$$g(n) = h(n) - h(n-1) = \Delta h(n) \tag{3.4.35}$$

Zusammenschaltung linearer Abtastsysteme

Für ein lineares Übertragungssystem $G(s)$ mit einem Abtaster am Eingang und einem Abtaster am Ausgang wird der Zusammenhang der abgetasteten Signale (zeitdiskrete Signale nach dem Abtaster) $u(k)$ und $y(k)$, s. Bild 3.8 und (3.4.7), (3.4.9), beschrieben durch

$$y(z) = u(z) \cdot G(z) = u(z) \cdot \mathscr{Z}\{G(s)\}. \tag{3.4.36}$$

Das Multiplikationszeichen soll betonen, daß sich zwischen dem kontinuierlichen Signal $u(t)$ und der Übertragungsfunktion $G(s)$ ein Abtaster befindet. Glei-

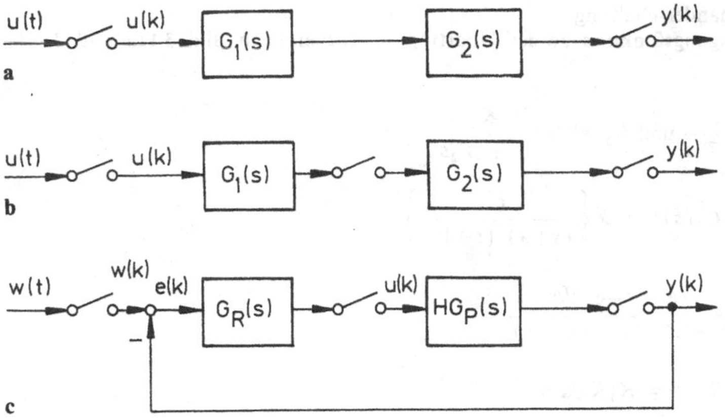

Bild 3.11. Beispiele zusammengeschalteter Systeme mit Abtastern. **a** Hintereinanderschaltung ohne zwischenliegendem Abtaster; **b** Hintereinanderschaltung mit zwischenliegendem Abtaster; **c** Abtastregelkreis

chung (3.4.36) besagt, daß zunächst alle Glieder ohne dazwischen liegende Abtaster zu $G(s)$ zusammenzufassen sind und erst dann $G(z) = \mathscr{Z}\{G(s)\}$ zu bilden ist.

Deshalb gilt für hintereinandergeschaltete Glieder nach Bild 3.11a ohne dazwischen liegendem Abtaster

$$y(z) = u(z) \cdot \mathscr{Z}\{G_1(s)G_2(s)\} = u(z) \cdot G_1G_2(z) \tag{3.4.37}$$

und für Bild 3.11b mit dazwischen liegendem Abtaster

$$y(z) = u(z) \cdot \mathscr{Z}\{G_1(s)\} \cdot \mathscr{Z}\{G_2(s)\} = u(z) \cdot G_1(z) \cdot G_2(z). \tag{3.4.38}$$

Der dazwischen liegende Abtaster macht sich also durch das Multiplikationszeichen zwischen $G_1(z)$ und $G_2(z)$ bemerkbar. Somit folgt

$$G_1G_2(z) \neq G_1(z) \cdot G_2(z). \tag{3.4.39}$$

(Anmerkung: Bei reinen Totzeitgliedern gilt in Gl. (3.4.39) das Gleichheitszeichen, da der dazwischen liegende Abtaster nichts ändert.)

Das Führungsübertragungsverhalten eines Abtastregelkreises nach Bild 3.11c berechnet sich wie folgt

$$y(z) = HG_P(z) \cdot G_R(z)\,[w(z) - y(z)]$$

$$G_w(z) = \frac{y(z)}{w(z)} = \frac{HG_P(z) \cdot G_R(z)}{1 + HG_P(z) \cdot G_R(z)}.$$

Als Regel kann man festhalten, daß jeder Abtaster zwischen den z-transformierten Signalen und den z-Übertragungsfunktionen zu einem Multiplikationszeichen führt.

Beispiel 3.9: Hintereinanderschaltung
Es soll die z-Übertragungsfunktion zweier Übertragungsglieder nach Bild 3.11a und 3.11b bestimmt werden, für

$$G_1(s) = \frac{K_1}{1 + T_1 s} \text{ und } G_2(s) = \frac{K_2}{1 + T_2 s}$$

$$\text{a)}\ G(z) = \mathscr{Z}\{G_1(s) G_2(s)\} = \mathscr{Z}\left\{\frac{\mathrm{c}}{(s+\mathrm{a})\ (s+\mathrm{b})}\right\}$$

$$= \frac{\mathrm{c}}{\mathrm{b} - \mathrm{a}} \frac{z(\mathrm{e}^{-\mathrm{a}T_0} - \mathrm{e}^{-\mathrm{b}T_0})}{(z - \mathrm{e}^{-\mathrm{a}T_0})(z - \mathrm{e}^{-\mathrm{b}T_0})}$$

$$\mathrm{a} = 1/T_1;\ \mathrm{b} = 1/T_2;\ \mathrm{c} = K_1 K_2\ \mathrm{a}\ \mathrm{b}$$

$$\text{b)}\ G(z) = \mathscr{Z}\{G_1(s)\} \cdot \mathscr{Z}\{G_2(s)\} = \mathscr{Z}\left\{\frac{\mathrm{a}K_1}{s+\mathrm{a}}\right\} \cdot \mathscr{Z}\left\{\frac{\mathrm{b}K_2}{s + \mathrm{b}}\right\}$$

$$= \frac{\mathrm{a}\ \mathrm{b}\ K_1 K_2}{(z - \mathrm{e}^{-\mathrm{a}T_0})(z - \mathrm{e}^{-\mathrm{b}T_0})}$$

3.5 Pole und Nullstellen, Stabilität

Es wird ein linearer Prozeß betrachtet, der für kontinuierliche Signale durch die rationale Übertragungsfunktion

$$G(s) = \frac{y(s)}{u(s)} = \frac{B(s)}{A(s)} = \frac{\mathrm{b}_0 + \mathrm{b}_1 s + \mathrm{b}_2 s^2 \ldots + \mathrm{b}_m s^m}{1 + \mathrm{a}_1 s + \mathrm{a}_2 s^2 + \ldots + \mathrm{a}_n s^n}$$

$$= \frac{(s - s_{01})(s - s_{02}) \ldots (s - s_{0m})}{(s - s_1)(s - s_2) \ldots (s - s_n)} \frac{\mathrm{b}_m}{\mathrm{a}_n} \tag{3.5.1}$$

beschrieben wird. Für den entsprechenden Prozeß mit abgetasteten Signalen gilt dann nach Abschn. 3.4, ohne oder mit Halteglied nullter Ordnung, die rationale z-Übertragungsfunktion

$$G(z) = \frac{y(z)}{u(z)} = \frac{B(z^{-1})}{A(z^{-1})} = \frac{b_0 + b_1 z^{-1} + \ldots + b_m z^{-m}}{1 + a_1 z^{-1} + \ldots + a_n z^{-n}} \tag{3.5.2}$$

und nach Umformung $(n > m)$

$$G(z) = \frac{B(z)}{A(z)} = \frac{(b_0 z^m + b_1 z^{m-1} + \ldots + b_m) z^{n-m}}{z^n + a_1 z^{n-1} + \ldots + a_n}$$

$$= \frac{(z - z_{01})(z - z_{02}) \ldots (z - z_{0n})}{(z - z_1)(z - z_2) \ldots (z - z_n)} \tag{3.5.3}$$

Die Wurzeln z_i, $i = 1,2, \ldots, n$, des Nennerpolynoms $A(z) = 0$ sind die *Pole*, und die Wurzeln z_{0i}, $i=1,2, \ldots, n$, des Zählerpolynoms sind die *Nullstellen* der z-Übertragungsfunktion.

Die Pole beschreiben hierbei das Eigenverhalten des Prozesses, und hängen von seinen internen Kopplungen ab. Sie sind deshalb maßgebend für die Stabilität. Die Nullstellen geben an, wie die Eingangsgröße auf die internen Größen wirken und wie diese die Ausgangsgrößen beeinflussen.

3.5.1 Lage der Pole in der z-Ebene

Im folgenden wird von kontinuierlichen Übertragungsfunktionen erster und zweiter Ordnung ausgegangen und nach Bildung der z-Übertragungsfunktion untersucht, wie sich reelle und konjugiert komplexe Pole in der z-Ebene abbilden.

Reelle Pole

In Beispiel 3.7 wurde gezeigt, daß ein Verzögerungsglied erster Ordnung

$$G(s) = \frac{y(s)}{u(s)} = \frac{K'}{a + s} \tag{3.5.4}$$

mit dem Pol $s_1 = -a$ (kontinuierliche Signale) ohne Halteglied die z-Übertragungsfunktion

$$G(z) = \frac{y(z)}{u(z)} = \frac{K'z}{z - z_1} = \frac{K'}{1 - a_1 z^{-1}} \tag{3.5.5}$$

mit dem Pol

$$z_1 = a_1 = e^{-aT_0} \tag{3.5.6}$$

besitzt (Beachte: Vorzeichen von a_1 wie von z_1). Die zugehörige Differenzengleichung lautet

$$y(k) - a_1 y(k-1) = K'u(k). \tag{3.5.7}$$

Nach einer Anfangsauslenkung $y(0) \neq 0$ und $u(k) = 0$ gilt die homogene Differenzengleichung

$$y(k) - a_1 y(k-1) = 0 \tag{3.5.8}$$

Deren Lösung lautet

$$\left.\begin{array}{lll} y(1) = a_1 y(0) & & \\ y(2) = a_1 y(1) & = a_1^2 y(0) & \\ \cdot & \cdot & \\ \cdot & \cdot & \\ \cdot & \cdot & \\ y(k) = & a_1^k y(0). & \end{array}\right\} \tag{3.5.9}$$

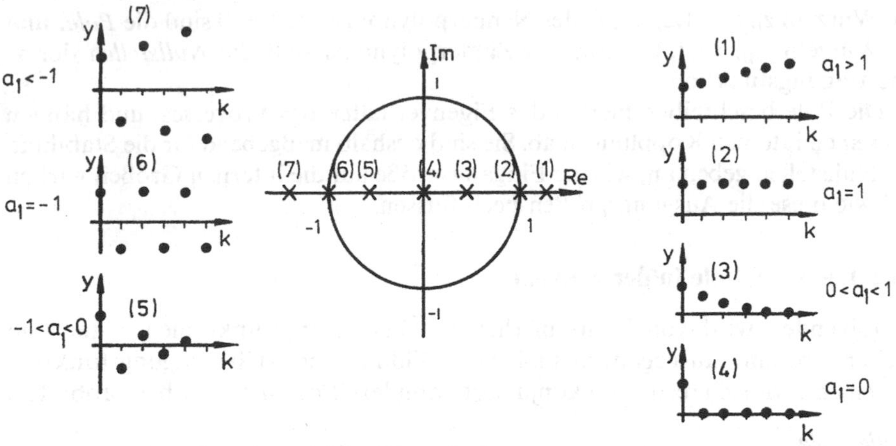

Bild 3.12. Reelle Pole und zugehörige Eigenschwingungen

Dieses System strebt nur dann einer Gleichgewichtslage zu und ist damit asymptotisch stabil, wenn $|a_1|<1$. Der zeitliche Verlauf von $y(k)$ ist für verschiedene Lagen des Poles a_1 in der z-Ebene in Bild 3.12 dargestellt. Für negative a_1 ergibt sich ein periodischer Verlauf mit alternierendem Vorzeichen von $y(k)$, also ein Verlauf der bei Systemen erster Ordnung mit kontinuierlichen Signalen nicht möglich ist.

Da die Pole der s-Ebene und der z-Ebene wegen (3.5.6) über

$$z_1 = a_1 = e^{s_1 T_0} \qquad (3.5.10)$$

in Beziehung stehen, ergibt sich folgende Korrespondenz:

$$s\text{-Pole für } -\infty < s_1 < +\infty \rightarrow z\text{-Pole für } 0 < z_1 < \infty .$$

Demnach ergeben sich aus reellen Polen in der s-Ebene nur positive reelle Pole in der z-Ebene. Deshalb haben reelle negative Einfachpole $z_1 < 0$ keine korrespondierenden Pole auf der reellen Achse der s-Ebene. (Ein negativer reeller Doppelpol für $z_1 < 0$ entspricht jedoch einem besonderen konjugiert komplexen Polpaar in der s-Ebene, wie in Bild 3.14 noch gezeigt wird).

Konjugiert komplexe Pole

Das Übertragungsglied

$$G(s) = \frac{y(s)}{u(s)} = \frac{K}{T^2 s^2 + 2DTs + 1} = \frac{K\omega_{00}^2}{s^2 + 2D\omega_{00}s + \omega_{00}^2}$$

$$= \frac{K(a^2+\omega_1^2)}{(s+a)^2 + \omega_1^2} = \frac{K(a^2+\omega_1^2)}{(s-s_1)(s-s_2)} \qquad (3.5.11)$$

mit

$$a = D/T = D\omega_{00}$$
$$\omega_1^2 = \frac{1}{T^2}(1-D^2) = \omega_{00}^2(1-D^2)$$
$$s_{1,2} = -a \pm i\omega_1$$

(D Dämpfungskonstante; ω_{00} Kennkreisfrequenz)
hat ohne Halteglied die z-Übertragungsfunktion

$$G(z) = \frac{y(z)}{u(z)} = \frac{\left(\alpha K \frac{a^2 + \omega_1^2}{\omega_1} \sin\omega_1 T_0\right) z}{z^2 - (2\alpha \cos\omega_1 T_0) z + \alpha^2} = \frac{b_1 z}{(z-z_1)(z-z_2)} \tag{3.5.12}$$

wobei $\alpha = e^{-aT_0}$.
Die Pole ergeben sich zu

$$z_{1,2} = \alpha[\cos\omega_1 T_0 \pm i \sin\omega_1 T_0] = \alpha\, e^{\pm i\omega_1 T_0}$$
$$= e^{(-a \pm i\omega_1)T_0} \tag{3.5.13}$$

und die homogene Differenzengleichung ist

$$y(k) - (2\alpha \cos\omega_1 T_0) y(k-1) + \alpha^2 y(k-2) = 0. \tag{3.5.14}$$

Für beliebige Anfangswerte $y(0)$ und dem speziellen Anfangswert $y(1) = \alpha \cos \omega_1 T_0$ lautet die Lösung

$$y(k) = \alpha^k \cos\omega_1 k T_0 \cdot y(0). \tag{3.5.15}$$

Für positive Werte von α ist der zeitliche Verlauf in Bild 3.13 dargestellt. Bild 3.13a zeigt für konstantes $\omega_1 T_0 \mathrel{\hat{=}} 30°$ das Einschwingverhalten für verschiedene α, also

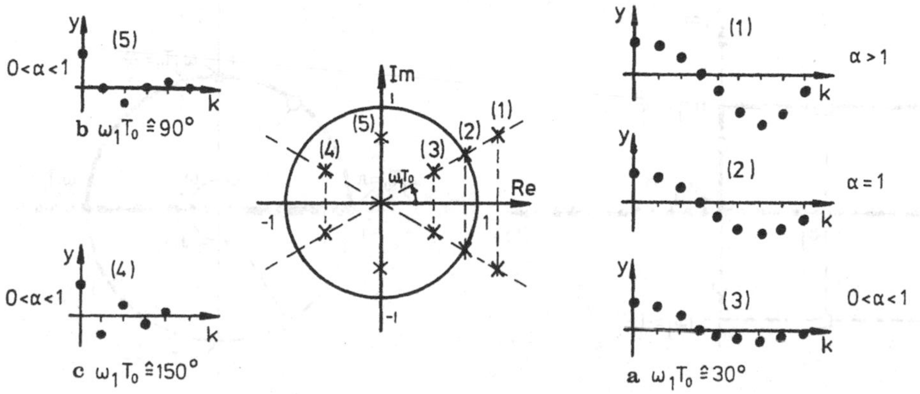

Bild 3.13. Konjugiert komplexes Polpaar mit zugehörigen Eigenschwingungen. (Shannonsche Kreisfrequenz: $\omega_{Sh} T_0 = \pi$)

verschiedene Dämpfungen. Erhöht man $\omega_1 T_0$, d.h. vergrößert man z.B. ω_1 bei gleichem T_0, dann ergibt sich Folgendes. Bei $\omega_1 T_0 \mathrel{\hat{=}} 90°$, die Pole liegen dann auf der imaginären Achse, ist $y(k) = 0$ für $k = 1,3,5, \ldots$ und das Vorzeichen wechselt für $k = 0,2,4, \ldots$. Für $90° < \omega_1 T_0 < 180°$ entstehen alternierende Vorzeichen. Bei $\omega_1 T_0 \mathrel{\hat{=}} 180°$ überschreitet ω_1 die Shannonsche Abtastfrequenz $\omega_{Sh} = \pi/T_0$, d.h. die Schwingung mit ω_1 kann nicht mehr erfaßt werden.

Ein asymptotisch stabiles Verhalten ergibt sich für $\alpha < 1$, d.h. wenn die konjugiert komplexen Pole in der z-Ebene innerhalb eines Kreises mit Radius 1 liegen.

Allgemeiner Zusammenhang zwischen den Lagen der Pole in der s-Ebene und z-Ebene

Sowohl für die behandelten reellen als auch konjugiert komplexen Pole folgt als Transformationsgleichung der Pole in der s-Ebene

$$s_j = \delta_j \pm i\omega_j \tag{3.5.16}$$

in die Pole der z-Ebene

$$z_j = e^{T_0 s_j} = e^{T_0(\delta_j \pm i\omega_j)} = e^{T_0\delta_j} e^{\pm i\omega_j T_0}. \tag{3.5.17}$$

Die Pole z_j haben somit den Betrag und den Phasenwinkel

$$|z_j| = e^{T_0\delta_j} \quad \text{und} \quad \varphi_j = \pm\, \omega_j T_0. \tag{3.5.18}$$

Diese Abbildung ist in Bild 3.14 dargestellt. Aufgrund der Transformationsgleichung ergibt sich:

a) Der imaginäre Achsabschnitt $0 \leqq i\omega_j \leqq i\pi/T_0$ der s-Ebene wird in den oberen Halbkreis mit Radius 1 der z-Ebene abgebildet.
b) Der imaginäre Achsabschnitt $-i\pi/T_0 \leqq i\omega_j \leqq 0$ der s-Ebene wird in den unteren Halbkreis mit Radius 1 der z-Ebene abgebildet.

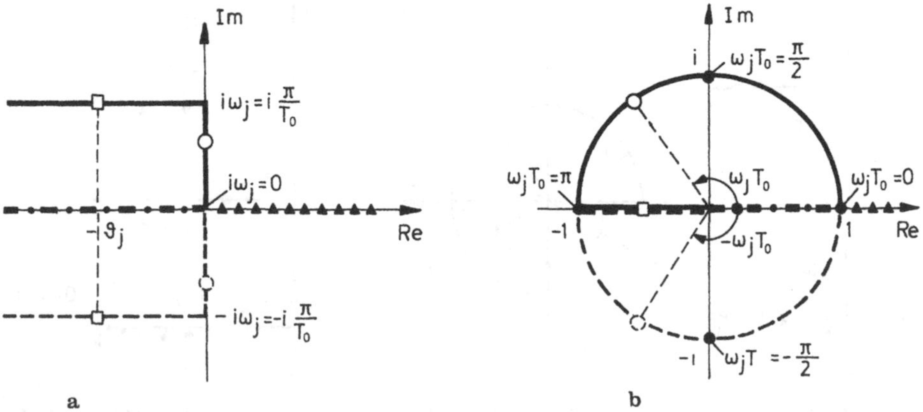

Bild 3.14. Abbildung der s-Ebene in die z-Ebene durch $z = e^{T_0 s}$. **a** s-Ebene; **b** z-Ebene

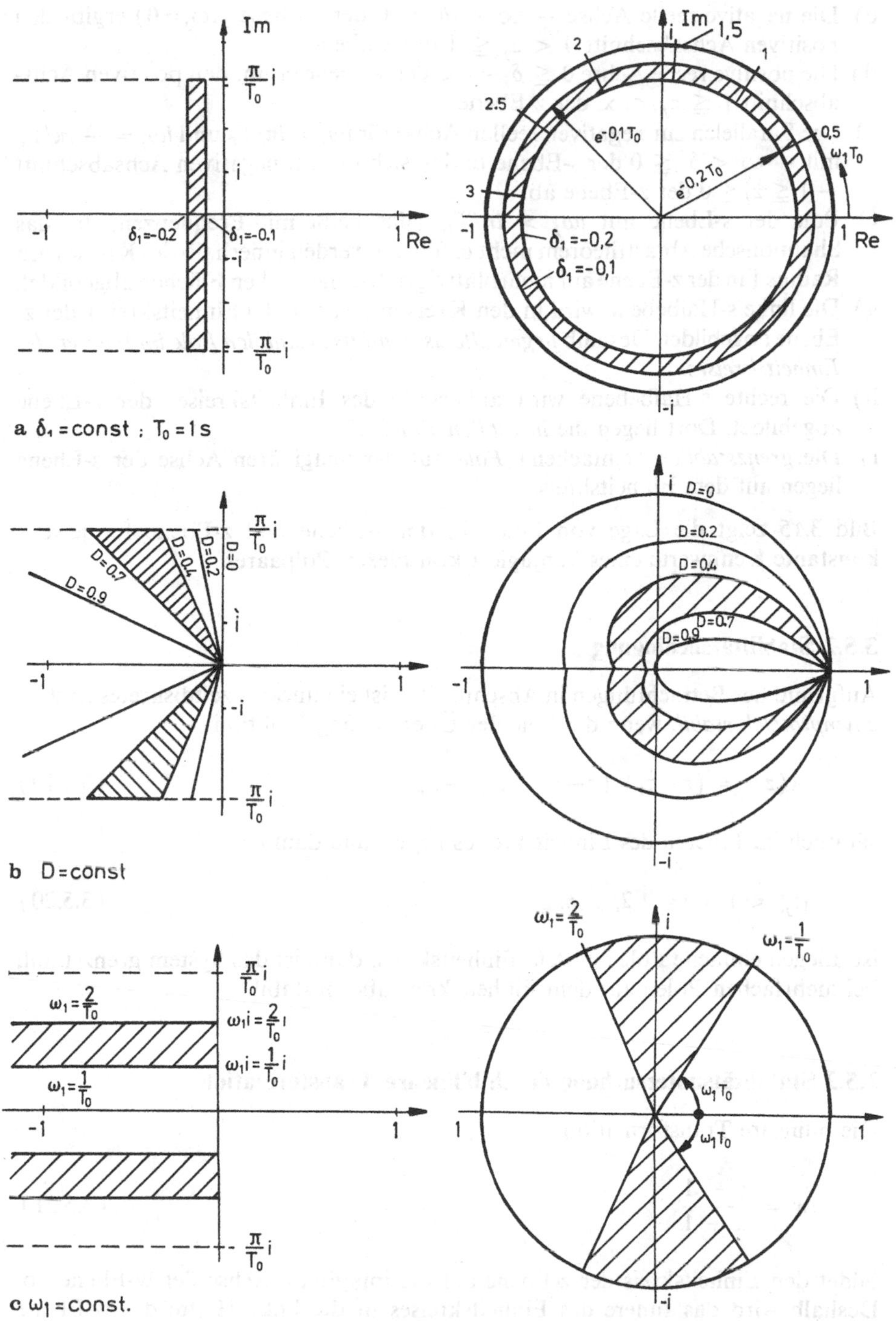

Bild 3.15. Lage von Polen in der s-Ebene und z-Ebene für jeweils konstante Kennwerte, **a** $\delta_1 =$ const; $T_0 = 1$ s; **b** $D =$ const; **c** $\omega_1 =$ const

c) Die negative reelle Achse $-\infty < \delta_j \leqq 0$ der s-Ebene ($i\omega_j=0$) ergibt den positiven Achsabschnitt $0 < z_j \leqq 1$ der z-Ebene.
d) Die positive reelle Achse $0 \leqq \delta_j < \infty$ der s-Ebene ergibt den positiven Achsabschnitt $1 \leqq z_j < \infty$ der z-Ebene.
e) Die Parallelen zur negativen reellen Achse für $i\omega_j = i\pi/T_0$ und $i\omega_j = -i\pi/T_0$ mit $-\infty < \delta_j \leqq 0$ der s-Ebene bilden sich in dem negativen Achsabschnitt $-1 \leqq z_j \leqq 0$ der z-Ebene ab.
f) Pole der s-Ebene mit $i\omega_j > i\pi/T_0$ (das heißt mit Frequenzen, die das Shannonsche Abtasttheorem nicht erfüllen) werden innerhalb des Kreises mit Radius 1 in der z-Ebene auf mehrblättrigen Riemannschen Flächen abgebildet.
g) Die linke s-Halbebene wird in den Kreis mit Radius 1 (Einheitskreis) der z-Ebene abgebildet. Deshalb *liegen alle asymptotisch stabilen Pole im Inneren des Einheitskreises.*
h) Die rechte s-Halbebene wird außerhalb des Einheitskreises der z-Ebene abgebildet. Dort liegen die *instabilen Pole.*
i) Die *grenzstabilen* (einfachen) *Pole* auf der imaginären Achse der s-Ebene liegen auf dem Einheitskreis.

Bild 3.15 zeigt die Lage von Polen in der s-Ebene und z-Ebene für jeweils konstante Kennwerte eines konjugiert komplexen Polpaares.

3.5.2 Stabilitätsbedingung

Aufgrund der Betrachtungen in Abschn. 3.5.1 ist ein lineares zeitdiskretes System *asymptotisch stabil*, wenn die Pole der Übertragungsfunktion

$$A(z) = (z-z_1)\,(z-z_2)\,...\,(z-z_m) = 0 \qquad (3.5.19)$$

sämtlich im Inneren des Einheitskreises liegen und damit

$$|z_j| < 1 \quad j = 1,2,\ldots,m \qquad (3.5.20)$$

ist. Liegen einfache Pole auf dem Einheitskreis, dann ist das System grenzstabil, bei mehrfachen Polen auf dem Einheitskreis aber instabil.

3.5.3 Stabilitätsuntersuchung durch bilineare Transformation

Die bilineare Transformation

$$w = \frac{z-1}{z+1} \qquad (3.5.21)$$

bildet den Einheitskreis der z-Ebene auf die imaginäre Achse der w-Ebene ab. Deshalb wird das Innere des Einheitskreises in die linke Hälfte der w-Ebene abgebildet. Somit kann wie bei kontinuierlichen Systemen für die s-Ebene das Hurwitz-Stabilitätskriterium auf die w-Ebene angewendet werden [2.1].

Hierzu wird die inverse Transformation

$$z = \frac{1 + w}{1 - w} \tag{3.5.22}$$

in das Nennerpolynom

$$A(z) = z^m + a_1 z^{m-1} + \dots + a_m \tag{3.5.23}$$

eingesetzt. Dies führt auf

$$\bar{A}(w) = \left(\frac{1 + w}{1 - w}\right)^m + a_1 \left(\frac{1 + w}{1 - w}\right)^{m-1} + \dots + a_m. \tag{3.5.24}$$

Multiplikation mit $(1-w)^m$ liefert

$$\bar{\bar{A}}(w) = (1+w)^m + a_1(1+w)^{m-1}(1-w) + \dots + a_m(1-w)^m \tag{3.5.25}$$

Nun kann das Hurwitz-Kriterium auf das Polynom

$$\bar{\bar{A}}(w) = 0 \tag{3.5.26}$$

angewandt werden. Somit gilt

a) Das System ist nicht monoton instabil, wenn alle Koeffizienten des Polynoms vorhanden sind und gleiches Vorzeichen haben.
b) Das System ist nicht oszillatorisch instabil, wenn die Hurwitz-Determinanten positiv sind für Systeme größer als zweiter Ordnung [2.21].

Beispiel 3.10:
Ein Polynom zweiter Ordnung lautet

$$A(z) = z^2 + a_1 z + a_2.$$

Dann ist

$$\bar{A}(w) = \left(\frac{1+w}{1-w}\right)^2 + a_1\left(\frac{1+w}{1-w}\right) + a_2$$

und

$$\begin{aligned}\bar{\bar{A}}(w) &= (1+w)^2 + a_1(1+w)(1-w) + a_2(1-w)^2 \\ &= (1-a_1+a_2)w^2 + 2(1-a_2)w + (1+a_1+a_2).\end{aligned}$$

Aus der Bedingung (a), daß die Koeffizienten von $\bar{\bar{A}}(w)$ vorhanden sind und positives Vorzeichen haben, folgt für die Systeme zweiter Ordnung

$$\begin{aligned}A(z=-1) &= 1 - a_1 + a_2 > 0 \\ A(z=1) &= 1 + a_1 + a_2 > 0 \\ a_2 &< 1\end{aligned}$$

Für Systeme höherer Ordnung ist die Anwendung dieses Kriteriums mit größerem Rechenaufwand verbunden, weil die Hurwitz-Determinanten berechnet werden müssen.

Beispiel 3.11:
Die Stabilitätsuntersuchung durch bilineare Transformation soll auf einen Abtastregelkreis angewandt werden, der aus dem Prozeß

$$HG_p(z) = \frac{b_1''z^{-1} + b_2''z^{-2}}{1 + a_1''z^{-1} + a_2''z^{-2}}$$

und einem proportional-wirkenden Regler $G_R(z) = q_0$ besteht.
Die charakteristische Gleichung

$$1 + HG_p(z) \cdot G_R(z) = 0$$

wird dann

$$z^2 + (a_1'' + b_1''q_0)z + (a_2'' + b_2''q_0) = 0$$

und die Bedingungen lauten:

$$q_0 < (1 - a_2'')/b_2''$$
$$q_0 > (a_1'' - a_2'' - 1)/(b_2'' - b_1'')$$
$$q_0 > -(1 + a_1'' + a_2'')/(b_1'' + b_2'')$$

Mit den Zahlenwerten des Testprozesses VIII (Anhang) wird

$$q_0 < 9{,}58; \; q_0 < 67{,}62; \; q_0 > -1$$

Die größte zulässige u. positive Reglerverstärkung (= Kreisverstärkung) ist also $q_{0\,max} = 9{,}58$. Im Unterschied zum zeitkontinuierlichen Prozeß, bei dem $q_0 \to \infty$ gehen dürfte, darf die Reglerverstärkung des Abtastreglers höchstens $q_{0\,max}$ sein. Dies weist auf das kleinere Stabilitätsgebiet von Abtastregelungen im Vergleich zu kontinuierlichen Regelungen hin.

3.5.4 Schur-Cohn-Jury Kriterium

In Analogie zum Routh-Hurwitz Stabilitätskriterium bei Systemen mit kontinuierlichen Signalen haben Schur, Cohn und Jury, s. z.B. [2.3, 2.15, 2.19, 2.21], Bedingungen für die Koeffizienten eines charakteristischen Polynoms

$$A(z) = a_m'z^m + a_{m-1}'z^{m-1} + \dots + a_1'z + a_0' = 0 \tag{3.5.27}$$

dafür angegeben, daß die Wurzeln im Innern des Einheitskreises liegen. Man bildet hierzu die Matrizen

$$\boldsymbol{A}_k = \begin{bmatrix} a_0' & a_1' & \dots & a_{k-1}' \\ 0 & a_0' & \dots & a_{k-2}' \\ & & & \vdots \\ 0 & \dots & 0 & a_0' \end{bmatrix} \tag{3.5.28}$$

$$\boldsymbol{B}_k = \begin{bmatrix} a_{m-(k-1)}' & \dots & a_{m-1}' & a_m' \\ a_{m-(k-2)}' & \dots & a_m' & 0 \\ & & & \\ a_m' & 0 & \dots & 0 \end{bmatrix} \tag{3.5.29}$$

und die Determinanten

$$C_k = \det\,[\boldsymbol{A}_k + \boldsymbol{B}_k] \qquad D_k = \det\,[\boldsymbol{A}_k - \boldsymbol{B}_k] \tag{3.5.30}$$

Notwendig und hinreichend für die Lage der Wurzeln von $A(z)$ im Innern des Einheitskreises sind:

$$\left.\begin{array}{ll} m \text{ gerade:} & m \text{ ungerade:} \\ A(1)>0 & (-1)^m A(-1)>0 \\ C_2<0,\ D_2<0 & C_1>0,\ D_1<0 \\ C_4>0,\ D_4>0 & C_3<0,\ D_3>0 \\ C_6<0,\ D_6<0 & C_5>0,\ D_5<0 \\ \vdots & \vdots \end{array}\right\} \qquad (3.5.31)$$

Für Systeme höherer Ordnung ist der Rechenaufwand allerdings hoch. Deshalb werde noch ein vom Schur-Cohn-Jury Kriterium ausgehendes einfacheres Stabilitätskriterium angegeben, das als „Jury's Kriterium" oder „Reduktionsverfahren, s. [2.21, 2.25, 2.27] bezeichnet wird.

Es wird folgendes Schema gebildet, wobei $a_m > 0$ angenommen wird:

Reihe								
1	a'_0	a'_1	a'_2	…	a'_{m-k}	…	a'_{m-1}	a'_m
2	a'_m	a'_{m-1}	a'_{m-2}	…	a'_k	…	a'_1	a'_0
3	b_0	b_1	b_2	…	b_{m-k}		b_{m-1}	
4	b_{m-1}	b_{m-2}	b_{m-3}	…	b_k		b_0	
5	c_0	c_1	c_2	…		c_{m-2}		
6	c_{m-2}	c_{m-3}	c_{m-4}			c_0		
$2m-5$	l_0	l_1	l_2	l_3				
$2m-4$	l_3	l_2	l_1	l_0				
$2m-3$	m_0	m_1	m_2					

(3.5.32)

Die Elemente der geradzahligen Reihen sind die Elemente der vorhergehenden Reihe in der umgekehrten Reihenfolge. Ferner folgen die Elemente der Reihen 3,5, ..., $2m-5$, $2m-3$ aus den Determinanten:

$$b_k = \begin{vmatrix} a'_0 & a'_{m-k} \\ a'_m & a'_k \end{vmatrix} \qquad c_k = \begin{vmatrix} b_0 & b_{m-1-k} \\ b_{m-1} & b_k \end{vmatrix}$$

$$d_k = \begin{vmatrix} c_0 & c_{m-2-k} \\ c_{m-2} & c_k \end{vmatrix} \ldots \qquad (3.5.33)$$

$$\ldots m_0 = \begin{vmatrix} l_0 & l_3 \\ l_3 & l_0 \end{vmatrix} \qquad m_2 = \begin{vmatrix} l_0 & l_1 \\ l_3 & l_2 \end{vmatrix}$$

Notwendige und hinreichende Bedingungen für die Lage aller Wurzeln von $A(z)$ innerhalb des Einheitskreises sind:

$$\left.\begin{array}{ll} A(1)>0 & (-1)^m A(-1)>0 \\ |a'_0| < a'_m & \\ |b_0| > |b_{m-1}| & \\ |c_0| > |c_{m-2}| & \\ |d_0| > |d_{m-3}| & \\ \vdots \quad \vdots & \\ |m_0| > |m_2| & \end{array}\right\} \qquad (3.5.34)$$

Für ein System m-ter Ordnung erhält man so $m+1$ Bedingungen. Damit gilt für Systeme niederer Ordnung:

$$m=2: \; A(1)>0; \quad A(-1)>0; \quad |a'_0| < a'_2 \qquad (3.5.35)$$

$$m=3: \; A(1)>0; \quad -A(-1)>0; \quad |a'_0| < a'_3; \quad |b_0| > |b_2| \qquad (3.5.36)$$

Wenn in Sonderfällen das erste oder letzte Element einer Reihe Null ist, oder vollständige Reihen Null sind, dann treten „singuläre Fälle" auf, die besonders zu behandeln sind, s. [2.25].

Über modifizierte Formen des Jury-Kriteriums s. z.B. [2.21, 2.27].

Beispiel 3.12:
Ein System dritter Ordnung hat die charakteristische Gleichung

$$A(z) = z^3 + a'_2 z^2 + a'_1 z + a'_0 = 0$$

Das Jury-Schema lautet dann

1	a'_0	a'_1	a'_2	1
2	1	a'_2	a'_1	a'_0
3	b_0	b_1	b_2	

und die Stabilitätsbedingungen sind

$$A(1) = 1 + a'_2 + a'_1 + a'_0 > 0$$

$$-A(-1) = -1 + a'_2 - a'_1 + a'_0 < 0$$

$$|a'_0| < 1$$

$$|b_0| > |b_2| \rightarrow |a'^2_0 - 1| > |a'_0 a'_2 - a'_1|$$

Der Einsatz von Digitalrechnern hat dazu geführt, daß man, anstelle von Stabilitätskriterien, durch *Wurzelrechenprogramme* die Lösungen der charakteristischen Gleichung bestimmt und dann nicht nur eine Aussage über die Stabilität, sondern auch über die Lage der Pole erhält.

3.5.5 Lage der Nullstellen in der z-Ebene

Im Unterschied zu den Polen gibt es keine einfache Beziehung zwischen den Nullstellen von $G(s)$ und $G(z)$. Es bestehen hier komplizierte Zusammenhänge, wie bereits aus der z-Transformationstabelle ersichtlich ist. Deshalb können nur für Sonderfälle allgemeine Angaben in geschlossener Form gemacht werden.

Geht man von der kontinuierlichen Übertragungsfunktion (3.5.1) aus und setzt $n > m$ voraus, also $G(s) \to 0$ für $|s| \to \infty$ (passives, realisierbares Übertragungsglied und deshalb nicht sprungfähig), dann hat $G(s)$ höchstens $(n-1)$ Nullstellen und $G(z)$ im allgemeinen $(n-1)$ Nullstellen ($b_0 = 0$ in (3.5.3)). Bei $G(z)$ treten jedoch bereits Nullstellen auf, wenn $G(s)$ keine Nullstellen besitzt, s. z-Transformationstabelle. Ferner beeinflußt das Halteglied die Nullstellen. Dies ist aus Tabelle 3.1 zu erkennen, in der die z-Übertragungsfunktionen für einige einfache Übertragungsglieder ohne und mit Halteglied nullter Ordnung gegenübergestellt sind.

Für die Übertragungsglieder $G(s) = 1/s^n$, die keine Nullstellen besitzen, sind die für $G(z)$ und $HG(z)$ entstehenden Nullstellen in Tabelle 3.2 angegeben.

Man erkennt, daß $G(z)$ für $n = 3$ eine Nullstelle auf dem Einheitskreis, für $n \geqq 4$ sogar außerhalb des Einheitskreises besitzt. Ein Halteglied erster Ordnung kürzt die Nullstelle bei $z_{01} = 0$, führt aber andere Nullstellen ein, die für $n \geqq 2$ auf oder außerhalb des Einheitskreises liegen.

Auch bei Verzögerungsgliedern $G(s) = 1/\prod_{i=1}^{n}(s+a_i)$, die selbst keine Nullstellen besitzen, treten Nullstellen bei $G(z)$ für $n \geqq 1$ und bei $HG(z)$ für $n \geqq 2$ auf, s. Tabelle 3.1. Von besonderer Bedeutung ist dabei, daß die Nullstellen bei reinen Verzögerungsgliedern unter bestimmten Bedingungen auch außerhalb des Einheitskreises liegen können. Dies wurde in [3.16, 3.17] untersucht. Allgemeine Aussagen sind allerdings nur für Grenzfälle möglich:

a) Mit $G(s)$ nach (3.5.1) und $m < n$ gilt für die Nullstellen von $HG(z)$ im Grenzfall $T_0 \to 0$:
   - m Nullstellen: $\lim\limits_{T_0\to 0} z_{0i} = \lim\limits_{T_0\to 0} e^{-T_0 s_{0i}} = 1$
   - $n-m-1$ Nullstellen streben gegen die Nullstellen von $HG(z)$ des Gliedes $1/s^{n-m}$

Tabelle 3.2. Lage der Nullstellen von $G(z)$ und $HG(z)$ für $G(s) = 1/s^n$

$G(s)$	$\frac{1}{s}$	$\frac{1}{s^2}$	$\frac{1}{s^3}$	$\frac{1}{s^4}$
$G(z)$	$z_{01}=0$	$z_{01}=0$	$z_{01}=0$ $z_{02}=-1$	$z_{01}=0$ $z_{02}=-0{,}268$ $z_{03}=-3{,}732$
$HG(z)$	–	$z_{01}=-1$	$z_{01}=-0{,}268$ $z_{02}=-3{,}732$	$z_{01}=-0{,}101$ $z_{02}=-1$ $z_{03}=-9{,}899$

b) Wenn $G(s)$ asymptotisch stabil ist und $G(0) \neq 0$ dann gehen für $T_0 \to \infty$ alle Nullstellen von $HG(z)$ gegen Null.

Hieraus folgt, daß die Nullstellen von Übertragungsgliedern mit einem Polüberschuß $n-m > 2$ außerhalb des Einheitskreises liegen, wenn die Abtastzeit T_0 genügend klein ist.

Liegen die Nullstellen außerhalb des Einheitskreises, dann nennt man diese auch „instabile Nullstellen“ oder man spricht von „instabilen inversen Übertragungsfunktionen“.

Beispiel 3.13:
Es sei

$$G(s) = \frac{K}{(1+Ts)^3} = \frac{a^3K}{(a+s)^3}; \quad T = 10\,\mathrm{s}$$

Für die z-Übertragungsfunktion mit Halteglied nullter Ordnung gilt dann

$$HG(z) = \frac{b_1z^{-1} + b_2z^{-2} + b_3z^{-3}}{1 + a_1z^{-1} + a_2z^{-2} + a_3z^{-3}} = \frac{(z-z_{01})\,(z-z_{02})}{(z-z_1)^3}$$

Die Pole und Nullstellen in Abhängigkeit von der Abtastzeit T_0 sind:

T_0/T	0,1	0,5	1,0	1,5	2,0	3,0	5,0
z_1	0,9048	0,6065	0,3679	0,2231	0,1353	0,0498	0,0067
z_{01}	−3,4631	−2,5786	−1,7990	−1,2654	−0,8958	−0,4537	−0,1152
z_{02}	−0,2485	−0,1832	−0,1238	−0,0827	−0,0547	−0,0232	−0,0038

Für etwa $T_0/T < 1{,}84$ gilt für die Nullstelle $z_{01} < -1{,}0$. Sie liegt also außerhalb des Einheitskreises. Der reine Verzögerungsprozeß dritter Ordnung mit Halteglied nullter Ordnung erhält also eine „invers instabile“ Übertragungsfunktion, wenn die Abtastzeit genügend klein ist.

Es kommt aber auch der Fall vor, daß $G(s)$ eine Nullstelle in der rechten s-Halbebene besitzt, also ein *Allpaßglied* ist, und daß $HG(z)$ keine Nullstellen außerhalb des Einheitskreises besitzt. Hierzu muß die Abtastzeit genügend groß sein [3.16].

Totzeitglieder stellen bekanntlich einen anderen Typ von Gliedern mit nichtminimalphasigem Verhalten dar. Für $G(s) = \exp(-T_t s)$ folgt

$$HG(z) = z^{-d} = \frac{1}{z^d} \tag{3.5.37}$$

wenn $d = T_t/T_0 = 0,1,2,\ldots$ ganzzahlig ist. Ein Totzeitglied trägt also einen d-fachen Pol bei $z = 0$. Wenn allerdings d nicht ganzzahlig ist, können instabile Nullstellen auftreten.

So gilt für $G(s) = (1/s)\exp(-T_t s)$ mit $T_t = \tau$

$$HG(z) = \frac{(T_0-\tau) + \tau z^{-1}}{1-z^{-1}}z^{-1} = \frac{(T_0-\tau)z + \tau}{z(z-1)} \tag{3.5.38}$$

wenn $0 < \tau < T_0$. Für $T_0/2 < \tau < T_0$ entstehen dann Nullstellen außerhalb des Einheitskreises [3.16].

Diese Beispiele zeigen also, daß $G(z)$ im allgemeinen $(n-1)$ Nullstellen besitzt, wenn $G(s)$ keine Nullstellen hat und daß diese Nullstellen außerhalb des Einheitskreises liegen können, wenn die Abtastzeit klein ist oder wenn die Totzeit keine ganzzahlige Vielfache der Abtastzeit ist. Man muß deshalb stets mit dem Auftreten instabiler Nullstellen rechnen.

3.6 Zustandsgrößendarstellung

In der modernen Systemtheorie und besonders für den Entwurf von Regelungen für Prozesse mit kompliziertem Verhalten und für Mehrgrößenprozesse spielt die Zustandsgrößendarstellung eine wichtige Rolle. Sie erlaubt nicht nur die Darstellung des Ein/Ausgangsverhaltens, die bisher ausschließlich betrachtet wurde, Bild 3.16a, sondern gestattet einen Einblick in die inneren Wirkungszusammenhänge durch die Betrachtung interner Variablen, die Zustandsgrößen $\boldsymbol{x}$, Bild 3,16b). Diese Zustandsgrößen beschreiben den Einfluß der vergangenen Eingangsgrößenwerte und Anfangswerte und damit den Zustand des „Gedächtnisses" des dynamischen Systems.

Zur Festlegung der Zustandsgrößen gibt es mehrere Möglichkeiten. Im folgenden werden jedoch nur zwei Wege näher beschrieben: Die Lösung der zeitkontinuierlichen Vektordifferentialgleichung für ein lineares System mit Halteglied nullter Ordnung und die direkte Einführung von Zustandsgrößen in die Differenzengleichung.

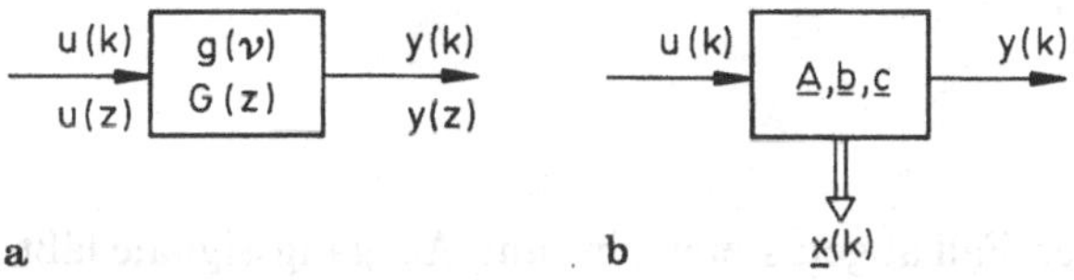

Bild 3.16. Darstellung eines linearen Prozesses.
a Ein/Ausgangs-Darstellung;
b Zustandsdarstellung

3.6.1 Vektordifferenzengleichung durch Lösung der Vektordifferentialgleichung

Im folgenden wird vorausgesetzt, daß die Vektordifferentialgleichung des zeitkontinuierlichen Systems mit einem Ein- und einem Ausgang und den Zustandsgrößen $\boldsymbol{x}(t)$ der Dimension m gegeben ist. Die Zustandsdifferentialgleichung lautet dann

$$\dot{\boldsymbol{x}}(t) = \mathbf{A}\boldsymbol{x}(t) + \mathbf{b}u(t) \tag{3.6.1}$$

und für die Ausgangsgleichung gilt

$$y(t) = \mathbf{c}^T\boldsymbol{x}(t) + du(t) \tag{3.6.2}$$

Die Festlegung der Zustandsgrößen $\boldsymbol{x}(t)$ kann auf verschiedene Weise erfolgen. Bei der elementaren Zustandsdarstellung erfolgt die Definition der Zustandsgrößen direkt aus den Gleichungen der theoretischen Modellbildung, indem man die Ausgangsgrößen der Speicher als Zustandsgrößen wählt. Durch mathematische Umformungen können dann andere Zustandsgrößen festgelegt werden, z.B. in der

Regelungsnormalform und in der Beobachtungsnormalform, deren Wahl auch von der späteren Anwendung abhängt.

Die Zustandsdifferentialgleichung kann mit Hilfe der Laplace-Transformation gelöst werden.

Für (3.6.1) gilt dann

$$s\boldsymbol{x}(s) - \boldsymbol{x}(0^+) = \mathbf{A}\boldsymbol{x}(s) + \mathbf{b}u(s) \tag{3.6.3}$$

wobei $\boldsymbol{x}(0^+)$ den Anfangszustand darstellt. Die Auflösung nach $\boldsymbol{x}(s)$ ergibt

$$\boldsymbol{x}(s) = [s\boldsymbol{I} - \mathbf{A}]^{-1}\boldsymbol{x}(0^+) + [s\boldsymbol{I}-\mathbf{A}]^{-1}\mathbf{b}u(s). \tag{3.6.4}$$

Durch inverse Laplace-Transformation erhält man

$$\boldsymbol{x}(t) = \boldsymbol{\Phi}(t)\,\boldsymbol{x}(0^+) + \int_0^t \boldsymbol{\Phi}(t-\tau)\mathbf{b}u(\tau)\mathrm{d}\tau \tag{3.6.5}$$

wobei

$$\boldsymbol{\Phi}(t) = \mathfrak{L}^{-1}\{[s\boldsymbol{I}-\mathbf{A}]^{-1}\} = \mathrm{e}^{\mathbf{A}t} \tag{3.6.6}$$

ist. Dies ist analog zum skalaren Fall

$$\mathfrak{L}^{-1}\{[s-\mathrm{a}]^{-1}\} = \mathrm{e}^{\mathrm{a}t} = \sum_{\nu=0}^{\infty} \frac{(\mathrm{a}t)^\nu}{\nu!}.$$

$\boldsymbol{\Phi}(t)$ wird *Transitionsmatrix* genannt, wobei folgende Reihenentwicklung gilt

$$\boldsymbol{\Phi}(t) = \mathrm{e}^{\mathbf{A}t} = \sum_{\nu=0}^{\infty} \frac{(\mathbf{A}t)^\nu}{\nu!}. \tag{3.6.7}$$

Vektordifferenzengleichung

Die Zustandsdarstellung für den Fall abgetasteter Ein- und Ausgangssignale läßt sich aus (3.6.5) und (3.6.7) einfach ableiten, falls dem linearen Prozeß, wie im Bild 3.7, ein Halteglied nullter Ordnung vorgeschaltet ist. Dann gilt für das Eingangssignal

$$u(t) = u(kT_0) \quad \text{für} \quad kT_0 \leqq t < (k+1)T_0$$

und es wird mit dem Anfangswert $\boldsymbol{x}(kT_0)$ für $kT_0 \leqq t < (k+1)T_0$

$$\boldsymbol{x}(t) = \boldsymbol{\Phi}(t-kT_0)\boldsymbol{x}(kT_0) + u(kT_0)\int_{kT_0}^{t} \boldsymbol{\Phi}(t-\tau)\mathbf{b}\mathrm{d}\tau. \tag{3.6.8}$$

Interessiert man sich nur für die Lösung bei $t = (k+1)T_0$, dann ist

$$\boldsymbol{x}((k+1)T_0) = \boldsymbol{\Phi}(T_0)\boldsymbol{x}(kT_0) + u(kT_0)\int_{kT_0}^{(k+1)T_0} \boldsymbol{\Phi}((k+1)T_0-\tau)\mathbf{b}\mathrm{d}\tau \tag{3.6.9}$$

und mit der Substitution $q = (k+1)T_0-\tau$ und damit $\mathrm{d}q = -\mathrm{d}\tau$

$$\boldsymbol{x}(k+1) = \boldsymbol{\Phi}(T_0)\boldsymbol{x}(k) + u(k)\int_0^{T_0} \boldsymbol{\Phi}(q)\mathbf{b}\mathrm{d}q. \tag{3.6.10}$$

Mit den Abkürzungen

$$\left.\begin{aligned} \boldsymbol{A} &= \Phi(T_0) = \mathrm{e}^{\mathbf{A}T_0} \\ \boldsymbol{b} &= \int_0^{T_0} \Phi(q)\mathbf{b}\mathrm{d}q \end{aligned}\right\} \tag{3.6.11}$$

erhält man die *Vektordifferenzengleichung*

$$\boldsymbol{x}(k+1) = \boldsymbol{A}\,\boldsymbol{x}(k) + \boldsymbol{b}u(k) \tag{3.6.12}$$

und aus (3.6.2) die zugehörige Ausgangsgleichung

$$y(k) = \boldsymbol{c}^T\boldsymbol{x}(k) + \mathrm{d}u(k) \tag{3.6.13}$$

mit $\boldsymbol{c}^T = \mathrm{c}^T$ und $d = \mathrm{d}$.

Mit Hilfe der Reihenentwicklung (3.6.7) ergeben sich folgende Berechnungen für $\boldsymbol{A}$ und $\boldsymbol{b}$ [2.19]:

$$\left.\begin{aligned} \boldsymbol{A} &= \mathrm{e}^{\mathbf{A}T_0} \approx \mathbf{I} + \sum_{\nu=0}^{M} (\mathbf{A}T_0)^{\nu+1}\frac{1}{(\nu+1)!} = \mathbf{I} + \mathbf{A}\boldsymbol{L} \\ \boldsymbol{L} &= T_0 \sum_{\nu=0}^{M} (\mathbf{A}T_0)^{\nu}\frac{1}{(\nu+1)!} \\ \boldsymbol{b} &\approx \int_0^{T_0} \sum_{\nu=0}^{M} \mathbf{A}^{\nu}\frac{q^{\nu}}{\nu!}\mathbf{b}\mathrm{d}q = \sum_{\nu=0}^{M} \mathbf{A}^{\nu} \int_0^{T_0} q^{\nu}\mathrm{d}q\mathbf{b}\frac{1}{\nu!} = \boldsymbol{L}\mathbf{b} \end{aligned}\right\} \tag{3.6.14}$$

Bei endlicher Gliederzahl $M+1$ der Reihenentwicklung wird so für $\boldsymbol{A}$ ein Element mehr als für $\boldsymbol{b}$ verwendet. Für große M ist dies aber unerheblich.

Beispiel 3.14: Ermittlung der Vektordifferenzengleichung aus der zeitkontinuierlichen Zustandsdarstellung. Für einen Schwinger zweiter Ordnung gilt folgende Differentialgleichung

$$\ddot{y}(t) + \mathrm{a}_1\dot{y}(t) + \mathrm{a}_0 y(t) = \mathrm{b}_0 u(t).$$

Die zugehörige Zustandsdarstellung (in der Regelungsnormalform) lautet mit den Zustandsgrößen $x_1(t) = y(t)/\mathrm{b}_0$ und $x_2(t) = \dot{y}(t)/\mathrm{b}_0$

$$\dot{\mathbf{x}}(t) = \begin{bmatrix} 0 & 1 \\ -\mathrm{a}_0 & -\mathrm{a}_1 \end{bmatrix} \mathbf{x}(t) + \begin{bmatrix} 0 \\ 1 \end{bmatrix} u(t)$$

$$y(t) = [\mathrm{b}_0\ 0]\ \mathbf{x}(t).$$

Hieraus können $\boldsymbol{A}$, $\boldsymbol{b}$ und $\boldsymbol{c}^T$ der zeitdiskreten Darstellung wie folgt berechnet werden.

a) *Inverse Laplace-Transformation*

$$[s\mathbf{I}-\mathbf{A}]^{-1} = \begin{bmatrix} s & -1 \\ \mathrm{a}_0 & (s+\mathrm{a}_1) \end{bmatrix}^{-1} = \frac{1}{s^2 + \mathrm{a}_1 s + \mathrm{a}_0} \begin{bmatrix} s+\mathrm{a}_1 & 1 \\ -\mathrm{a}_0 & s \end{bmatrix}$$

Die Laplace-Rücktransformation ergibt für $a_1^2/4-a_0 < 0$ und $\gamma = \sqrt{a_0-a_1^2/4}$

$$\mathbf{A} = \Phi(T_0) = \begin{bmatrix} \frac{1}{\gamma}e^{-\frac{a_1}{2}T_0}\left[\frac{a_1}{2}\sin\gamma T_0+\gamma\cos\gamma T_0\right] & \frac{1}{\gamma}e^{-\frac{a_1}{2}T_0}\sin\gamma T_0 \\ -\frac{a_0}{\gamma}e^{-\frac{a_1}{2}T_0}\sin\gamma T_0 & \frac{1}{\gamma}e^{-\frac{a_1}{2}T_0}\left[-\frac{a_1}{2}\sin\gamma T_0+\gamma\cos\gamma T_0\right] \end{bmatrix}$$

$$\mathbf{b} = \begin{bmatrix} \frac{1}{\gamma a_0}e^{-\frac{a_1}{2}T_0}\left[-\frac{a_1}{2}\sin\gamma T_0-\gamma\cos\gamma T_0\right] + \frac{1}{a_0} \\ \frac{1}{\gamma}e^{-\frac{a_1}{2}T_0}\sin\gamma T_0 \end{bmatrix}$$

b) *Reihenentwicklung* (Abbruch nach dem 3. Glied)

$$A = \Phi(T_0) = e^{AT_0} \approx I + AT_0 + A^2T_0^2/2 + \dots$$

$$= \begin{bmatrix} 1 & 0 \\ 0 & 1 \end{bmatrix} + T_0\begin{bmatrix} 0 & 1 \\ -a_0 & -a_1 \end{bmatrix} + \frac{T_0^2}{2}\begin{bmatrix} -a_0 & -a_1 \\ a_0a_1 & a_1^2-a_0 \end{bmatrix}$$

$$= \begin{bmatrix} 1-a_0\frac{T_0^2}{2} & T_0\left(1-a_1\frac{T_0}{2}\right) \\ -a_0T_0\left(1-a_1\frac{T_0}{2}\right) & 1-a_1T_0+(a_1^2-a_0)\frac{T_0^2}{2} \end{bmatrix}$$

$$b = \int_0^{T_0} \Phi(q)\begin{bmatrix} 0 \\ 1 \end{bmatrix} dq$$

$$= \begin{bmatrix} \left[\frac{1}{2}-\frac{a_1}{b}T_0\right]T_0^2 \\ \left[1-\frac{a_1}{2}T_0-\frac{a_1^2-a_0}{b}T_0^2\right] \end{bmatrix}.$$

Die Ergebnisse beider Rechenweisen sollen nun anhand eines Zahlenbeispiels verglichen werden. Für $D = 0{,}7$ und $\omega_{00} = 1$ 1/s und $a_1 = 2D\omega_{00} = 1{,}4$ 1/s und $a_0 = \omega_{00}^2 = 1$ 1/s². Hiermit folgen:

$T_0 = 1$ s:

a) $A = \begin{bmatrix} 0{,}6940 & 0{,}4554 \\ -0{,}4554 & 0{,}0563 \end{bmatrix}$ $\quad b = \begin{bmatrix} 0{,}3059 \\ 0{,}4554 \end{bmatrix}$

b) $A = \begin{bmatrix} 0{,}5 & 0{,}3 \\ -0{,}3 & 0{,}08 \end{bmatrix}$ $\quad b = \begin{bmatrix} 0{,}2667 \\ 0{,}46 \end{bmatrix}$

$T_0 = 0{,}1$ s:

a) $A = \begin{bmatrix} 0{,}9952 & 0{,}0932 \\ -0{,}0932 & 0{,}8648 \end{bmatrix}$ $\quad b = \begin{bmatrix} 0{,}0048 \\ 0{,}0932 \end{bmatrix}$

b) $A = \begin{bmatrix} 0{,}9950 & 0{,}0930 \\ -0{,}093 & 0{,}8648 \end{bmatrix}$ $\quad b = \begin{bmatrix} 0{,}0045 \\ 0{,}0932 \end{bmatrix}$

Dieses Beispiel zeigt, daß die Berechnung von Hand nur für Systeme niederer Ordnung empfohlen werden kann und im Fall der Reihenentwicklung nur für kleine Abtastzeiten. Es ist deshalb zweckmäßiger, mit Rechenprogrammen zu arbeiten und dabei eine größere Gliederzahl der Reihenentwicklung zu verwenden.

3.6.2 Vektordifferenzengleichung aus der Differenzengleichung

Wenn bereits eine Differenzengleichung für das System mit zeitdiskreten Signalen existiert, läßt sich seine Zustandsgrößendarstellung durch die Einführung von Zustandsgrößen wie folgt ableiten.

Aus der Differenzengleichung (3.4.20) folgt durch Ersetzen von k durch $k + n$

$$\begin{aligned} & y(k+n) + a_1 y(k+n-1) + \ldots + a_n y(k) \\ &= b_0 u(k+n) + b_1 u(k+n-1) + \ldots + b_n u(k) \end{aligned} \tag{3.6.15}$$

(Es wird der Einfachheit halber $m = n$ gesetzt. Falls $m \neq n$, kann dies stets durch Nullsetzen von Parametern berücksichtigt werden)

Hierzu gehört die z-Übertragungsfunktion

$$\begin{aligned} G(z) &= \frac{y(z)}{u(z)} = \frac{b_0 + b_1 z^{-1} + \ldots + b_n z^{-n}}{1 + a_1 z^{-1} + \ldots + a_n z^{-n}} \\ &= \frac{b_0 z^n + b_1 z^{n-1} + \ldots + b_n}{z^n + a_1 z^{n-1} + \ldots + a_n}. \end{aligned} \tag{3.6.16}$$

Es werden nun folgende Zustandsgrößen eingeführt.

$$y(k) = x_1(k) \tag{3.6.17}$$

$$\left.\begin{aligned} y(k+1) &= x_2(k) = x_1(k+1) \\ y(k+2) &= x_3(k) = x_2(k+1) \\ &\vdots \\ y(k+n-1) &= x_n(k) = x_{n-1}(k+1) \\ y(k+n) &= x_n(k+1) \end{aligned}\right\} \tag{3.6.18}$$

Hierbei liegt folgende Betrachtung zugrunde:

a) Für den momentanen Zeitpunkt k werden einfach die Ausgangssignale $y(k+n-1), \ldots, y(k+1), y(k)$ als Zustandsgrößen verwendet. Das entspricht einer „Momentanaufnahme" des jetzigen Ausgangssignals $y(k)$ und der $n-1$ zukünftigen Werte (oder des Ausgangssignals $y(k+n-1)$ und seiner $n-1$ vergangenen Werte).

b) Es wird beachtet, daß bei fortschreitender Zeit k nach $k + 1$, $k + 1$ nach $k + 2$, beispielsweise $y(k)$ den Wert von $y(k+1)$, $y(k+1)$ den Wert von $y(k+2)$, usw. annimmt und damit $x_1(k+1) = x_2(k)$ und $x_2(k+1) = x_3(k)$, usw. gilt. Hier wird also das „taktweise Durchschieben" der Signale $y(k)$ in der Differenzengleichung für die laufende Zeit k zum Ausdruck gebracht.

Einsetzen von (3.6.18) in (3.6.15) ergibt, wenn vorübergehend $b_n = 1$ und $b_0, b_1, \ldots, b_{n-1} = 0$ gesetzt werden

$$y(k+n) = x_n(k+1) = -a_1 x_n(k) - a_2 x_{n-1}(k) - \ldots - a_n x_1(k) + 1u(k) \qquad (3.6.19)$$

Aus (3.6.18) und (3.6.19) entsteht die *Vektor-Differenzengleichung*, bestehend aus der *Zustands-Differenzengleichung*

$$\begin{bmatrix} x_1(k+1) \\ x_2(k+1) \\ \vdots \\ x_n(k+1) \end{bmatrix} = \begin{bmatrix} 0 & 1 & 0 & \ldots & 0 \\ 0 & 0 & 1 & \ldots & 0 \\ 0 & 0 & 0 & & 1 \\ -a_n & -a_{n-1} & -a_{n-2} & \ldots & -a_1 \end{bmatrix} \begin{bmatrix} x_1(k) \\ x_2(k) \\ \vdots \\ x_n(k) \end{bmatrix} + \begin{bmatrix} 0 \\ 0 \\ \vdots \\ 1 \end{bmatrix} u(k) \qquad (3.6.20)$$

und der *Ausgangsgleichung*

$$y(k) = [1\ 0 \ldots 0] \begin{bmatrix} x_1(k) \\ x_2(k) \\ \vdots \\ x_n(k) \end{bmatrix} \qquad (3.6.21)$$

Nach Einführen eines Zustandsgrößenvektors $\boldsymbol{x}$, einer Systemmatrix $\boldsymbol{A}$, eines Steuervektors $\boldsymbol{b}$ und eines Ausgangsvektors $\boldsymbol{c}$ gilt

$$\boldsymbol{x}(k+1) = \boldsymbol{A}\,\boldsymbol{x}(k) + \boldsymbol{b}u(k) \qquad (3.6.22)$$

$$y(k) = \boldsymbol{c}^T \boldsymbol{x}(k). \qquad (3.6.23)$$

Wenn dabei die letzten beiden Gleichungen nacheinander berechnet werden, ist es zweckmäßiger, (3.6.23) in der Form

$$y(k+1) = \boldsymbol{c}^T \boldsymbol{x}(k+1) \qquad (3.6.24)$$

zu schreiben.

Die Systemmatrix $\boldsymbol{A}$ drückt zum einen mit den Werten 1 in der Nebendiagonalen die interne Abhängigkeit der Zustandsgrößen durch das taktweise Durchschieben aus, zum anderen wird mit den Koeffizienten a_i in der unteren Zeile die Abhängigkeit der zeitlich am weitesten vorneliegenden Zustandsgröße $x_n(k+1)$ von den restlichen Zustandsgrößen angegeben, d.h. es werden die systemeigenen, internen Rückkopplungen berücksichtigt. Der Steuervektor $\boldsymbol{b}$ gibt an, wie das Eingangssignal auf die Zustandsgrößen einwirkt und der Ausgangsvektor $\boldsymbol{c}^T$, wie aus den Zustandsgrößen die Ausgangsgröße gebildet wird.

Aus (3.6.16) und (3.6.17) für $b_n = 1$ und $b_0, \ldots, b_{n-1} = 0$ folgt

$$y(z) = \frac{1}{z^n + a_1 z^{n-1} + \ldots + a_n} u(z) = x_1(z). \qquad (3.6.25)$$

Falls jedoch $b_n \neq 1$ und $b_0, ..., b_{n-1} \neq 0$, dann folgt aus (3.6.16) und (3.6.25)

$$y(z) = b_n x_1(z) + b_{n-1} z x_1(z) + ... + b_0 z^n x_1(z)$$

bzw. (3.6.26)

$$y(k) = b_n x_1(k) + b_{n-1} x_1(k+1) + ... + b_0 x_1(k+n).$$

Beachtet man (3.6.18), so gilt auch

$$y(k) = b_n x_1(k) + b_{n-1} x_2(k) + ... + b_1 x_n(k) + b_0 x_n(k+1). \qquad (3.6.27)$$

Hierin folgt $x_n(k+1)$ aus (3.6.19), so daß schließlich gilt

$$y(k) = (b_n - b_0 a_n) x_1(k) + (b_{n-1} - b_0 a_{n-1}) x_2(k) + \\ ... + (b_1 - b_0 a_1) x_n(k) + b_0 u(k). \qquad (3.6.28)$$

In Vektorform lautet die erweiterte Ausgangsgleichung

$$y(k) = [(b_n - b_0 a_n) \dots (b_1 - b_0 a_1)] \begin{bmatrix} x_1(k) \\ \vdots \\ x_n(k) \end{bmatrix} + b_0 u(k) \qquad (3.6.29)$$

$$y(k) = \boldsymbol{c}^T \boldsymbol{x}(k) + du(k).$$

Für $b_0 = 0$, also ein nicht sprungfähiges System gilt

$$y(k) = [b_n \dots b_1] \begin{bmatrix} x_1(k) \\ \vdots \\ x_n(k) \end{bmatrix}. \qquad (3.6.30)$$

Die hier getroffene Wahl der Zustandsgrößen wird als „Regelungsnormalform" bezeichnet. Bild 3.17 zeigt ein Blockschaltbild der Zustandsgrößendarstellung einer Differenzengleichung, das aus (3.6.18), (3.6.19) und (3.6.27) folgt. Es ist folgendes zu erkennen:

– das taktweise Durchschieben der Werte der Zustandsgrößen durch die Blöcke mit dem Zeitschiebeoperator z^{-1} (entspricht dem 1/s bei kontinuierlichen Signalen)
– die interne Rückführung der Zustandsgrößen mit der Gewichten a_i (homogene Differenzgleichung)
– Bildung der Ausgangsgröße durch Summation der mit b_i gewichteten Zustandsgrößen.

Die vektorielle Differenzengleichung lautet schließlich

$$\boldsymbol{x}(k+1) = \boldsymbol{A}\, \boldsymbol{x}(k) + \boldsymbol{b} u(k) \qquad (3.6.31)$$

$$y(k) = \boldsymbol{c}^T \boldsymbol{x}(k) + d\, u(k) \qquad (3.6.32)$$

Ihr Blockschaltbild ist in Bild 3.18 zu sehen.

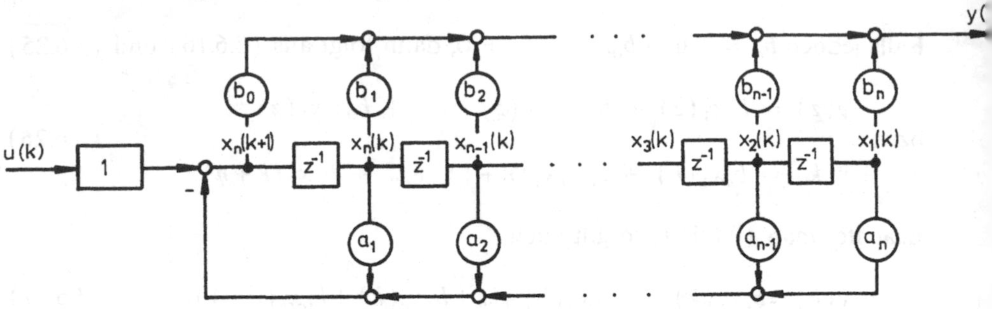

Bild 3.17. Blockschaltbild der Zustandsgrößendarstellung einer Differenzengleichung

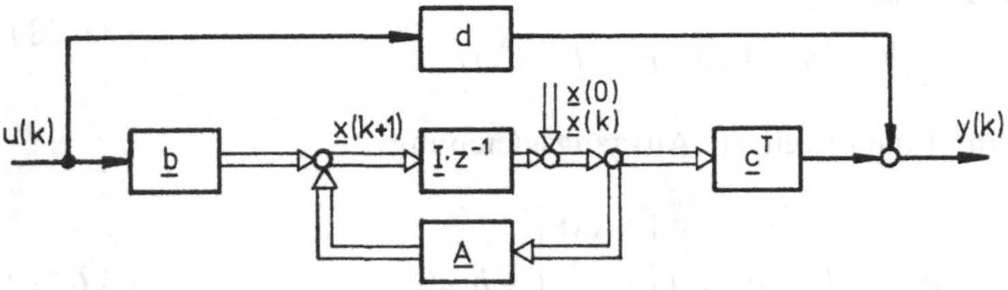

Bild 3.18. Blockschaltbild einer Vektordifferenzengleichung erster Ordnung

3.6.3 Kanonische Formen

Die zuletzt behandelte Zustandsdarstellung ist nur eine von mehreren Möglichkeiten. Durch lineare Transformationen

$$\boldsymbol{x}_t = \boldsymbol{T}\,\boldsymbol{x} \tag{3.6.33}$$

können andere Besetzungen der Matrizen und Vektoren erreicht werden. $\boldsymbol{T}$ ist hierbei eine nichtsinguläre Transformationsmatrix. Für die transformierte Darstellung gilt dann:

$$\boldsymbol{x}_t(k+1) = \boldsymbol{A}_t\boldsymbol{x}_t(k) + \boldsymbol{b}_t u(k) \tag{3.6.34}$$

$$y(k) = \boldsymbol{c}_t^T\boldsymbol{x}_t(k) + d\,u(k) \tag{3.6.35}$$

mit

$$\left.\begin{aligned} \boldsymbol{A}_t &= \boldsymbol{T}\,\boldsymbol{A}\,\boldsymbol{T}^{-1} \qquad \boldsymbol{b}_t = \boldsymbol{T}\,\boldsymbol{b} \\ \boldsymbol{c}_t^T &= \boldsymbol{c}^T\boldsymbol{T}^{-1}. \end{aligned}\right\} \tag{3.6.36}$$

Durch die lineare Transformation wird die charakteristische Gleichung (3.6.55) nicht verändert. Besonders ausgezeichnete Formen von $\boldsymbol{A}_t$, $\boldsymbol{b}_t$ und $\boldsymbol{c}_t$ bezeichnet

Tabelle 3.3. Kanonische Formen der Zustandsdarstellung

Benennung	$\boldsymbol{A}_t$	$\boldsymbol{b}_t$	$\boldsymbol{c}_t$	Bemerkung
Diagonalform	$\begin{bmatrix} z_1 & 0 & \dots & 0 \\ 0 & z_2 & \dots & 0 \\ \vdots & \vdots & & \\ 0 & 0 & \dots & z_m \end{bmatrix}$	$\begin{bmatrix} b_{1,D} \\ b_{2,D} \\ \vdots \\ b_{m,D} \end{bmatrix}$	$\begin{bmatrix} c_{1,D} \\ c_{2,D} \\ \vdots \\ c_{m,D} \end{bmatrix}$	Alle Eigenwerte $z_1, z_2, \dots, z_m$ verschieden. Entspricht Partialbruchzerlegung. $\boldsymbol{A}_t$ folgt aus: $\boldsymbol{T}^{-1}\boldsymbol{A}_t = \boldsymbol{A}\boldsymbol{T}^{-1}$ $\boldsymbol{b}_t$ oder $\boldsymbol{c}_t = [1\ 1 \dots 1]^T$ falls Prozeß steuerbar und beobachtbar
Steuerbarkeits-Normalform	$\begin{bmatrix} 0 & \dots & 0 & -a_m \\ 1 & \dots & 0 & -a_{m-1} \\ \vdots & & \vdots & \vdots \\ 0 & \dots & 1 & -a_1 \end{bmatrix}$	$\begin{bmatrix} 1 \\ 0 \\ \vdots \\ 0 \end{bmatrix}$	$\begin{bmatrix} \boldsymbol{c}^T\boldsymbol{b} \\ \boldsymbol{c}^T\boldsymbol{A}\boldsymbol{b} \\ \vdots \\ \boldsymbol{c}^T\boldsymbol{A}^{m-1}\boldsymbol{b} \end{bmatrix}$	$\boldsymbol{c}_t^T = [c_{1,s}c_{2,s}\dots c_{m,s}]$ $\boldsymbol{c}_t^T = [g(1), g(2), \dots, g(m)]$
Regelungs Normalform	$\begin{bmatrix} 0 & 1 & \dots & 0 \\ \vdots & \vdots & & \vdots \\ 0 & 0 & \dots & 1 \\ -a_m & -a_{m-1} & \dots & -a_1 \end{bmatrix}$	$\begin{bmatrix} 0 \\ \vdots \\ 0 \\ 1 \end{bmatrix}$	$\begin{bmatrix} b_m \\ \vdots \\ b_2 \\ b_1 \end{bmatrix}$	
Beobachtbarkeits-Normalform	$\begin{bmatrix} 0 & 1 & \dots & 0 \\ \vdots & & & \vdots \\ 0 & 0 & & 1 \\ -a_m & -a_{m-1} & \dots & -a_1 \end{bmatrix}$	$\begin{bmatrix} \boldsymbol{c}^T\boldsymbol{b} \\ \boldsymbol{c}^T\boldsymbol{A}\boldsymbol{b} \\ \vdots \\ \boldsymbol{c}^T\boldsymbol{A}^{m-1}\boldsymbol{b} \end{bmatrix}$	$\begin{bmatrix} 1 \\ 0 \\ \vdots \\ 0 \end{bmatrix}$	$\boldsymbol{b}_t^T = [b_{1,B}b_{2,B}\dots b_{m,B}]$ $\boldsymbol{b}_t^T = [g(1), g(2), \dots, g(m)]$
Beobachter-Normalform	$\begin{bmatrix} 0 & \dots & 0 & -a_m \\ 1 & \dots & 0 & -a_{m-1} \\ \vdots & & \vdots & \vdots \\ 0 & \dots & 1 & -a_1 \end{bmatrix}$	$\begin{bmatrix} b_m \\ b_{m-1} \\ \vdots \\ b_1 \end{bmatrix}$	$\begin{bmatrix} 0 \\ 0 \\ \vdots \\ 1 \end{bmatrix}$	

man als *kanonische Formen.* Einige wichtige kanonische Formen sind in Tabelle 3.3 und deren Blockschaltbilder in Bild 3.19 zusammengestellt.

Die für verschiedene Eigenwerte angegebene *Diagonalform* zeichnet sich dadurch aus, daß alle Eigenwerte von $\boldsymbol{A}$ in der Diagonale stehen. Für die Zustandsgrößen entsteht so ein System von entkoppelten Differenzengleichungen erster Ordnung. Die Superposition ihrer Lösungen ergibt dann das Ausgangssignal, wie das Blockschaltbild zeigt. Falls $\boldsymbol{A}$ mehrfache Eigenwerte besitzt, kann eine Diagonalform nicht angegeben werden. Dann ist in eine Jordan-Form zu transformieren, s. z.B [2.25].

Die *Regelungsnormalform* hat einen besonders einfachen Steuervektor $\boldsymbol{b}_t$ und im Ausgangsvektor $\boldsymbol{c}_t^T$ treten die Parameter b_i auf. Mit dieser Form lassen sich besonders einfach Zustandsrückführungen und Zustandsregelungen aufbauen. Sie setzt Steuerbarkeit voraus [2.25]

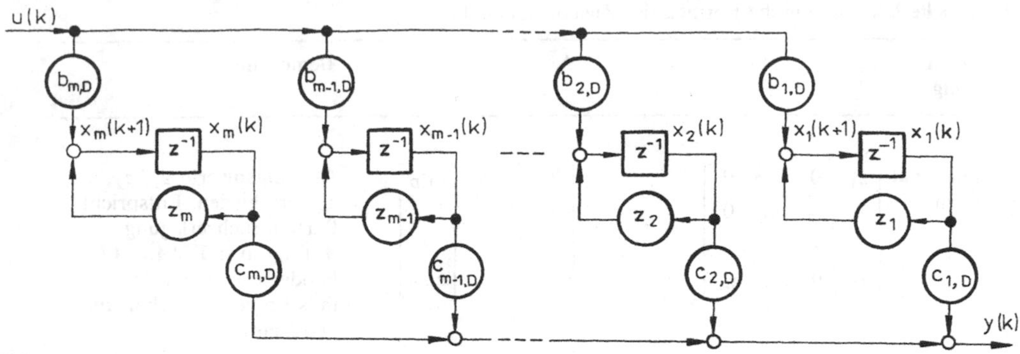

Diagonalform

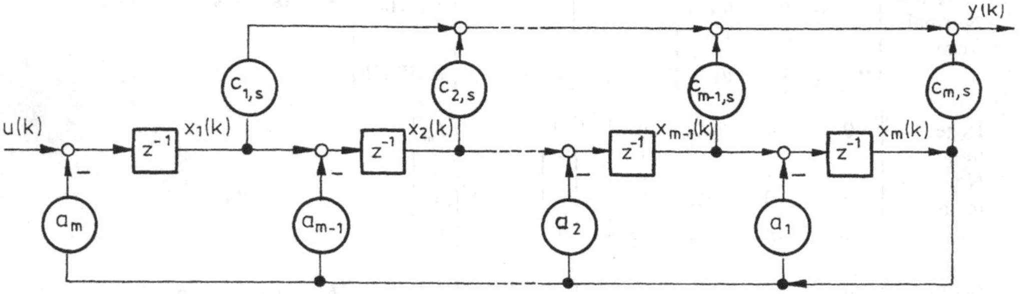

Steuerbarkeits-Normalform

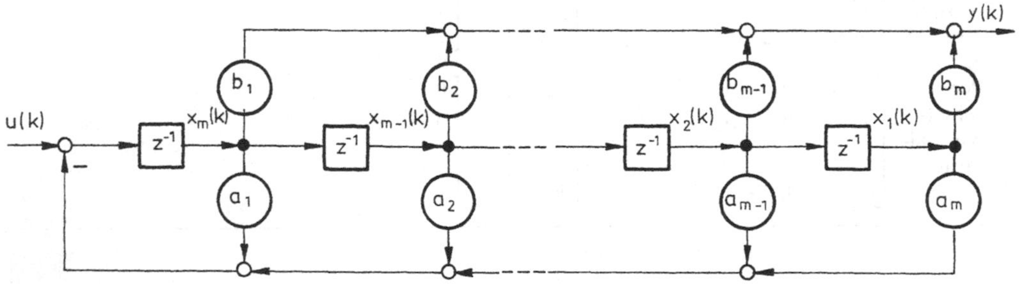

Regelungs-Normalform

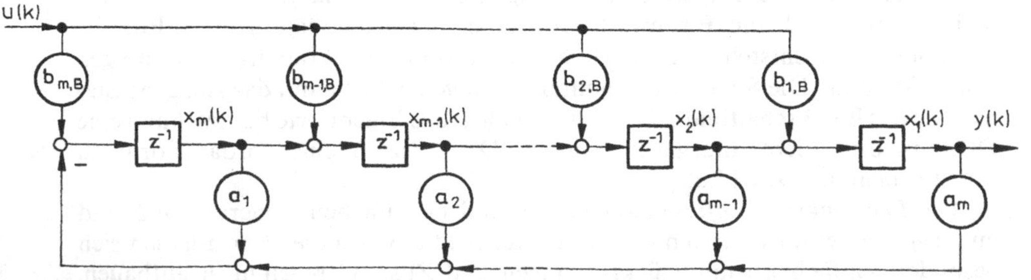

Beobachtbarkeits-Normalform

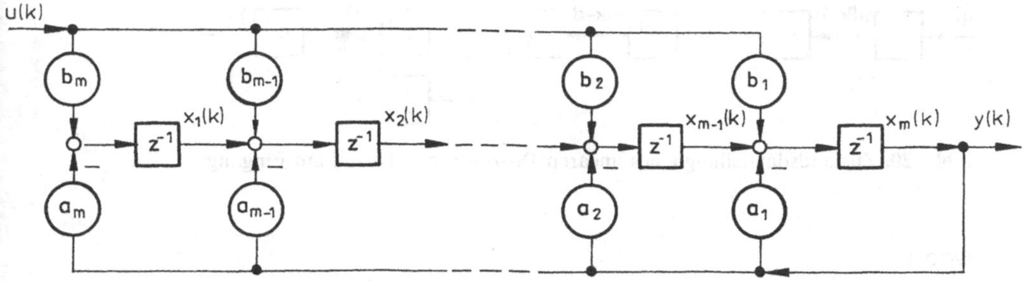

Beobachter - Normalform

Bild 3.19. Strukturbilder kanonischer Zustandsdarstellungen

Die *Beobachternormalform* ist durch einen besonders einfachen Ausgangsvektor c_t^T gekennzeichnet und enthält im Steuervektor nur die Parameter b_i. Sie ist besonders zum Aufbau von Zustandsbeobachtern geeignet. Es wird Beobachtbarkeit vorausgesetzt. Ein wesentlicher Vorteil der beiden letztgenannten Formen ist ferner, daß sie dieselben a_i und b_i der Ein/Ausgangs-Differenzengleichung verwenden.

3.6.4 Prozesse mit Totzeit

Wenn ein Prozeß mit einer *Totzeit* $d = T_t/T_0 = 1,2, \ldots$ durch ein Zustandsmodell beschrieben werden soll, das einen dynamischen Anteil mit konzentrierten Parametern enthält, dann muß man unterscheiden, ob die Totzeit am Eingang, Ausgang oder zwischen den Zustandsgrößen auftritt.

Für *Totzeit am Eingang* gilt

$$\boldsymbol{x}(k+1) = \boldsymbol{A}\,\boldsymbol{x}(k) + \boldsymbol{b}u(k-d) \tag{3.6.37}$$

$$y(k) = \mathbf{c}^T\boldsymbol{x}(k) \tag{3.6.38}$$

und für *Totzeit am Ausgang*

$$\boldsymbol{x}(k+1) = \boldsymbol{A}\,\boldsymbol{x}(k) + \boldsymbol{b}u(k) \tag{3.6.39}$$

$$y(k+d) = \boldsymbol{c}^T\boldsymbol{x}(k). \tag{3.6.40}$$

Die Totzeit kann als Verzögerungskette von jeweils d Gliedern am Ein- oder Ausgang dargestellt werden und die Zustandsgrößen dieser Kette können in den Zustandsvektor mit aufgenommen werden. Bei Totzeit am Eingang gilt für die Verzögerungskette, vgl. Bild 3.20,

$$\boldsymbol{x}_u(k+1) = \boldsymbol{A}_u\boldsymbol{x}_u(k) + \boldsymbol{b}_u u(k) \tag{3.6.41}$$

$$u(k-d) = \boldsymbol{c}_u^T\boldsymbol{x}_u(k) \tag{3.6.42}$$

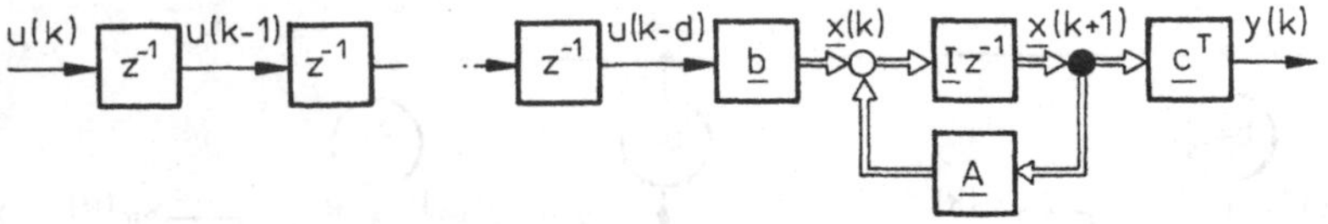

Bild 3.20. Zustandsdarstellung eines linearen Prozesses mit Totzeit am Eingang

wobei

$$x_u^T(k)=[u(k-d)\,u(k-d-1)\dots u(k-1)]$$

$$A_u=\begin{bmatrix}0&1&0&\dots&0\\0&0&1&\dots&0\\\vdots&&&&\vdots\\0&0&0&\dots&1\\0&0&0&\dots&0\end{bmatrix}\quad b_u=\begin{bmatrix}0\\0\\\vdots\\\vdots\\1\end{bmatrix}\tag{3.6.43}$$

$$c_u^T=[1\ 0\ 0\ \dots\ 0]$$

Man beachte, daß A eine Zeile mit Nullen enthält, da keine Rückführung existiert.

Aus (3.6.37) und (3.6.41) folgt dann die Zustandsdarstellung

$$\begin{bmatrix}x(k+1)\\x_u(k+1)\end{bmatrix}=\begin{bmatrix}A&bc_u^T\\0&A_u\end{bmatrix}\begin{bmatrix}x(k)\\x_u(k)\end{bmatrix}+\begin{bmatrix}0\\b_u\end{bmatrix}u(k)\tag{3.6.44}$$

$$y(k)=[c^T\,0]\begin{bmatrix}x(k)\\x_u(k)\end{bmatrix}\tag{3.6.45}$$

bzw. in abgekürzter Schreibweise

$$x_d(k+1)=A_d x_d(k)+b_d\,u(k)\tag{3.6.46}$$

$$y(k)=c_d^T\,x_d(k).\tag{3.6.47}$$

Falls eine Regelungsnormalform gewählt wird, gilt

$$A_d=\left[\begin{array}{ccccc|cccc}0&1&0&\dots&0&0&0&\dots&0\\\vdots&&&&&\vdots&&&\\0&0&0&\dots&1&0&0&\dots&0\\-a_m&-a_{m-1}&&\dots&-a_1&1&0&\dots&0\\\hline 0&&&\dots&0&0&1&\dots&0\\\vdots&&&&\vdots&\vdots&&&\\&&&&&0&0&\dots&1\\0&&&\dots&0&0&0&\dots&0\end{array}\right]\quad b_d=\begin{bmatrix}0\\\vdots\\\\\\\\\vdots\\0\\1\end{bmatrix}\quad c_d=\begin{bmatrix}b_m\\\\\\b_1\\0\\\vdots\\0\\0\end{bmatrix}\tag{3.6.48}$$

Die charakteristische Gleichung ist dann z.B. für $m = 2$ und $d = 1$

$$\det[z\boldsymbol{I} - \boldsymbol{A}_d] = z(z^2 + a_1 z - a_2)$$

d.h. die Totzeit $d = 1$ führt einen Pol bei $z = 0$ ein.

Ein reiner Totzeitprozeß der Größe d kann aus dem allgemeinen Übertragungsglied durch Setzen von $b_1, b_2, \ldots, b_{m-1} = 0$, $b_m = 1$ und $a_1, a_2, \ldots, a_m = 0$ mit $m = d$ erhalten werden, wie aus (3.6.43) hervorgeht.

Die Zustandsdarstellung von Totzeitprozessen wird z.B. in [3.1, 3.2] behandelt. S. auch Abschn. 9.1.

Beispiel 3.15:
Es soll eine Zustandsdarstellung in Regelungsnormalform für den Prozeß

$$G(z) = \frac{b_1 z^{-1}}{1 + a_1 z^{-1}} z^{-2}$$

angegeben werden.

a) Nach (3.6.48) folgt für Totzeit am Eingang

$$\boldsymbol{A}_d = \begin{bmatrix} -a_1 & 1 & 0 \\ 0 & 0 & 1 \\ 0 & 0 & 0 \end{bmatrix} \quad \boldsymbol{b}_d = \begin{bmatrix} 0 \\ 0 \\ 1 \end{bmatrix} \quad \boldsymbol{c}_d = \begin{bmatrix} b_1 \\ 0 \\ 0 \end{bmatrix}$$

b) Aus

$$G(z) = \frac{b_1 z^{-1} + b_2 z^{-2} + b_3 z^{-3}}{1 + a_1 z^{-1} + a_2 z^{-2} + a_3 z^{-3}}$$

folgt mit $b_1 = b_2 = 0$; $b_3 = b_1$ und $a_2 = a_3 = 0$ aus der allgemeinen Regelungsnormalform in Tabelle 3.3:

$$\boldsymbol{A}_d = \begin{bmatrix} 0 & 1 & 0 \\ 0 & 0 & 1 \\ 0 & 0 & -a_1 \end{bmatrix} \quad \boldsymbol{b}_d = \begin{bmatrix} 0 \\ 0 \\ 1 \end{bmatrix} \quad \boldsymbol{c}_d = \begin{bmatrix} b_1 \\ 0 \\ 0 \end{bmatrix}$$

Die Totzeit ist hier am Ausgang realisiert.

3.6.5 Lösung der Vektordifferenzengleichung

Zur Lösung der Vektordifferenzengleichung (3.6.12) und (3.6.13)

$$\boldsymbol{x}(k+1) = \boldsymbol{A}\,\boldsymbol{x}(k) + \boldsymbol{b}\,u(k)$$
$$y(k) = \boldsymbol{c}^T \boldsymbol{x}(k) + d\,u(k)$$

seien zwei Möglichkeiten angegeben.

Eine erste, der rekursiven Lösung der Differenzengleichung entsprechende Möglichkeit bei gegebenem Eingangssignal $u(k)$ und Anfangsbedingungen $\boldsymbol{x}(0)$ ist

$$\begin{aligned}
\boldsymbol{x}(1) &= \boldsymbol{A}\,\boldsymbol{x}(0) + \boldsymbol{b}\,u(0)\\
\boldsymbol{x}(2) &= \boldsymbol{A}\,\boldsymbol{x}(1) + \boldsymbol{b}\,u(1)\\
&= \boldsymbol{A}^2\boldsymbol{x}(0) + \boldsymbol{A}\boldsymbol{b}\,u(0) + \boldsymbol{b}\,u(1)\\
&\;\;\vdots\\
\boldsymbol{x}(k) &= \underbrace{\boldsymbol{A}^k\boldsymbol{x}(0)}_{\text{homogene Lösung}} + \underbrace{\sum_{i=1}^{k} \boldsymbol{A}^{i-1}\boldsymbol{b}u(k-i)}_{\text{partikuläre Lösung (Faltungssumme)}}.
\end{aligned} \tag{3.6.49}$$

Hierbei ist

$$\boldsymbol{A}^k = \underbrace{\boldsymbol{A}\cdot\boldsymbol{A}\,\ldots\ldots\,\boldsymbol{A}}_{k}.$$

$y(k)$ erhält man schließlich nach (3.6.13).

Falls $u(k)$ als z-Transformierte in geschlossener Form angegeben ist, kann auch die folgende Lösungsmöglichkeit verwendet werden.

Die z-Transformation liefert

$$\mathfrak{Z}\{\boldsymbol{x}(k)\} = \boldsymbol{x}(z)$$

$$\mathfrak{Z}\{\boldsymbol{x}(k+1)\} = z[\boldsymbol{x}(z) - \boldsymbol{x}(0)]$$

(nach dem Linksverschiebungssatz).

Damit wird aus (3.6.12)

$$z[\boldsymbol{x}(z) - \boldsymbol{x}(0)] = \boldsymbol{A}\,\boldsymbol{x}(z) + \boldsymbol{b}\,u(z) \tag{3.6.50}$$

oder

$$\boldsymbol{x}(z) = [z\boldsymbol{I}-\boldsymbol{A}]^{-1}z\boldsymbol{x}(0) + [z\boldsymbol{I}-\boldsymbol{A}]^{-1}\boldsymbol{b}\,u(z) \tag{3.6.51}$$

und mit (3.6.13) folgt

$$y(z) = \boldsymbol{c}^T[z\boldsymbol{I}-\boldsymbol{A}]^{-1}z\,\boldsymbol{x}(0) + [\boldsymbol{c}^T[z\boldsymbol{I}-\boldsymbol{A}]^{-1}\boldsymbol{b}+d]\,u(z). \tag{3.6.52}$$

Aus dem Vergleich von (3.6.51) und (3.6.49) erhält man die Beziehung

$$\boldsymbol{A}^k = \mathfrak{Z}^{-1}\{[z\boldsymbol{I}-\boldsymbol{A}]^{-1}z\}. \tag{3.6.53}$$

3.6.6 Berechnung der z-Übertragungsfunktion

Mit dem Anfangszustand $\boldsymbol{x}(0) = \boldsymbol{0}$ ergibt sich aus (3.6.52)

$$G(z) = \frac{y(z)}{u(z)} = \boldsymbol{c}^T[z\boldsymbol{I}-\boldsymbol{A}]^{-1}\boldsymbol{b} + d$$

$$= \frac{\boldsymbol{c}^T \operatorname{adj}[z\boldsymbol{I}-\boldsymbol{A}]\boldsymbol{b} + d \det[z\boldsymbol{I}-\boldsymbol{A}]}{\det[z\boldsymbol{I}-\boldsymbol{A}]} \qquad (3.6.54)$$

Der ungekürzte Nenner der z-Übertragungsfunktion ergibt also die *charakteristische Gleichung*

$$\det[z\boldsymbol{I}-\boldsymbol{A}] = 0. \qquad (3.6.55)$$

Somit gilt z.B für ein System zweiter Ordnung

$$\det\left[z\begin{bmatrix}1 & 0\\ 0 & 1\end{bmatrix} - \begin{bmatrix}0 & 1\\ -a_2 & -a_1\end{bmatrix}\right] = \det\begin{bmatrix}z & -1\\ a_2 & z+a_1\end{bmatrix}$$

$$= z^2 + a_1 z + a_2 = 0$$

3.6.7 Berechnung der Gewichtsfunktion

Nach (3.6.13) und (3.6.49) gilt mit $\boldsymbol{x}(0) = \boldsymbol{0}$

$$y(k) = \sum_{i=1}^{k} \boldsymbol{c}^T\boldsymbol{A}^{i-1}\boldsymbol{b}u(k-i) + d\,u(k). \qquad (3.6.56)$$

Wird nun

$$u(k) = \begin{cases}1 & k=0\\ 0 & k>0\end{cases}$$

eingesetzt, dann folgt für die Gewichtsfunktion

$$\begin{aligned} g(0) &= d \\ g(k) &= \boldsymbol{c}^T\boldsymbol{A}^{k-1}\boldsymbol{b} \quad \text{für} \quad k>0. \end{aligned} \qquad (3.6.57)$$

Damit gilt auch, vgl. (3.4.7)

$$G(z) = \sum_{k=0}^{\infty} g(k)\, z^{-k} = d + \sum_{k=1}^{\infty} \boldsymbol{c}^T\boldsymbol{A}^{k-1}\boldsymbol{b}\, z^{-k}. \qquad (3.6.58)$$

3.6.8 Steuerbarkeit und Beobachtbarkeit

Von grundsätzlicher Bedeutung ist bei dynamischen Systemen in Zustandsdarstellung, ob es möglich ist, von einem gegebenen Anfangszustand in einen gegebenen

Endzustand zu steuern und aus den meßbaren Ein- und Ausgangsgrößen die inneren Zustandsgrößen zu bestimmen. Dies wird durch eine Prüfung auf Steuerbarkeit und Beobachtbarkeit untersucht.

Steuerbarkeit

In der Literatur werden verschiedene Festlegungen der Steuerbarkeit angegeben. Hier soll verwendet werden:

Ein linearer dynamischer Prozeß wird steuerbar genannt, wenn er durch eine realisierbare Steuerfolge $u(k)$ in endlicher Zeit N von jedem Anfangszustand $\boldsymbol{x}(0)$ in jeden Endzustand $\boldsymbol{x}(N)$ gebracht werden kann.

(Diese Festlegung wird auch „erreichbar" genannt. Die Steuerbarkeit wird dann für $\boldsymbol{x}(N) = \boldsymbol{0}$ abgeleitet.)

Zur Berechnung der Steuerfolge $u(k)$ kann man von (3.6.49) ausgehen. Danach gilt für einen Prozeß mit einer Stellgröße

$$\boldsymbol{x}(N) = \boldsymbol{A}^N \boldsymbol{x}(0) + [\boldsymbol{b}, \boldsymbol{A}\boldsymbol{b} \ldots \boldsymbol{A}^{N-1}\boldsymbol{b}]\, \boldsymbol{u}_N \tag{3.6.59}$$

mit

$$\boldsymbol{u}_N^T = [u(N-1)\; u(N-2) \ldots u(0)]. \tag{3.6.60}$$

Hieraus läßt sich die gesuchte Steuerfolge für $N = m$ eindeutig bestimmen

$$\boldsymbol{u}_m = \boldsymbol{Q}_s^{-1}\,[\boldsymbol{x}(m) - \boldsymbol{A}^m \boldsymbol{x}(0)] \tag{3.6.61}$$

$$\boldsymbol{Q}_s = [\boldsymbol{b}\; \boldsymbol{A}\boldsymbol{b} \ldots \boldsymbol{A}^{m-1}\boldsymbol{b}] \tag{3.6.62}$$

wenn

$$\det \boldsymbol{Q}_s \neq 0. \tag{3.6.63}$$

$\boldsymbol{Q}_s$ wird Steuerbarkeitsmatrix genannt. Sie darf also keine linear abhängigen Zeilen oder Spalten besitzen. Bei einem steuerbaren Prozeß muß also

$$\text{Rang}\; \boldsymbol{Q}_s = m \tag{3.6.65}$$

sein, wobei m die Ordnung von $\boldsymbol{A}$ ist. Für $N < m$ existiert keine Lösung von $\boldsymbol{u}$, für $N > m$ keine eindeutige Lösung.

Beispiel 3.16:
Es soll die Steuerbarkeitsmatrix für Prozesse erster bis dritter Ordnung bei Darstellung in Regelungsnormalform berechnet werden.

a) $G(z) = \dfrac{b_1 z^{-1}}{1 + a_1 z^{-1}}$

In Regelungsnormalform ist

$$A = -a_1;\; b = 1;\; c = b_1$$

und die Steuerbarkeitsmatrix wird

$$Q_s = b = 1$$

b) $G(z) = \dfrac{b_1 z^{-1} + b_2 z^{-2}}{1 + a_1 z^{-1} + a_2 z^{-2}}$

In Regelungsnormalform ist

$$A = \begin{bmatrix} 0 & 1 \\ -a_2 & -a_1 \end{bmatrix} \quad b = \begin{bmatrix} 0 \\ 1 \end{bmatrix} \quad c = \begin{bmatrix} b_2 \\ b_1 \end{bmatrix}.$$

und es gilt

$$\det Q_s = \det [b \quad A\, b] = \det \begin{bmatrix} 0 & 1 \\ 1 & -a_1 \end{bmatrix} = -1$$

c) $G(z) = \dfrac{b_1 z^{-1} + b_2 z^{-2} + b_3 z^{-3}}{1 + a_1 z^{-1} + a_2 z^{-2} + a_3 z^{-3}}$

In Regelungsnormalform ist

$$A = \begin{bmatrix} 0 & 1 & 0 \\ 0 & 0 & 1 \\ -a_3 & -a_2 & -a_1 \end{bmatrix} \quad b = \begin{bmatrix} 0 \\ 0 \\ 1 \end{bmatrix} \quad c = \begin{bmatrix} b_3 \\ b_2 \\ b_1 \end{bmatrix}$$

und es gilt

$$Q_s = [b\ Ab\ A^2 b] = \begin{bmatrix} 0 & 0 & 1 \\ 0 & 1 & -a_1 \\ 1 & -a_1 & a_1^2 - a_2 \end{bmatrix}.$$

Hieraus folgt

$$\det Q_s = 1.$$

Die Steuerbarkeitsmatrix ist also immer nichtsingulär und unabhängig von den Parametern a_i und b_i. Dies hängt damit zusammen, daß bei der Transformation in die Regelungsnormalform vorausgesetzt werden muß, daß das System steuerbar ist.

Beobachtbarkeit

Ein linearer dynamischer Prozeß wird *beobachtbar* genannt, wenn ein beliebiger Zustand $x(k)$ aus endlich vielen Ausgangsgrößenwerten $y(k)$, $y(k+1)$, ..., $y(k+N-1)$ und Eingangsgrößenwerten $u(k)$, $u(k+1)$, ... , $u(k+N-1)$ bestimmt werden kann. (Wenn der Zustand $x(k+N-1)$ bestimmt werden kann, spricht man auch von „rekonstruierbar").

Bedingungen zur Lösung dieses Beobachtbarkeitsproblems lassen sich wie folgt ableiten.

Mit der Ausgangsgleichung

$$y(k) = c^T x(k)$$

folgt aus (3.6.22)

$$\begin{aligned} y(k) &= c^T x(k) \\ y(k+1) &= c^T A\, x(k) + c^T b\, u(k) \\ y(k+2) &= c^T A^2\, x(k) + c^T A\, b\, u(k) + c^T\, b\, u(k+1) \\ &\;\;\vdots \\ y(k+N-1) &= c^T A^{N-1} x(k) + [0, c^T b, c^T A\, b, \ldots, c^T A^{N-2} b]\, u_N \end{aligned} \tag{3.6.66}$$

wobei

$$u_N^T = [u(k+N-1) \ldots u(k+1)\; u(k)]. \tag{3.6.67}$$

Wenn die Steuerfolge u_N^T vollständig bekannt ist, sind zur eindeutigen Berechnung der m Unbekannten des Zustandsvektors $x(k)$ im Gleichungssystem (3.6.66) m Gleichungen erforderlich. Es muß also $N = m$ sein. Das Gleichungssystem (3.6.66) lautet dann

$$y_m = Q_B x(k) + S\, u_m \tag{3.6.68}$$

wobei

$$y_m^T = [y(k)\, y(k+1) \ldots y(k+m-1)]$$

$$u_m^T = [u(k+m-1) \ldots u(k+1)\, u(k)]$$

$$Q_B = \begin{bmatrix} c^T \\ c^T A \\ \vdots \\ c^T A^{m-1} \end{bmatrix}$$

$$S = \begin{bmatrix} 0 & & \ldots & 0 \\ \vdots & & & c^T b \\ \vdots & & & \vdots \\ 0 & c^T b & c^T A b \; \ldots & c^T A^{m-2} b \end{bmatrix}.$$

Der gesuchte Zustandsvektor ist dann

$$x(k) = Q_B^{-1}\, [y_m - S\, u_m] \tag{3.6.69}$$

falls $\det\, Q_B \neq 0$. Ein dynamischer Prozeß ist also dann beobachtbar, wenn für die Beobachtbarkeitsmatrix Q_B

$$Rang\; Q_B = m \tag{3.6.70}$$

erfüllt ist. Q_B muß also m linear unabhängige Zeilen besitzen.

Beispiel 3.17:
Es soll untersucht werden unter welchen Bedingungen Prozesse erster und zweiter Ordnung bei Darstellung in Regelungsnormalform beobachtbar sind. Die Besetzungen der Matrizen und Vektoren sind in Beispiel 3.16 angegeben:

a) $G(z) = \dfrac{b_1 z^{-1}}{1+a_1 z^{-1}}$

$$Q_B = c = b_1$$

Der Prozeß ist also beobachtbar, falls $b_1 \neq 0$.

b) $G(z) = \dfrac{b_1 z^{-1} + b_2 z^{-2}}{1 + a_1 z^{-1} + a_2 z^{-2}}$

Der Prozeß ist beobachtbar, falls

$$\det Q_B = \det \begin{bmatrix} \mathbf{c}^T \\ \mathbf{c}^T\mathbf{A} \end{bmatrix} = \det \begin{bmatrix} b_2 & b_1 \\ -b_1 a_2 & (b_2 - a_1 b_1) \end{bmatrix}$$

$$= b_2^2 + a_2 b_1^2 - a_1 b_1 b_2 \neq 0$$

Hier spielen also alle Parameter eine Rolle. Der Prozeß ist nicht beobachtbar, wenn $b_1 = 0$ und $b_2 = 0$ oder wenn in der Übertragungsfunktion

$$G(z) = \frac{b_1 z + b_2}{z^2 + a_1 z + a_2} = \frac{b_1(z - z_{01})}{(z-z_1)\,(z-z_2)}$$

die Nullstelle $z_{01} = -b_2/b_1$ gleich ist wie einer der Pole $z_{1,2} = -a_1/2 \pm \sqrt{a_1^2 - 4a_2}/2$, denn dann folgt aus z.B. $z_{01} = z_1$ (Pol-Nullstellen-Kürzung)

$$b_2^2 + a_2 b_1^2 + a_1 b_1 b_2 = 0.$$

Der Prozeß ist beobachtbar für alle anderen Kombinationen der Parameter. Es muß aber entweder $b_1 \neq 0$ oder $b_2 \neq 0$ sein und wenn $b_2 = 0$ ist muß $a_2 \neq 0$ sein.

Dieses Beispiel zeigt, daß die Parameter b_i eine wesentliche Rolle spielen, da über sie die Ausgangsgröße gebildet wird, wie aus Bild 3.18 zu erkennen.

Wenn die Beobachternormalform gewählt wird, gelten die umgekehrten Verhältnisse wie in den Beispielen 3.16 und 3.17, d.h. es muß vorausgesetzt werden, daß der Prozeß beobachtbar ist und er ist dann steuerbar für die Bedingungen von Beispiel 3.17.

Aus diesen Beispielen ist zu erkennen, daß die Steuerbarkeit oder Beobachtbarkeit verloren geht, wenn in der z-Übertragungsfunktion Pole durch Nullstellen gekürzt (kompensiert) werden. Das heißt, daß man gemeinsame Pole und Nullstellen vermeiden sollte. Bei Systemen mit einen Eingang und einem Ausgang bildet der steuerbare und beobachtbare Teil eine sogenannte *Minimalrealisierung*, also eine Darstellung mit einer minimalen Anzahl von Zustandsgrößen.

Für eine weiter vertiefende Betrachtung der Zustandsdarstellung zeitdiskreter Systeme sei auf [2.18, 2.21, 2.25, 2.27] verwiesen.

3.7 Mathematische Prozeßmodelle

Da der Entwurf von höherwertigen und gut angepaßten Regelungen die Kenntnis von mathematischen Prozeßmodellen voraussetzt, sollen in diesem Abschnitt kurz einige Möglichkeiten aufgezeigt werden, wie man zeitdiskete dynamische Modelle für bestimmte Klassen von Prozessen erhalten kann.

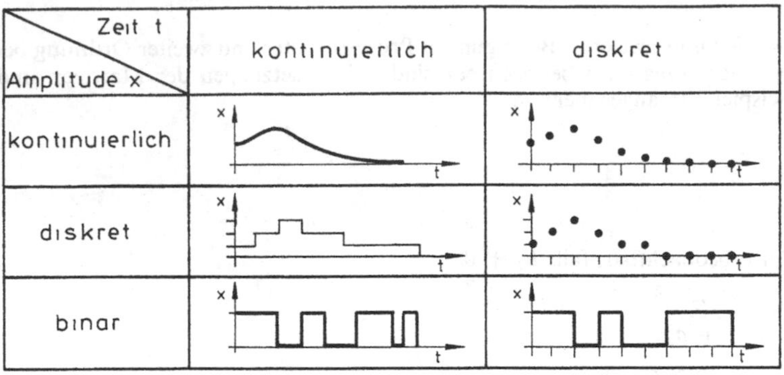

Bild 3.21. Amplitude – Zeit – Verhalten verschiedener Signale

3.7.1 Grundtypen technischer Prozesse

Technische Prozesse sind nach DIN 66201 gekennzeichnet durch die Umformung und/oder den Transport von Materie, Energie und/oder Information. Die technischen Prozesse lassen sich z.B. klassifizieren bezüglich

- Amplitude-Zeit-Verhalten der Signale
- Art des Transports von Materie, Energie, Information
- Klasse der mathematischen Modelle.

Amplitude-Zeit-Verhalten der Signale

Gemäß Bild 3.21 kann man unterscheiden:

- kontinuierliche Amplitude – kontinuierliche Zeit
  (→ Prozesse mit kontinuierlichen Signalen)
- kontinuierliche Amplitude – diskrete Zeit
  (→ Prozesse mit zeitdiskreten (abgetasteten) Signalen. Die auftretenden Impulse können amplitudenmoduliert, breitenmoduliert oder zeitmoduliert sein).
- diskrete Amplitude – kontinuierliche Zeit
  (→ Prozesse mit stufenförmigen Signalen)
- diskrete Amplitude – diskrete Zeit
  (→ Prozesse mit z.B. abgetasteten digitalen Signalen)
- binäre Amplitude – kontinuierliche oder diskrete Zeit
  (→ Prozesse mit binären Signalen).

Art des Transports von Materie, Energie, Information

Bezüglich des Transports von Materie, Energie und/oder Information lassen sich technische Prozesse wie folgt einteilen:

- Fließprozesse
  - Materie, Energie, Information fließt in kontinuierlichen Strömen
  - Prozeßablauf im Durchlaufbetrieb

- Signale: viele Kombinationen nach Bild 3.21 möglich
- Mathematische Modelle: Lineare und nichlineare, gewöhnliche oder partielle Differentialgleichungen oder Differenzengleichungen
- Beispiele: Pipeline, Elektrisches Kraftwerk, elektrische Signalleitung für analoge Signale, manche Kraft- und Arbeitsmaschinen. Viele Prozesse der Energie- und Verfahrenstechnik.

– Chargenprozesse
- Materie, Energie, Information fließt in „Schüben" bzw. unterbrochenen Strömen
- Prozeßablauf in einem abgeschlossenen Bereich
- Signale: viele Kombinationen nach Bild 3.21 möglich
- Mathematische Modelle: Meist nichtlineare, gewöhnliche oder partielle Differentialgleichungen oder Differenzengleichungen
- Beispiele: Prozesse aus dem Bereich der Verfahrenstechnik: Prozesse für chemische Reaktionen, Waschen, Trocknen ,Vulkanisieren.

– Stückprozesse
- Materie, Energie, Information wird in „Stücken" transportiert
- Prozeßablauf: stückweise
- Signale: Meist diskrete (binäre) Amplitude. Kontinuierliche oder diskrete Zeit
- Mathematische Modelle: Ablaufschemas, digitale Simulationsprogramme
- Beispiele: Viele Prozesse der Fertigungstechnik. Bearbeitung von Werkstücken, Transport von Teilen, Transport in Lagern.

Klasse der mathematischen Modelle

Die Klassen von mathematischen Modellen zur Beschreibung des Übertragungsverhaltens von Fließ- und Chargenprozessen lassen sich wie folgt unterscheiden:

Gewöhnliche Differentialgleichungen (Konzentrierte Parameter)	–	Partielle Differentialgleichungen (Verteilte Parameter)
linear	–	nichtlinear
linear in den Parametern	–	nichtlinear in den Parametern
zeitinvariant	–	zeitvariant
parametrisch	–	nichtparametrisch
kontinuierliche Signale	–	diskrete Signale

Definitionen dieser Begriffe sind in vielen bekannten Büchern über Systemtheorie und Regelungstechnik zu finden.

In diesem Band soll der Entwurf von Regelalgorithmen besonders für Fließ- und Chargenprozesse behandelt werden. Da für digitale Regelungen hauptsächlich mathematische Modelle mit zeitdiskreten Signalen interessieren, sollen noch einige Wege zur Gewinnung dieser Modelle behandelt werden.

3.7.2 Gewinnung der Prozeßmodelle – Modellbildung und Identifikation

Mathematische Prozeßmodelle können durch theoretische oder experimentelle Prozeßanalyse gewonnen werden [3.6 – 3.13].

Bei der *theoretischen Analyse* (theoretische Modellbildung) von Fließ- und Chargenprozessen wird das Modell durch Aufstellen von Bilanzgleichungen, Zustandsgleichungen und phänomenologischen Gleichungen berechnet. Man erhält dann (für kontinuierliche Signale) im allgemeinen ein System gewöhnlicher und/oder partieller Differentialgleichungen, das auf ein theoretisches Modell des Prozesses mit bestimmter Struktur und bestimmten Parametern führt, wenn es sich explizit lösen läßt. Zur Ermittlung des Modells mit zeitdiskreten Signalen empfiehlt sich im allgemeinen folgender Weg: Approximation des Modells mit kontinuierlichen Signalen durch ein Modell mit konzentrierten Parametern – Vereinfachung des kontinuierlichen Modells – Differenzenbildung oder z-Transformation, s. Abschn. 3.7.3.

Bei der *experimentellen Analyse* des Prozesses (Prozeßidentifikation) wird das mathematische Modell des Prozesses aus Messungen ermittelt. Dabei werden Ein- und Ausgangssignale des Prozesses mittels Identifikationsverfahren so ausgewertet, daß ihre Zusammenhänge in einem mathematischen Modell ausgedrückt werden. Die mathematischen Modelle können nichtparametrisch sein, wie. z.B. Übergangsfunktionen oder Frequenzgänge in tabellarischer Form, oder aber parametrisch, wie z.B. Differential- oder Differenzengleichungen. Nichtparametrische Modelle erhält man z.B. durch Auswertung der gemessenen Signale mittels Fourieranalyse oder Korrelationsanalyse, parametrische Modelle mit Verfahren der Kennwertermittlung oder mit Parameterschätzverfahren. In bezug auf den Entwurf von Regelalgorithmen für digitale Prozessoren sind parametrische Prozeßmodelle besonders geeignet, da die moderne Systemtheorie vor allem auf diesen, die Parameter explizit enthaltenden Modellen aufbaut und da die Synthese der Regelalgorithmen direkter und weniger aufwendig wird.

Zur Identifikation von parametrischen Modellen mit zeitdiskreten Signalen eignen sich besonders Parameterschätzverfahren. Hierzu werden bei linearen, zeitinvarianten Prozessen Modelle der Form

$$y(z) = \underbrace{\frac{B(z^{-1})}{A(z^{-1})}z^{-d}}_{\text{Prozeßmodell}}u(z) + \underbrace{\frac{D(z^{-1})}{C(z^{-1})}}_{\text{Störsignalmodell}}v(z) \tag{3.7.1}$$

vgl. (3.4.14) und (12.2.31), angenommen und die unbekannten Parameter des Prozeßmodells und eventuell auch des Störsignalmodells aufgrund der gemessenen Signale $u(k)$ und $y(k)$ geschätzt [3.13]. Zur Parameterschätzung werden z.B. folgende Methoden verwendet: Kleinste Quadrate, Hilfsvariablen, Maximum-Likelihood in nichtrekursiver oder rekursiver Form. In den letzten Jahren wurde die Identifikation mit Digital- bzw. Prozeßrechnern im Off-line- und On-line-Betrieb wesentlich weiterentwickelt und praktisch erprobt. Man darf jetzt davon ausgehen, daß sich viele lineare und nichtlineare Prozesse mit genügender Genauigkeit mit und ohne Testsignale, im offenen und geschlossenen Regelkreis identifizieren lassen. Dies wird in Kap. 24 behandelt. Es existieren bedienungsfreundliche Programmpakete, die auch Methoden zur Bestimmung der Modellordnung und Totzeit enthalten. s. Kap. 30.

Im Unterschied zur theoretischen Modellbildung kann man über Identifikationsverfahren also die Prozeßmodelle direkt in der Form für zeitdiskrete Signale erhalten.

3.7.3 Berechnung von z-Übertragungsfunktionen aus s-Übertragungsfunktionen

Das dynamische Verhalten von linearen, zeitinvarianten Prozessen mit konzentrierten Parametern und kontinuierlichem Ein- und Ausgangssignal $u(t)$ und $y(t)$ wird bekanntlich durch gewöhnliche Differentialgleichungen

$$\begin{aligned} &a_m y^{(m)}(t) + a_{m-1} y^{(m-1)}(t) + \dots + a_1 \dot{y}(t) + y(t) \\ &= b_m u^{(m)}(t) + b_{m-1} u^{(m-1)}(t) + \dots + b_1 \dot{u}(t) + b_0 u(t) \end{aligned} \tag{3.7.2}$$

beschrieben. Diese erhält man z.B. durch theoretische Modellbildung. Durch Laplace-Transformation entsteht aus dieser Differentialgleichung die s-Übertragungsfunktion

$$\begin{aligned} G(s) &= \frac{y(s)}{u(s)} = \frac{b_0 + b_1 s + \dots + b_{m-1} s^{m-1} + b_m s^m}{1 + a_1 s + \dots + a_{m-1} s^{m-1} + a_m s^m} \\ &= \frac{B(s)}{A(s)}. \end{aligned} \tag{3.7.3}$$

Für *kleine Abtastzeiten* können zeitdiskrete Modelle durch Diskretisieren von Differentialgleichungen erhalten werden, wie in Abschn. 3.1.1 beschrieben.

Für *größere Abtastzeiten* berechnet man die Differenzengleichungen und z-Übertragungsfunktionen am zweckmäßigsten auf dem Weg über z-Transformationstabellen. Hierzu benötigt man entweder die Gewichts funktion $g(t) = f(t)$ in analytischer Form oder die s-Übertragungsfunktion $G(s) = f(s)$ in rational gebrochener Form und sucht die in den z-Transformationstabellen gegenüberstehenden $f(z) = G(z)$ auf. Dabei muß man bei Prozessen höherer Ordnung im allgemeinen zuvor eine Partialbruchzerlegung durchführen, um Ausdrücke von $G(s)$ zu erhalten, die tabelliert sind. Man beachte jedoch bei vorhandenem Halteglied z.B. nullter Ordnung die Gl. (3.4.11) und suche in der Tabelle $G(s)/s$ auf. (Im folgenden steht dann anstelle von $G(s) \to G(s)/s$, vgl. Beispiel 3.18). Man zerlegt hierzu zum Beispiel

$$G(s) = \frac{\sum_{j=0}^{p+l} c_j s^j}{(s-s_0)^p \prod_{i=1}^{l} (s-s_i)} \tag{3.7.4}$$

in

$$G(s) = \sum_{q=1}^{p} \frac{A_{oq}}{(s-s_0)^q} + \sum_{i=1}^{l} \frac{A_i}{(s-s_i)}$$

wobei die Koeffizienten nach dem Residuensatz

$$A_{oq} = \frac{1}{(p-q)!} \left[\frac{d^{p-q}}{ds^{p-q}} [(s-s_0)^p G(s)] \right]_{s=s_0} \tag{3.7.5}$$

$$A_i = [(s-s_i) G(s)]_{s=s_i}$$

zu berechnen sind.

Die Pole von $G(s)$ und von $G(z)$ sind nach (3.5.17) direkt durch die Abbildung $z = e^{T_0 s}$ verknüpft.

Beispiel 3.18:
Es soll die z-Übertragungsfunktion des Prozesses

$$G(s) = \frac{y(s)}{u(s)} = \frac{K}{(1+T_1 s)(1+T_2 s)\ \ldots\ (1+T_m s)} \qquad T_1 \neq T_2 \ldots \neq T_m$$

mit Halteglied nullter Ordnung berechnet werden.
Lösung:
1. Partialbruchzerlegung von $G(s)/s$

$$\frac{G(s)}{s} = \frac{K \frac{1}{T_1} \frac{1}{T_2} \cdots \frac{1}{T_m}}{s\left(s+\frac{1}{T_1}\right)\left(s+\frac{1}{T_2}\right)\cdots\left(s+\frac{1}{T_m}\right)}$$

$$= \frac{A_0}{s} + \frac{A_1}{s+\frac{1}{T_1}} + \ldots \frac{A_m}{s+\frac{1}{T_m}}$$

$$A_i = \frac{-K \prod\limits_{\substack{j=1\\ j\neq i}}^{m} \frac{1}{T_j}}{\prod\limits_{\substack{j=1\\ j\neq i}}^{m} \left(-\frac{1}{T_i} + \frac{1}{T_j}\right)} \qquad i = 1, \ldots, m$$

$$A_0 = K$$

2. Aufsuchen der korrespondierenden z-Transformierten
Aus

$$\frac{G(s)}{s} = \frac{A_0}{s} + \sum_{i=1}^{m} \frac{A_i}{s+\frac{1}{T_i}}$$

folgt

$$\mathscr{Z}\left\{\frac{G(s)}{s}\right\} = \frac{A_0}{1-z^{-1}} + \sum_{i=1}^{m} \frac{A_i}{1 - e^{-\frac{T_0}{T_i}} z^{-1}}$$

3. Nach (3.4.11) wird

$$HG(z) = (1-z^{-1})\mathscr{Z}\left\{\frac{G(s)}{s}\right\}$$

$$= \frac{A_0 \prod_{i=1}^{m}\left(1-e^{-\frac{T_0}{T_i}}z^{-1}\right) + \sum_{i=1}^{m}(1-z^{-1})A_i \prod_{j=1,j\neq i}^{m}\left(1-e^{-\frac{T_0}{T_j}}z^{-1}\right)}{\prod_{i=1}^{m}\left(1-e^{-\frac{T_0}{T_i}}z^{-1}\right)}$$

Für die Zahlenwerte

$$m = 3;\ K = 1;\ T_1 = 10\ \text{s};\ T_2 = 7{,}5\ \text{s};\ T_3 = 5\ \text{s}$$

sind die Parameter von $G(z)$ in Tabelle 3.4 für verschiedene Abtastzeiten T_0 angegeben. Mit zunehmender Abtastzeit ist folgende Tendenz zu erkennen:

a) Die Beträge der Parameter a_i werden kleiner
b) Die Beträge der Parameter b_i werden größer
c) Die Summe der Parameter $\Sigma b_i = 1 + \Sigma a_i$, wird größer.

Für große Abtastzeiten wird $|a_3| \ll 1+\Sigma a_i$ und $|b_3| \ll \Sigma b_i$, so daß a_3 und b_3 vernachlässigt werden können und praktisch ein Modell 2. Ordnung resultiert.

Eine andere Methode zur Berechnung von $HG(z)$ aus $G(s)$, die keinen Gebrauch von z-Transformationstabellen macht, besteht darin, daß man nach Tustin [3.3] folgende Näherung einsetzt

$$s \approx \frac{2}{T_0}\,\frac{z-1}{z+1}. \qquad (3.7.6)$$

Diese Näherunsgleichung kann wie folgt abgeleitet werden.

Aus der Integrationsgleichung

$$y(t) = \frac{1}{T}\int_0^t u(t)\,\mathrm{d}t \qquad (3.7.7)$$

folgt nach Laplace-Transformation

$$\frac{y(s)}{u(s)} = \frac{1}{Ts}. \qquad (3.7.8)$$

Tabelle 3.4. Parameter der z-Übertragungsfunktion $G(z)$ für den Prozeß $G(s) = \dfrac{1}{(1+10s)\,(1+7{,}5s)\,(1+5s)}$ mit Halteglied nullter Ordnung für verschiedene Abtastzeiten T_0.

T_0 in s	2	4	6	8	10	12
b_1	0,00269	0,0186	0,05108	0,09896	0,15867	0,22608
b_2	0,00926	0,0486	0,1086	0,17182	0,22570	0,26433
b_3	0,00186	0,0078	0,01391	0,01746	0,01813	0,01672
a_1	−2,25498	−1,7063	−1,2993	−0,99538	−0,76681	−0,59381
a_2	1,68932	0,958	0,54723	0,31484	0,18243	0,10645
a_3	−0,42035	−0,1767	−0,07427	−0,03122	−0,01312	−0,00552
$\Sigma b_i = 1+\Sigma a_i$	0,01399	0,0750	0,17362	0,28824	0,40250	0,50712

Ersetzt man die kontinuierliche Integration zunächst durch eine *Rechteckintegration*, dann gilt für kleine T_0

$$\begin{aligned}
y(k) &\approx \frac{T_0}{T}\sum_{i=1}^{k} u(i-1)\\
y(k-1) &\approx \frac{T_0}{T}\sum_{i=1}^{k-1} u(i-1)\\
y(k)-y(k-1) &\approx \frac{T_0}{T}u(k-1)\\
y(z)\,[1-z^{-1}] &\approx \frac{T_0}{T}u(z)z^{-1}\\
\frac{y(z)}{u(z)} &\approx \frac{T_0 z^{-1}}{T(1-z^{-1})} = \frac{T_0}{T(z-1)}
\end{aligned} \tag{3.7.9}$$

Aus (3.7.8) und (3.7.9) folgt somit für kleine Abtastzeiten die Korrespondenz

$$s \rightarrow \frac{1}{T_0}(z-1)$$

Eine bessere Approximation der kontinuierlichen Integration erhält man durch *Trapezintegration*:

$$\begin{aligned}
y(k) &\approx \frac{T_0}{T}\sum_{i=1}^{k}\frac{1}{2}[u(i) + u(i-1)]\\
y(k-1) &\approx \frac{T_0}{T}\sum_{i=1}^{k-1}\frac{1}{2}[u(i) + u(i-1)]\\
y(k)-y(k-1) &\approx \frac{T_0}{2T}[u(k) + u(k-1)]\\
\frac{y(z)}{u(z)} &\approx \frac{T_0}{2T}\,\frac{z+1}{z-1}.
\end{aligned} \tag{3.7.10}$$

Hieraus folgt für kleine T_0 die Korrespondenz

$$s \rightarrow \frac{2}{T_0}\,\frac{z-1}{z+1} \tag{3.7.11}$$

Diese Korrespondenz folgt auch über $z = e^{T_0 s}$ aus der Reihenentwicklung

$$s = \frac{1}{T_0}\ln z \approx \frac{2}{T_0}\left[\frac{z-1}{z+1} + \frac{(z-1)^3}{3(z+1)^3} + \dots\right] \tag{3.7.12}$$

mit Abbruch nach dem ersten Glied.

Beispiel 3.19:
Für den Prozeß

$$G(s) = \frac{1}{(1+10s)\,(1+5s)}$$

mit Halteglied nullter Ordnung sind in Tabelle 3.5 die exakten Parameter der z-Übertragungsfunktion $HG(z)$ und die nach Verwenden der Näherungsbeziehung (3.7.11) entstehenden Parameter von

$$H\tilde{G}(z) = G(s)\Big|_{s = \frac{2}{T_0}\frac{z-1}{z+1}}$$

für verschiedene Abtastzeiten zu sehen. Zusätzlich sind die maximal auftretenden Fehler der resultierenden Übergangsfunktion $\tilde{y}(k)$ angegeben, wobei

$$\Delta y(k) = \tilde{y}(k) - y(k)$$

$$y(\infty) = \lim_{k\to\infty} y(k).$$

Durch das Einsetzen der Näherungsbeziehung tritt bei $H\tilde{G}(z)$ im Unterschied zu $HG(z)$ ein Parameter $b_0 \neq 0$ auf. Damit ergibt sich ein struktureller Unterschied. Für kleine Abtastzeiten $T_0 \leqq 2$ s stimmen die Parameter a_1 und a_2 relativ gut überein und die maximalen Fehler der Übergangsfunktion sind $\leqq 5$ %. Mit zunehmender Abtastzeit werden die Fehler jedoch größer. Bezeichnet man mit T_{95} die Einschwingzeit bis zu 95 % des Endwertes $y(\infty)$ der Übergangsfunktion, so kann man mit $T_{95} = 37$ s der Tabelle 3.5 entnehmen:

Läßt man Fehler in der Übergangsfunktion

$$(\Delta y/y_\infty)_{max} = 0{,}05 \text{ bis } 0{,}1$$

zu, dann folgt für die maximal zulässige Abtastzeit

$$T_{95}/T_0 = 17{,}5 \text{ bis } 8.$$

Die Näherungsbeziehung (3.7.11) ist also nur für relativ kleine Abtastzeiten zu verwenden.

Tabelle 3.5. Parameter von $HG(z)$ und $H\tilde{G}(z)$ für $s = \frac{2}{T_0}\frac{z-1}{z+1}$ und resultierender maximaler Fehler der Übergangsfunktion für $H\tilde{G}(z)$. $G(s) = 1/(1+10s)(1+5s)$.

T_0 s	b_0	b_1	b_2	a_1	a_2	Σb_i	$(\Delta y/y_\infty)_{max}$	bei t in s
1		0,00906	0,00819	−1,72357	0,74082	0,01725		
	0,00433	*0,00866*	*0,00433*	*−1,72294*	*0,74026*	*0,01732*	*+0,024*	*6*
2		0,03286	0,02690	−1,48905	0,54881	0,05976		
	0,01515	*0,03030*	*0,01515*	*−1,48485*	*0,54546*	*0,06061*	*+0,048*	*6*
4		0,10869	0,07286	−1,11965	0,30119	0,18155		
	0,04762	*0,09524*	*0,04762*	*−1,09524*	*0,28571*	*0,19048*	*+0,087*	*8*
6		0,20357	0.11172	−0,85001	0,16530	0,31529		
	0,08654	*0,17308*	*0,08654*	*−0,78846*	*0,13462*	*0,34615*	*+0,124*	*6*
8		0,30324	0,13625	−0,65123	0,09072	0,43949		
	0,12698	*0,25397*	*0,12698*	*−0,53968*	*0,04762*	*0,50794*	*+0,146*	*8*
12		0,48833	0,15708	−0,39191	0,02732	0,63541		
	0,20455	*0,40909*	*0,20455*	*−0,15909*	*−0,02273*	*0,81812*	*+0,20*	*0*

3.7.4 Vereinfachung von Prozeßmodellen für zeitdiskrete Signale

Auf dem Wege der theoretischen Modellbildung abgeleitete Prozeßmodelle können bei einer großen Anzahl von Speichern mit konzentrierten Parameter oder bei Systemen mit verteilten Parametern einen großen Umfang bekommen, der sich bei geschlossener Darstellungsmöglichkeit in einer hohen Modellordnung z.B. der Übertragungsfunktion auswirkt. Für viele Anwendungen reichen jedoch Näherungsmodelle mit reduziertem Umfang bzw. reduzierter Modellordnung aus. Hierzu werden Methoden der Modellreduktion benötigt. Diese lassen sich einteilen in Methoden für

a) Modellreduktion durch Weglassen
b) Modellreduktion mit Korrektur des Restmodells
c) Modellreduktion ohne Berücksichtigung der späteren Verwendung
d) Modell reduktion mit Berücksichtigung der Verwendung (z.B. geschlossener Regelkreis)

Beiträge für Prozesse mit kontinuierlichen Signalen sind z.B. in [3.4, 3.5, 3.14, 3.15, 3.19, 3.20] beschrieben.

Im folgenden wird ein einfaches Verfahren zur Reduktion von Modellen mit zeitdiskreten Signalen beschrieben.

Für lineare Prozeßmodelle mit Übertragungsfunktionen des Typs

$$G(s) = \frac{y(s)}{u(s)} = \frac{\prod_{\beta=1}^{m} (1+T_\beta s)}{(1+2DTs+T^2s^2)\prod_{\alpha=1}^{m-2}(1+T_\alpha s)} e^{-T_t s}$$

$$= \frac{b_0+b_1 s+\ldots+b_m s^m}{1+a_1 s+\ldots+a_m s^m} e^{-T_t s} \tag{3.7.13}$$

gilt als Bedingung für näherungsweise gleiches dynamisches Verhalten sowohl im offenen als auch geschlossenen Regelkreis, daß die verallgemeinerte Zeitkonstantensumme

$$T_\Sigma = 2DT + \sum_{\alpha=1}^{m-2} T_\alpha - \sum_{\beta=1}^{m} T_\beta + T_t = (a_1 - b_1) + T_t \tag{3.7.14}$$

konstant bleiben muß, [3.4, 3.5]. Das bedeutet, daß die Summe der während eines dynamischen Vorgangs gespeicherten Energien, Massen oder Impulse bei Vereinfachungen von Prozeßmodellen gleich groß zu halten ist.

Es ist nun zu vermuten, daß diese Bedingung, zumindest für kleine Abtastzeiten, auch für Prozeßmodelle mit zeitdiskreten Signalen zutrifft. Vor der Bildung von Modellen für diskrete Signale sollte daher das Modell für kontinuierliche Signale so weit wie möglich vereinfacht werden, sofern nur das Ein/Ausgangsverhalten interessiert. Man sollte also die l kleinen Zeitkonstanten T_i durch eine Totzeit

$$T_t = \sum_{i=1}^{l} T_i$$

ersetzen und gegebenenfalls näherungsweise gleich große Pole und Nullstellen unter Beachtung von (3.7.14) kürzen, [3.4, 3.5].

Bei Gewinnung des Prozeßmodells durch Identifikationsverfahren ist die Totzeit so groß zu wählen, daß die resultierende Modellordnung m möglichst klein wird.

Es sollen nun einige Gesetzmäßigkeiten zur Vereinfachung von Modellen, die bereits in der Form für diskrete Signale vorliegen, angegeben werden. Hierzu sei von einer z-Übertragungsfunktion der Form

$$G(z) = \frac{y(z)}{u(z)} = \frac{b_0 + b_1 z^{-1} + \ldots + b_m z^{-m}}{a_0 + a_1 z^{-1} + \ldots + a_m z^{-m}} \qquad (3.7.15)$$

ausgegangen. Veränderungen in den Parametern a_i und b_i wirken sich, im Unterschied zu Modellen mit kontinuierlichen Signalen, sowohl auf das dynamische Verhalten (z.B. Übergangsfunktion) als auch auf das statische Verhalten (Verstärkungsfaktor) aus. Deshalb sollen Bedingungen für Veränderungen der Parameter a_i und b_i abgeleitet werden, für die sowohl die gespeicherten Größen während eines Übergangsvorgangs als auch der Verstärkungsfaktor konstant bleiben.

Für die während eines dynamischen Zustandes gespeicherten Größen eines Prozesses mit Ausgleich gilt in Anlehnung an den Fall für kontinuierliche Signale

$$A' = T_0 \sum_{k=0}^{\infty} [u(k) - y(k)]. \qquad (3.7.16)$$

Wählt man als Eingangssignal eine Sprungfunktion der Höhe u_0 und nimmt an, daß

$$y(k) \approx K\, u_0 \text{ für } k \geqq l$$

wobei K der Verstärkungsfaktor

$$K = \sum_{i=0}^{m} b_i \Big/ \sum_{i=0}^{m} a_i \qquad (3.7.17)$$

ist, dann gilt mit $A'' = A'/T_0 u_0$

$$A'' \approx \tilde{A} = \frac{1}{u_0} \sum_{k=0}^{l} [u(k) - y(k)] = \frac{1}{u_0}\left[(l+1)u_0 - \sum_{k=0}^{l} y(k)\right]. \qquad (3.7.18)$$

Aus der Differenzengleichung des Prozesses läßt sich folgendes Gleichungssystem bilden

$$\begin{array}{llllll}
a_0 y(0) & = & & & b_0 u(0) & \\
a_0 y(1) & = -a_1 y(0) & & & + b_0 u(1) & + b_1 u(0) \\
\vdots & & & & & \\
a_0 y(m) & = -a_1 y(m-1) & \ldots & -a_m y(0) & + b_0 u(m) & \ldots + b_m u(0) \\
\vdots & & & & & \\
a_0 y(l) & = -a_1 y(l-1) & \ldots & -a_m y(l-m) & + b_0 u(l) & \ldots + b_m u(l-m) \\
\vdots & & & & & \\
a_0 y(l+m) & = -a_1 y(l+m-1) & \ldots & -a_m y(l) & + b_0 u(l+m) & \ldots + b_m u(l) \\
\hline
\end{array}$$

$$a_0 \sum_{k=0}^{l+m} y(k) = -a_1 \sum_{k=0}^{l+m-1} y(k) \ldots -a_m \sum_{k=0}^{l} y(k) + b_0 \sum_{k=0}^{l+m} u(k) \ldots + b_m \sum_{k=0}^{l} u(k) . \tag{3.7.19}$$

Hieraus folgt mit $u(k) = u_0$ für $k \geqq 0$ und (3.7.17)

$$\sum_{i=0}^{m} a_i \sum_{k=0}^{l} y(k) = (l+1) u_0 \sum_{i=0}^{m} b_i + u_0 [m b_0 + (m-1) b_1 + \ldots + b_{m-1}] - K u_0 [m a_0 + (m-1) a_1 + \ldots + a_{m-1}]$$

Einsetzen in (3.7.18) ergibt mit $K = 1$

$$\tilde{A} = \frac{1}{\sum_{i=0}^{m} a_i} [m(a_0 - b_0) + (m-1)(a_1 - b_1) + \ldots + (a_{m-1} - b_{m-1})] . \tag{3.7.20}$$

Für kleine Parameteränderungen erhält man über

$$\Delta \tilde{A} \approx \frac{\partial \tilde{A}}{\partial a_1} \Delta a_1 + \ldots + \frac{\partial \tilde{A}}{\partial a_m} \Delta a_m + \frac{\partial \tilde{A}}{\partial b_0} \Delta b_0 + \ldots + \frac{\partial \tilde{A}}{\partial b_m} \Delta b_m \tag{3.7.21}$$

die Näherungsgleichung

$$\Delta \tilde{A} \approx \frac{1}{\sum_{i=0}^{m} a_i} \left[\sum_{i=0}^{m-1} (m-i) \; (\Delta a_i - \Delta b_i) - \tilde{A} \sum_{i=0}^{m} \Delta a_i \right] \tag{3.7.22}$$

Hieraus ist in bezug auf Änderungen der gespeicherten Größen A zu entnehmen:
a) Je größer i desto kleiner die Auswirkung von Änderungen Δa_i oder Δb_i

$$\left. \begin{aligned} \frac{\partial \tilde{A} / \partial a_i}{\partial \tilde{A} / \partial a_0} &= \frac{(m-i) - \tilde{A}}{m - \tilde{A}} \\ \frac{\partial \tilde{A} / \partial b_i}{\partial \tilde{A} / \partial b_0} &= \frac{m-i}{m} \end{aligned} \right\} \tag{3.7.23}$$

b) Aus

$$\frac{\partial \tilde{A}/\partial b_i}{\partial \tilde{A}/\partial a_i} = \frac{(m-i)}{\tilde{A}-(m-i)} = \varkappa$$

folgt

$$\begin{aligned} \varkappa &\geqq 1 \quad \text{für} \quad (m-i) < \tilde{A} \leqq 2(m-i) \\ \varkappa &< 1 \quad \text{für} \quad \tilde{A} > 2(m-i) \end{aligned}$$

Aus (3.7.17) folgt bei kleinen Parameteränderungen für den Verstärkungsfaktor $K = 1$

$$K \approx \sum_{i=0}^{m} \frac{\partial K}{\partial a_i} \Delta a_i + \frac{\partial K}{\partial b_i} \Delta b_i$$

$$= \frac{1}{\sum\limits_{i=0}^{m} a_i} \sum_{i=0}^{m} (\Delta b_i - \Delta a_i). \tag{3.7.24}$$

Mit $\Delta\tilde{A} = 0$ und $\Delta K = 0$ erhält man zwei Gleichungen zur Bestimmung der Δa_i und Δb_i. Da für $m \geqq 1$ stets mehr unbekannte Δa_i und Δb_i als zwei existieren, sind mehrere Lösungen möglich.

Eine erste Lösung erhält man unmittelbar aus (3.7.22) und (3.7.24)

$$\Delta a_i = \Delta b_i \quad i = 0, 1, ..., m$$

und $$\sum_{i=0}^{m} \Delta a_i = 0. \tag{3.7.25}$$

Es sind also für $\tilde{A} \approx$ const und $K \approx$ const kleine Parameteränderungen zulässig, falls $\Delta a_1 = \Delta b_1 = \Delta a_2 = \Delta b_2$, usw. und gleichzeitig $\Delta a_1 + \Delta a_2 + ... + \Delta a_m = 0$. Es ergeben sich jedoch noch andere Lösungen, wie das folgende Beispiel zeigt.

Beispiel 3.20:
Für die Abtastzeit $T_0 = 10$ s erhält man aus Tabelle 3.4

$$HG(z) = \frac{0{,}1587\, z^{-1} + 0{,}2257\, z^{-2} + 0{,}0181\, z^{-3}}{1 - 0{,}7668\, z^{-1} + 0{,}1824\, z^{-2} - 0{,}0131\, z^{-3}}.$$

Dieser Prozeß besitzt die Kennwerte $K = 1$ und $\tilde{A} = 2.75$. Da $a_3 \ll 1 + \Sigma a_i$ und $b_3 \ll \Sigma b_i$ ist, s. Tabelle 3.4, ist zu vermuten, daß dieser Prozeß auch durch eine Modellordnung $m = 2$ zu beschreiben ist.
Aus (3.7.22) folgt

$$\Delta\tilde{A} \approx \frac{1}{\Sigma a_i} [2(\Delta a_1 - \Delta b_1) + (\Delta a_2 - \Delta b_2) - \tilde{A}(\Delta a_1 + \Delta a_2 + \Delta a_3)] = 0$$

und aus (3.7.24)

$$\Delta K \approx \frac{-1}{\Sigma a_i} [(\Delta a_1 - \Delta b_1) + (\Delta a_2 - \Delta b_2) + (\Delta a_3 - \Delta b_3)] = 0.$$

Es sollen nun $\tilde{a}_3 = 0$ und $\tilde{b}_3 = 0$ gesetzt werden, d.h.

$$\Delta a_3 = -a_3 \text{ und } \Delta b_3 = -b_3.$$

In den zwei Gleichungen verbleiben vier Unbekannte, d.h. es können zwei Größen frei gewählt werden. Es sei zum Beispiel angenommen

$$\Delta a_2 = -\Delta a_3 \text{ und } \Delta b_1 = 0.$$

Dann folgen

$$2\Delta a_1 + (a_3 - \Delta b_2) - \tilde{A}(\Delta a_1 + a_3 - a_3) = 0$$

$$-0{,}75\Delta a_1 - \Delta b_2 = 0{,}0131$$

und

$$\Delta a_1 + (a_3 - \Delta b_2) + (-a_3 + b_3) = 0$$

$$\Delta a_1 - \Delta b_2 = -0{,}0181$$

und hieraus

$$\Delta a_1 = -0{,}0178 \quad \Delta a_2 = -0{,}0131$$

$$\Delta b_2 = +0{,}0003 \quad \Delta b_1 = 0.$$

Somit erhält man als Näherung

$$H\tilde{G}(z) \approx \frac{0{,}1587z^{-1} + 0{,}2260z^{-2}}{1 - 0{,}7847z^{-1} + 0{,}1693z^{-2}}.$$

Diese Näherung besitzt $\tilde{K} = 1{,}000$. $\tilde{A}$ hat sich um 1 ‰ verändert.

Zur Vereinfachung von Prozeßmodellen für diskrete Signale kann man also, ausgehend von der Hypothese, daß die während eines transitorischen Ablaufs gespeicherten Größen im Prozeß sich durch die Vereinfachung nicht oder nur wenig ändern sollen, $\Delta\tilde{A} = 0$ und $\Delta K = 0$ setzen. Aus (3.7.22) und (3.7.24) erhält man dann Bestimmungsgleichungen zur Modellvereinfachung.

B Regelungen für deterministische Störungen

4 Deterministische Regelungen (Übersicht)

Unter *deterministischen* (oder determinierten) *Regelungen* seien Regelungen verstanden, die für deterministische äußere Störungen oder deterministische Anfangswertstörungen entworfen sind. Deterministische Störungen oder Anfangswerte sind, im Unterschied zu stochastischen Störungen oder Anfangswerten, analytisch exakt beschreibbare Signale oder Zustandsgrößen.

Die am häufigsten auftretenden Regelungen lassen sich nach *Führungsregelungen* und *Endwertregelungen* unterscheiden. Zu ihrer Erläuterung sei ein Prozeß mit einer Stellgröße $u(k)$, einer Regelgröße $y(k)$, den Zustandsgrößen $\boldsymbol{x}(k)$ und den Störgrößen $v(k)$ betrachtet, vgl. Bild 4.1.

Bei Führungsregelungen soll die Regelgröße $y(k)$ einer Führungsgröße $w(k)$ möglichst gut folgen, so daß die Regelabweichung $e(k) = w(k) - y(k)$ möglichst klein bleibt, $e(k) \approx 0$. Wenn die Führungsgröße veränderlich ist, ist eine *Folge-* oder *Nachlaufregelung* zu entwerfen („servo problem" oder „tracking problem") und wenn, als Sonderfall, die Führungsgröße konstant ist, eine *Festwertregelung* („regulator problem").

Bei *Endwertregelungen soll ein bestimmter Endzustand* $\boldsymbol{x}(N)$ des Prozesses zu einer vorgegebenen oder freien Endzeit N erreicht und gehalten werden.

Sowohl bei Führungs- als auch Endwertregelungen muß der Einfluß von Anfangswerten $\boldsymbol{x}(0)$ und Störungen $v(k)$ des Prozesses möglichst weitgehend kompensiert werden. Die Aufgabe der Regelung schließt ferner bei instabilen Prozessen ein, daß durch die Rückführung stabile Gesamtsysteme gebildet werden.

Diese Aufgaben lassen sich im allgemeinen durch die Verwendung von Reglern lösen, die den Prozeßausgang $y(k)$ bzw. die Prozeßzustandsgrößen $\boldsymbol{x}(k)$ auf den Prozeßeingang $u(k)$ zurückführen. Die Wirkung dieser Rückführungen läßt sich dabei oft durch zusätzliche Steuerungen verbessern.

In Bild 4.1 sind einige Anordnungen von Regelungen in Blockschaltbildern für den Fall einer geregelten bzw. gesteuerten Ausgangsgrösse y dargestellt. Darin wird mit G_R der Regler bzw. Regelalgorithmus und mit G_S das Steuerglied bzw. der Steueralgorithmus bezeichnet.

Bild 4.1a zeigt den einschleifigen Regelkreis. Ist die Störgröße v meßbar, dann empfiehlt sich eine Störgrößenaufschaltung, Bild 4.1b, die meist mit einem Regelkreis zur Ausregelung der mit dieser Steuerung nicht kompensierten Störeinwirkungen kombiniert wird. Wenn sich auf dem Signalflußweg von der Stellgröße zur Regelgröße zusätzliche Meßgrößen zur Rückführung anbieten, lassen sich Hilfsregelgrößenaufschaltungen oder, wie in Bild 4.1c gezeigt,

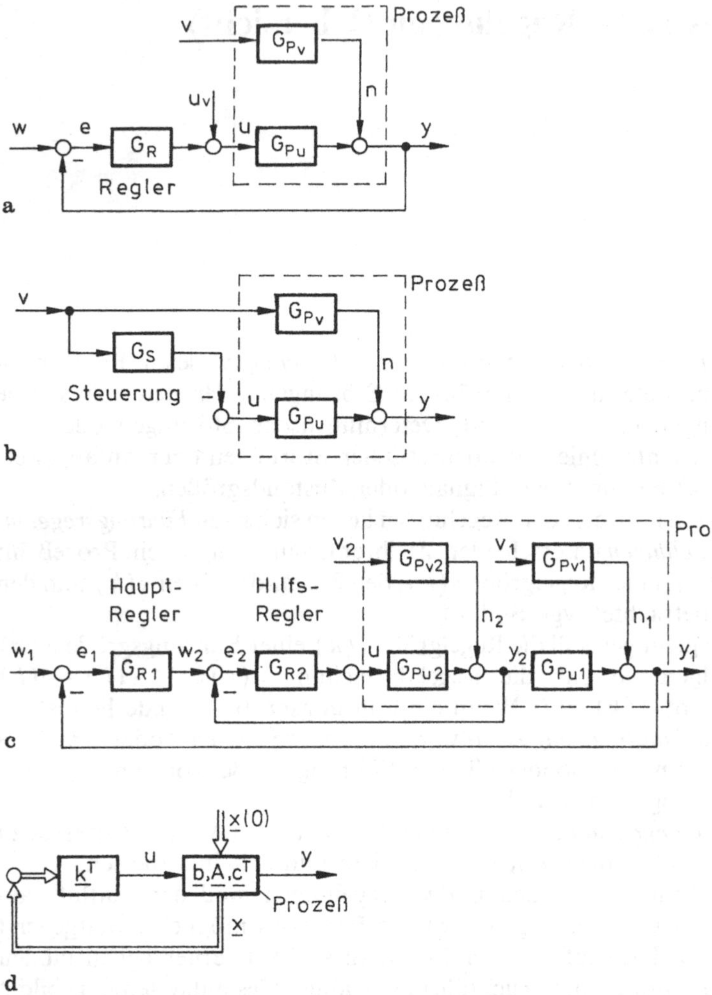

Bild 4.1. Blockschaltbilder der wichtigsten Regelungen bzw. Steuerungen bei einer Regelgröße. **a** Einschleifiger Regelkreis; **b** Störgrößenaufschaltung; **c** Kaskaden – Regelung; **d** Zustandsgrößen – Rückführung

Kaskadenregelungen mit Haupt- und Hilfsregler vorsehen. Eine Zustandsgrößenrückführung eines Prozesses ist in Bild 4.1d dargestellt.

Der Entwurf von Regelungen läuft im allgemeinen nach Bild 4.2 ab. Je nach Entwurfsverfahren und Anwendungsfall bilden genaue oder grobe *mathematische Modelle* des *Prozesses* und der einwirkenden *Signale* (Störgrößen, Führungsgrößen, Anfangswerte) die Grundlage des Entwurfs. Über die Gewinnung der Prozeßmodelle wurde kurz in Abschnitt 3.7 berichtet. Modelle der Signale können in vielen Fällen nur grob geschätzt werden. Oft nimmt man der Einfachheit halber sprungförmige Störsignale an, obwohl sie im praktischen Betrieb nur selten auftreten. Mit modernen Prozeßrechnern ist es jedoch auch möglich, genaue

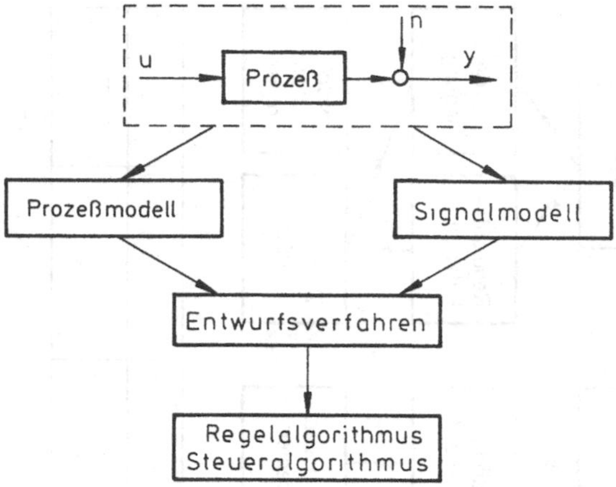

Bild 4.2. Zum Entwurf von Regel– und Steueralgorithmen

Modelle von determinierten und stochastischen Signalen ohne großen Aufwand zu bilden.

In diesem Band wird hauptsächlich der Entwurf linearer Regelungen für linearisierbare zeitinvariante Prozesse mit abgetasteten Signalen betrachtet. Eine schematische Aufstellung der wichtigsten Regelungen und ihrer Entwurfsprinzipien ist in Bild 4.3 dargestellt.

Man unterscheidet zunächst zwei Hauptgruppen: Parameteroptimierte Regler und strukturoptimale Regler. Bei den *parameteroptimierten Reglern* wird die Reglerstruktur, d.h. die Form und Ordnung der Reglergleichung, fest vorgegeben und es werden die noch freien Reglerparameter an den zu regelnden Prozeß, die Regelstrecke, nach einem Optimierungskriterium durch Vorgabe der Pole nach Einstellregeln angepaßt. *Strukturoptimal* werden Regler genannt, wenn sowohl die Reglerstruktur als auch die Reglerparameter an die Struktur und die Parameter der Regelstreckengleichung optimal angepaßt werden.

Untergruppen der beiden Hauptgruppen sind bei den parameteroptimierten Reglern solche verschiedener, meist niederer Ordnung, und bei den strukturoptimalen Reglern allgemeine lineare Regler, kompensierende Regler und Zustandsregler. Im Unterschied zu den *Zustandsreglern,* die interne Zustandsvariablen des Prozesses verarbeiten, sind die anderen Regler *Ein/Ausgangs-Regler,* da sie nur das „Klemmenverhalten" des Prozesses berücksichtigen. Zum Entwurf werden meist *Einstellregeln, Regelgütekriterien* und die *Polfestlegung* verwendet. In Bild 4.3 sind ferner die wichtigsten Reglerbezeichnungen angegeben und die Möglichkeiten des Entwurfs für *deterministische* oder *stochastische Störsignale.*

Eine zentrale Rolle beim Reglerentwurf spielt die für den Entwurf zugrunde gelegte Beschreibung der *Regelgüte.* Bei den kompensierenden Regelungen wird der zeitliche Verlauf der Regelgröße direkt vorgeschrieben, und zwar entweder vollständig oder ab einer bestimmten Einstellzeit. Relativ geringe Aussagen über den zeitlichen Verlauf der Regelgröße werden bei der Festlegung von Polen gemacht. Denn die Pole legen einzelne Eigenbewegungen des Regelkreises fest. Deren Zusammenwirken, die entstehenden Nullstellen und das Verhalten bei äußeren Störungen gehen in den Entwurf nicht direkt ein.

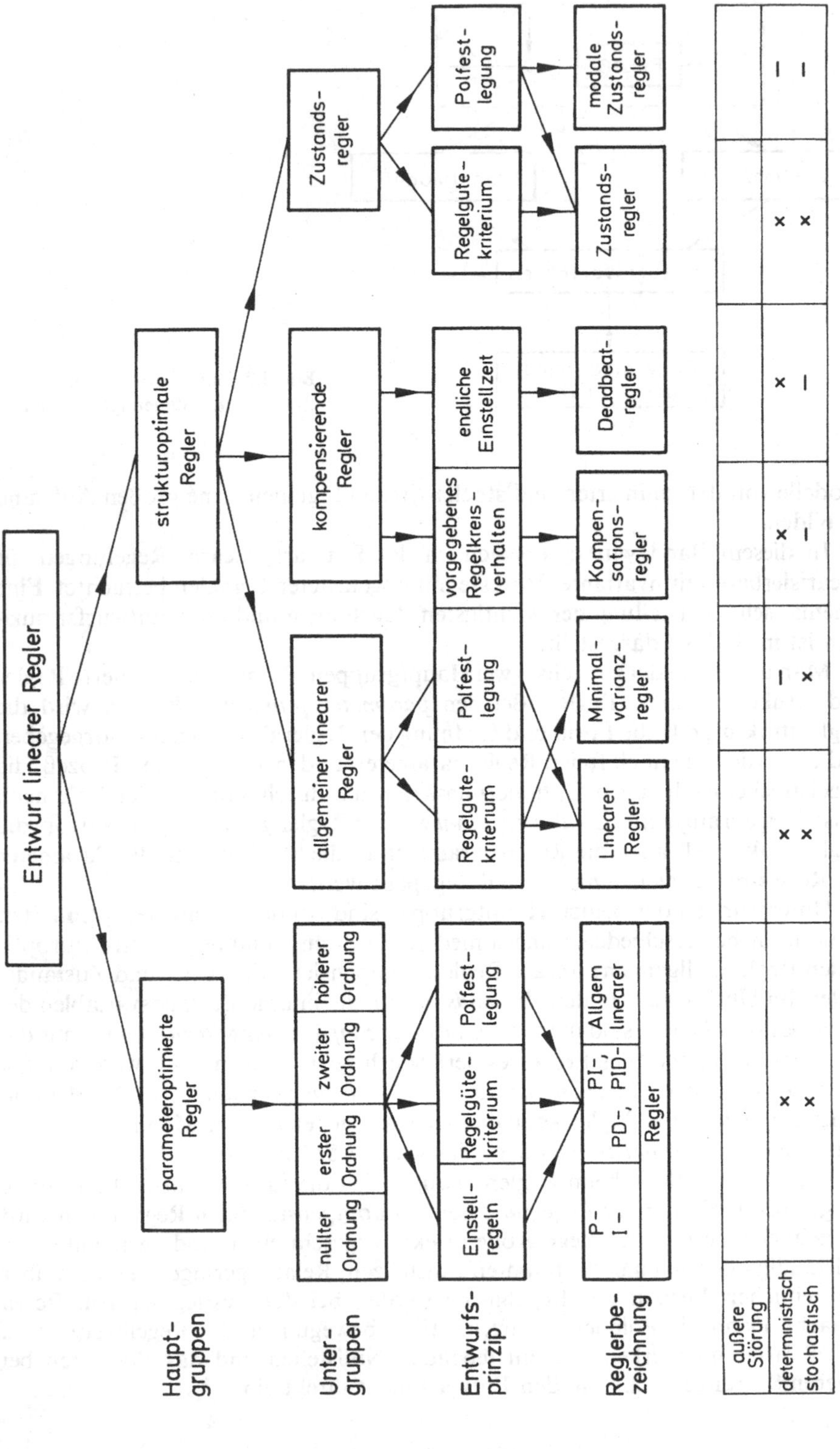

Bild 4.3. Schema zum Entwurf linearer Regeler

Eine umfassende Bewertung des Regelkreisverhaltens erhält man erst nach Einführung von Regelgütekriterien. In früheren Jahren hatte man für Regelungen mit kontinuierlichen Signalen besonders Integralkriterien verwendet, bei denen eine lineare oder quadratische Regelfläche oder Betragsregelflächen, die mit der Zeit verschieden gewichtet werden konnten, gebildet wurde. Für diskrete Signale gehen diese Regelgütekriterien in „Summenkriterien" über:

$$I_1 = \sum_{k=0}^{\infty} e(k) \qquad \text{„lineare Regelfläche"}$$

$$I_2 = \sum_{k=0}^{\infty} e^2(k) \qquad \text{„quadratische Regelfläche"}$$

$$I_3 = \sum_{k=0}^{\infty} |e(k)| \qquad \text{„Betragsregelfläche"}$$

$$I_4 = \sum_{k=0}^{\infty} k|e(k)| \qquad \text{„zeitgewichtete Betragsregelfläche"}$$

Da I_1 bei wechselndem Vorzeichen von $e(k)$ ausscheidet, ist I_2 allgemeiner verwendbar. I_2 führt jedoch zu stark oszillierendem Verhalten. Gedämpftere Verläufe der Regelgröße erhält man mit I_3 bzw. I_4.

Zur analytischen Behandlung des Reglerentwurfs sind quadratische Kriterien zu bevorzugen, da sie sich am besten in das mathematische Konzept einfügen, denn die zur Extremwertsuche einmalige Ableitung ergibt Beziehungen, die linear in $e(k)$ sind. Zusätzliche Freiheitsgrade und Möglichkeiten zur gezielten Beeinflussung der Dämpfung des Regelkreisverhaltens entstehen durch additives Einführen der quadratischen Stellgrößenabweichung mit einem Gewichtsfaktor r. Somit erhält man ein allgemeineres quadratisches Regelgütekriterium

$$I_5 = \sum_{k=0}^{\infty} [e^2(k) + r\, u^2(k)], \tag{4.1}$$

dem für Zustandsregelungen die Form

$$I_6 = \sum_{k=0}^{\infty} [\boldsymbol{x}^T(k)\boldsymbol{Q}\,\boldsymbol{x}(k) + r\, u^2(k)] \tag{4.2}$$

entspricht. Diese quadratischen Kriterien sind sowohl für determinierte als auch stochastische Signale geeignet.

Es sei noch angemerkt, daß die *Beurteilung des Verhaltens von Regelungen* im allgemeinen nur im Zusammenhang mit technologischen Betrachtungen der Prozesse erfolgen kann. Dabei spielt oft der Verlauf der Stellgröße eine mindestens genau so bedeutende Rolle wie die Regelgröße selbst, da dieser Verlauf den Aufwand zum Erreichen entsprechend kleiner Regelabweichungen beschreibt. Dieser Aufwand kann z.B. der Verbrauch von Energien oder Stoffen sein, die Abnutzung durch mechanische Beanspruchung, die Lebensdauer bei thermisch beanspruchten Prozessen (Wärmespannungen, usw.). Das bedeutet, daß man Regelvorgänge grundsätzlich nur durch gleichzeitige Betrachtung von Regel- und Stellgrößenverläufen bewerten kann. Dabei kommt es auf den individuellen Zeitverlauf dieser Größen unter gegebenen Störverhältnissen an, deren Beurteilung auch subjektive Komponenten enthält. Insofern können die üblichen Regelgütekriterien nur als Hilfsgrößen dienen, die das Regelverhalten vereinfacht quantitativ beschreiben. Zur weiteren Vereinfachung und besseren Anschaulichkeit werden insbesondere zum Vergleich verschiedener Regelungen oft sprungförmige Änderungen vor Stör- und Führungsgrößen angenommen.

Unabhängig von der Wahl des Regelgütekriteriums können jedoch die Anforderungen an das statische Verhalten der Regelkreise und damit erste Anforderungen an die Regler angegeben werden.

Für bleibende Einwirkungen der Führungsgröße $w(k)$, der Störgrößen $n(k)$, $v(k)$ und $u_v(k)$, Bild 4.1a, darf sich im allgemeinen keine bleibende Regelabweichung ausbilden, d.h. $\lim_{k \to \infty} e(k) = 0$ und somit nach dem Endwertsatz der z-Transformation

$$\lim_{z \to 1} (z-1)e(z) = 0$$

wobei für den Regelkreis gilt

$$e(z) = \frac{1}{1+G_R(z)G_P(z)}[(w(z)-n(z)] - \frac{G_P(z)}{1+G_R(z)G_P(z)}u_v(z). \tag{4.3}$$

Hieraus folgen für eine z.B. sprungförmige Änderung $1(z) = z/(z-1)$:

1. $w(k) = 1(k)$ *oder* $n(k) = 1(k)$

$$\lim_{z \to 1} \frac{z}{1+G_R(z)G_P(z)} = 0$$

$$\rightarrow \lim_{z \to 1} G_R(z)G_P(z) = \infty$$

2. $u_v(k) = 1(k)$ (Störung am Prozeßeingang)

$$\lim_{z \to 1} \frac{G_P(z)z}{1+G_R(z)G_P(z)} = 0$$

a) $\lim_{z \to 1} G_P(z) = K_P = \text{const}$ (proportionales Verhalten)

$$\rightarrow \lim_{z \to 1} G_R(z) = \infty$$

b) $\lim_{z \to 1} G_P(z) = \infty$ (integrales Verhalten)

$$\rightarrow \lim_{z \to 1} G_R(z) = \infty$$

In allen Fällen führt demnach

$$\lim_{z \to 1} G_R(z) = \infty \tag{4.4}$$

zu verschwindender Regelabweichung. Dies wird durch einen Reglerpol bei $z = 1$ erreicht

$$G_R(z) = \frac{Q(z)}{P'(z)(z-1)} \tag{4.5}$$

also durch integrales Verhalten des Reglers. Ein Pol des Prozesses bei $z = 1$ führt bei proportional wirkendem Regler zwar bei $w(k)$ und $n(k) = 1(k)$ auf verschwindende Regelabweichung, nicht aber für $u_v(k) = 1(k)$.

Ähnliche Forderungen lassen sich für verschwindende Regelabweichungen bei z.B. linear oder quadratisch ansteigender Führungsgröße machen. Der Regler muß dann einen doppelten bzw. dreifachen Pol bei $z = 1$ erhalten, s. z.B. [2.19].

5 Parameteroptimierte Regler

5.1 Diskretisieren der Differentialgleichungen kontinuierlicher PID-Regler

Da die am weitesten verbreiteten parameteroptimierten Regler P-, PI- oder PID-Verhalten haben, hat man zunächst versucht, die Gleichungen dieser Regler für kontinuierliche Signale durch Diskretisieren der Reglerdifferentialgleichungen in eine Form mit zeitdiskreten Signalen zu übertragen. Man konnte dann auf Erfahrungen mit analogen Reglern zurückgreifen und im Prinzip die bekannten Einstellregeln für die Reglerparameter verwenden. Ferner konnte man auf eine Umschulung des Bedienungspersonals verzichten [5.1 – 5.5].

Die idealisierte Gleichung eines PID-Reglers lautet bekanntlich

$$u(t) = K\left[e(t) + \frac{1}{T_I}\int_0^t e(\tau)\,\mathrm{d}\tau + T_D\frac{\mathrm{d}e(t)}{\mathrm{d}t}\right] \qquad (5.1.1)$$

wobei nach DIN 19226 die einzelnen Parameter wie folgt bezeichnet werden:

K Verstärkungsfaktor
T_I Integrierzeit (Nachstellzeit)
T_D Differenzierzeit (Vorhaltzeit).

Für *kleine Abtastzeiten* T_0 kann man diese Gleichung durch Diskretisieren direkt in eine Differenzengleichung umwandeln. Hierzu wird der Differentialquotient durch eine Differenz erster Ordnung und das Integral durch eine Summe ersetzt. Die kontinuierliche Integration kann dabei durch Rechteck- oder Trapezintegration angenähert werden, vgl. Abschn. 3.7.3.
Bei *Rechteckintegration* ergibt sich

$$u(k) = K\left[e(k) + \frac{T_0}{T_I}\sum_{i=0}^{k-1} e(i) + \frac{T_D}{T_0}(e(k) - e(k-1))\right]. \qquad (5.1.2)$$

Dies ist eine nichtrekursive Form eines Regelalgorithmus. Denn zur Bildung der Summe müssen alle vergangenen Regelabweichungen $e(k)$ gespeichert werden. Da der Wert $u(k)$ der Stellgröße das Ergebnis ist, wird dieser Algorithmus „Stellungsalgorithmus" genannt, s. z.B. [5.1, 5.3].

Zur Programmierung auf Prozeßrechnern sind rekursive Algorithmen zweckmäßiger. Bei diesen Algorithmen wird der momentane Stellwert $u(k)$ aus dem letzten Stellwert $u(k-1)$ und aus Korrekturtermen berechnet. Zur Ableitung des rekursiven Algorithmus subtrahiert man von (5.1.2)

$$u(k-1) = K\left[e(k-1) + \frac{T_0}{T_I}\sum_{i=0}^{k-2} e(i) + \frac{T_D}{T_0}(e(k-1)-e(k-2))\right] \tag{5.1.3}$$

und erhält als PID-*Regelalgorithmus*

$$u(k)-u(k-1) = q_0 e(k) + q_1 e(k-1) + q_2 e(k-2) \tag{5.1.4}$$

mit den Parametern

$$\left.\begin{aligned} q_0 &= K\left(1+\frac{T_D}{T_0}\right) \\ q_1 &= -K\left(1+2\frac{T_D}{T_0}-\frac{T_0}{T_I}\right) \\ q_2 &= K\frac{T_D}{T_0}. \end{aligned}\right\} \tag{5.1.5}$$

Es wird also nur die momentane Änderung der Stellgröße

$$\Delta u(k) = u(k) - u(k-1)$$

berechnet. Deshalb wird dieser Algorithmus auch mit „Geschwindigkeitsalgorithmus" bezeichnet.

Für einen I-*Regelalgorithmus* folgt aus (5.1.2) und (5.1.3) bei fehlendem P- und D-Term

$$u(k) - u(k-1) = K\frac{T_0}{T_I}e(k-1) \tag{5.1.6}$$

Die Differenz der Stellgröße $\Delta u(k)$ ist also direkt proportional zur letzten Regeldifferenz $e(k-1)$.

Die Unterscheidung der Algorithmen (5.1.2) und (5.1.4) hat aber nur bei Reglern mit Integralwirkung eine Bedeutung. Denn für $T_0/T_I = 0$ ergibt sich für den PD-*Regelalgorithmus* aus (5.1.2)

$$\begin{aligned} u(k) &= K\left[e(k) + \frac{T_D}{T_0}(e(k)-e(k-1))\right] \\ &= K\left[\left(1+\frac{T_D}{T_0}\right)e(k) - \frac{T_D}{T_0}e(k-1)\right] \end{aligned} \tag{5.1.7}$$

und für den P-*Regelalgorithmus* mit $T_D/T_0 = 0$

$$u(k) = Ke(k). \tag{5.1.8}$$

Ein Vorteil des PID-, PI- oder I-Regelalgorithmus in rekursiver Form ist, daß beim Umschalten von Hand- auf Automatikbetrieb keine besonderen Maßnahmen zum stoßfreien Umschalten erforderlich sind, s. Abschn. 5.8.

Nähert man die kontinuierliche Integration durch *Trapezintegration* an, dann erhält man aus (5.1.1)

$$u(k) = K\Big[e(k) + \frac{T_0}{T_I}\left(\frac{e(0)+e(k)}{2} + \sum_{i=1}^{k-1} e(i)\right) + \frac{T_D}{T_0}\big(e(k) - e(k-1)\big)\Big]. \qquad (5.1.9)$$

Nach Subtraktion der entsprechenden Gleichung für u(k−1) erhält man wieder eine rekursive Beziehung des PID-Regelalgorithmus

$$u(k) = u(k-1) + q_0 e(k) + q_1 e(k-1) + q_2 e(k-2)$$

mit den Parametern

$$\left.\begin{aligned} q_0 &= K\left(1+\frac{T_0}{2T_I} + \frac{T_D}{T_0}\right) \\ q_1 &= -K\left(1 + 2\frac{T_D}{T_0} - \frac{T_0}{2T_I}\right) \\ q_2 &= K\frac{T_D}{T_0} \end{aligned}\right\} \qquad (5.1.10)$$

Für den Fall kleiner Abtastzeiten lassen sich somit die Parameter q_0, q_1 und q_2 nach (5.1.5) bzw. (5.1.10) aus den Parametern K, T_I und T_D analoger PID-Regler berechnen, falls diese bereits bekannt sind.

Beispiel 5.1

Für einen Prozeß 4. Ordnung mit der Verzugszeit $T_u = 14$ s und der Ausgleichszeit $T_G = 45$ s wurden folgende Reglerparameter eines analogen Reglers als optimal gefunden

$$K = 2;\ T_D = 2{,}5\ \text{s};\ T_I = 40\ \text{s}.$$

Die Abtastzeit eines diskreten PID-Reglers sei $T_0 = 1$ s, also relativ klein. Die Parameter des PID-Regelalgorithmus lauten dann nach (5.1.5) (Rechteckintegration)

$$q_0 = 7 \quad q_1 = -11{,}95 \quad q_2 = 5$$

und nach (5.1.10) (Trapezintegration)

$$q_0 = 7{,}025 \quad q_1 = -11{,}98 \quad q_2 = 5$$

Es ergeben sich also vernachlässigbar kleine Unterschiede.

5.2 Parameteroptimierte diskrete Regelalgorithmen niederer Ordnung

Für größere Abtastzeiten treffen die in Abschn. 5.1 angegebenen Annäherungen des kontinuierlichen Reglers nicht mehr zu. Da zudem eine direkte z-Transformation der kontinuierlichen Reglergleichung (5.1.1) wegen dem darin enthaltenen Differentialterm nicht möglich ist, sollen die Bindungen an kontinuierliche Regler (mit Ausnahme von Abschn. 5.2.3) fallen gelassen werden.

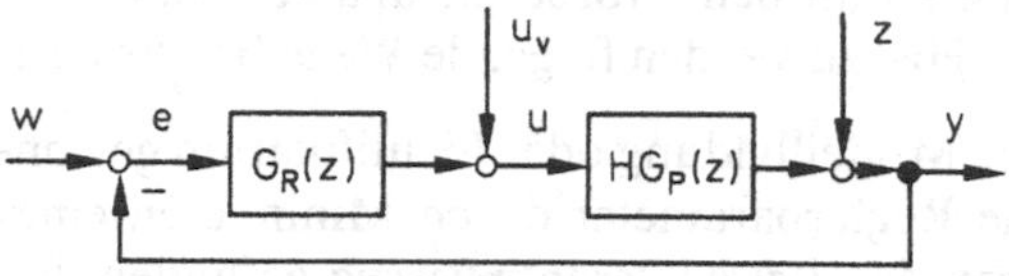

Bild 5.1. Eingrößen – Regelung

Es werde eine Eingrößenregelung nach Bild 5.1 betrachtet. Die z-Übertragungsfunktion der Regelstrecke mit Halteglied nullter Ordnung laute

$$G_p(z) = \frac{y(z)}{u(z)} = \frac{B(z^{-1})}{A(z^{-1})} = \frac{b_0 + b_1 z^{-1} + \dots + b_m z^{-m}}{1 + a_1 z^{-1} + \dots + a_m z^{-m}} z^{-d}. \qquad (5.2.1)$$

(Im folgenden wird die Ordnung von Zähler- und Nennerpolynom gleich groß und mit m angenommen. Durch Nullsetzen von Parametern sind dann alle anderen Fälle zu erfüllen.)

Die allgemeine Übertragungsfunktion des linearen Reglers folgt der Beziehung

$$G_R(z) = \frac{u(z)}{e(z)} = \frac{Q(z^{-1})}{P(z^{-1})} = \frac{q_0 + q_1 z^{-1} + \dots + q_\nu z^{-\nu}}{p_0 + p_1 z^{-1} + \dots + p_\mu z^{-\mu}}. \qquad (5.2.2)$$

Damit dieser Regelalgorithmus realisiert werden kann, muß $p_0 \neq 0$ sein. Es darf ferner $\nu \leqq \mu$ oder $\nu > \mu$ sein und es wird meistens $q_0 \neq 0$ (schneller Eingriff) und $p_0 = 1$ gesetzt.

Bei strukturoptimalen Reglern sind die Ordnungszahlen μ und ν eine Funktion der Ordnungszahlen des Prozeßmodells. Für den Deadbeat-Regler ist z.B. $\nu = m$ und $\mu = m+d$. Bei parameteroptimierten Reglern kann die Ordnung des Reglers jedoch kleiner als die Ordnung des Modells der Regelstrecke sein, $\nu \leqq m$ und $\mu \leqq m+d$. Parameteroptimierte Regler können also bei Prozessen höherer Ordnung den Vorteil eines vergleichsweise kleinen Rechenaufwandes zwischen zwei Abtastungen haben.

Bei der Festlegung der Struktur des parameteroptimierten Reglers muß man im allgemeinen davon ausgehen, daß bleibende Veränderungen der Führungsgröße $w(k)$ und bleibende Störungen $u_v(k)$ und $n(k)$, Bild 5.1, zu keiner bleibenden Regelabweichung $e(k)$ führen. Aus den Grenzwertsätzen der z-Transformation folgt dann, daß der Regler einen Pol bei $z = 1$ besitzen muß. Die einfachsten

Regelalgorithmen ν-ter Ordnung haben deshalb die Struktur

$$G_R(z) = \frac{Q(z^{-1})}{P(z^{-1})} = \frac{q_0 + q_1 z^{-1} + \ldots + q_\nu z^{-\nu}}{1-z^{-1}}. \tag{5.2.3}$$

Für $\nu = 1$ erhält man bei entsprechender Wahl der Parameter einen Regler vom PI-Typ, für $\nu = 2$ vom PID-Typ, für $\nu = 3$ vom PID_2-Typ, usw. Die zugehörige Differenzengleichung lautet

$$u(k) = u(k-1) + q_0 e(k) + q_1 e(k-1) + \ldots + q_\nu e(k-\nu). \tag{5.2.4}$$

Die Parameter $q_0, q_1, \ldots, q_\nu$ sind nun so an den Prozeß anzupassen, daß eine möglichst gute Regelgüte erzielt wird. Hierzu werden folgende Wege beschritten.

a) Aufgrund eines durch theoretische Modellbildung oder Identifikation gewonnenen Prozeßmodells werden die Reglerparameter durch Minimieren eines Regelgütekriteriums mit Verfahren der *Parameteroptimierung* gefunden. Bei Prozessen und Reglern sehr niederer Ordnung sind geschlossene Lösungen möglich. Im allgemeinen müssen jedoch numerische Parameteroptimierungsverfahren verwendet werden.
b) Bei gegebenem Prozeßmodell werden die Reglerparameter durch *Vorgabe der Pole* des geschlossenen Regelkreises oder durch Entwurfsverfahren *über andere Regler* bestimmt.
c) Es werden *Einstellregeln* benutzt, die nach bestimmten Kriterien näherungsweise optimale Reglerparameter liefern. Dabei wird entweder von Kennwerten gemessener Übergangsfunktionen oder von Schwingversuchen mit Proportional-Reglern am Stabilitätsrand ausgegangen.
d) Ausgehend von kleinen Beträgen der Parameterwerte (entsprechend einem schwachen Reglereingriff) werden die Reglerparameter bei Betrieb im geschlossenen Regelkreis systematisch so lange verändert, bis sich eine zu schwache Dämpfung des Regelkreises einstellt. Dann werden sie wieder um ein gewisses Maß zurückgestellt (*Probierverfahren*).

Wenn an die Regelgüte keine besonderen Anforderungen gestellt werden und wenn die betrachteten Prozesse einfaches Verhalten haben und kleine Einschwingzeiten besitzen, dann genügen die Verfahren c) oder d). Bei höheren Anforderungen an die Regelgüte, kompliziertem oder trägem oder sich sehr veränderndem Verhalten der Prozesse muß man zu den Verfahren a) oder b) übergehen, die sich besonders beim rechnergestützten Entwurf von Regelungen anbieten.

Zur Synthese von Regelungen durch *numerische Parameteroptimierung* ist man an einem einzigen Kennwert für die Regelgüte interessiert. Hierzu eignen sich für den Fall kontinuierlicher Signale besonders Integralkriterien, die z.B. quadratische oder Betragsregelflächen bilden. Diese gehen bei zeitdiskreten Signalen in Summenkriterien über. Da die Summe der quadratischen Regelabweichungen aus mathematischen Gründen zu bevorzugen ist, als mittlere Leistung interpretiert werden kann, und nicht nur für parameteroptimierte Regelungen verwendbar ist, sollen im folgenden zur Parameteroptimierung *quadratische Regelgütekriterien* der Form

$$S_{eu}^2 = \sum_{k=0}^{M} [(e^2(k) + rK_p^2 \Delta u^2(k)] \tag{5.2.6}$$

verwendet werden, s. Kap. 4. Hierbei sind

$$\left.\begin{aligned} e(k) &= w(k) - y(k) \\ &\text{die Regelabweichung,} \\ \Delta u(k) &= u(k) - \bar{u} \end{aligned}\right\} \tag{5.2.7}$$

die „Stellabweichung“ vom

– Endwert $\bar{u} = u(\infty)$ bei sprungförmiger Störung
– Erwartungswert $\bar{u} = E\{u(k)\}$ bei stochastischer Störung

und r ein Gewichtsfaktor der Stellgröße. K_p ist ein Normierungsfaktor, bei proportional wirkenden Prozessen der Verstärkungsfaktor $K_p = y(\infty)/u(\infty)$ oder bei integral wirkenden Prozessen der Integrationsbeiwert, damit der Gewichtsfaktor r unabhängig von den Beiwerten K_p des Prozesses gewählt werden kann.

In diesem quadratischen Regelgütekriterium können somit die *mittlere quadratische Regelabweichung*

$$S_e^2 = \overline{e^2(k)} = \frac{1}{M+1} \sum_{k=0}^{M} e^2(k) \tag{5.2.8}$$

und die mittlere quadratische Stellabweichung oder mittlere Stelleistung

$$S_u^2 = \overline{\Delta u^2(k)} = \frac{1}{M+1} \sum_{k=0}^{M} \Delta u^2(k) \tag{5.2.9}$$

durch geeignete Wahl des Gewichtes rK_p^2 zu einander ins Verhältnis gesetzt werden. Wählt man r klein, dann kann ein kleines S_e^2 durch große Stelleistung S_u^2 erreicht werden. Je mehr S_u^2 durch r gewichtet wird, desto kleiner werden die Stellbewegungen und desto größer die Regelabweichungen, so daß der Regelkreis gedämpfteres Verhalten bekommt.

In den folgenden Abschnitten werden nun verschiedene Methoden zum Entwurf von parameteroptimierten Reglern beschrieben.

5.2.1 Regelalgorithmen erster und zweiter Ordnung

Regelalgorithmen zweiter Ordnung

Aus (5.2.3) folgt mit $\nu = 2$

$$G_R(z) = \frac{q_0 + q_1 z^{-1} + q_2 z^{-2}}{1 - z^{-1}} \tag{5.2.10}$$

und aus (5.2.4)

$$u(k) = u(k-1) + q_0 e(k) + q_1 e(k-1) + q_2 e(k-2). \tag{5.2.11}$$

Mit der sprungförmigen Eingangsgröße

$$e(k) = 1(k) = \begin{cases} 1 & \text{für} \quad k \geqq 0 \\ 0 & \text{für} \quad k < 0 \end{cases} \tag{5.2.12}$$

erhält man als Übergangsfunktion des Reglers

$$\begin{aligned} u(0) &= q_0 \\ u(1) &= u(0) + q_0 + q_1 = 2\,q_0 + q_1 \\ u(2) &= u(1) + q_0 + q_1 + q_2 = 3\,q_0 + 2q_1 + q_2 \\ &\;\;\vdots \\ u(k) &= u(k-1) + q_0 + q_1 + q_2 = (k+1)q_0 + kq_1 + (k-1)q_2. \end{aligned} \tag{5.2.13}$$

Falls $u(1) < u(0)$ und $u(k) > u(k-1)$ für größere k erhält man einen diskreten Regler, der dem (üblicherweise eingestellten) kontinuierlichen PID-Regler mit Verzögerung erster Ordnung ähnlich ist, wie in Bild 5.2a dargestellt. Es folgt dann für die Reglerparameter mit $q_0 > 0$:

Aus $u(1) < u(0)$: $\quad q_0 + q_1 < 0 \quad$ oder $q_1 < -q_0$

Aus $u(k) > u(k-1)$ für $k \geqq 2$: $q_0 + q_1 + q_2 > 0$ oder $q_2 > -(q_0 + q_1)$

Ferner wird bei positivem Proportionalanteil $q_0 > q_2$, vgl. (5.2.15). Für die Bereiche der einzelnen Parameter gilt somit zusammenfassend

$$q_0 > 0; \quad q_1 < -q_0; \quad -(q_0+q_1) < q_2 < q_0. \tag{5.2.14}$$

Die dann resultierenden Bereiche der Parameter sind in Bild 5.3 dargestellt. Der Parameter q_0 bestimmt die Stellgröße $u(0)$ nach sprungförmigem Eingangssignal.

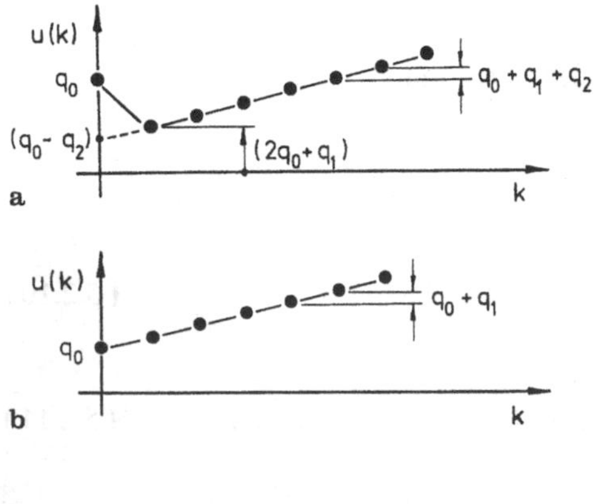

Bild 5.2. Übergangsfunktionen von Regelalgorithmen erster und zweiter Ordnung. **a** Regelalgorithmus zweiter Ordnung mit „PID – Verhalten“; **b** Regelalgorithmus erster Ordnung mit „PI – Verhalten“

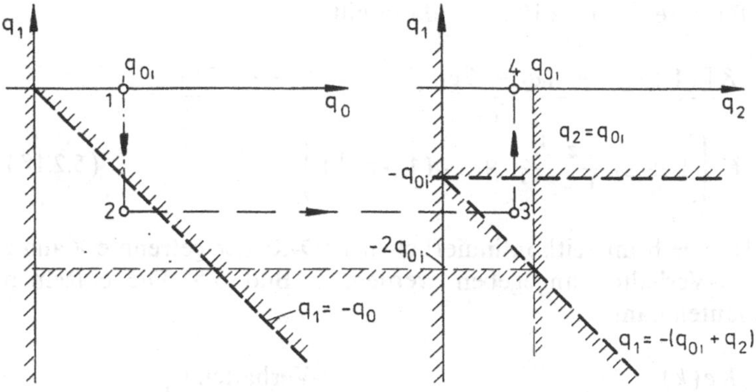

Bild 5.3. Bereiche der Parameter q_0, q_1 und q_2 für „PID – Verhalten". Falls q_{0i} gewählt, müssen q_{1i} und q_{2i} innerhalb der punktierten Dreiecke liegen (entsprechend Linie 1–2–3–4)

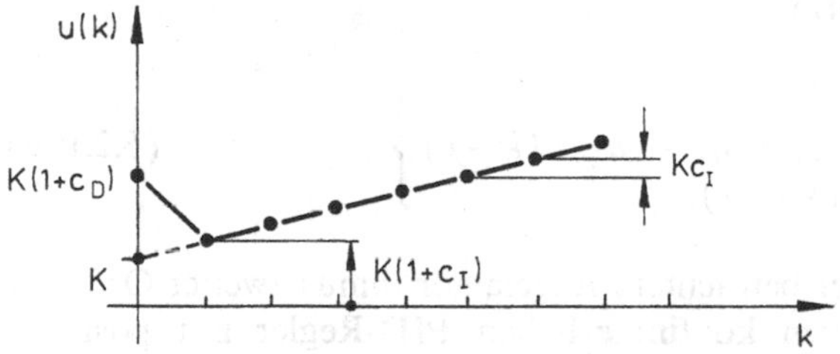

Bild 5.4. Übergangsfunktion eines Regelalgorithmus zweiter Ordnung mit Verstärkungsfaktor K, Vorhaltfaktor c_D, Integrierfaktor c_I

Es lassen sich nun folgende Kennwerte festlegen:

$K = q_0 - q_2$	Verstärkungsfaktor	
$c_D = q_2 / K$	Vorhaltfaktor (Differenzierfaktor)	
$c_I = (q_0 + q_1 + q_2) / K$	Integrierfaktor.	(5.2.15)

Diese Kennwerte sind in Bild 5.4 in die Übergangsfunktion eingetragen. Sie wurden so gewählt, daß sie, für den Fall kleiner Abtastzeiten, mit den Parametern K', T'_D, T'_I des kontinuierlichen PID-Reglers nach Diskretisieren und Rechteckintegration, vgl. (5.1.5), wie folgt zusammenhängen:

$$K = K'; \; c_D = \frac{T'_D}{T_0}; \; c_I = \frac{T_0}{T'_I}. \qquad (5.2.16)$$

Bei kleinen Abtastzeiten stimmen also die Verstärkungsfaktoren direkt überein; c_D ist das Verhältnis von Vorhaltzeit zu Abtastzeit und c_I das Verhältnis von Abtastzeit zu Nachstellzeit.

Aus (5.2.14) folgt für übliches PID-Verhalten

$$c_D > 0; \quad c_I > 0; \quad c_I < c_D \qquad (5.2.17)$$

Setzt man diese Faktoren in (5.2.10) ein, dann gilt

$$G_R(z) = \frac{K[(1+c_D) + (c_I - 2c_D - 1)\, z^{-1} + c_D z^{-2}]}{1-z^{-1}}$$

$$= K\left[1 + c_I \frac{z^{-1}}{1-z^{-1}} + c_D(1-z^{-1})\right] \qquad (5.2.18)$$

Somit können also wie beim zeitkontinuierlichen PID-Regler getrennte Kanäle für P-, I- und D-Verhalten angegeben werden, s. Bild 5.5. Die einzelnen Teilalgorithmen lauten dann

$$\left.\begin{array}{lll} u_p(k) & = Ke(k) & \text{(P-Verhalten)} \\ u_I(k) & = u_I(k-1) + Kc_I e(k-1) & \text{(I-Verhalten)} \\ u_D(k) & = Kc_D e(k) - Kc_D e(k-1) & \text{(D-Verhalten)} \\ u(k) & = u_p(k) + u_I(k) + u_D(k) & \end{array}\right\} \qquad (5.2.19\text{a})$$

oder in der ursprünglichen Form

$$\left.\begin{array}{l} u_P(k) = (q_0 - q_2)e(k) \\ u_I(k) = u_I(k-1) + (q_0 + q_1 + q_2)e(k-1) \\ u_D(k) = q_2(e(k) - e(k-1)). \end{array}\right\} \qquad (5.2.19\text{b})$$

Es sei noch angemerkt, daß der betrachtete Regelalgorithmus zweiter Ordnung nur dann Ähnlichkeit zu einem kontinuierlichen PID-Regler mit positiven Parametern besitzt, falls die Bedingungen (5.2.14) bzw. (5.2.17) erfüllt sind. Die durch Parameteroptimierung jeweils ermittelten Parameter können je nach Prozeß und Wahl von Optimierungskriterium und Störsignal diesen Bedingungen auch widersprechen.

Regelalgorithmen erster Ordnung

Setzt man $q_2 = 0$, dann wird

$$G_R(z) = \frac{q_0 + q_1 z^{-1}}{1 - z^{-1}} \qquad (5.2.20)$$

und

$$u(k) = u(k-1) + q_0 e(k) + q_1 e(k-1).$$

Die Übergangsfunktionswerte lauten dann

$$\left.\begin{array}{l} u(0) = q_0 \\ u(1) = u(0) + q_0 + q_1 = 2q_0 + q_1 \\ u(2) = u(1) + q_0 + q_1 = 3q_0 + 2q_1 \\ \cdot \\ \cdot \\ \cdot \\ u(k) = u(k-1) + q_0 + q_1 = (k+1)q_0 + kq_1. \end{array}\right\} \qquad (5.2.21)$$

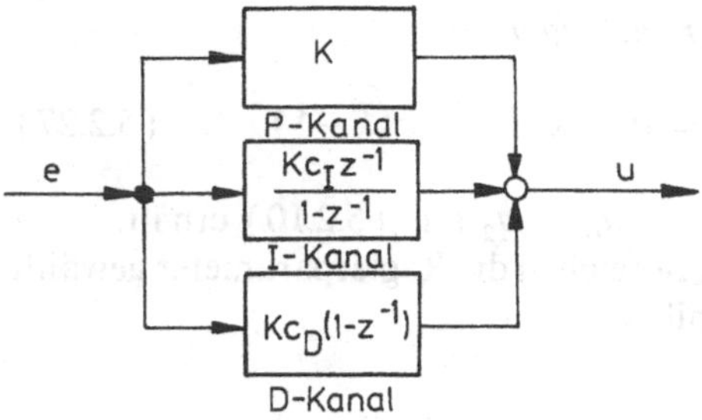

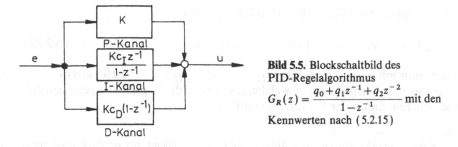

Bild 5.5. Blockschaltbild des PID-Regelalgorithmus $G_R(z) = \dfrac{q_0+q_1z^{-1}+q_2z^{-2}}{1-z^{-1}}$ mit den Kennwerten nach (5.2.15)

Für $u(1) > u(0)$ ist der Regelalgorithmus erster Ordnung mit einem kontinuierlichen PI-Regler ohne Verzögerung vergleichbar. Mit $q_0 > 0$ folgt dann $q_0 + q_1 > 0$ oder $q_1 > -q_0$.

In Bild 5.2b ist die zugehörige Übergangsfunktion dargestellt. Analog zu (5.2.15) lassen sich folgende Kennwerte festlegen:

$$\begin{aligned} K &= q_0 && \text{Verstärkungsfaktor} \\ c_I &= (q_0 + q_1)/K && \text{Integrierfaktor.} \end{aligned} \tag{5.2.22}$$

Für PI-Verhalten mit positiven Kennwerten des kontinuierlichen Reglers gilt dann

$$c_I > 0.$$

Diese Faktoren in (5.2.20) eingesetzt, ergibt

$$G_R(z) = \frac{K[1 + (c_I - 1)z^{-1}]}{1 - z^{-1}}. \tag{5.2.23}$$

Setzt man $q_0 = 0$, dann entsteht ein *integralwirkender Regler* mit der Übertragungsfunktion

$$G_R(z) = \frac{q_1 z^{-1}}{1 - z^{-1}} \tag{5.2.24}$$

und der Differenzengleichung

$$u(k) = u(k-1) + q_1 e(k-1). \tag{5.2.25}$$

Dieser Regler entspricht einem integralwirkenden Glied mit Halteglied nullter Ordnung.

Als weitere Sonderfälle seien schließlich noch angegeben der *proportionalwirkende Regler*

$$G_R(z) = q_0 \text{ bzw. } u(k) = q_0 e(k) \tag{5.2.26}$$

und der *proportional-differenzierendwirkende Regler*

$$G_R(z) = q_0 - q_2 z^{-1} \text{ bzw. } u(k) = q_0 e(k) - q_2 e(k-1) \qquad (5.2.27)$$

welchen man mit $c_I = 0$ und damit $q_1 = -q_0 - q_2$ aus (5.2.10) erhält.

Das folgende Beispiel zeigt, in welchen Bereichen die Reglerparameter gewählt werden dürfen, damit der Regelkreis stabil ist.

Beispiel 5.2

Es sollen die Stabilitätsgrenzen eines Abtastregelkreises bestehend aus einem Prozeß erster Ordnung

$$G_P(s) = \frac{K_p}{1+Ts}$$

und Halteglied nullter Ordnung und einem diskreten PI-Regler

$$G_R(z) = \frac{q_0 + q_1 z^{-1}}{1-z^{-1}}$$

untersucht und graphisch dargestellt werden für verschiedene Abtastzeiten.

Für den Prozeß folgt

$$HG_P(z) = \frac{b_1 z^{-1}}{1+a_1 z^{-1}} = \frac{b_1}{z+a_1}$$

mit $a_1 = -e^{-\frac{T_0}{T}}$ und $b_1 = K_P\left(1-e^{-\frac{T_0}{T}}\right)$.

Die charakteristische Gleichung ist

$$N(z) = 1+G_R(z)HG_P(z) = z^2+(a_1+q_0 b_1-1)z+(q_1 b_1-a_1) = 0$$

Hieraus ergeben sich aus den Stabilitätsbedingungen nach Beispiel 3.10 (Bilineare Transformation)

$$N(-1) = 2(1-a_1) + b_1(q_1-q_0) > 0$$
$$N(1) = b_1(q_0+q_1) > 0$$
$$q_1 b_1 - a_1 < 1$$

und somit

$$q_0 > -q_1$$

$$q_0 < q_1 + \frac{2(1-a_1)}{b_1}$$

$$q_1 < \frac{1+a_1}{b_1} = \frac{1}{K_p}$$

Bild 5.6a – d. Stabilitätsgrenzen eines Prozesses erster Ordnung mit Halteglied nullter Ordnung und einem PI – Regler für verschiedene Abtastzeiten $\frac{T_0}{T_I} = 0{,}5;\ 1;\ 2;\ 5$

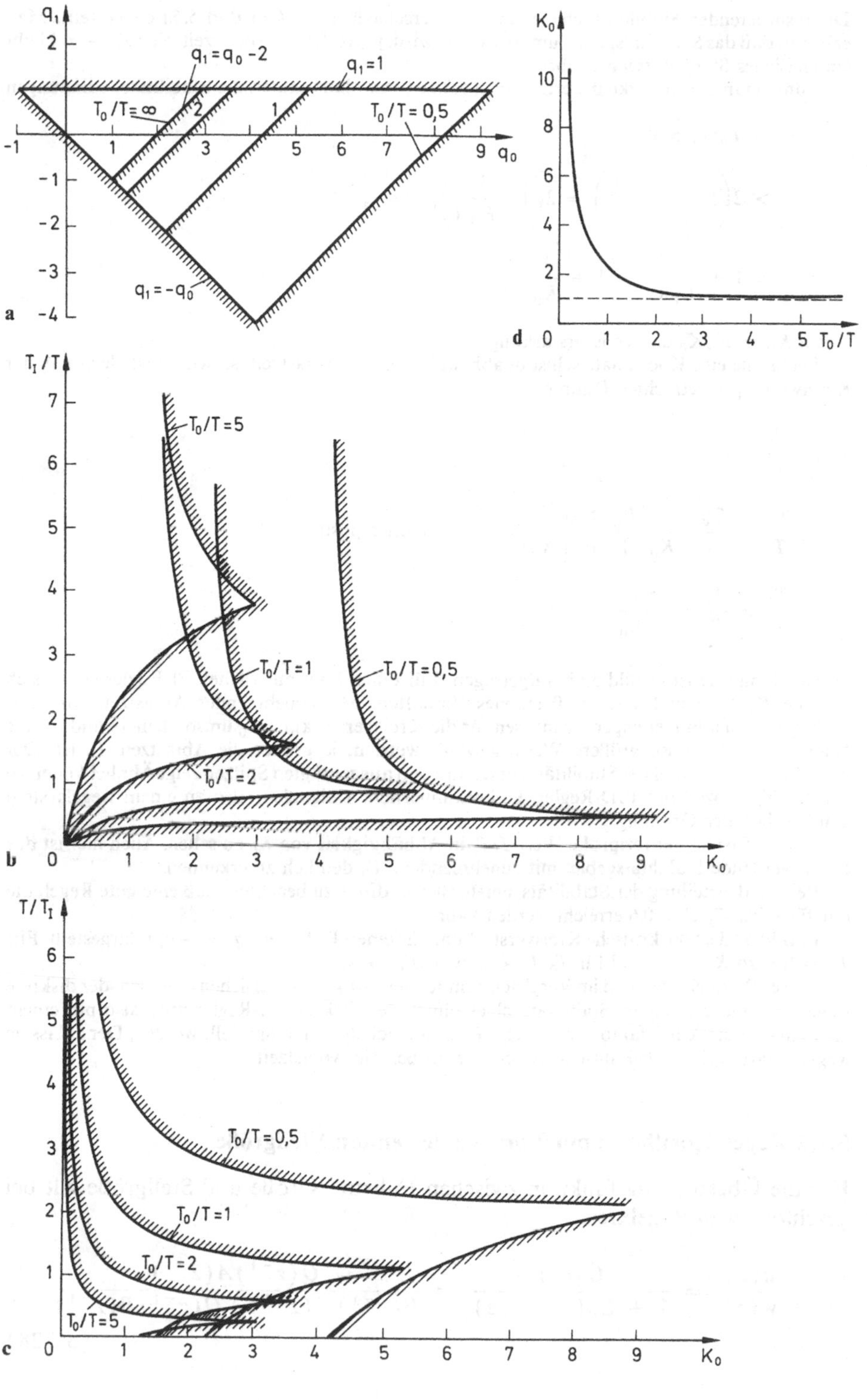

a
q_1
q_0
$q_1 = q_0 - 2$
$q_1 = 1$
$q_1 = -q_0$
$T_0/T = \infty$
$T_0/T = 0,5$
d
K_0
T_0/T
b
T_I/T
K_0
$T_0/T = 5$
$T_0/T = 1$
$T_0/T = 0,5$
$T_0/T = 2$
c
T/T_I
K_0
$T_0/T = 0,5$
$T_0/T = 1$
$T_0/T = 2$
$T_0/T = 5$

Die resultierenden Stabilitätsgebiete sind für verschiedene T_0/T in Bild 5.6a dargestellt. Man erkennt, daß das Stabilitätsgebiet um so kleiner wird, je größer die Abtastzeit. Für $T_0 \to \infty$ bleibt ein endliches Stablilitätsgebiet übrig.

Führt man die Reglerkennwerte nach (5.2.22) ein, dann lauten die Stabilitätsbedingungen

$$c_I = T_0/T_I > 0$$

$$c_I > 2\left(1 - \frac{(1-a_1)}{b_1 K_R}\right) = 2\left(1 - \frac{1}{K_0}\frac{(1+\mathrm{e}^{-T_0/T})}{(1-\mathrm{e}^{-T_0/T})}\right)$$

$$c_I < 1 + \frac{1}{K_P K_R} = 1 + \frac{1}{K_0}$$

wobei $K_0 = K_R K_P$ die Kreisverstärkung ist.

Damit die eine Koordinate selbst unabhängig von der Abtastzeit ist, wird anstelle von c_I der Kennwert T_I/T betrachtet. Dann gilt

$$\frac{T_I}{T} > 0$$

$$\frac{T_I}{T} < \frac{T_0}{2T} \cdot \frac{K_0(1-\mathrm{e}^{-T_0/T})}{K_0 - 1 - (1+K_0)\mathrm{e}^{-T_0/T}} \quad \text{(Nenner positiv)}$$

$$\frac{T_I}{T} > \frac{T_0}{T} \cdot \frac{K_0}{1+K_0}$$

Dieser Kennwert ist in Bild 5.6b aufgetragen. Für einen kontinuierlichen PI-Regler ergibt sich für alle $K_0 > 0$ und $T_I/T > 0$ stabiles Verhalten. Mit zunehmender Abtastzeit wird das Stabilitätsgebiet immer enger. Es müssen für die Kreisverstärkung K_0 umso kleinere und für die Nachstellzeit T_I umso größere Werte gewählt werden, je größer die Abtastzeit T_0 ist. Der grundsätzliche Verlauf der Stabilitätskurven mit den ausgeprägten Spitzen zeigt Ähnlichkeiten zu einem PT_4-Prozeß mit PID-Regler bei kontinuierlichen Signalen, also zu einem Regelsystem deutlich höherer Ordnung.

In Bild 5.6c ist der reziproke Wert T/T_I in Abhängigkeit von K_0 zu sehen. Auch hier ist das enger werdende Stabilitätsgebiet mit zunehmendem T_0 deutlich zu erkennen.

Bei der Beurteilung der Stabilitätsgebiete ist allerdings zu beachten, daß eine gute Regelgüte nur für etwa $T_0/T < 0.6$ erreicht werden kann.

In Bild 5.6d ist die kritische Kreisverstärkung für einen P-Regler ($q_0 = -q_1$) dargestellt. Für $T_0 \to 0$ wird $K_0 \to \infty$ und für $T_0/T \to \infty$ wird $K_0 \to 1$.

Dieses Beispiel zeigt, daß im Vergleich zum Regler mit kontinuierlichen Signalen, der diskrete Regler zu einem kleineren Stabilitätsgebiet führt. Der diskrete PI-Regler muß also mit einem kleineren Verstärkungsfaktor und einer größeren Nachstellzeit eingestellt werden. Der zulässige Reglereingriff wird dabei umso schwächer je größer die Abtastzeit.

5.2.2 Regelalgorithmen mit Vorgabe der ersten Stellgröße

Für die Übertragungsfunktion zwischen Führungsgröße und Stellgröße gilt bei geschlossenem Regelkreis

$$\frac{u(z)}{w(z)} = \frac{G_R(z)}{1 + G_R(z)\, G_P(z)} = \frac{Q(z^{-1})A(z^{-1})}{P(z^{-1})A(z^{-1}) + Q(z^{-1})B(z^{-1})} \tag{5.2.28}$$

Setzt man die Übertragungsfunktion für den Prozeß (5.2.1) und für den Regler zweiter Ordnung (5.2.10) ein, dann wird für $b_0 = 0$

$$\begin{aligned}&[(1-z^{-1})(1+a_1z^{-1} + \ldots + a_mz^{-m})\\&+ (q_0 + q_1z^{-1} + q_2z^{-2})(b_1z^{-1} + \ldots + b_mz^{-m})z^{-d}]u(z)\\&= (q_0 + q_1z^{-1} + q_2z^{-2})(1 + a_1z^{-1} + \ldots + a_mz^{-m})w(z)\end{aligned} \quad (5.2.29)$$

und daraus folgt für den Verlauf der Stellgröße

$$\begin{aligned}u(k) &= (1-a_1)\,u(k-1) + (a_1 - a_2)\,u(k-2) + \ldots\\&\quad - q_0b_1\,u(k-d-1) - (q_0b_2 + q_1b_1)\,u(k-d-2) + \ldots\\&\quad + q_0w(k) + (q_0a_1 + q_1)\,w(k-1)\\&\quad + (q_0a_2 + q_1a_1 + q_2)\,w(k-2) + \ldots\end{aligned} \quad (5.2.30)$$

Die ersten beiden Stellgrößenwerte lauten nach sprungförmiger Führungsgrößenänderung $w(k) = w_0 1(k)$

1. Fall: $d = 0$

$$\begin{aligned}u(0) &= q_0w_0\\u(1) &= [q_0(2-q_0b_1) + q_1]w_0\end{aligned} \quad (5.2.31)$$

2. Fall: $d \geqq 1$

$$\begin{aligned}u(0) &= q_0w_0\\u(1) &= (2q_0 + q_1)w_0.\end{aligned} \quad (5.2.32)$$

Für beliebige Totzeit d ist der Stellgrößenwert $u(0)$ bei sprungförmiger Führungsgrößenänderung also nur vom Reglerparameter q_0 und der Sprunghöhe w_0 abhängig. Deshalb läßt sich durch geeignete Vorgabe des Stellgrößenwertes $u(0)$ der Parameter q_0 festlegen, der nach (5.1.5) dem Wert $K(1+c_D)$ entspricht.

Dieser direkte Zusammenhang zwischen dem ersten Stellgrößenwert und dem Reglerparameter q_0 gestattet es nun, beim Entwurf den zur Verfügung stehenden Stellbereich einfach zu berücksichtigen. Man muß hierzu einen bestimmten Arbeitspunkt des Regelkreises aussuchen und die maximal zulässige Stellgröße $u(0)$ für den (ungünstigen) Fall einer sprungförmigen Änderung der Führungsgröße $w(k)$ (oder der Regelabweichung $e(k)$) ermitteln und $q_0 = u(0)/w_0$ setzen.

Damit kein größerer Stellwert $u(1)$ als $u(0)$ entsteht, muß für den Reglerparameter q_1 noch eine Ungleichung beachtet werden.

Aus (5.2.31) und (5.2.32) folgt mit $u(1) \leqq u(0)$

$$\begin{aligned}d = 0&: q_1 \leqq -q_0(1-q_0b_1)\\d \geqq 1&: q_1 \leqq -q_0.\end{aligned} \quad (5.2.33)$$

Diese Ungleichungen gelten auch für Regler erster Ordnung (PI-Regler).

Falls $u(0)$ bereits in dämpfendem Sinne, also relativ klein, vorgegeben wird, kann im Optimierungskriterium (5.2.6) $r = 0$ gesetzt werden.

Die Bestimmung des Reglerparameters q_0 durch Vorgabe von $u(0)$ hat zur Folge, daß bei einem Regler zweiter Ordnung nur noch zwei Parameter und bei einem Regler erster Ordnung nur noch ein Parameter optimiert werden müssen. Dies bedeutet eine Reduzierung des Rechenaufwandes.

Es sei noch angemerkt, daß durch das beschriebene Vorgehen natürlich kein Regler entsteht, der für alle Störungen eine harte Stellgrößenbeschränkung berücksichtigt. Die Vorgabe von q_0 stellt lediglich eine einfache Entwurfshilfe dar, die den Stellbereich für einen ganz bestimmten Störfall berücksichtigt.

5.2.3 PID-Regelalgorithmus durch z-Transformation

Ein kontinuierlicher PID-Regler mit verzögertem Differentialanteil folgt der Übertragungsfunktion

$$G_R(s) = K\left[1 + \frac{1}{T_I s} + \frac{T_D s}{1+T_1 s}\right] \tag{5.2.34}$$

Wenn man hieraus eine z-Übertragungsfunktion mit entsprechendem Ein/Ausgangsverhalten ableiten möchte, dann muß man ein Halteglied vorschalten, Beispiel 3.8. Dann gilt mit (3.4.11) für ein Halteglied nullter Ordnung

$$\begin{aligned}
HG_R(z) &= \frac{z-1}{z}\mathscr{Z}\left\{\frac{G_R(s)}{s}\right\} \\
&= \frac{z-1}{z}K\mathscr{Z}\left\{\frac{1}{s} + \frac{1}{T_I s^2} + \frac{T_D}{1+T_1 s}\right\} \\
&= K\left[1 + \frac{T_0}{T_I}\frac{1}{(z-1)} + \frac{T_D}{T_1}\frac{(z-1)}{(z+\gamma_1)}\right] \\
&= K\left[1 + \frac{T_0}{T_I}\frac{z^{-1}}{1-z^{-1}} + \frac{T_D}{T_1}\frac{(1-z^{-1})}{(1+\gamma_1 z^{-1})}\right] \\
&= \frac{q_0 + q_1 z^{-1} + q_2 z^{-2}}{(1-z^{-1})(1+\gamma_1 z^{-1})} = \frac{q_0 + q_1 z^{-1} + q_2 z^{-2}}{1+p_1 z^{-1} + p_2 z^{-2}}
\end{aligned} \tag{5.2.35}$$

mit

$$\left.\begin{aligned}
q_0 &= K\left[1 + \frac{T_D}{T_1}\right] \\
q_1 &= -K\left[1 - \gamma_1 + 2\frac{T_D}{T_1} - \frac{T_0}{T_I}\right] \\
q_2 &= K\left[\frac{T_D}{T_1} + \left(\frac{T_0}{T_I} - 1\right)\gamma_1\right] \\
\gamma_1 &= -e^{-\frac{T_0}{T_1}} \\
p_1 &= \gamma_1 - 1 \\
p_2 &= -\gamma_1
\end{aligned}\right\} \tag{5.2.36}$$

(Bei analogen Reglern wird das Verhältnis $T_D/T_1 \approx 3 \ldots 10$ verwendet [5.25])

Die so festgelegten Parameter gelten im Unterschied zu (5.1.5) auch für *große Abtastzeiten.*

Für den Fall des PI-Reglers ($T_D = 0$) folgen aus (5.2.35) direkt die Koeffizienten der durch Disketisieren der Differentialgleichung (5.1.1) entstehenden Parameter

$$q_0 = K \text{ und } q_1 = -K\left(1-\frac{T_0}{T_I}\right).$$

Beim PID-Regler ist dies wegen des verzögernd anzunehmenden Differentialgliedes (s. auch Diskussion zu (3.4.19) jedoch nicht möglich. Es ergibt sich lediglich eine Übereinstimmung von q_0 für $T_1 = T_0$. Wegen $\gamma_1 = -1/e$ sind die anderen Parameter dann verschieden. Setzt man jedoch rein formal in (5.2.36) $T_1 = T_0$ und $\gamma_1 = 0$, dann ergeben sich die Werte von (5.1.5) und die Struktur des Reglers geht in (5.2.10) über. Hieraus ergibt sich dann wiederum das in Bild 5.5 dargestellte Blockschaltbild eines PID-Regelalgorithmus. Da die Reglerparameter von (5.2.36) für größere Abtastzeiten nicht vom kontinuierlichen Regler übernommen werden können, kann man also gleich von dem einfacheren Regler (5.2.10) ausgehen.

5.3 Modifikationen diskreter PID-Regelalgorithmen

Ausgehend von der diskretisierten Differentialgleichung des kontinuierlichen PID-Reglers, (5.1.1) bis (5.1.4), sind viele Modifikationen bekannt geworden, von denen hier nur einige wenige als Beispiele betrachtet werden.

5.3.1 Verschiedene Bewertung von Regelgröße und Führungsgröße

Aus (5.2.2) folgt für den Regler

$$P(z^{-1})u(z) = Q(z^{-1})e(z) = Q(z^{-1})[w(z)-y(z)]. \tag{5.3.1}$$

Es wird also für die Führungsgröße w und für die Regelgröße y das gleiche Polynom $Q(z^{-1})$ verwendet. Eine erste Möglichkeit der Modifikation des PID-Grundalgorithmus besteht nun darin, die Führungsgröße anders zu behandeln als die Regelgröße. Dies führt auf

$$\left.\begin{aligned} P(z^{-1})u(z) &= S(z^{-1})w(z) - Q(z^{-1})y(z). \\ u(z) &= \frac{S(z^{-1})}{P(z^{-1})}w(z) - \frac{Q(z^{-1})}{P(z^{-1})}y(z) \\ &= \frac{Q(z^{-1})}{P(z^{-1})}\left[\frac{S(z^{-1})}{Q(z^{-1})}w(z) - y(z)\right], \end{aligned}\right\} \tag{5.3.2}$$

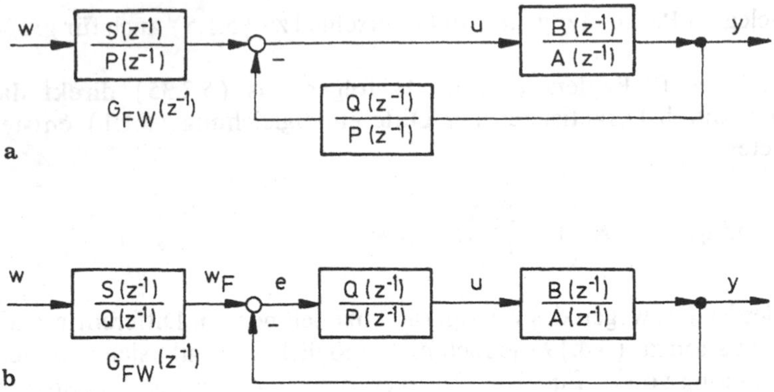

Bild 5.7a,b. Verschiedene Bewertung von Regelgröße und Führungsgröße

s. Bild 5.7a, und entspricht der Einführung eines Führungsgrößen-Vorfilters $G_{FW}(z) = S(z^{-1})/Q(z^{-1})$, Bild 5.7b. Die Lage der Pole wird dadurch nicht verändert. Im Zeitbereich betrachtet hat dies folgenden Zweck: Um die bei *schnellen Änderungen der Führungsgrößen* auftretenden relativ großen Stellgrößen zu dämpfen, wird die Führungsgröße $w(k)$ nicht im Differentiationsglied berücksichtigt [5.3]. Anstelle des gewöhnlichen PID-Regelalgorithmus

$$u(k)-u(k-1) = K\Big[e(k)-e(k-1) + \frac{T_0}{T_I}e(k-1) + \frac{T_D}{T_0}(e(k)-2e(k-1)+e(k-2))\Big] \qquad (5.3.3)$$

vgl. (5.1.4), lautet der modifizierte Algorithmus dann

$$u(k)-u(k-1) = K\Big[e(k)-e(k-1) + \frac{T_0}{T_I}e(k-1) + \frac{T_D}{T_0}(-y(k)+2y(k-1)-y(k-2))\Big]. \qquad (5.3.4)$$

Dies entspricht in (5.3.2)

$$\left.\begin{aligned} S(z^{-1}) &= s_0 + s_1 z^{-1} \\ \text{mit}\quad s_0 &= K \\ s_1 &= -K\left[1-\frac{T_0}{T_I}\right] \end{aligned}\right\} \qquad (5.3.5)$$

($T_D = 0$ in (5.1.5))

Eine noch größere Dämpfung des Stellgrößenverlaufs erhält man, wenn die Führungsgröße nur noch im Integrationsglied enthalten ist [1.12, 5.1, 5.3]

$$u(k)-u(k-1) = K\Big[-y(k)+y(k-1)+\frac{T_0}{T_I}e(k-1) + \frac{T_D}{T_0}(-y(k)+2y(k-1)-y(k-2))\Big]. \quad (5.3.6)$$

oder

$$\left.\begin{aligned} S(z^{-1}) &= s_1 z^{-1} \\ \text{mit} \quad s_1 &= K\frac{T_0}{T_I}. \end{aligned}\right\} \quad (5.3.7)$$

Bei diesem Algorithmus kann es dann zweckmäßiger sein, anstelle von $e(k-1)$ die Regelabweichung $e(k)$ zu verwenden, damit eine Führungsgrößenänderung sofort zu einer Stellbewegung führt.

Diese modifizierten Regelalgorithmen bewerten die höherfrequenten Signalanteile von $w(k)$ schwächer als diejenigen von $y(k)$. Deshalb werden bei gleicher Form einer z.B. am Eingang des Prozesses angreifenden Störgrößenänderung und einer Führungsgrößenänderung die Unterschiede der jeweils durch Parameteroptimierung erhaltenen Reglerparameter kleiner, vgl. [5.8].

Große Stellgrößenänderungen lassen sich jedoch auch dadurch vermeiden, daß die Änderungsgeschwindigkeit der Führungsgröße und/oder der Stellgröße selbst begrenzt wird. Da diese Begrenzungen dann für alle vorkommenden Störungen wirksam sind, kann dies als Vorteil angesehen werden.

5.3.2 Verschiedene Differenzenbildung des Differentialgliedes

Andere Modifikationen lassen sich durch verschiedene Realisierungen des *Differentialgliedes* angeben. Wenn das zu regelnde Signal relativ hochfrequente Störsignale enthält, die nicht ausregelbar sind oder die nicht ausgeregelt werden sollen, dann können durch die Bildung der Differenz 1. Ordnung

$$T_D\frac{\Delta e(k)}{T_0} = \frac{T_D}{T_0}(e(k) - e(k-1))$$

in der nichtrekursiven Form (5.1.2) bzw. in der rekursiven Form (5.3.1), durch

$$\frac{T_D}{T_0}(e(k) - 2e(k-1) + e(k-2))$$

unerwünscht große Stellgrößenänderungen entstehen. Der Differentialanteil kann jedoch für die mittelfrequenten Störsignale zur Verbesserung der Regelgüte notwendig sein, da er einen Regelstreckenpol näherungsweise kompensieren, den Stabilitätsbereich erweitern und größere Verstärkungsfaktoren ermöglichen kann. Man muß also geeignete Kompromisse schließen.

Die erste Möglichkeit besteht darin, daß man T_D/T_0 kleiner wählt als im idealen Fall. Man kann aber auch eine Glättung bei der Differenzenbildung vornehmen und die Differenz aus 4 Werten bilden [5.2]. Hierzu wird zunächst ein Mittelwert

$$\bar{e}_k = \frac{1}{4}\,[e(k) + e(k-1) + e(k-2) + e(k-3)]$$

festgelegt und dann werden alle Differenzenquotienten in bezug auf $\bar{e}_k$ zum Zeitpunkt $(k-1{,}5)$ gemittelt. Der Differentiationsterm für die nichtkursive Form lautet somit

$$T_D\frac{\overline{\Delta e_k}}{T_0} = \frac{T_D}{4}\left[\frac{e(k)-\bar{e}_k}{1{,}5\,T_0} + \frac{e(k-1)-\bar{e}_k}{0{,}5\,T_0} + \frac{\bar{e}_k-e(k-2)}{0{,}5\,T_0} + \frac{\bar{e}_k-e(k-3)}{1{,}5\,T_0}\right]$$
$$= \frac{T_D}{6T_0}\,[e(k)+3e(k-1)-3e(k-2)-e(k-3)]. \qquad (5.3.8)$$

Für die rekursive Form des D-Anteiles gilt dann

$$\frac{T_D}{6T_0}\,[e(k) + 2e(k-1) - 6e(k-2) + 2e(k-3) + e(k-4)]. \qquad (5.3.9)$$

5.3.3 Verzögerter Differentialanteil

Eine weitere Alternative besteht bei *kleinen Abtastzeiten* darin, einen verzögerten Differentialterm in der kontinuierlichen Übertragungsfunktion anzunehmen

$$G_R(s) = K\left[1+\frac{1}{T_I s} + \frac{T_D s}{1+T_1 s}\right]$$

und durch die Korrespondenz $s \rightarrow 2(z-1)/T_0(z+1)$, s. Abschnitt 3.7, eine Näherung zu erhalten [2.19]. Der resultierende Regelalgorithmus hat die Form

$$u(k) = p_1u(k-1)+p_2u(k-2)+q_0e(k)+q_1e(k-1)+q_2e(k-2) \qquad (5.3.10)$$

mit den Parametern

$$p_1 = -\,4c_1/(1+2c_1)$$

$$p_2 = (2c_1-1)/(1+2c_1)$$

$$q_0 = K\left[1+2(c_1+c_D)+\frac{c_I}{2}(1+2c_1)\right]/[1+2c_1]$$

$$q_1 = K[c_I-4(c_1+c_D)]/[1+2c_1]$$

$$q_2 = K\left[c_1(2-c_I)+2c_D+\frac{c_I}{2}-1\right]/[1+2c_1]$$

wobei

$$c_1 = T_1/T_0;\ c_I = T_0/T_I;\ c_D = T_D/T_0.$$

Das Nennerpolynom dieses Reglers

$$P(z) = (1-z^{-1})\left(1-\frac{2c_1-1}{2c_1+1}z^{-1}\right)$$

weist einen Pol bei $z_1 = 1$ (I-Verhalten) und bei $z_2 = (2T_1-T_0)/(2T_1+T_0)$ auf. Damit der reelle Pol $z_2 \geqq 0$ ist (kein oszillierendes Verhalten nach Bild 3.12), muß $T_1 \geqq T_0/2$ gewählt werden.

Wenn man $T_1 = 0$ setzt, entsteht ein grenzstabiler Pol bei $z_2 = -1$. Die Stellgröße würde dann mit konstanter Amplitude oszillieren. Dies ist wiederum ein Hinweis dafür, daß bei zeitdiskreten Systemen die bei zeitkontinuierlichen Systemen denkbare Differentiation ohne Verzögerung nicht existiert.

Zum Abschluß dieser Beispiele zur Modifikation von PID-Regelalgorithmen sei noch auf [5.34] hingewiesen. Dort wurde zur *Kompensation der durch das Halteglied entstehenden Totzeit* (näherungsweise $T_0/2$) ein Prädiktor vorgeschlagen, der die Regelgröße $y(k)$ um eine halbe Abtastzeit aufgrund eines bekannten Prozeßmodells (z.B. erster Ordnung) vorhersagt, also $y(k+0{,}5)$ bildet. Für den Regler wird dann die Regeldifferenz $e(k) = w(k) - y(k+0{,}5)$ verwendet. Vorteile sind jedoch nur dann zu erwarten, wenn die Abtastzeit relativ groß, und die Prozeßmodellordnung (Verzögerung) klein sind und keine höherfrequenten stochastischen Störsignale auftreten. Da die durch das Halteglied entstehenden Verzögerungen Bestandteile des Prozeßmodells sind, berücksichtigen die von Prozeßmodellen ausgehenden strukturoptimalen Regler diese Verzögerungen ohne zusätzliche Maßnahmen.

5.4 Entwurf durch numerische Parameteroptimierung

Wenn ein mathematisches Modell des zu regelnden Prozesses vorliegt, besteht eine allgemein einsetzbare Methode zur Bestimmung der unbekannten Parameter $q_0, q_1, \ldots, q_\nu$ eines parameteroptimierten Reglers in der numerischen Parameteroptimierung. Hierbei wird eine Zielfunktion oder Verlustfunktion V, die z.B. ein quadratisches Regelgütekriterium $V = S_{eu}^2$ nach (5.2.6) ist, durch Variation der Reglerparameter

$$\boldsymbol{q}^T = [q_0\ q_1\ \ldots\ q_\nu] \tag{5.4.1}$$

so bestimmt, daß V ein Minimum annimmt, also gilt

$$\frac{\mathrm{d}V}{\mathrm{d}\boldsymbol{q}} = \boldsymbol{0} \tag{5.4.2}$$

und

$$\frac{\partial^2 V}{\partial \boldsymbol{q} \partial \boldsymbol{q}^T} > \boldsymbol{0}. \tag{5.4.3}$$

Hierzu können, insbesondere für Prozesse höherer Ordnung, numerische Parameteroptimierungsverfahren eingesetzt werden.

5.4.1 Numerische Parameteroptimierung

Der allgemeine Ablauf ist dann wie folgt:

- Optimierungsschritt j:
  1. Annahme von Startwerten $\boldsymbol{q}(j-1)$
  2. Berechnung des zeitlichen Verlaufs von $e(k)$ und $u(k)$ für ein bestimmtes Störsignal des Regelkreises und $k = 0 \ldots M$
  3. Berechnung des Gütekriteriums $V(j)$
  4. Anwendung des numerischen Optimierungsverfahrens liefert neue Reglerparameter $\boldsymbol{q}(j)$
- Optimierungsschritt $j+1$
  1. Setze als Startwerte anstelle $\boldsymbol{q}(j-1) \rightarrow \boldsymbol{q}(j)$
  2. – 4. wie oben, usw.

Die Optimierung wird solange fortgesetzt bis ein Abbruchkriterium $\Delta V = V(j) - V(j-1) \leqq \varepsilon$ die Unterschreitung einer Schranke ε erfüllt. Zu den einzelnen Aufgaben werden noch einige Hinweise gegeben.

Startwerte

Durch Vorgabe geeigneter Startwerte $\boldsymbol{q}(0)$ kann die Rechenzeit wesentlich verkürzt werden. Diese erhält man z.B. durch

$\boldsymbol{q}(0) = \boldsymbol{0}$	wenn keine besseren Werte bekannt
$\boldsymbol{q}(0) = \boldsymbol{q}_*$	wobei die Parameter $\boldsymbol{q}_*$ aus einem „schnellen“ Entwurfsverfahren stammen, s. Abschn. 5.5.3.
$\boldsymbol{q}(0) = \boldsymbol{q}_0$	wobei $\boldsymbol{q}_0$ frühere Erfahrungswerte sind.

Berechnung des Gütekriteriums

Üblicherweise werden $e(k)$ und $\Delta u(k)$ aufgrund der Differenzengleichungen des geschlossenen Regelkreises im Zeitbereich berechnet für $k = 0 \ldots M$ Zeitschritte und eine geeignete externe Anregung (Simulation). Bei einer sprungförmigen Änderung der Führungsgröße gilt für die z-Transformation der Signale mit $w(z) = 1/(1-z^{-1})$ und Beachtung von $P(z^{-1}) = 1-z^{-1}$ und $\Delta u(z) = (1-z^{-1})u(z)$:

$$\left.\begin{aligned} e(z) &= \frac{A(z^{-1})}{P(z^{-1})A(z^{-1})+Q(z^{-1})B(z^{-1})} \\ \Delta u(z) &= \frac{Q(z^{-1})A(z^{-1})}{P(z^{-1})A(z^{-1})+Q(z^{-1})B(z^{-1})} \end{aligned}\right\} \tag{5.4.4}$$

Da sich nur $Q(z^{-1})$ ändert, können in den zugehörigen Differenzengleichungen die Parameter der Terme $P(z^{-1})\ A(z^{-1})$ fest vorgegeben werden.

Eine wesentliche Rechenzeitersparnis kann erreicht werden, wenn man das Parsevalsche Theorem verwendet, um den Wert der Summen im *z-Bereich* zu berechnen [2.13, 2.18, 5.26].

$$\left.\begin{aligned} S_e'^2 &= \sum_{k=0}^{\infty} e^2(k) = \frac{1}{2\pi i}\oint e(z)e(z^{-1})z^{-1}\,dz \\ S_u'^2 &= \sum_{k=0}^{\infty} \Delta u^2(k) = \frac{1}{2\pi i}\oint \Delta u(z)\Delta u(z^{-1})z^{-1}\,dz \end{aligned}\right\} \qquad (5.4.5)$$

wobei die Integration auf dem Einheitskreis in positiver Richtung erfolgt. Die Gleichungen können mit Hilfe des Residuensatzes berechnet werden [2.11, 2.13]. Die zugehörigen Nennerpolynome der gebrochen rationalen Ausdrücke dürfen allerdings keine Wurzeln auf dem Einheitskreis besitzen. In [12.4] ist ein rekursiver Algorithmus zur Berechnung von (5.4.5) angegeben, wobei zuzätzlich keine Pole außerhalb des Einheitskreises liegen dürfen. Der geschlossene Regelkreis muß also asymptotisch stabil sein. Der Zeitbedarf mit (5.4.5) beträgt für Ordnungszahlen von etwa $2 \leqq m \leqq 4$ etwa 10–20% im Vergleich zur Berechnung im Zeitbereich [5.26]. S. auch [5.27].

Es sei noch angemerkt, daß sich dies z-Bereichsverfahren aber für Mehrgrößenprozesse wegen der hohen Ordnung der Polynome nicht lohnt.

Numerische Optimierungsverfahren

Bei den numerischen Optimierungsverfahren (Hill-climbing-Verfahren) unterscheidet man die einfachen *Suchverfahren*, die nur die Berechnung der jeweiligen Zeitfunktion $V(j)$ benötigen, oder *Gradientenverfahren*, bei denen die ersten Ableitungen $V_q(j)$ oder auch zweiten Ableitungen $V_{qq}(j)$ (z.B. Newton-Raphson) berechnet werden müssen. Es existieren auch Kombinationen mehrerer Verfahren (z.B. Fletcher-Powell). Diese Verfahren sind z.B. in [5.6, 5.28 – 5.31, 5.33, 5.36] beschrieben.

Die Ableitungen der Gütekriterien nach den Reglerparametern liegen jedoch nicht in analytischer Form vor. Deshalb kommen insbesondere die Suchverfahren zum Zuge. Da die Minima oft flach sind, haben die Suchverfahren ferner numerische Vorteile gegenüber den Gradientenverfahren, bei denen numerische Probleme bereits weiter entfernt vom Optimum auftreten. Wegen der ausgeprägten Konvexität der Zielfunktion gibt es zumindest bei Eingrößenreglern im Bereich des stabilen Regelkreisverhaltens im allgemeinen keine Probleme mit den Suchverfahren. Man beachte aber, daß der Rechenaufwand im allgemeinen proportional ν^3 ansteigt, wenn ν die Anzahl der zu optimierenden Parameter ist [5.36].

Nach umfangreichen Untersuchungen hat sich schließlich ein modifiziertes Hooke-Jeeves-Suchverfahren als besonders geeignet erwiesen [5.26], das nicht nur Verkleinerungen der Schrittweite zuläßt, sondern auch Vergrößerungen bei entsprechendem Erfolg des Voranschreitens.

5.4.2 Simulationsergebnisse für PID-Regelalgorithmen

Beim Entwurf von Regelungen gibt es stets freie Parameter, die geeignet gewählt werden müssen. Bei parameteroptimierten diskreten Regelalgorithmen sind dies die Abtastzeit T_0 und der Gewichtsfaktor r der Stellgröße im Optimierungskriterium bzw. die Stellgrößenvorgabe $u(0)$. Um Anhaltspunkte für deren Wahl zu geben, sollen in diesem Abschnitt einige Simulationsergebnisse gezeigt werden [5.7].

Die Wahl der freien Parameter kann nicht unabhängig vom betrachteten Prozeß und seinen technologischen Eigenschaften erfolgen. Daher wird es kaum möglich sein, allgemeingültige Vorschriften anzugeben. Um aber trotzdem einige Ergebnisse zu erhalten, wurde das Regelverhalten für zwei simulierte Testprozesse untersucht. Für Prozesse ähnlichen Typs dürfen dann zumindest die qualitativen Ergebnisse übertragbar sein.

Testprozesse

Zur Untersuchung der Regelalgorithmen im geschlossenen Regelkreis werden die Prozesse II und III der in [5.9] vorgeschlagenen Testprozesse verwendet. Siehe Anhang.

***Prozeß II*:** Prozeß mit nichtminimalem Verhalten

$$G_{II}(s) = \frac{K(1-T_1 s)}{(1+T_1 s)(1+T_2 s)} \tag{5.4.6}$$

$$K = 1;\ T_1 = 4\ \mathrm{s};\ T_2 = 10\ \mathrm{s}$$

$$G_{II}(z) = \frac{b_1 z^{-1} + b_2 z^{-2}}{1 + a_1 z^{-1} + a_2 z^{-2}} \tag{5.4.7}$$

Bild 5.8a zeigt die Übergangsfunktion dieses Prozesses.

***Prozeß III*:** Prozeß mit Tiefpaßverhalten und Totzeit

$$G_{III}(s) = \frac{K(1+T_4 s)}{(1+T_1 s)(1+T_2 s)(1+T_3 s)} e^{-T_t s} \tag{5.4.8}$$

$$K = 1;\ T_1 = 10\ \mathrm{s};\ T_2 = 7\ \mathrm{s};\ T_3 = 3\ \mathrm{s};\ T_4 = 2\ \mathrm{s};\ T_t = 4\ \mathrm{s}.$$

$$G_{III}(z) = \frac{b_0 + b_1 z^{-1} + b_2 z^{-2} + b_3 z^{-3}}{1 + a_1 z^{-1} + a_2 z^{-2} + a_3 z^{-3}} z^{-d} \tag{5.4.9}$$

In Bild 5.8b ist die Übergangsfunktion dieses Prozesses dargestellt.

Tabelle 5.1. Parameter von Prozeß II

Abtastzeit T_0 in s	1	4	8	16
b_1	−0,07289	−0,07357	0,13201	0,55333
b_2	0,09394	0,28197	0,34413	0,23016
a_1	−1,68364	−1,0382	−0,58466	−0,22021
a_2	0,70469	0,2466	0,06081	0,0037

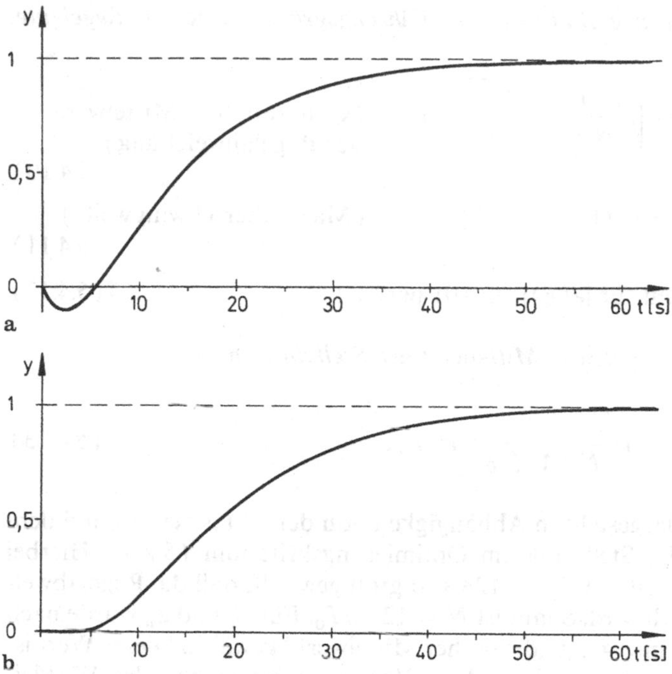

Bild 5.8. Übergangsfunktionen der Testprozesse II und III. **a** Prozeß II; **b** Prozeß III

Regelalgorithmen ohne Stellgrößenvorgabe

In diesem Abschnitt werden Ergebnisse von Digitalrechnersimulationen der Testprozesse II und III mit dem Regelalgorithmus zweiter Ordnung ohne Stellgrößenvorgabe betrachtet. Es werden alle drei Reglerparameter optimiert. Die Kurzbezeichnung dieses Reglers nach (5.2.10) lautet deshalb: 3 PR–3 (3 Parameter-Regler mit 3 zu optimierenden Parametern). Als Optimierungskriterium wurde das quadratische Kriterium (5.2.6) verwendet. Die Reglerparameter q_0, q_1 und q_2 wurden mit der Fletcher-Powell-Methode durch numerische Suche ermittelt. Dabei war die ausgewertete Einschwingzeit $M = 128$.

Tabelle 5.2. Parameter von Prozeß III

Abtastzeit T_0 in s	1	4	8	16
d	4	1	1	1
b_0	0	0	0,06525	0,37590
b_1	0,00462	0,06525	0,25598	0,32992
b_2	0,00169	0,04793	0,02850	0,00767
b_3	−0,00273	−0,00750	−0,00074	−0,00001
a_1	−2,48824	−1,49863	−0,83771	−0,30842
a_2	2,05387	0,70409	0,19667	0,02200
a_3	−0,56203	−0,09978	−0,00995	−0,00010

Für eine *sprungförmige Änderung der Führungsgröße* werde die *Regelgüte*, ausgedrückt in

$$S_e = \sqrt{\overline{e^2(k)}} = \sqrt{\frac{1}{N+1} \sum_{k=0}^{N} e^2(k)}$$ (Quadratischer Mittelwert der Regelabweichung) (5.4.10)

$$y_m = y_{max}(t) - w(t)$$ (Max. Überschwingweite) (5.4.11)

k_1 (Ausregelzeit für $|e(k)| \leqq 0{,}01\, |w(k)|$) (5.4.12)

und der zugehörige *quadratische Mittelwert der Stellabweichung*

$$S_u = \sqrt{\overline{\Delta u^2(k)}} = \sqrt{\frac{1}{N+1} \sum_{k=0}^{N} \Delta u^2(k)}, \tag{5.4.13}$$

der „Stellaufwand", dargestellt in Abhängigkeit von der Abtastzeit T_0 und dem Bewertungsfaktor r der Stellgröße im Optimierungskriterium (5.2.6). Hierbei wurde die Einschwingzeit mit $T_N = 128$ s so groß gewählt, daß die Regelabweichung praktisch zu Null wird. Somit ist $N = 128\ \mathrm{s}/T_0$. Für S_e und S_u wurde nach DIN 40110 die Bezeichnung „quadratischer Mittelwert" gewählt. Dieser Wert ist gleich dem „Effektivwert" und gleich der „Wurzel der entsprechenden Wirkleistung" an einem Ohmschen Widerstand.

Anmerkung zur Wahl der Störsignale:

Eine sprungförmige Störung regt besonders die niederen Frequenzen an und führt zu einer stärkeren Bewertung der Integralwirkung des Reglers. In Kap. 13 werden stochastische Störsignale verwendet, die mehr hochfrequente Komponenten enthalten und zu einer stärkeren Bewertung der Proportional- und Differentialwirkung führen.

Einfluß der Abtastzeit T_0:

In Bild 5.9 ist der Verlauf von Regelgröße und Stellgröße beider Prozesse nach sprungförmiger Verstellung der Führungsgröße für die Abtastzeiten $T_0 = 1; 4; 8$ und 16 s und für $r = 0$ dargestellt.

Für die relativ kleine Abtastzeit von $T_0 = 1$ s erhält man eine Näherung des Regelverhaltens mit kontinuierlichem PID-Regler. Mit zunehmender Abtastzeit wird das Einschwingverhalten der Regelgröße bei beiden Prozessen ungünstiger. Bei den großen Abtastzeiten $T_0 = 8$ s und 16 s wird der wirkliche Verlauf der Regelgröße nicht mehr gut erfaßt. Das bedeutet, daß die für das diskrete Ausgangssignal definierte Größe S_e (5.4.10), für $T_0 > 4$ s nur mit Vorbehalt als Maß für die Regelgüte verwendet werden sollte. Da die Parameteroptimierung wegen des einfacheren Rechenaufwandes nur mit den diskreten Signalen durchgeführt wurde, soll sie jedoch trotzdem zum Vergleich herangezogen werden.

In Bild 5.10 sind Regelgüte und Stellaufwand in Abhängigkeit von der Abtastzeit dargestellt. Bei Prozeß II nehmen der quadratische Mittelwert der

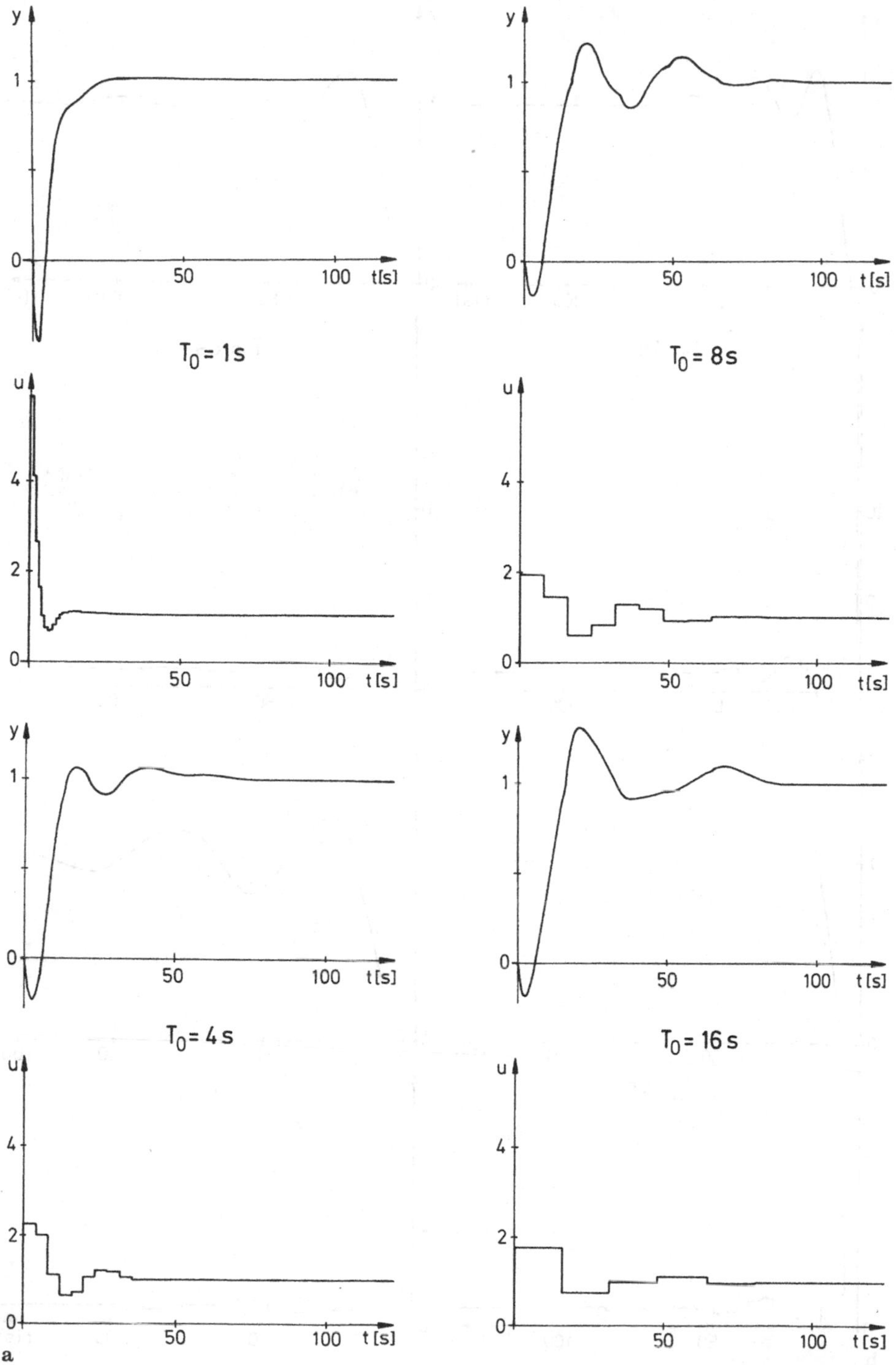

Bild 5.9a. Führungsübergangsfunktionen für Prozeß II bei verschiedenen Abtastzeiten T_0 und $r=0$

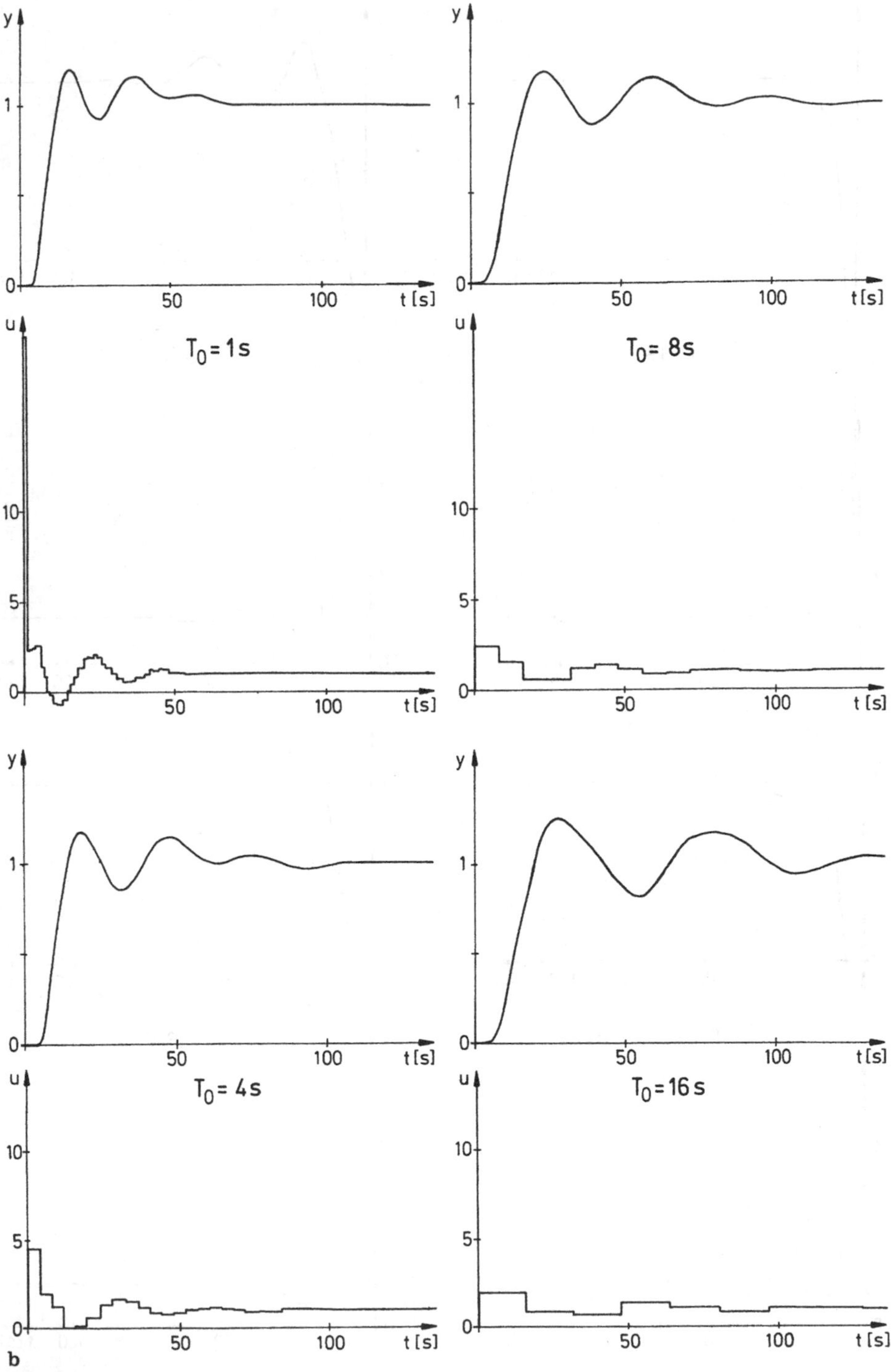

Bild 5.9b. Führungsübergangsfunktionen für Prozeß III bei verschiedenen Abtastzeiten T_0 und $r=0$

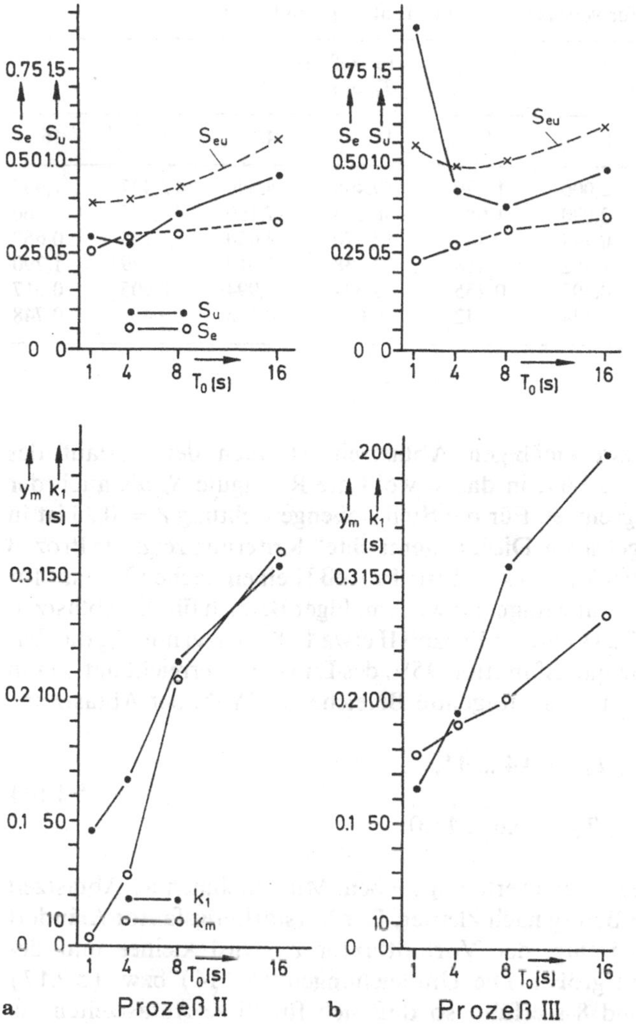

Bild 5.10. Regelgüte und Stellaufwand in Abhängigkeit von der Abtastzeit T_0 für $r = 0$

Regelabweichung S_e, die Überschwingweite y_m und die Ausregelzeit k_1 mit zunehmender Abtastzeit T_0 zu, die Regelgüte verschlechtert sich also. Bei Prozeß III verschlechtern sich mit zunehmender Abtastzeit ebenfalls alle drei Kennwerte für die Regelgüte. Der Stellaufwand S_u hat bei $T_0 = 8$ s ein ausgeprägtes Minimum. Die Verbesserung der Regelgüte für $T_0 < 8$ s wird durch eine große Zunahme des Stellaufwandes erkauft. Dies drückt sich auch in der Vergrößerung des ersten Stellwertes $u(0)$ mit abnehmender Abtastzeit aus, Bild 5.9b).

Aus diesem Ergebnis folgt, daß beim verwendeten Optimierungskriterium mit $r = 0$ bei Prozeß II $T_0 \leqq 4$ s und bei Prozeß III $T_0 \leqq 8$ s zweckmäßige Abtastzeiten sind. Eine kleinere Abtastzeit ermöglicht dabei eine etwas bessere Regelgüte. $T_0 = 16$ s scheidet bei beiden Prozessen wegen zu schlechter Regelgüte aus.

Tabelle 5.3. Reglerkennwerte für verschiedene Abtastzeiten T_0 und $r=0$

	Prozeß II T_0 in s				Prozeß III T_0 in s			
	1	4	8	16	1	4	8	16
q_0	5,958	2,332	2,000	1,779	19,408	4,549	2,437	1,957
q_1	−10,337	−3,074	−2,080	−1,089	−36,623	−7,160	−2,995	−1,660
q_2	4,492	1,105	0,748	0,361	17,370	3,030	1,158	0,667
K	1,466	1,227	1,252	1,418	2,038	1,519	1,279	1,290
c_D	3,065	0,901	0,597	0,255	8,524	1,994	0,905	0,517
c_I	0.077	0,297	0,534	0,742	0,076	0,275	0,469	0,748

Zur Auswahl einer zweckmäßigen Abtastzeit ist auch der Verlauf des Gütekriteriums S_{eu} nach (5.2.6), in das sowohl die Regelgüte S_e als auch der Stellaufwand S_u eingeht, geeignet. Für die Stellgrößengewichtung $r = 0.25$ ist in Bild 5.10 der Wert S_{eu} eingetragen. Dieses „gemischte" Kriterium zeigt für Prozeß III ein flaches Minimum bei $T_0 = 5$ s und für Prozeß II einen flachen Verlauf für $T_0 < 8$ s. Aus dieser Betrachtung folgt als zweckmäßiger Bereich für die Abtastzeit für Prozeß III etwa $T_0 = 3...8$ s und für Prozeß II etwa 1...8 s. Es sei mit T_{95} die Zeit bezeichnet, bei der die Übergangsfunktion 95% des Endwertes erreicht hat. Dann ergeben sich aus $T_0 = 3$ s und 8 s folgende Bereiche zur Wahl der Abtastzeit

$$\begin{aligned} &\text{Prozeß II: } \beta = T_{95}/T_0 = 4{,}4 \ldots 11{,}7 \\ &\text{Prozeß III: } \beta = T_{95}/T_0 = 5{,}6 \ldots 15{,}0. \end{aligned} \qquad (5.4.14)$$

In Tabelle 5.3 sind die Reglerkennwerte angegeben. Mit zunehmender Abtastzeit werden q_0, q_1 und q_2 dem Betrag nach kleiner. Der Verstärkungsfaktor K ändert sich für $T_0 \geqq 4$ s nur wenig, der Vorhaltfaktor c_D wird kleiner und der Integrationsfaktor c_I wird größer. Die Ungleichungen (5.2.14) bzw. (5.2.17) werden für $T_0 = 1$, 4 und 8 s erfüllt, so daß sich für diese Abtastzeiten ein Regelalgorithmus mit üblichem PID-Verhalten ergibt.

Einfluß des Bewertungsfaktors r der Stellgröße

Für die Abtastzeit $T_0 = 1$ s zeigt Bild 5.11 Führungsübergangsfunktionen in Abhängigkeit vom Bewertungsfaktor r im Optimierungskriterium. Der Übergang von $r = 0$ zu $r = 0{,}1$ bringt eine größere Zunahme der Dämpfung von Stell- und Regelgrößenverlauf als der Übergang von $r = 0{,}1$ zu $r = 0{,}25$.

Bild 5.12 zeigt die Kennwerte der Regelgüte und den Stellaufwand für $T_0 = 1$; 4 und 8 s in Abhängigkeit vom Bewertungsfaktor r. Bei beiden Prozessen nehmen mit zunehmendem r der quadratische Mittelwert der Regelabweichung S_e zu und der Stellaufwand S_u ab. Bei Prozeß III ist dies jedoch stärker ausgeprägt als bei Prozeß II. Die Wahl des Wertes r hat also bei Prozeß III einen größeren Einfluß auf S_e und S_u. Es ist ferner zu erkennen, daß r um so weniger Einfluß hat, je größer die Abtastzeit ist.

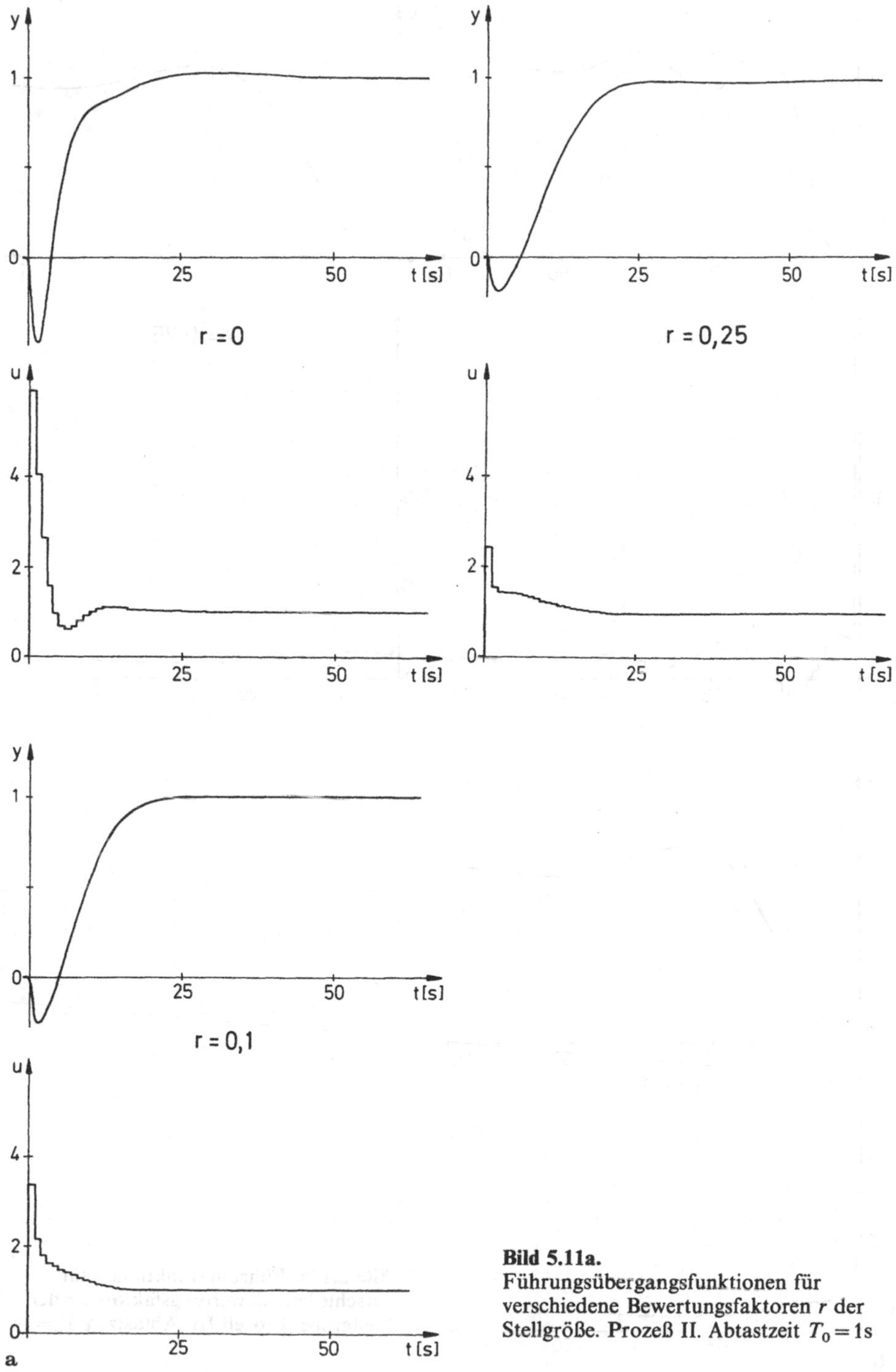

Bild 5.11a.
Führungsübergangsfunktionen für verschiedene Bewertungsfaktoren r der Stellgröße. Prozeß II. Abtastzeit $T_0 = 1\,\mathrm{s}$

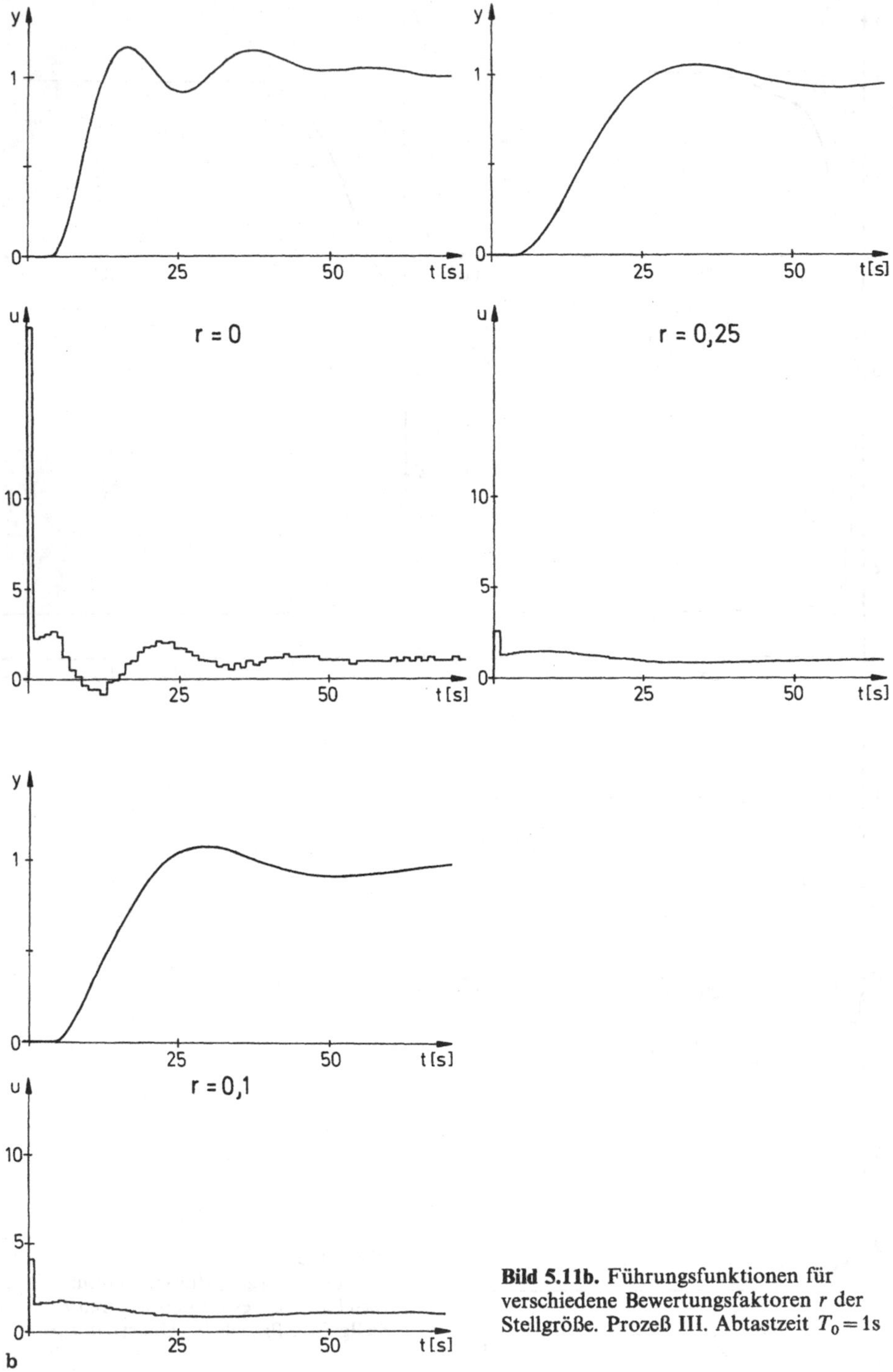

Bild 5.11b. Führungsfunktionen für verschiedene Bewertungsfaktoren r der Stellgröße. Prozeß III. Abtastzeit $T_0 = 1\,\mathrm{s}$

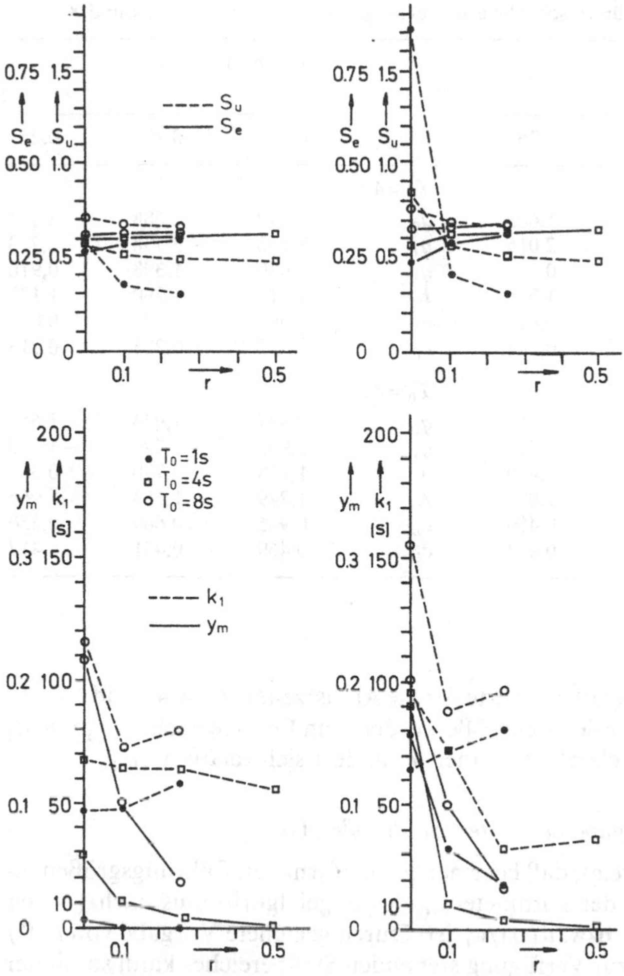

a Prozeß II b Prozeß III

Bild 5.12. Regelgüte und Stellaufwand in Abhängigkeit vom Bewertungsfaktor r des Optimierungskriteriums

Die Überschwingweite y_m nimmt mit zunehmendem r ebenfalls ab. Die Ausregelzeit k_1 vergrößert sich bei $T_0 = 1$ s mit zunehmendem r. Bei $T_0 = 4$ s und 8 s jedoch verkleinert sich k_1 zunächst, um dann für größere r teilweise wieder zuzunehmen. Die Wahl von r beeinflußt bei allen Abtastzeiten die Kennwerte y_m und k_1 wesentlich mehr als S_e und S_u.

Eine Vergrößerung des Bewertungsfaktors r der Stellgröße im Optimierungskriterium nach (5.2.6) hat somit eine Verkleinerung des Stellaufwands S_u, eine Verschlechterung des Regelgütemaßes S_e und eine Verkleinerung der Überschwingweite y_m zur Folge.

Die Wahl von r hängt vom jeweiligen Anwendungszweck ab. Ein zweckmäßiger Kompromiß zwischen guter Regelgüte und kleinem Stellaufwand ergibt sich für $0{,}05 \leqq r \leqq 0{,}25$.

Tabelle 5.4. Reglerkennwerte für verschiedene Bewertungsfaktoren r und $T_0=4$ s und 8 s

	Prozeß II r				Prozeß III r		
	0	0,1	0,25		0	0,1	0,25
$T_0=4$ s				$T_0=4$ s			
q_0	2,332	1,933	1,663	q_0	4,549	2,688	2,049
q_1	−3,076	−2,432	−2,016	q_1	−7,160	−3,798	−2,723
q_2	1,117	0,816	0,637	q_1	3,030	1,398	0,916
K	1,215	1,117	1,026	K	1,519	1,290	1,133
c_D	0,919	0,730	0,621	c_D	1,994	1,083	0,808
c_I	0,307	0,284	0,277	c_I	0,275	0,223	0,213
$T_0=8$ s				$T_0=8$ s			
q_0	2,000	1,714	1,512	q_0	2,437	1,944	1,653
q_1	−2,080	−1,685	−1,423	q_1	−2,995	−2,222	−1,795
q_2	0,748	0,557	0,440	q_2	1,158	0.780	0,587
K	1,252	1,157	1,072	K	1,279	1,164	1,066
c_D	0,597	0,481	0,410	c_D	0,905	0,669	0,550
c_I	0,534	0,507	0,494	c_I	0,469	0,431	0,417

Tabelle 5.4 zeigt die Reglerkennwerte für die Abtastzeiten $T_0 = 4$ s und 8 s. Mit zunehmender Gewichtung r der Stellgröße werden dem Betrage nach q_0, q_1 und q_2 kleiner. K und c_D werden ebenfalls kleiner, c_I ändert sich relativ wenig.

Regelalgorithmen mit Vorgabe der ersten Stellgröße $u(0)$

In Abschn. 5.2.2 wurde gezeigt, daß bei einer sprungförmigen Führungsgrößenänderung um 1 bzw. um w_0 der Parameter q_0 des Regelalgorithmus nach (5.2.6) gleich der Stellgröße $u(0)$ bzw. $u(0)/w_0$ ist. Durch geeignete Vorgabe von $u(0)$ aufgrund des bekannten, zur Verfügung stehenden Stellbereiches kann somit der Parameter q_0 auf einfache Weise festgelegt werden. Es sind dann nur noch die beiden Parameter q_1 und q_2 zu optimieren. Der Regelalgorithmus trägt deshalb die Kurzbezeichnung 3 PR−2.

Da durch einen relativ kleinen vorgegebenen Wert $u(0)$ bereits eine Dämpfung des Stellgrößenverlaufes erreicht werden kann, wird zur Parameteroptimierung im Optimierungskriterium (5.2.6) der Bewertungsfaktor $r = 0$ gesetzt.

Einfluß der Stellgrößenvorgabe

In Bild 5.13 sind Führungsübergangsfunktionen für verschiedene Werte der vorgegebenen Stellgröße $u(0) = q_0$ zu sehen. Geht man vom Wert $q_{0,opt}$ aus, der sich bei Optimierung aller Parameter für $r = 0$ ergibt, dann wirkt sich eine Verkleinerung der Stellgrößenvorgabe zunächst dämpfend auf Stell- und Regelgrößenverlauf aus. Die Überschwingweite y_m wird kleiner. Im Bild 5.13 b wurde q_0 so viel verkleinert, daß die ersten beiden Stellwerte $u(0)$ und $u(1)$ gleich sind. Dann nimmt die Überschwingweite wieder geringfügig zu.

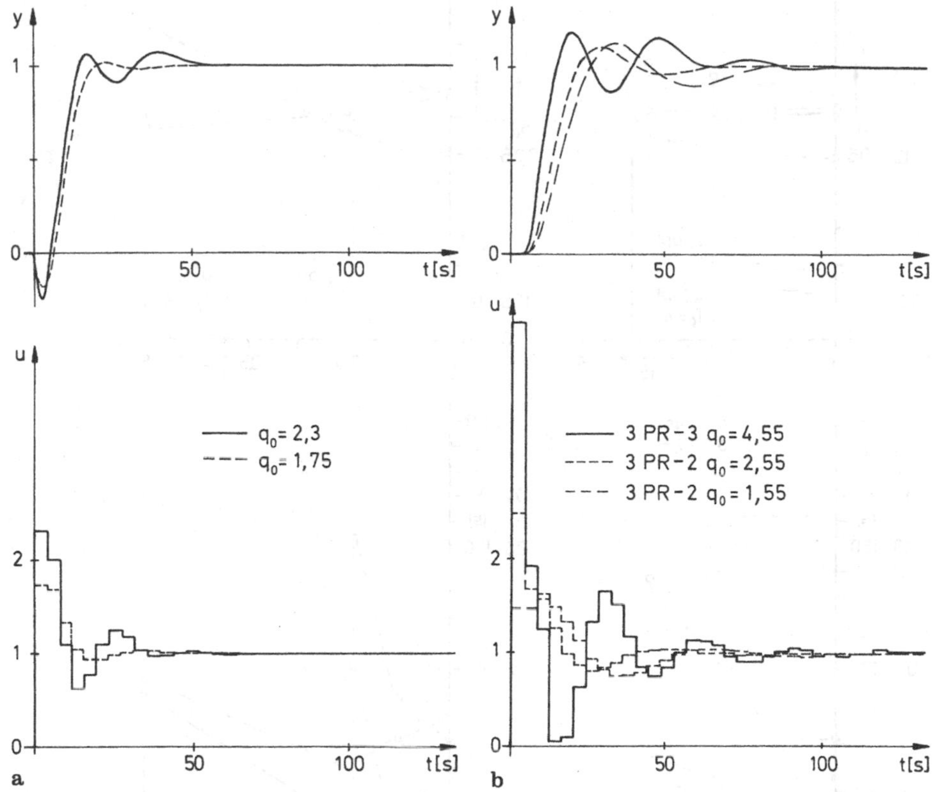

Bild 5.13. Führungsübergangsfunktionen für verschiedene Stellgrößenvorgaben $u(0) = q_0$. $T_0 = 4$s

Bild 5.14 gibt in Abhängigkeit von q_0 alle Regelgütekennwerte und den Stellaufwand für die beiden praktisch wichtigen Abtastzeiten $T_0 = 4$ s und $T_0 = 8$ s wieder. Mit zunehmender Verkleinerung der Stellgröße $u(0)$, also abnehmendem q_0, verkleinert sich der Stellaufwand S_u und es vergrößert sich etwas der quadratische Mittelwert der Regelabweichung S_e. Die Überschwingweite y_m und die Ausregelzeit k_1 werden für $T_0 = 8$ s mit abnehmendem q_0 ebenfalls kleiner. Bei $T_0 = 4$ s ergibt sich bei beiden Prozessen zunächst dieselbe Tendenz. Wählt man q_0 zu klein, dann nehmen beide Werte wieder zu. Es entsteht ein Minimum für y_m und k_1.

Die Vorgabe der Stellgröße $u(0)$ auf einen nicht zu kleinen Wert verschlechtert also das Regelgütemaß S_e um einen geringen Betrag, verkleinert aber deutlich den Stellaufwand S_u, die Überschwingweite y_m und die Ausregelzeit k_1.

Durch geeignete Vorgabe der ersten Stellgröße $u(0)$ läßt sich nicht nur ein günstiges Regelverhalten erreichen, sondern es reduziert sich auch der Rechenaufwand bei der Parameteroptimierung.

Tabelle 5.5 zeigt die Reglerkennwerte für verschiedene Stellgrößenvorgaben. Man beachte, daß die Parameter q_1 und q_2 dem Betrag nach dem vorgegebenen

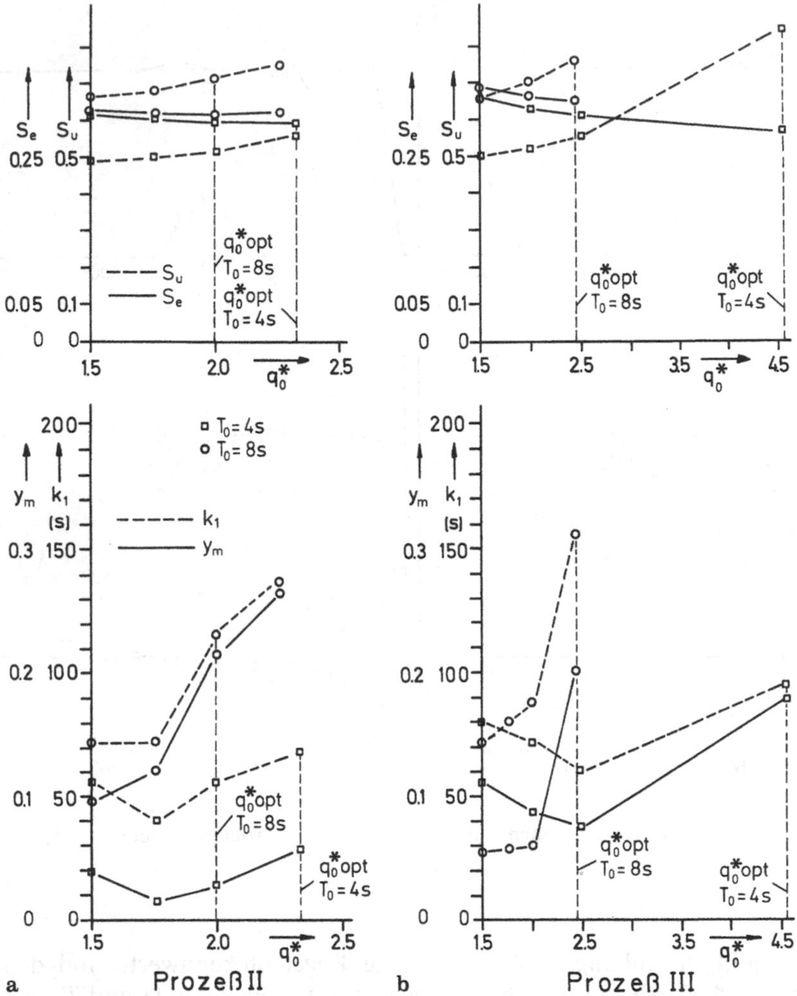

Bild 5.14. Regelgüte und Stellaufwand in Abhängigkeit von der Stellgrößenvorgabe $u(0) = q_0$

Wert q_0 folgen und daß sich c_I nur wenig verändert. Bei gleichem q_0 unterscheiden sich die übrigen Reglerparameter bei beiden Prozessen verhältnismäßig wenig.

Schlußfolgerungen aus den Simulationsergebnissen

Die durch Simulation auf einem Digitalrechner gewonnenen Ergebnisse für einen Prozeß zweiter Ordnung mit nichtminimalem Phasenverhalten und einem Tiefpaßprozeß dritter Ordnung mit Totzeit zeigten für Regelalgorithmen zweiter Ordnung:

Wahl der Abtastzeit T_0

Je kleiner die Abtastzeit T_0, desto besser wird die Regelgüte. Bei sehr kleinen Abtastzeiten wird die mögliche Verbesserung der Regelgüte allerdings durch eine

Tabelle 5.5. Reglerkennwerte für verschiedene Stellgrößenvorgaben $U(0) = q_0$ bei $T_0 = 4$ s und 8 s

	Prozeß II					Prozeß III			
	3 PR-2			3 PR-3		3 PR-2			3 PR-3
$T_0 = 4$ s					$T_0 = 4$ s				
q_0	1,500	1,750	2,000	2,332	q_0	1,500	2,000	2,500	4,549
q_1	−1,593	−2,039	−2,484	−3,076	q_1	−1,499	−2,406	−3,320	−7,160
q_2	0,375	0,591	0,810	1,105	q_2	0,223	0,656	1,097	3,030
K	1,125	1,159	1,190	1,227	K	1,277	1,344	1,403	1,519
c_D	0,333	0,511	0,681	0,901	c_D	0,175	0,488	0,783	1,994
c_I	0,251	0,261	0,274	0,295	c_I	0,176	0,186	0,198	0,275
$T_0 = 8$ s					$T_0 = 8$ s				
q_0	1,500	1,750	2,250	1,999	q_0	1,500	1,750	2,000	2,437
q_1	−1,338	−1,717	−2,405	−2,079	q_1	−1,451	−1,864	−2,280	−2,995
q_2	0,364	0,556	0,936	0,748	q_2	0,372	0,576	0,784	1,158
K	1,136	1,194	1,314	1,251	K	1,128	1,174	1,216	1.279
c_D	0,321	0,466	0,712	0,597	c_D	0,330	0,490	0,645	0,905
c_I	0,464	0,494	0,594	0,534	c_I	0,374	0,393	0,414	0,469

starke Zunahme des Stellaufwandes erkauft. Die Abtastzeit braucht deshalb nicht sehr klein gewählt werden. Als zweckmäßige Abtastzeiten ergaben sich folgende Richtwerte

$$T_0/T_{95} \approx 1/15 \ldots 1/4. \tag{5.4.15}$$

T_{95} ist dabei die Einschwingdauer der Übergangsfunktion bis auf 95 % ihres Endwertes.

Wahl des Bewertungsfaktors r

Wenn alle drei Parameter eines Regelalgorithmus zweiter Ordnung (3 PR−3) für sprungförmige Führungsgrößenänderung optimiert werden sollen, erhält man mit

$$rK_p^2 \approx 0{,}05 \ldots 0{,}25 \tag{5.4.16}$$

einen zweckmäßigen Kompromiß zwischen guter Regelgüte und kleinem Stellaufwand. Hierbei ist $K_p = G_p(1)$ der Verstärkungsfaktor des Prozesses. Je größer die Abtastzeit, desto geringer wird der Einfluß von r.

Wahl der Stellgrößenvorgabe $u(0) = q_0 w_0$

Durch Vorgabe des Parameters q_0 läßt sich der erste Stellgrößenwert $u(0)$ nach sprungförmiger Veränderung der Regelabweichung bestimmen. Das hat den zusätzlichen Vorteil, daß ein Parameter weniger durch numerische Suchverfahren optimiert werden muß, was zu einer Einsparung an Rechenzeit führen kann. Außerdem können der Stellgrößenverlauf so auf einfache Weise gedämpft und $r = 0$ im Optimierungskriterium gesetzt werden.

Die Größe von q_0 hängt vom verfügbaren Stellbereich und vom jeweiligen Prozeß ab. Für den Prozeß II mit nichtminimalem Phasenverhalten sind $q_0 = 1{,}75$ und für den Tiefpaßprozeß III mit Totzeit $q_0 = 2{,}5$ günstige Werte. q_0 kann jedoch innerhalb größerer Wertebereiche in erster Linie nach dem verfügbaren Stellbereich für eine angenommene, sprungförmige, maximale Führungsgrößenänderung ausgewählt werden unter Beachtung der Ungleichung (5.2.33) (Iteratives Vorgehen).

Falls die Abtastzeit nicht zu klein ist, kann nach der sich beim modifizierten Deadbeat-Regler DB $(\nu+1)$ ergebenden Bedingung (7.2.13), die aber nun

$$q_0 \leqq 1/(1-a_1)(b_1 + b_2 + \ldots + b_m) \tag{5.4.17}$$

lauten muß, gewählt werden.

5.5 Entwurf von PID-Reglern durch Polvorgabe, Kompensation und Approximation

Die im letzten Abschnitt behandelten Parameteroptimierungsverfahren sind, sofern ein eindeutiges Minimum des Regelgütekriteriums existiert, sehr allgemein einsetzbar, erfordern aber einen Digitalrechner. Deshalb liegt der Wunsch nahe, direkt aus dem Prozeßmodell die Reglerparameter zu berechnen. Dies ist aber für beliebige Ordnung und Totzeit des Prozesses im allgemeinen nicht einfach möglich, da die Struktur der Reglergleichung abweicht von der Struktur der Prozeßmodellgleichung. Deshalb ergeben sich nur für einige Sonderfälle einfache Zusammenhänge.

5.5.1 Entwurf durch Polvorgabe

Die charakteristische Gleichung des geschlossenen Regelkreises

$$1 + G_R(z)G_P(z) = 0 \tag{5.5.1}$$

lautet nach Einsetzen der einzelnen Polynome

$$P(z^{-1})A(z^{-1}) + Q(z^{-1})B(z^{-1})z^{-d} = 0 \tag{5.5.2}$$

Setzt man die PID-Reglergleichung ein, gilt

$$\begin{aligned}(1-z^{-1})&(1+a_1z^{-1}+\ldots+a_mz^{-m})\\ &+ (q_0+q_1z^{-1}+q_2z^{-2})(b_1z^{-1}+\ldots+b_mz^{-m})z^{-d} = 0\end{aligned} \tag{5.5.3}$$

oder nach Ausmultiplizieren

$$\mathscr{A}(z^{-1}) = 1 + \alpha_1 z^{-1} + \ldots + \alpha_{m+2+d}z^{-(m+2+d)} = 0 \tag{5.5.4}$$

bzw.

$$z^{(m+2+d)} + \alpha_1 z^{(m+2+d-1)} + \dots + \alpha_{m+2+d} = 0 \tag{5.5.5}$$

$$(z-z_{\alpha 1})(z-z_{\alpha 2}) \dots (z-z_{\alpha(m+2+d)}) = 0 \tag{5.5.6}$$

Es entstehen also $(m+d+2)$ Pole.

Durch Vorgabe der Pole können die Koeffizienten α_i nach (5.5.4) und durch Koeffizientenvergleich mit (5.5.4) aus $(m+d+2)$ Gleichungen die Reglerparameter bestimmt werden. Eine eindeutige Lösung ist aber wegen der Beschränkung des PID-Reglers auf drei Reglerparameter q_0, q_1 und q_2 nur möglich für

$$m+d+2 = 3 \text{ oder } m = 1-d \tag{5.5.7}$$

also für $m = 1$ bei $d = 0$ oder $m = 0$ bei $d = 1$.

Für $m > 1-d$ können die Pole $z_{\alpha i}$ bzw. die Koeffizienten nicht mehr unabhängig voneinander vorgegeben werden, s. auch Abschn. 11.1. Falls man in (5.5.2) $P(z^{-1}) = (1-z^{-1})(1+\gamma_1 z^{-1})$ setzt, hat man im Regler einen Parameter mehr zur Verfügung und es gilt

$$m+d+2 = 4 \text{ oder } m=2-d \tag{5.5.8}$$

also z.B. $m = 2$ für $d = 0$, s. (5.5.24).

Beispiel 5.3

Für den Prozeß VIII, s. Anhang, sollen die Parameter eines PID-Regelalgorithmus so festgelegt werden, daß die Pole wie folgt liegen:

$$z_1 = 0{,}125;\ z_2 = 0{,}375;\ z_{3,4} = 0{,}25 \pm 0{,}375i$$

(Die Pole des Prozesses sind $z_1 = 0{,}4493$; $z_2 = 0{,}6704$).

Da $m = 2$ ist, wird (5.5.8) erfüllt, so daß sich der Regler

$$G_R(z) = \frac{q_0 + q_1 z^{-1} + q_2 z^{-2}}{(1-z^{-1})(1+\gamma_1 z^{-1})}$$

anbietet. Dies führt auf die charakteristische Gleichung

$$(1-z^{-1})(1+\gamma z^{-1})(1+a_1 z^{-1}+a_2 z^{-2}) + (q_0+q_1 z^{-1}+q_2 z^{-2})(b_1 z^{-1}+b_2 z^{-2}) = 0.$$

Nach Ausmultiplizieren und Koeffizientenvergleich mit der charakteristischen Gleichung (5.5.5) erhält man

$$\begin{aligned}
\gamma + q_0 b_1 &= -(z_1+z_2+z_3+z_4) + 1 - a_1 \\
\gamma(a_1-1) + q_0 b_2 + q_1 b_1 &= z_1 z_2 + z_3 z_4 + (z_1+z_2)(z_3+z_4) - a_2 + a_1 \\
\gamma(a_2-a_1) + q_1 b_2 + q_2 b_1 &= -z_1 z_2(z_3+z_4) - z_3 z_4(z_1+z_2) + a_2 \\
q_2 b_2 - \gamma a_2 &= z_1 z_2 z_3 z_4
\end{aligned}$$

Dieses Gleichungssystem läßt sich zunächst nach γ und dann nach den q_i auflösen:

$$\gamma = 0{,}3429;\quad q_0 = 7{,}1455;\quad q_1 = -6{,}5758;\quad q_2 = 1{,}5477$$

Die Übergangsfunktion des Reglers wird

$$u(0) = 7{,}15;\ u(1) = 5{,}26;\ u(2) = 8{,}03;\ u(3) = 9{,}19$$
$$u(4) = 10{,}91;\ u(5) = 12{,}44$$

Es stellt sich also das erwartete PID-Verhalten ein.

5.5.2 Entwurf als Kompensationsregler

Durch Vorgabe des Führungsverhaltens $G_w(z) = y(z)/w(z)$ für den geschlossenen Regelkreis kann bei gegebenem Prozeßmodell der Kompensationsregler nach Abschn. 6.2 gemäß

$$G_R(z) = \frac{1}{G_P(z)} \cdot \frac{G_w(z)}{1-G_w(z)} \tag{5.5.9}$$

berechnet werden.

Nimmt man für den Regler die Form

$$G_R(z^{-1}) = \frac{Q(z^{-1})}{P(z^{-1})} = \frac{Q(z^{-1})}{(1-z^{-1})P'(z^{-1})} \tag{5.5.10}$$

an, dann gilt

$$G_w(z) = \frac{y(z)}{w(z)} = \frac{B(z^{-1})z^{-d}Q(z^{-1})}{A(z^{-1})P'(z^{-1})(1-z^{-1}) + B(z^{-1})z^{-d}Q(z^{-1})}$$
$$= \frac{\mathscr{B}_w(z^{-1})}{\mathscr{A}(z^{-1})}. \tag{5.5.11}$$

Nun können verschiedene Annahmen über $G_P(z^{-1})$ und $G_w(z^{-1})$ gemacht werden, sodaß ein Regler mit PID-Verhalten resultiert.

Entwurf nach Dahlin und Smith

In [5.20, 6.3] wird für das Führungsverhalten ein Verzögerungsglied erster Ordnung vorgeschlagen

$$G_w(z) = \frac{\beta_1 z^{-1}}{1+\alpha_1 z^{-1}} z^{-d} \quad (\beta_1 = 1+\alpha_1) \tag{5.5.12}$$

Hieraus folgt

$$G_R(z) = \frac{A(z^{-1})}{B(z^{-1})} \frac{\beta_1 z^{-1}}{1+\alpha_1 z^{-1} - \beta_1 z^{-(d+1)}} \tag{5.5.13}$$

und für einen speziellen Prozeß mit $b_2 = 0$

$$G_P(z^{-1}) = \frac{b_1 z^{-1}}{1+a_1 z^{-1} + a_2 z^{-2}} \tag{5.5.14}$$

erhält man [5.21] den gewöhnlichen PID-Regler mit

$$G_R(z) = \frac{\beta_1(1+a_1z^{-1}+a_2z^{-2})}{b_1(1-z^{-1})} \tag{5.5.15}$$

also

$$q_0 = \beta_1/b_1;\; q_1 = q_0a_1;\; q_2 = q_0a_2. \tag{5.5.16}$$

Entwurf nach Wittenmark und Åström

Eine andere Möglichkeit [5.23] besteht in der Annahme des Prozeßmodells

$$G_P(z) = \frac{b_1z^{-1}+b_2z^{-2}}{1+a_1z^{-1}+a_2z^{-2}}. \tag{5.5.17}$$

Für den Regler mit Führungsgrößenvorfilter nach (5.3.2) lautet das Führungsverhalten

$$G_w(z) = \frac{y(z)}{w(z)} = \frac{S(z^{-1})B(z^{-1})}{P(z^{-1})A(z^{-1}) + Q(z^{-1})B(z^{-1})} \tag{5.5.18}$$

Setzt man nun für den PID-Regler mit Verzögerung erster Ordnung nach (5.2.35)

$$G_R(z) = \frac{Q(z^{-1})}{P(z^{-1})} = \frac{q_0+q_1z^{-1}+q_2z^{-2}}{(1-z^{-1})(1+\gamma_1z^{-1})} \tag{5.5.19}$$

dann folgt für die spezielle Wahl

$$S(z^{-1}) = q_0 + q_1 + q_2 = S_0 \tag{5.5.20}$$

für das Führungsverhalten

$$G_w(1) = 1. \tag{5.5.21}$$

Das Führungsverhalten wird nun als Verzögerungsglied zweiter Ordnung angesetzt

$$G_w(z) = \frac{S_0(b_1z^{-1}+b_2z^{-2})}{1+\alpha_1z^{-1}+\alpha_2z^{-2}} \tag{5.5.22}$$

wobei die Koeffizienten des Nenners bzw. die Pole frei gewählt werden können, z.B. in Anlehnung an den zeitkontinuierlichen Schwinger, s. (3.5.11), mit

$$\left.\begin{aligned} \alpha_1 &= -2\mathrm{e}^{-D\omega_{00}T_0}\cos\omega_{00}T_0\sqrt{1-D^2} \\ \alpha_2 &= \mathrm{e}^{-2D\omega_{00}T_0} \end{aligned}\right\} \tag{5.5.23}$$

(D Dämpfungskonstante; ω_{00} Kennkreisfrequenz).

Die Reglerparameter q_0, q_1, q_2 und γ_1 ergeben sich dann aus dem Koeffizientenvergleich

$$(1-z^{-1})(1+\gamma_1 z^{-1})A(z^{-1}) + (q_0+q_1 z^{-1}+q_2 z^{-2})B(z^{-1})$$

$$= 1 + \alpha_1 z^{-1} + \alpha_2 z^{-2} = \mathscr{A}(z^{-1}) \tag{5.5.24}$$

durch Auflösung von

$$\begin{bmatrix} b_1 & 0 & 0 & 1 \\ b_2 & b_1 & 0 & (a_1-1) \\ 0 & b_2 & b_1 & (a_2-a_1) \\ 0 & 0 & b_2 & -a_2 \end{bmatrix} \begin{bmatrix} q_0 \\ q_1 \\ q_2 \\ \gamma_1 \end{bmatrix} = \begin{bmatrix} \alpha_1-a_1-1 \\ \alpha_2-a_2+a_1 \\ a_2 \\ 0 \end{bmatrix}$$

$$\boldsymbol{D} \cdot \boldsymbol{q} = \boldsymbol{\alpha} \tag{5.5.25}$$

zu

$$\boldsymbol{q} = \boldsymbol{D}^{-1} \cdot \boldsymbol{\alpha}. \tag{5.5.26}$$

Aus (5.5.24) folgt

$$G_R(z) \cdot G_P(z) = \frac{Q(z^{-1})}{P(z^{-1})} \frac{B(z^{-1})}{A(z^{-1})}$$

$$= \frac{1}{P(z^{-1})A(z^{-1})}[\mathscr{A}(z^{-1}) - P(z^{-1})A(z^{-1})] \tag{5.5.27}$$

daß das Zählerpolynom des Prozesses kompensiert wird. Deshalb darf der Regler nur für Prozesse angewandt werden, deren Nullstellen innerhalb des Einheitskreises liegen.

Entwurf nach Bányasz und Keviczky

In [5.35] wird vorgeschlagen, als Prozeßmodell

$$G_P(z) = \frac{b_1 z^{-1}}{1+a_1 z^{-1}+a_2 z^{-2}} z^{-d} \tag{5.5.28}$$

anzunehmen und als Regler wie (5.5.15)

$$G_R(z) = \frac{q_0(1+a_1 z^{-1}+a_2 z^{-2})}{1-z^{-1}}. \tag{5.5.29}$$

Dies ergibt als Führungsverhalten

$$G_w(z) = \frac{b_1 q_0 z^{-1}}{1-z^{-1}+b_1 q_0 z^{-1} z^{-d}} z^{-d} \tag{5.5.30}$$

Der Nenner ist identisch mit der charakteristischen Gleichung eines I-Reglers $q_0 b_1 z^{-1}/(1-z^{-1})$ an einem Totzeitprozeß z^{-d}. Für einen Phasenrand dieses Regelkreises von 60° folgt dann

$$q_0 = \frac{1}{b_1(2d+1)} \tag{5.5.31}$$

Für $d = 0$ ergibt sich dasselbe Führungsverhalten wie (5.5.12). Ein entsprechendes Entwurfsverfahren für den erweiterten Zähler des Prozeßmodells $B(z^{-1}) = b_0(1+\gamma z^{-1})$ wird in [26.50] angegeben.

Aus diesen Betrachtungen folgt, daß diese „direkten" Entwurfsverfahren für zeitdiskrete PID-Regler auf Prozesse zweiter Ordnung mit zum Teil zusätzlichen speziellen Annahmen über das Prozeßmodell beschränkt sind. Deshalb sind diese Verfahren nur in besonderen Fällen anwendbar und nicht für eine größere Klasse von Prozessen ($m > 2$, $d > 0$, Nullstellen außerhalb Einheitskreis, usw.) geeignet.

5.5.3 Entwurf von PID-Reglern durch Approximation anderer Regler

Strukturoptimale Regler haben oft den Vorteil eines direkten Entwurfs, da das Prozeßmodell die Grundlage einer analytischen Lösung bildet. Deshalb kann man versuchen, für ein gegebenes Prozeßmodell zunächst einen strukturoptimalen Regler zu entwerfen und diesen dann durch einen PID-Regler zu approximieren. Da dies jedoch den Entwurf der strukturoptimalen Regler voraussetzt, wird dies später behandelt.

5.6 Einstellregeln für parameteroptimierte Regelalgorithmen

Zur näherungsweisen optimalen Einstellung der Parameter von kontinuierlichen Reglern mit PID-Verhalten werden sehr häufig „Einstellregeln" verwendet. Diese Regeln sind meistens für Tiefpaßprozesse angegeben und gehen entweder von Schwingversuchen mit einem P-Regler am Stabilitätsrand oder von Zeitkennwerten des Prozesses aus. Eine Übersicht dieser Regeln ist z.B. in [5.14] gegeben. Besonders bekannte Regeln gehen auf Ziegler und Nichols zurück.

Es wurde nun versucht diese Regeln in modifizierter Form auf zeitdiskrete PID-Regelalgorithmen zu übertragen. In [5.15] werden Diagramme zur Parameterwahl für Prozesse, die durch die Übertragungsfunktion

$$G_P(s) = \frac{1}{1+Ts} e^{-T_t s} \tag{5.6.1}$$

angenähert werden können, angegeben. Die resultierenden Parameter kann man jedoch auch durch Anwenden der Regeln für kontinuierliche Regler erhalten, wenn man anstelle der Totzeit T_t die Ersatztotzeit $(T_t + T_0/2)$ verwendet. Darin berücksichtigt $T_0/2$ die durch das Abtasten und Halten entstehende Verzögerungszeit näherungsweise.

5.6.1 Einstellregeln für modifizierte PID-Regler

Parametereinstellregeln, die sowohl von Zeitkennwerten der Prozeßübergangsfunktion als auch von Versuchen am Stabilitätsrand ausgehen, sind für den modifizierten Regelalgorithmus entsprechend (5.3.6) in [5.16] behandelt worden und in Tabelle 5.6 angegeben.

5.6.2 Einstellregeln aufgrund gemessener Übergangsfunktionen

Um einen tieferen Einblick in die Abhängigkeit der Reglerparameter des allgemeinen PID-Algorithmus

$$u(k) = u(k-1) + q_0 e(k) + q_1 e(k-1) + q_2 e(k-2) \qquad (5.6.2)$$

von Prozeßparametern für Tiefpaßprozesse, vom Regelgütekriterium und von der Abtastzeit zu bekommen, wurden in einer Studienarbeit [5.18] Digitalrechnersimulationen durchgeführt. Hierzu wurden Prozesse mit der Übertragungsfunktion

$$G_P(s) = \frac{1}{(1+Ts)^n} \qquad (5.6.3)$$

und einem Halteglied nullter Ordnung für $n = 2, 3, 4,$ und 6 und für die Abtastzeiten $T_0/T = 0{,}1; 0{,}5$ und 1,0 angenommen und in z-Übertragungsfunktionen überführt. Die Reglerparameter q_0, q_1 und q_2 wurden dann mittels der Fletcher-Powell-Methode nach dem quadratischen Regelgütekriterium

$$S_{eu}^2 = \sum_{k=0}^{M} [e^2(\mathrm{k}) + \mathrm{r}\,\Delta u^2(k)] \qquad (5.6.4)$$

vgl. (5.2.6), für sprungförmige Führungsgrößenänderungen $w(k)$ mit $r = 0; 0{,}1$ und 0,25 optimiert. Dann wurden die Reglerkennwerte K, c_D und c_I nach (5.2.15) gebildet. Die Ergebnisse dieser Untersuchungen sind in den Bildern 5.15 bis 5.17 (Einstelldiagramme) dargestellt. Es sind dort die einzelnen Reglerkennwerte in Abhängigkeit des Verhältnisses Verzugszeit zu Ausgleichszeit T_u/T_G der Prozeßübergangsfunktionen aufgetragen, vgl. Tabelle 5.6. Der Zusammenhang zwischen den Kennwerten T_u/T bzw. T_G/T und T_u/T_G kann Bild 5.18 entnommen werden. Aus diesen Bildern folgt:

a) Mit zunehmendem T_u/T_G (zunehmender Ordnung n) werden:
   - Verstärkungsfaktor K kleiner
   - Vorhaltfaktor c_D größer
   - Integrationsfaktor c_I kleiner

b) Mit zunehmender Abtastzeit T_0 werden:
   - K kleiner
   - c_D kleiner
   - c_I größer

c) Mit zunehmendem Gewichtsfaktor r im Gütekriterium werden:
   - K kleiner
   - c_D kleiner
   - c_I nur wenig kleiner.

Tabelle 5.6. Einstellregeln für Reglerparameter nach Takahashi [5.16] in Anlehnung an Ziegler-Nichols. Regelalgorithmus: $u(k)-u(k-1)= K\left[y(k-1)-y(k)+\frac{T_0}{T_I}[w(k)-y(k)]+\frac{T_D}{T_0}[2y(k-1)-y(k-2)-y(k)]\right]$

	Nach Übergangsfunktion			Nach Schwingungsversuch		
	K	$\frac{T_0}{T_I}$	$\frac{T_D}{T_0}$	K	$\frac{T_0}{T_I}$	$\frac{T_D}{T_0}$
P	$\frac{T_G}{T_u+T_0}$	–	–	$\frac{K_{krit}}{2}$	–	–
PI	$\frac{0{,}9\,T_G}{T_u+T_0/2}-\frac{0{,}135\,T_G T_0}{(T_u+T_0/2)^2}$	$\frac{0{,}27\,T_G T_0}{K(T_u+T_0/2)^2}$	–	$0{,}45\,K_{krit}-0{,}27\,K_{krit}\frac{T_0}{T_p}$ verkleinerte Werte falls $T_0\approx 4\,T_u$	$0{,}54\frac{K_{krit}}{K}\frac{T_0}{T_p}$	
PID	$\frac{1{,}2\,T_G}{T_u+T_0}-\frac{0{,}3\,T_G T_0}{(T_u+T_0/2)^2}$ Nicht anwendbar bei $T_u/T_0\to 0$	$\frac{0{,}6\,T_G T_0}{K(T_u+T_0/2)^2}$	$\frac{0{,}5}{K}\frac{T_G}{T_0}$	$0{,}6\,K_{krit}-0{,}6\,K_{krit}\frac{T_0}{T_p}$ Gültigkeitsbereich: $T_0\leqq 2\,T_u$. Nicht empfehlenswert für $T_0\approx 4\,T_u$.	$1{,}2\frac{K_{krit}}{K}\frac{T_0}{T_p}$	$\frac{3}{40}\frac{K_{krit}}{K}\frac{T_p}{T_0}$

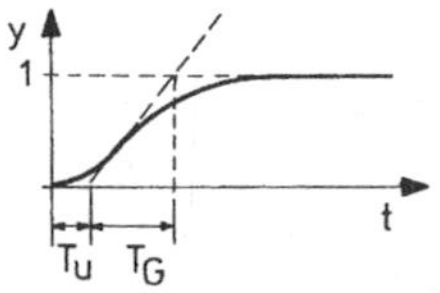

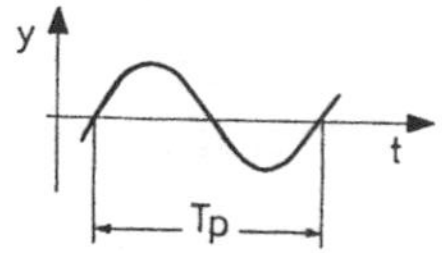

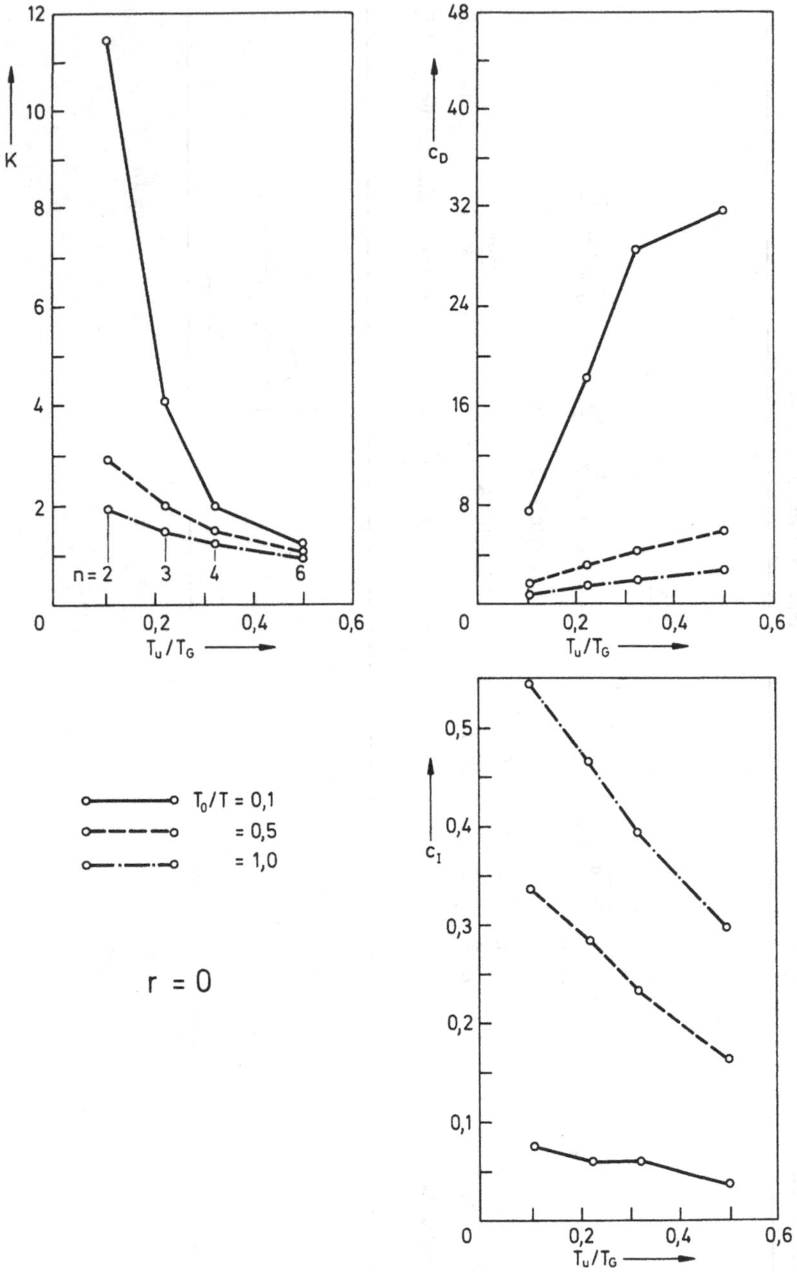

Bild 5.15. Optimale Reglerparameter des Regelalgorithmus 3 PR–3 (PID–Verhalten) nach dem Gütekriterium (5.6.4) mit $r=0$ für Prozesse $G_P(s)=\frac{1}{(1+Ts)^n}$. Kennwerte nach (5.2.15): $K=q_0-q_2$, $c_D=q_2/K$, $c_I=(q_0+q_1+q_2)/K$

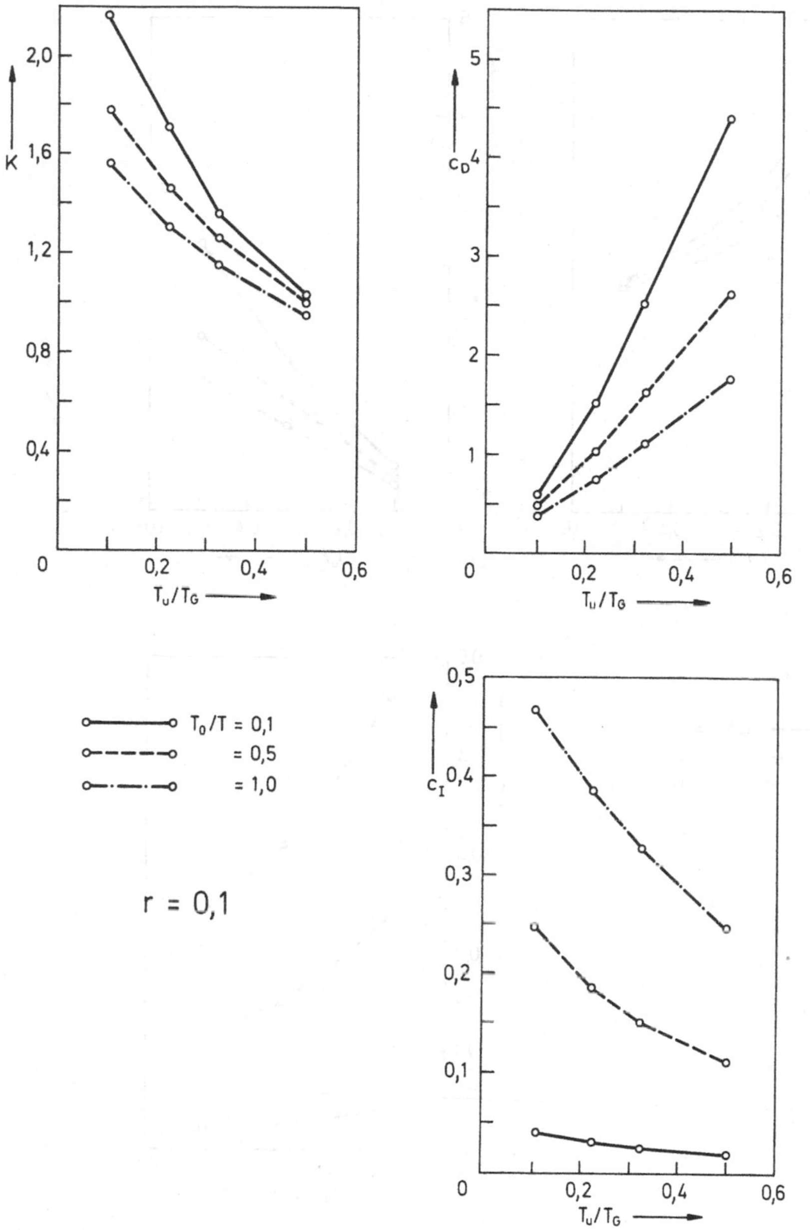

Bild 5.16. Optimale Reglerparameter des Regelalgorithmus 3 PR−3 (PID−Verhalten) nach dem Gütekriterium (5.6.4) mit $r = 0.1$ für Prozesse $G_P(s) = \dfrac{1}{(1+Ts)^n}$. Kennwerte nach (5.2.15): $K = q_0 - q_2$, $c_D = q_2/K$, $c_I = (q_0 + q_1 + q_2)/K$

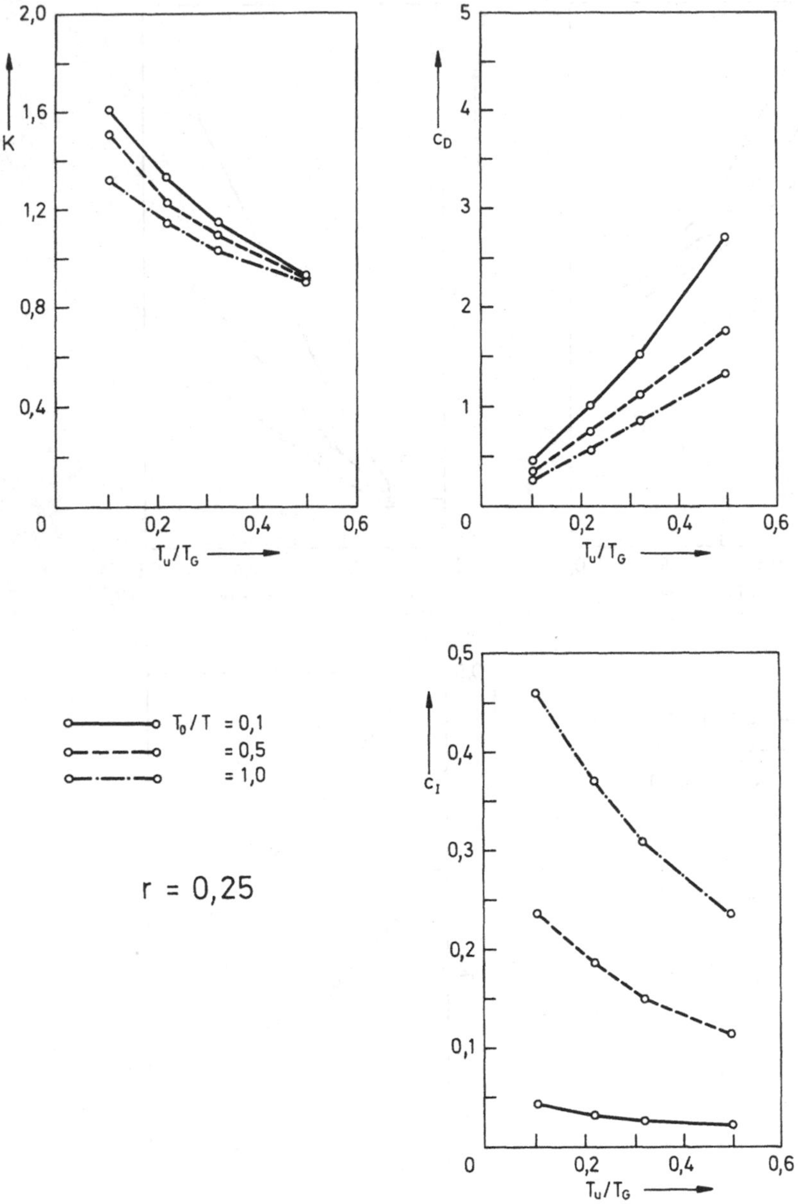

Bild 5.17. Optimale Reglerparameter des Regelalgorithmus 3 PR – 3 (PID – Verhalten) nach dem Gütekriterium (5.6.4) mit $r=0.25$ für Prozesse $G_P(s)=\dfrac{1}{(1+Ts)^n}$. Kennwerte nach (5.2.15): $K=q_0-q_2$, $c_D=q_2/K$, $c_I=(q_0+q_1+q_2)/K$

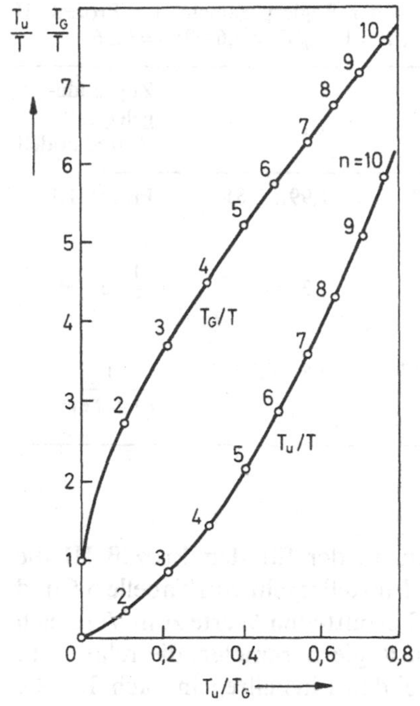

Bild 5.18. Kennwerte von Verzögerungsgliedern n−ter Ordnung mit gleichen Zeitkonstanten. $G(s) = 1/(1+Ts)^n$. Aus [3.11]. T_u Verzugszeit, T_G Ausgleichszeit (DIN 19226)

Mit Hilfe dieser Einstelldiagramme lassen sich nun die Reglerparameter eines 3-Parameter-Regelalgorithmus aufgrund einer gemessenen Prozeßübergangsfunktion wie folgt ermitteln.

1. Aus der gemessenen Übergangsfunktion des Prozesses werden durch Einzeichnen der Wendetangente T_u, T_G und T_u/T_G ermittelt und der Verstärkungsfaktor $K_p = y(\infty)/u(\infty)$ bestimmt.
2. Aus Bild 5.18 folgen T_u/T' und T_G/T''. Hieraus $T = \frac{1}{2}(T' + T'')$
3. Nach Wahl der Abtastzeit T_0 wird T_0/T gebildet.
4. Die Bilder 5.15 bis 5.17 liefern nach Wahl des Gewichtsfaktors r der Stellgröße in Abhängigkeit von T_u/T_G und T_0/T die Kennwerte K_0, c_D und c_I. Hierbei ist K_0 die Regelkreisverstärkung $K_0 = K K_P$ (Wegen $K_P = 1$ ist in den Bildern $K_0 = K$)
5. Aus $K = K_0/K_P$, c_D und c_I folgen nach (5.2.15) die Reglerparameter

$$q_0 = K(1+c_D)$$
$$q_1 = K(c_I - 2c_D - 1)$$
$$q_2 = Kc_D.$$

Obwohl den Einstelldiagrammen der Bilder 5.15 bis 5.17 Prozesse mit gleichen Zeitkonstanten zugrunde liegen, läßt sich die beschriebene Bestimmung der Reglerparameter auch bei Tiefpaßprozessen mit unterschiedlichen Zeitkonstanten anwenden, wie Simulationsläufe gezeigt haben. Siehe auch Abschn. 3.7.3.

Tabelle 5.7. Vergleich der Ergebnisse von Einstellregeln der Reglerparameter für Prozeß III aufgrund von Übergangsfunktionskennwerten. $T_0=4$ s; $K=1$; $T_u/T_G=6{,}6$ s/25 s $=0{,}264$

Prozeß III $T_0=4$ s	K	$\frac{T_0}{T_I}=c_I$	$\frac{T_D}{T_0}=c_D$	Zugrunde-gelegtes Prozeßmodell
Parameteroptimierung für $r=0\ldots0{,}25$ (Tabelle 5.4)	1,52...1,13	0,28...0,21	1,99...0,81	Prozeß III
Nach Takahashi [5.16] (Tabelle 5.6)	2,34	0,33	1,3	$\frac{1}{T_G s}\,\mathrm{e}^{-T_u s}$
Nach Bilder 5.15 bis 5.17 $r=0\ldots0{,}25$	1,7...1,2	0,27...0,17	3,8...0,85	$\frac{1}{(1+Ts)^n}$

Dies ist auch aus Tabelle 5.7 zu erkennen, in der für den Prozeß III die optimierten Reglerparameter und die nach den Einstellregeln von Tabelle 5.6 und den Einstelldiagrammen der Bilder 5.15 bis 5.17 ermittelten Werte zum Vergleich dargestellt sind. Die Einstelldiagramme liefern Reglerparameter, die relativ gut mit den optimalen Werten übereinstimmen. Bei den Einstellregeln nach Tabelle 5.6 (links) wird K zu groß. c_D und c_I werden dagegen relativ gut getroffen.

Beispiel 5.4:
Bei einem Tiefpaßprozeß wurden T_u = 14 s, T_G = 45 s und K_P = 2 aus der gemessenen Übergangsfunktion ermittelt. Die Abtastzeit ist T_0 = 10 s.

1. $T_u/T_G = 0{,}31$
2. $T = 10$ s
3. $T_0/T = 1$
4. $r = 0{,}1$; $K_0 = 1{,}15$; $c_I = 0{,}33$; $c_D = 1{,}1$
5. $K = 1{,}15/2 = 0{,}575$; $q_0 = 1{,}2075$; $q_1 = -1{,}5928$; $q_2 = 0{,}6325$.

5.6.3 Einstellregeln mit Schwingversuchen

In Anlehnung an die bekannten Einstellregeln von Ziegler-Nichols wurden für verschiedene Prozesse (Testprozesse II (Allpaß), Testprozeß VI, Testprozeß VIII (Tiefpaß) mit Totzeit d = 0, 1, 2) die Einstellregeln nach Tabelle 5.8 ermittelt [5.23, 5.24].
Hierbei wird der Regler zunächst als zeitdiskreter P-Regler mit der Abtastzeit T_0 geschaltet und der Verstärkungsfaktor solange bis zum Wert K_{krit} vergrößert, bis sich Dauerschwingungen der Periodendauer T_p einstellen. Die Parameter q_0, q_1 und q_2 des PID-Reglers folgen dann über Tabelle 5.8 nach (5.1.5).

Beispiel 5.5:
Bei einem Tiefpaßprozeß (Testprozeß VI) wurden nach einem Schwingversuch folgende Kennwerte festgestellt

K_{krit} = 5,03 T_p = 34 s

Tabelle 5.8. Einstellregeln für zeitdiskrete PID-Regler aus Schwingversuch. K_{krit} Reglerverstärkung des P-Reglers an Stabilitätsgrenze; T_p Schwingungsdauer an Stabilitätsgrenze

Regler	K	T_I	T_D
PI	$<0{,}45\,K_{\text{krit}}$	$0{,}4\,T_p$	–
PID	$<0{,}6\ K_{\text{krit}}$	$0{,}5\,T_p$	$0{,}12\,T_p$

Hieraus ergeben sich nach Tabelle 5.8 die PID Reglerparameter

$$K = 3;\ T_I = 17\ \text{s};\ T_D = 4\ \text{s}$$

Mit der Abtastzeit $T_0 = 4$ s folgen

$$q_0 = 6;\ q_1 = -9{,}705;\ q_2 = 3.$$

Bei gegebenem Prozeßmodell können Einstellregeln auch dazu verwendet werden, um rein rechnerisch die PID-Regler – Parameter zu bestimmen [5.23, 5.24], s. Abschn. 26.5.3.

5.7 Wahl der Abtastzeit bei parameteroptimierten Regelalgorithmen

Wie die Erfahrung zeigt, lassen Abtastregelungen im allgemeinen eine schlechtere Regelgüte erwarten als kontinuierliche Regelungen. Als Begründung wird hierzu gelegentlich angeführt, daß abgetastete Signale weniger „Information" enthalten als kontinuierliche Signale. Es kommt jedoch nicht nur auf die enthaltene Information, sondern auch auf deren „Nutzung" an. Da zusätzlich Art und Frequenzspektrum der Störsignale eine Rolle spielen, sind allgemeine Angaben schwierig.

Bei parameteroptimierten Reglern kann man jedoch davon ausgehen, daß die Regelgüte mit zunehmender Abtastzeit schlechter wird [5.34]. Deshalb sollte die Abtastzeit vom Standpunkt der Regelgüte aus möglichst klein sein.

Die Wahl der Abtastzeit wird jedoch außer von der erreichbaren Regelgüte auch von anderen Faktoren beeinflußt:

- Erforderliche Regelgüte
- Dynamik des Prozesses
- Störsignalspektrum
- Stellglied einschließlich Antrieb
- Meßeinrichtung
- Forderungen des Operateurs
- Rechenaufwand bzw. anteilige Kosten pro Regelkreis
- Prozeßmodell

Die *erforderliche Regelgüte* kann mit derjenigen Regelgüte, die mit kontinuierlichen Reglern erzielbar ist, verglichen werden. Aus den Bildern 5.9 und 5.10 ist zu erkennen, daß beim betrachteten Beispiel eine Abtastzeit $T_0 = 4$ s im Vergleich zu einer Abtastzeit $T_0 = 1$ s, für die der kontinuierliche Fall relativ gut angenähert wird, nur eine geringfügige Verschlechterung der Regelgüte mit sich bringt. Die Abtastzeit kann deshalb aus Gründen der Regelgüte meistens größer gewählt werden, als es die Approximation des kontinuierlichen Regelkreises erfordert. Einige der Literatur entnommene Faustformeln zur Ermittlung der Abtastzeit aufgrund einer Annäherung des kontinuierlichen Regelkreises sind in Tabelle 5.9 zusammengestellt.

Einen großen Einfluß auf die Abtastzeit übt die *Dynamik des Prozesses*, ausgedrückt im Typ des Übertragungsverhaltens und in Zeitkennwerten, aus. Richtwerte für die Abtastzeit werden deshalb in Abhängigkeit von Kennwerten wie Verzugszeit, Totzeit, Zeitkonstantensumme usw. angegeben, Tabelle 5.9. Je größer diese Zeitkennwerte sind, desto größer kann die Abtastzeit sein.

Zur Betrachtung der Abhängigkeit der Abtastzeit vom *Störsignalspektrum* bzw. dessen Bandbreite sei vorausgeschickt, daß man bei Regelkreisen drei Frequenzbereiche unterscheidet [5.15], s. auch Abschn. 11.4.

Bereich der niederen Frequenzen ($0 \leqq \omega \leqq \omega_1$): Störungen der Regelgröße werden gedämpft
Bereich der mittleren Frequenzen ($\omega_1 < \omega \leqq \omega_2$): Störungen werden verstärkt
Bereich der hohen Frequenzen ($\omega_2 < \omega < \infty$): Störungen wirken sich unverändert aus.

Regelkreise sind nun im allgemeinen so zu entwerfen, daß der Bereich der mittleren Frequenzen des Regelkreises in einen Bereich des Störsignalspektrums gelegt wird, in dem dieses Spektrum nur kleine Beträge besitzt. Zusätzlich sind die Störsignale mit hohen und mittleren Frequenzen zur Vermeidung unnötiger Stellbewegungen durch analoge und digitale Filter zu dämpfen. Wenn dann die Störsignalanteile bis zur Kreisfrequenz $\omega_{max} = \omega_1$ näherungsweise so ausgeregelt werden sollen wie bei einer Regelung mit kontinuierlichen Signalen, dann muß die Abtastzeit nach dem *Shannonschen Abtasttheorem*

$$T_0 \leqq \pi/\omega_{max}$$

gewählt werden.

Besonders bei *Stellgliedern* mit großen Stellzeiten ist es im allgemeinen nicht zweckmäßig, die Abtastzeit zu klein zu machen, da dann zu oft der Fall eintreten kann, daß der letzte Stellbefehl noch gar nicht ausgeführt ist, wenn der neue ausgegeben wird. Zahlenangaben hierzu hängen auch von den auszuregelnden Störsignalen ab.

Falls die *Meßeinrichtung* zeitdiskrete Signale ergibt, wie z.B. chemische Analysatoren oder rotierende Radarantennen, ist die Abtastzeit für die Regelung bereits vorgegeben.

Tabelle 5.9. Zusammenstellung von Angaben zur Wahl der Abtastzeit bei Tiefpaßprozessen. f Eigenfrequenz des Regelkreises in Schwingungen/s; T_t Totzeit; T_{95} Einschwingzeit bis zu 95% des Übergangsfunktionsendwertes; T_u Verzugszeit, siehe Tabelle 5.6

Kriterium zur Wahl der Abtastzeit	Literatur	Ermittlung der Abtastzeit	Zahlenwerte Prozeß III in s	Bemerkungen
–	[5.10], [5.3]	$T_0 \approx (1/8 \ldots 1/16)\frac{1}{f}$	3…1	
	[5.10], [5.3]	$T_0 \approx (1/4 \ldots 1/8)\, T_t$	–	Prozesse mit dominierender Totzeit
15% größere Einschwingzeit als kontinuierlicher Regelkreis mit PI-Regler	[5.11, 5.17]	$T_0 \approx (1{,}2 \ldots 0{,}35)\, T_u$ $T_0 \approx (0{,}35 \ldots 0{,}22)\, T_u$	4,5	$0{,}1 \leqq T_u/T \leqq 1{,}0$ $1{,}0 \leqq T_u/T \leqq 10$
Ausregelung von Störungen bis ω_{max} wie kontin. Regelkreis		$T_0 = \pi/\omega_{max}$ (Shannon)	8…2	ω_{max} so gewählt, daß für Prozeß $\lvert G(\omega_{max})\rvert = 0{,}01 \ldots 0{,}1$
Simulation, Abschn. 5.4	[5.7]	$T_0 \approx (1/6 \ldots 1/15)\, T_{95}$	8…3	
Identifikation des Prozeßmodells	[3.13]	$T_0 \approx (1/5 \ldots 1/15)\, T_{95}$	8…3	

Tabelle 5.10. Empfohlene Abtastzeiten für Prozesse der Energie- und Verfahrenstechnik

Regelgröße	Abtastzeit T_0 in s
Durchfluß	1
Druck	5
Niveau	10
Temperatur	20

Ein *Operateur*, der eine Führungsgröße zu einem beliebigen Zeitpunkt ändert, wünscht im allgemeinen eine schnelle Änderung der Stell- und Regelgröße. Deshalb sollte die Abtastzeit nicht größer sein als einige wenige Sekunden. Auch für Gefahrensituationen, nach Auftreten eines Alarms z.B., ist man grundsätzlich an kleinen Abtastzeiten interessiert.

Bezüglich des anteiligen *Rechenaufwandes* pro Regelkreis oder den anteiligen *Kosten* pro Regelkreis sollte die Abtastzeit bei Prozeßrechnern stets so groß wie möglich sein.

Wird der Regelalgorithmus aufgrund identifizierter *Prozeßmodelle* entworfen, und werden zur Identifikation Parameterschätzverfahren verwandt, dann darf die Abtastzeit nicht zu klein gewählt werden, damit sich keine näherungsweise linear abhängigen Gleichungssysteme bilden und damit numerische Schwierigkeiten ergeben [3.13].

Aus dieser Aufstellung ist also zu sehen, daß die Abtastzeit aufgrund vieler sich zum Teil widersprechender Forderungen festzulegen ist und daß man in jedem Einzelfall geeignete Kompromisse finden muß. Hinzu kommt noch, daß man zur Vereinfachung der Softwareorganisation für mehrere Regelkreise dieselbe Abtastzeit haben möchte.

In Tabelle 5.9 sind verschiedene der Literatur entnommene Regeln zur Bestimmung der Abtastzeit zusammengestellt. Die auf einer Annäherung der Regelgüte an die des kontinuierlichen Regelkreises beruhenden Angaben liefern meist etwas zu kleine Abtastzeiten.

In bezug auf die Regelgüte allein sind zumindest für Tiefpaßprozesse etwa 6 bis 15 Abtastungen pro Einschwingzeit T_{95} ausreichend.

Für bestimmte Prozesse der Energie- und Verfahrenstechnik sind häufig die in Tabelle 5.10 aufgestellten Abtastzeiten genannt worden, [5.5, 5.12, 5.13].

5.8 Zusatzfunktionen digitaler PID-Regler

Bisher wurden verschiedene Versionen und Eigenschaften der PID-Regelalgorithmen für den normalen Betrieb um einen festen Arbeitspunkt betrachtet. Für den praktischen Einsatz sind jedoch noch mehrere Zusatzfunktionen erforderlich, die im folgenden kurz betrachtet werden.

a) *Verhinderung von Aufintegrieren*
Bei großen Regeldifferenzen $e(k)$ fährt das Stellglied im allgemeinen an einen Anschlag und der integralwirkende Anteil des Regelalgorithmus in der Form

$$u(k) = u(k-1) + q_0 e(k) + q_1 e(k-1) + q_2 e(k-2) \tag{5.8.1}$$

erzeugt immer größere Werte der Stellgröße. Wenn die Regelgröße dann die Führungsgrößen erreicht und sich das Vorzeichen der Regeldifferenz umkehrt, benötigt der integralwirkende Algorithmus lange bis die Stellgröße zurückintegriert ist und den Anschlag wieder verläßt. Deshalb kommt es zu lange andauernden Regeldifferenzen [5.14, 5.32].

Beim Anfahren eines Prozesses entstehen dann z.B. unerwünscht lange und große Überschwingungen. Die Maßnahmen gegen diese unerwünschte Eigenschaft hängen von der Programmierung des Regelalgorithmus und der Art des Stellantriebes ab.

Zur Verhinderung des Aufintegrierens (antireset windup) gibt es bei proportionalwirkenden Stellantrieben folgende Möglichkeiten:

1. *Nullsetzen des Integrators*
Man programmiert den Regelalgorithmus nach (5.2.19a) und setzt den Integralanteil $u_I(k) = 0$ wenn $u(k) = u_{max}$ oder $u(k) = u_{min}$.
2. *Bedingte Integration*
Man führt die Integration nur unter der Bedingung $|e(k)| < e_{max}$ durch.

Die Möglichkeit (1) setzt voraus, daß die berechnete Stellgröße $u(k)$ im Rechner mit der Stellgröße des Stellgliedes übereinstimmt. Durch Störungen kann diese Übereinstimmung jedoch verloren gehen. Deshalb wird diese Möglichkeit nur empfohlen, wenn eine Stellungsrückmeldung $u_A(k)$ erfolgt, s. Kap. 29.

Wenn der Stellantrieb integralwirkendes Verhalten hat, kann der Regelalgorithmus in der Form

$$\Delta u(k) = q_0 e(k) + q_1 e(k-1) + q_2 e(k-2) \tag{5.8.2}$$

programmiert werden, wobei der Stellantrieb als Teil des Reglerübertragungsverhaltens zu berücksichtigen ist, s. Kap. 29. Der Stellantrieb stellt dann den Integrator dar und berücksichtigt automatisch seine Beschränkung, bzw. der vom Regelalgorithmus (5.8.2) verlangte Stellschritt $\Delta u(k)$ wird nicht ausgeführt, da das Stellglied sich durch seinen Endlagenschalter abschaltet. Dann sind also keine besonderen Maßnahmen zu Verhinderung des Aufintegrierens erforderlich.

b) *Stoßfreie Umschaltung von Hand- auf Automatikbetrieb*
Im allgemeinen wird bei der Inbetriebnahme die Stellgröße zunächst von Hand gesteuert, so daß sich ein bestimmter Wert der Regelgröße einstellt. Eine stoßfreie Umschaltung von Hand- auf Reglerbetrieb erfordert nun, daß die von Hand eingestellte Stellgröße u_M und die vom Regler erzeugte Stellgröße u_R

übereinstimmen. Hierzu kann man beim Umschalten die Führungsgröße der momentanen Regelgröße anpassen und sie dann dort lassen oder nach einer vorprogrammierten Anstiegsfunktion auf den gewünschten Wert bringen. Damit die Stellgrößen beim Umschalten übereinstimmen, also $u_M(k) = u_R(k)$ ist, müssen aber noch zusätzliche Maßnahmen getroffen werden. Zunächst ist dafür zu sorgen, daß der Integrator während des Handbetriebs die stets vorhandene Regeldifferenz nicht aufintegriert und viel zu große $u_R(k)$ erzeugt. Deshalb sind Maßnahmen wie bei a) beschrieben vorzusehen, also z.B. bei proportionalen Stellantrieben den Integralanteil in (5.2.19) oder in Bild 5.5 durch Nullsetzen seines Einganges oder durch $c_I = 0$ abzuschalten. Die Führungsgröße für den verbleibenden P- oder PD-Regler kann dann so eingestellt werden, daß $u_M(k) = u_R(k)$ wird. Damit wird automatisch eine eventuelle bleibende Regeldifferenz berücksichtigt. Die interne Realisierung dieser Maßnahmen hängt auch davon ab, ob die Handbedienung des Stellgliedes über konventionelle Analogtechnik im Leitgerät erfolgt, oder über den digitalen Regler.

c) *Totzone für die Regeldifferenz*
Bei manchen Prozessen ist man an der Ausregelung von kleinen Regeldifferenzen nicht interessiert (z.B. um die Standzeit eines Stellantriebes zu erhöhen) und führt deshalb eine *tote Zone* oder *Ansprechempfindlichkeit* absichtlich in den Regler ein, also

$$u(k) - u(k-1) = 0 \textit{ für } |e(k)| \leqq e_{min}.$$

d) *Einseitig wirkende Differentiation*
Wenn ein Prozeß nahe an einem kritischen Betriebspunkt betrieben wird, dann kann es erwünscht sein, Stellgrößen zu erzeugen, die schnell eingreifen wenn die Störung die Regelgröße auf die Grenze zu bewegt und langsam eingreifen in umgekehrter Richtung [5.25], d.h. es ist in (5.2.19b) z.B.

$$u_D(k) = q_2\,((e(k)-e(k-1)) \quad \text{wenn} \quad e(k) < 0$$
$$u_D(k) = 0 \quad \text{wenn} \quad e(k) \geqq 0$$

e) *Strukturumschaltung des Reglers*
Programmiert man PID-Regelalgorithmen in Form der (5.2.18), dann ist es einfach möglich, durch Nullsetzen veschiedener Parameter von PID-Reglern auf PD-Regler ($c_I = 0$) oder PI-Regler ($c_D = 0$) oder P-Regler ($c_I = 0$; $c_D = 0$) umzuschalten. Dies wird z. B. zum Anfahren von Prozessen benötigt, bei denen man ohne Veränderung der Führungsgröße $w(k)$ zunächst den Regelkreis mit einen P-Regler schließt und dann, wenn $y(k) \approx w(k)$ auf einen PI-Regler umschaltet. Dies verhindert ein zu starkes Überschwingen infolge zu starkem Aufintegrieren durch den Integralanteil (s. o)).

Weitere Angaben über Zusatzfunktionen digitaler PID-Regler findet man z.B. in [5.25]. Insgesamt ist festzustellen, daß die Realisierung dieser Zusatzfunktionen durch entsprechende Programmierung viel einfacher zu erreichen ist als durch Zusatzschaltungen in analoger Technik, die z.B. in [5.32] beschrieben sind.

6 Allgemeine lineare Regler und Kompensationsregler

Als erste Formen strukturoptimaler Ein/Ausgangs-Regler werden in diesem Kapitel der allgemeine lineare Regler und der Kompensationsregler betrachtet, deren Ordnung mit der Ordnung des Prozeßmodells direkt zusammen hängt.

6.1 Allgemeiner linearer Regler

Ein allgemeiner linearer Regler besitzt die Übertragungsfunktion

$$G_R(z) = \frac{u(z)}{e(z)} = \frac{Q(z^{-1})}{P(z^{-1})} = \frac{q_0 + q_1 z^{-1} + \dots + q_\nu z^{-\nu}}{1 + p_1 z^{-1} + \dots + p_\mu z^{-\mu}} \qquad (6.1.1)$$

und stellt in dieser Form den *allgemeinen Ein/Ausgangs-Regler* dar. Als Sonderfälle gehen aus diesem Regler dann die parameteroptimierten Regler niederer Ordnung und die später behandelten Kompensations- und Deadbeat-Regler hervor.

Wird der Regler nach (6.1.1) mit dem Prozeß

$$G_P(z) = \frac{y(z)}{u(z)} = \frac{B(z^{-1})}{A(z^{-1})} z^{-d} = \frac{b_1 z^{-1} + \dots + b_m z^{-m}}{1 + a_1 z^{-1} + \dots + a_m z^{-m}} z^{-d} \qquad (6.1.2)$$

in einem Regelkreis zusammengeschaltet, dann ergibt sich die Führungsübertragungsfunktion

$$G_w(z) = \frac{y(z)}{w(z)} = \frac{G_R(z) G_P(z)}{1 + G_R(z) G_P(z)}$$

$$= \frac{Q(z^{-1}) B(z^{-1}) z^{-d}}{P(z^{-1}) A(z^{-1}) + Q(z^{-1}) B(z^{-1}) z^{-d}} \qquad (6.1.3)$$

und die Störübertragungsfunktionen, vgl. Bild 5.1

$$G_n(z) = \frac{y(z)}{n(z)} = \frac{1}{1 + G_R(z) G_P(z)}$$

$$= \frac{P(z^{-1}) A(z^{-1})}{P(z^{-1}) A(z^{-1}) + Q(z^{-1}) B(z^{-1}) z^{-d}} \qquad (6.1.4)$$

$$G_u(z) = \frac{y(z)}{u_v(z)} = \frac{G_p(z)}{1+G_R(z)G_p(z)}$$

$$= \frac{P(z^{-1})B(z^{-1})z^{-d}}{P(z^{-1})A(z^{-1})+Q(z^{-1})B(z^{-1})z^{-d}} \tag{6.1.5}$$

oder, in allgemeiner Form

$$G_*(z) = \frac{\mathscr{B}_*(z^{-1})}{\mathscr{A}(z^{-1})} = \frac{[\beta_0 + \beta_1 z^{-1} + \ldots + \beta_r z^{-r}]_*}{1 + \alpha_1 z^{-1} + \ldots + \alpha_\ell z^{-\ell}} \tag{6.1.6}$$

wobei $* \rightarrow w$ oder n oder u bedeutet. Für die Ordnung ℓ gilt

$$\ell = max\ [m+\mu;\ m+d+\nu]. \tag{6.1.7}$$

Diese verschiedenen Übertragungsfunktionen zeigen, daß zwar das Nennerpolynom $\mathscr{A}(z^{-1})$ des geschlossenen Regelkreises unabhängig ist vom Angriffsort des extern einwirkenden Signales, nicht aber das Zählerpolynom.

6.1.1 Allgemeiner linearer Regler mit Entwurf durch Polvorgabe

Wenn die Pole z_{α_i} in

$$\mathscr{A}(z) = (z-z_{\alpha 1}) \ldots (z-z_{\alpha\ell}) = 0 \tag{6.1.8}$$

bzw. die daraus folgende charakteristische Gleichung

$$\mathscr{A}(z^{-1}) = 1 + \alpha_1 z^{-1} + \ldots + \alpha_\ell z^{-\ell} = 0 \tag{6.1.9}$$

vorgegeben werden, dann können die Reglerparameter durch Koeffizientenvergleich mit

$$\mathscr{A}(z^{-1}) = (1 + p_1 z^{-1} + \ldots + p_\mu z^{-\mu})(1 + a_1 z^{-1} + \ldots + a_m z^{-m}) + (q_0 + q_1 z^{-1} + \ldots + q_\nu z^{-\nu})(b_1 z^{-1} + \ldots + b_m z^{-m})z^{-d} = 0 \tag{6.1.10}$$

bestimmt werden. Damit bleibende Regelabweichungen vermieden werden, muß $G_w(1) = 1$ sein. Aus (6.1.3) folgt dann $P(1)A(1) = 0$ und dies ist im allgemeinen erfüllt für

$$\sum_{i=1}^{\mu} p_i = -1. \tag{6.1.11}$$

Zur eindeutigen Bestimmung der $(\mu+\nu+1)$ unbekannten Reglerparameter stehen also $(\ell+1)$ Gleichungen zur Verfügung. Es muß also gelten

$$\mu + \nu + 1 = \ell + 1. \tag{6.1.12}$$

Nach (6.1.7) sind zwei Fälle zu unterscheiden:

a) $\mu \geqq \nu + d \rightarrow \ell = m + \mu$.

Aus (6.1.12) folgt: $\nu = m$. Somit $\mu \geqq m + d$.

b) $\mu \leqq \nu + d \rightarrow \ell = m + d + \nu$.

Aus (6.1.12) folgt: $\mu = m + d$. Somit $\nu \geqq m$.

Wählt man also die kleinstmöglichen Ordnungszahlen

$$\nu = m \quad \text{und} \quad \mu = m + d \tag{6.1.13}$$

dann ist in allen Fällen eine eindeutige Bestimmung der Reglerparameter möglich. Aus (6.1.10) und (6.1.11) folgt das Gleichungssystem

$$\underbrace{\left[\begin{array}{ccccc|cccc}
1 & 0 & & \dots & 0 & 0 & & \dots & 0 \\
a_1 & 1 & 0 & & \vdots & \vdots & d & & \vdots \\
 & a_1 & 1 & 0 & 0 & 0 & & \dots & 0 \\
\cline{6-9}
\vdots & & \ddots & & & b_1 & 0 & \dots & 0 \\
a_m & \vdots & \ddots & & 0 & \vdots & b_1 & & \\
0 & a_m & & & 1 & \vdots & & & \vdots \\
 & & & & a_1 & b_m & & \ddots & 0 \\
\vdots & \vdots & \ddots & & \vdots & \vdots & & & b_1 \\
 & & & & & & & \ddots & \\
0 & 0 & & \dots & a_m & 0 & & \dots & b_m \\
\hline
1 & 1 & & \dots & 1 & 0 & & \dots & 0
\end{array}\right]}_{\substack{m+d \qquad\qquad m+1 \\ \boldsymbol{R}}}
\cdot
\underbrace{\begin{bmatrix} p_1 \\ \vdots \\ \\ p_{m+d} \\ q_0 \\ q_1 \\ \vdots \\ \\ q_m \end{bmatrix}}_{\boldsymbol{\theta}_R}
=
\underbrace{\begin{bmatrix} \alpha_1 - a_1 \\ \vdots \\ \\ \alpha_m - a_m \\ \alpha_{m+1} \\ \vdots \\ \alpha_{2m+d} \\ \\ -1 \end{bmatrix}}_{\boldsymbol{\alpha}}
\tag{6.1.14}$$

und die gesuchten Reglerparameter aus

$$\boldsymbol{\theta}_R = \boldsymbol{R}^{-1}\boldsymbol{\alpha} \tag{6.1.15}$$

falls det $\boldsymbol{R} \neq 0$.

Wie bereits in Kap. 4 vermerkt, ist die Vorgabe der Pole relativ willkürlich möglich. Deshalb erhält man meist erst nach einigen Probierversuchen einen geeigneten Zeitverlauf von Regel- und Stellgröße.

Man beachte, daß bei vorgegebener charakteristischer Gleichung bzw. bei vorgegebenen Polen die Nullstellen $\mathscr{B}_*(z) = 0$ der Übertragungsfunktionen (6.1.3) bis (6.1.5) ebenfalls festgelegt sind, wenn das Gleichungssystem (6.1.14) eindeutig ist, also (6.1.12) gilt. Wenn jedoch $\nu > m$ können die Nullstellen von $G_w(z)$ und wenn $\mu > m+d$, die Nullstellen von $G_n(z)$ und $G_u(z)$ zusätzlich beeinflußt werden.

Für $\nu = m$ und $\mu = m+d$ finden sich die Nullstellen des Prozesses in den Nullstellen von $G_w(z)$ und $G_u(z)$ und seine Pole in den Nullstellen von $G_n(z)$ unverändert wieder. Der Prozeß „diktiert" hier also einige Nullstellen.

6.1.2 Allgemeiner linearer Regler mit Entwurf durch Parameteroptimierung

Die Parameter $q_0, ..., q_\nu$ und $p_1, ..., p_\mu$ des allgemeinen linearen Reglers können auch durch numerische Optimierung eines Regelgütekriteriums, wie in Abschn. 5.4 beschrieben, bestimmt werden. Der Rechenaufwand steigt aber mit zunehmender Anzahl der Parameter beträchtlich an, so daß bei diesen Entwurfsverfahren die in Kap. 5 behandelten Regelalgorithmen niederer Ordnung vorzuziehen sind.

Durch besondere Vorschriften für das Verhalten des geschlossenen Regelkreises ist es jedoch möglich, einfache direkte Entwurfsverfahren für lineare Regler anzugeben. Es entstehen dann aus dem allgemeinen linearen Regler besondere lineare Regler, wie z.B. die Kompensations- und Deadbeat-Regler, die als nächstes betrachtet werden.

6.2 Kompensationsregler

Beim Entwurf von Führungsregelungen (Nachlaufregelungen) besteht die Aufgabe, eine Ausgangsgröße y einer Eingangsgröße w möglichst gut nachzuführen. Wenn das Modell G_P eines stabilen Prozesses exakt bekannt ist und wenn keine weiteren Störgrößen einwirken, dann könnte man diese Aufgabe durch eine Steuerung nach Bild 6.1 lösen. Im Idealfall könnte man verlangen, daß die Ausgangsgröße y der Eingangsgröße w exakt folgt. Dies wäre der Fall, wenn

$$G_S(z) = G_S^0(z) = \frac{1}{G_P(z)}. \tag{6.2.1}$$

Falls $G_S^0(z)$ dann realisierbar ist, würde das Steuerglied den Prozeß vollständig „kompensieren", da es gerade das reziproke Übertragungsverhalten des Prozesses besitzen muß.

Bei Prozessen mit Verzögerungen ist jedoch das Steuerglied schon nicht mehr realisierbar und man muß einen „Realisierbarkeitsterm" G_S^R vorsehen

$$G_S(z) = G_S^0(z) G_S^R(z) = \frac{1}{G_P(z)} G_S^R(z) \tag{6.2.2}$$

der dann Abweichungen zwischen w und y zur Folge hat. In bezug auf das Zusammenwirken von Steuerglied und Prozeß ist ferner auf die bei Kürzungen von Polen und Nullstellen auftretenden Besonderheiten zu achten, s.S. 169.

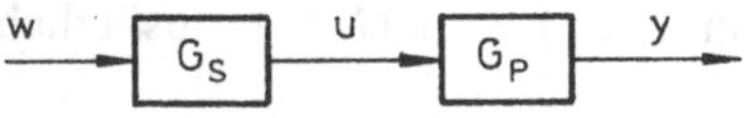

Bild 6.1. Steuerung

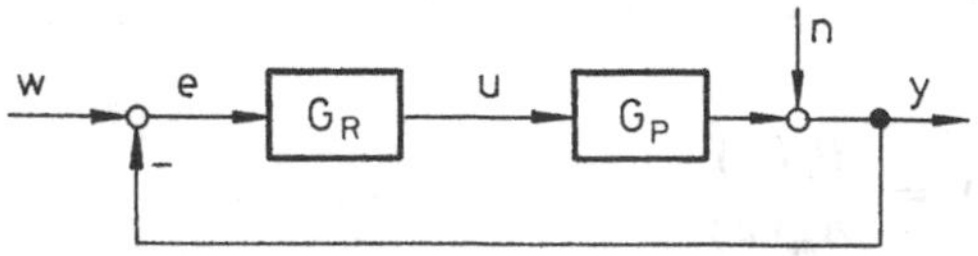

Bild 6.2. Regelung

Wenn die für den Entwurf dieser Steuerung gemachten Annahmen, exakt bekanntes Prozeßmodell und keine Störgrößen, nicht zutreffen, was meistens der Fall ist, dann muß man bekanntlich zu einer Regelung übergehen, Bild 6.2.

Im Unterschied zu einer Steuerung darf man bei einer Regelung jedoch nicht $e_w = w - y = 0$ fordern. Denn eine Stellgröße u kann ja nur aus einer von Null verschiedenen Regelabweichung gebildet werden. Man schreibt deshalb z.B. das Führungsverhalten

$$G_w(z) = \frac{y(z)}{w(z)} = \frac{G_R(z)G_P(z)}{1+G_R(z)G_P(z)} = \frac{\mathscr{B}_w(z)}{\mathscr{A}(z)} \qquad (6.2.3)$$

vor $(G_w(z) \neq 1)$ und berechnet dann den zugehörigen Regler

$$G_R(z) = \frac{1}{G_P(z)} \cdot \frac{G_w(z)}{1-G_w(z)} = \frac{A(z^{-1})}{B(z^{-1})z^{-d}} \cdot \frac{\mathscr{B}_w(z^{-1})}{\mathscr{A}(z^{-1}) - \mathscr{B}_w(z^{-1})} \qquad (6.2.4)$$

Die Reglerübertragungsfunktion ergibt sich also aus der reziproken Prozeßübertragungsfunktion und einem Zusatzfaktor, der vom vorgegebenen Führungsverhalten abhängt. Ein Teil des Reglers „kompensiert" also den Prozeß.

Der Entwurf solcher *Kompensationsregler* ist natürlich nicht nur auf das Führungsverhalten beschränkt, sondern kann auch von vorgegebenem Störverhalten ausgehen. Für vorgeschriebenes $G_n(z) = y(z)/n(z)$ gilt z.B.

$$G_R(z) = \frac{1}{G_P(z)} \frac{1-G_n(z)}{G_n(z)}. \qquad (6.2.5)$$

Zum Entwurf von Kompensationsreglern sind, besonders für kontinuierliche Signale, viele Arbeiten veröffentlicht worden. Diskrete Kompensationsregler werden in [2.4, 2.14, 6.1 – 6.3] angegeben.

Bei der Anwendung von Kompensationsreglern sind jedoch folgende Einschränkungen zu beachten.

Realisierbarkeit

Schreibt man eine z-Übertragungsfunktion in der Form

$$G(z) = \frac{\beta_0 + \beta_1 z + \ldots + \beta_n z^n}{1 + \alpha_1 z + \ldots + \alpha_m z^m} \qquad (6.2.6)$$

vor, dann gilt für die Realisierbarkeit $n \leq m$ falls $\alpha_m \neq 0$.

Mit

$$G_R(z) = \frac{Q_\nu(z)}{P_\mu(z)} \quad \text{und} \quad G_P(z) = \frac{B_n(z)}{A_m(z)}$$

wobei die Indizes die angenommenen Ordnungszahlen der einzelnen Polynome angeben, folgt dann aus Gl. (6.2.3) für die Führungsübertragungsfunktion

$$G_w(z) = \frac{Q_\nu B_n}{P_\mu A_m + Q_\nu B_n}.$$

Falls $G_R(z)$ und $G_P(z)$ realisierbar sind, also

$$\nu \leqq \mu \text{ und } n \leqq m$$

folgt für die Ordnungszahlen der Polynome von $G_w(z)$

$$G_w(z): \frac{\textit{Ordnung } (\nu+n)}{\textit{Ordnung } (\mu+m)}.$$

Der Polüberschuß von $G_w(z)$ ist also

$$P\ddot{u} = (\mu-\nu) + (m-n) \tag{6.2.7}$$

Damit dieser möglichst klein wird, ist $\mu = \nu$ zu wählen. Der Polüberschuß der Führungsübertragungsfunktion $G_w(z)$

$$P\ddot{u}(G_w) = (m-n)$$

ist dann also gleich dem Polüberschuß des Prozesses $G_P(z)$

$$P\ddot{u}(G_P) = (m-n) = P\ddot{u}(G_w). \tag{6.2.8}$$

Somit muß aus Gründen der Realisierbarkeit der Polüberschuß der Führungsübertragungsfunktion $G_w(z)$ für die Reglerordnung $\mu \geqq \nu$ gleich oder größer als der Polüberschuß des Prozesses sein [2.19].

Im allgemeinen ist bei z-Übertragungsfunktionen mit der Schreibweise nach (6.1.2) $b_0 = 0$, da, auch wenn der Prozeß selbst sprungfähig ist, zumindest Meßfühler oder Stellglied nicht sprungfähig sind.

Dann folgt in (6.2.6) $n = m-1$, also ein Polüberschuß von Eins, so daß z.B.

$$G_w(z) = z^{-1}$$

angenommen werden dürfte.

Kürzung von Polen und Nullstellen

Schaltet man den Kompensationsregler $G_R(z)$ nach (6.2.4) mit dem Prozeß $G_{P0}(z)$ in einem geschlossenen Regelkreis zusammen, dann werden die Pole und Nullstellen des Prozesses durch Nullstellen und Pole des Reglers gekürzt, wenn das Prozeßmodell $G_P(z)$ mit dem Prozeß exakt übereinstimmt. Da die zum Entwurf verwendeten Prozeßmodelle $G_P(z) = B(z)/A(z)$ jedoch praktisch nie das Prozeßverhalten exakt beschreiben, werden sich die entsprechenden Pole und Nullstellen nicht exakt, sondern nur näherungsweise kompensieren. Dies führt bei Polen mit dem Teilpolynom $A^+(z)$ und Nullstellen mit dem Teilpolynom $B^+(z)$, die „genügend weit" im Inneren des Einheitskreises der z-Ebene liegen, im allgemeinen nur zu kleinen Abweichungen vom angenommenen Verhalten $G_w(z)$. Falls der Prozeß jedoch Pole $A^-(z)$ oder Nullstellen $B^-(z)$ in der Nähe oder außerhalb des Einheitskreises der z-Ebene besitzt, ist jedoch Vorsicht geboten. Der *wirkliche Prozeß* werde durch

$$G_{P0}(z) = \frac{B_0(z)}{A_0(z)} = \frac{B_0^+(z)B_0^-(z)}{A_0^+(z)A_0^-(z)} \tag{6.2.9}$$

und das *Prozeßmodell* durch

$$G_P(z) = \frac{B(z)}{A(z)} = \frac{B^+(z)B^-(z)}{A^+(z)A^-(z)} \tag{6.2.10}$$

beschrieben.

Eine erste Möglichkeit der Erläuterung ergibt sich aus der Diskussion der charakteristischen Gleichung.

Aus (6.2.4) folgt

$$1 + G_R(z)G_P(z) = 1 + \frac{A(z)z^d}{B(z)} \cdot \frac{\mathscr{B}_w(z)}{\mathscr{A}(z) - \mathscr{B}_w(z)} \cdot \frac{B_0(z)}{A_0(z)z^d} = 0 \tag{6.2.11}$$

bzw.

$$B(z)\left[\mathscr{A}(z) - \mathscr{B}_w(z)\right]A_0(z)z^d + A(z)z^d\mathscr{B}_w(z)B_0(z) = 0$$

$$\mathscr{A}(z)A_0(z)z^dB(z) + \mathscr{B}_w(z)z^d\left[A(z)B_0(z) - A_0(z)B(z)\right] = 0 \tag{6.2.12}$$

Wenn Prozeßmodell und Prozeß nur kleine Unterschiede haben, dann gilt näherungsweise

$$A(z)B_0(z) - A_0(z)B(z) \approx 0 \tag{6.2.13}$$

und somit auch

$$\mathscr{A}(z)A_0(z)z^dB(z) = \mathscr{A}(z)A_0^+(z)A_0^-(z)z^dB^+(z)B^-(z) \approx 0. \tag{6.2.14}$$

Dies bedeutet, daß sich wegen der Wurzeln von $A_0^-(z)$ und von $B^-(z)$ ein schwach gedämpftes oder gar instabiles Verhalten einstellt. Bei exakter Übereinstimmung von Prozeßmodell und Prozeß würde aus (6.2.11) nach entsprechenden Kürzungen $\mathscr{A}(z) = 0$ folgen. Das heißt die Stabilität würde dann nicht von Prozeß und Regler, sondern alleine vom vorgegebenen Führungsverhalten abhängen, was natürlich nicht sein kann. Dies ist ein Hinweis darauf, daß man bei der Aufstellung der charakteristischen Gleichung nicht kürzen darf.

Eine zweite Möglichkeit der Erläuterung entsteht durch Diskussion der Führungsübertragungsfunktion [2.4]. Nimmt man ideale Kompensation der im Innern des Einheitskreises liegenden, unkritischen Pole und Nullstellen durch den Kompensationsregler an und setzt zunächst

$$G_R(z) = \frac{A_0^+(z)A^-(z)}{B_0^+(z)B^-(z)} \frac{G_w(z)}{1-G_w(z)} \tag{6.2.15}$$

dann erhält man für das resultierende Führungsverhalten

$$G_{w,res}(z) = \frac{A^-(z)B_0^-(z)G_w(z)}{A_0^-(z)B^-(z)[1-G_w(z)] + A^-(z)B_0^-(z)G_w(z)} \tag{6.2.16}$$

und mit $A^-(z) = A_0^-(z) + \Delta A^-(z)$

$$B^-(z) = B_0^-(z) + \Delta B^-(z)$$

wird daraus

$$G_{w,res} = \frac{A_0^- B_0^- G_w + \Delta A^- B_0^- G_w}{A_0^- B_0^- + A_0^- \Delta B^-[1-G_w] + \Delta A^- B_0^- G_w}. \tag{6.2.17}$$

Für $\Delta A^-(z) = 0$ und $\Delta B^-(z) = 0$ liegen die Pole dieser Führungsübertragungsfunktion zwar in der Nähe oder außerhalb des Einheitskreises, sie werden jedoch von den Nullstellen exakt gekürzt. Bei kleinen Differenzen $\Delta A^-(z)$ und $\Delta B^-(z)$ verschieben sich die Pole um kleine Beträge und können deshalb nicht mehr gekürzt werden. Es wird sich dann ein schwach gedämpftes Regelverhalten bzw. wenn die Pole außerhalb des Einheitskreises zu liegen kommen, ein instabiles Verhalten einstellen.

Hieraus folgt, daß man für Prozesse mit Polen oder Nullstellen außerhalb oder in der Nähe des Einheitskreises in der z-Ebene keine Kompensationsregler entwerfen sollte, da man immer damit rechnen muß, daß sich Differenzen $\Delta A^-(z)$ und $\Delta B^-(z)$ einstellen.

Der Entwurf von Kompensationsreglern nach (6.2.4) ist deshalb auf Prozesse zu beschränken, deren Pole und Nullstellen genügend weit im Innern des Einheitskreises liegen. Die Anwendung dieser Kompensationsregler ist daher sehr eingeschränkt, s. Abschn. 3.5.

Verhalten zwischen den Abtastzeitpunkten

Im Unterschied zu Kompensationsreglern bei kontinuierlichen Signalen wird bei zeitdiskreten Signalen durch die Vorgabe von $G_w(z)$ nur das Verhalten zu den Abtastzeitpunkten vorgeschrieben. Bei ungeeigneter Wahl von $G_w(z)$ erreicht man zwar das gewünschte Verhalten zu den Abtastzeitpunkten. Zwischen den Abtastzeitpunkten können sich jedoch Abweichungen einstellen, die sich als Schwingungen durch die Abtastzeitpunkte bemerkbar machen („ripple"). Diese Schwingungen sind besonders für geforderte „minimal prototype responses" der Formen

$$G_w(z) = z^{-1} \text{ oder } 2z^{-1}-z^{-2} \text{ oder } 3z^{-1}-3z^{-2}+z^{-3} \tag{6.2.18}$$

häufig schwach gedämpft und mit großen Stellgrößenänderungen verbunden [2.4, 2.19].

Dahlin [6.3] hat vorgeschlagen, als Führungsverhalten für Prozesse mit Totzeit d eine um die Totzeit verzögerte Verzögerung erster Ordnung zu wählen

$$G_w(z) = \frac{\beta_1 z^{-1}}{1+\alpha_1 z^{-1}} z^{-d}; \; \beta_1 = 1 + \alpha_1 \tag{6.2.19}$$

Der resultierende Regler lautet somit

$$G_R(z) = \frac{A(z^{-1})}{B(z^{-1})} \cdot \frac{\beta_1 z^{-1}}{1+\alpha_1 z^{-1}-\beta_1 z^{-(1+d)}} \tag{6.2.20}$$

Es werden also alle Prozeßpole und Prozeßnullstellen gekürzt. Weiterhin wird vorgeschlagen, bei Polen in der Nähe oder außerhalb des Einheitskreises (z-Ebene), diese Pole $(z-\alpha_i)$ mittels $z=1$ durch $(1-\alpha_i)$ zu ersetzen, um einen schwingungsfreien Regler zu erhalten.

Das Problem der Schwingungen kann auch dadurch umgegangen werden, daß

$$G_w(z) = \frac{1}{K_P} G_P(z) \tag{6.2.21}$$

gefordert wird, wobei K_P der Prozeßverstärkungsfaktor ist. Man erhält dann den sogenannten *Prädiktorregler*, der besonders bei Prozessen mit großen Totzeiten Verwendung findet, s. Kap. 9.

Obwohl der Entwurf der betrachteten Kompensationsregler den Vorteil eines kleinen Syntheserechenaufwandes hat, ist er wegen der genannten Einschränkungen im allgemeinen aber nicht besonders zu empfehlen. Außerdem wird bei Prozessen höherer Ordnung die Vorgabe des Führ- oder Störverhaltens schwierig, so daß andere Entwurfsverfahren zweckmäßiger sind.

7 Regler für endliche Einstellzeit (Deadbeat)

Die bei den Kompensationsreglern auftretenden Schwingungen durch die Abtastzeitpunkte lassen sich vermeiden, wenn man für die Regelgröße *und* die Stellgröße eine endliche Einstellzeit vorschreibt. Jury [2.3, 7.1] bezeichnet dieses Verhalten mit „deadbeat-response“. Von einer endlichen Einstellzeit ab müssen dann Ein- und Ausgangssignal des Prozesses nach einer z.B. sprungförmigen Sollwertänderung im Beharrungszustand sein.

Zur Berechnung des Deadbeat-Reglers wird in [2.3] von einem Prozeßmodell mit diskreten Signalen ausgegangen. Ein Verfahren für Prozeßmodelle mit kontinuierlichen Signalen wird z.B. in [2.21] beschrieben.

Im folgenden werden Methoden zum Entwurf von Deadbeat-Reglern behandelt, deren Ableitung besonders einfach ist und dessen resultierende Synthesegleichungen äußerst wenig Rechenaufwand erfordern.

7.1 Deadbeat-Regler ohne Stellgrößenvorgabe

Prozeß ohne Totzeit

Es werde eine sprungförmige Änderung der Führungsgröße zum Zeitpunkt $k = 0$ angenommen

$$w(k) = 1 \text{ für } k = 0, 1, 2, \ldots \tag{7.1.1}$$

Für $d = 0$ laute die Forderung auf minimale Einstellzeit

$$\begin{aligned} y(k) &= w(k) = 1 \quad \text{für} \quad k \geqq m \\ u(k) &= u(m) \qquad\quad \text{für} \quad k \geqq m. \end{aligned} \tag{7.1.2}$$

Dann gilt für die z-Transformierten von Führungs-, Regel- und Stellgröße für den Fall $b_0 = 0$ in einer Darstellung nach [7.2]

$$w(z) = \frac{1}{(1-z^{-1})} \tag{7.1.3}$$

$$y(z) = y(1)z^{-1} + y(2)z^{-2} + \ldots + 1[z^{-m}+z^{-(m+1)}+\ldots] \tag{7.1.4}$$

$$u(z) = u(0) + u(1)z^{-1} + \ldots + u(m)[z^{-m}+z^{-(m+1)}+\ldots]. \tag{7.1.5}$$

Dividiert man (7.1.4) und (7.1.5) durch (7.1.3) dann wird

$$\frac{y(z)}{w(z)} = p_1 z^{-1} + p_2 z^{-2} + \ldots + p_m z^{-m} = P(z) \tag{7.1.6}$$

$$\begin{aligned} p_1 &= y(1) \\ p_2 &= y(2) - y(1) \\ &\;\;\vdots \\ p_m &= 1 - y(m-1) \end{aligned}$$

$$\frac{u(z)}{w(z)} = q_0 + q_1 z^{-1} + \ldots + q_m z^{-m} = Q(z) \tag{7.1.7}$$

$$\begin{aligned} q_0 &= u(0) \\ q_1 &= u(1) - u(0) \\ &\;\;\vdots \\ q_m &= u(m) - u(m-1). \end{aligned}$$

Man beachte, daß die so definierten $P(z)$ und $Q(z)$ unterschiedlich sind zu (6.1.1) und daß

$$p_1 + p_2 + \ldots + p_m = 1 \tag{7.1.8}$$

$$q_0 + q_1 + \ldots + q_m = u(m) = \frac{1}{K_P} = \frac{1}{G_P(1)}. \quad (y(m) = 1) \tag{7.1.9}$$

Die Führungsübertragungsfunktion des Regelkreises lautet

$$G_w(z) = \frac{y(z)}{w(z)} = \frac{G_R(z)G_P(z)}{1+G_R(z)G_P(z)}. \tag{7.1.10}$$

Der Regler $G_R(z)$ soll nun so bestimmt werden, daß das durch (7.1.6) und (7.1.7) beschriebene Deadbeat-Verhalten entsteht. Durch Auflösen von (7.1.10) nach $G_R(z)$ erhält man die Gleichung des Kompensationsreglers, vgl. (6.2.4),

$$G_R(z) = \frac{1}{G_P(z)} \frac{G_w(z)}{1 - G_w(z)}. \tag{7.1.11}$$

Vergleich von (7.1.6) und (7.1.10) führt auf

$$G_w(z) = P(z). \tag{7.1.12}$$

Ferner folgt aus (7.1.6) und (7.1.7)

$$G_P(z) = \frac{y(z)}{u(z)} = \frac{P(z)}{Q(z)} \tag{7.1.13}$$

und somit wird mit (7.1.11) der gesuchte Regler

$$G_R(z) = \frac{Q(z)}{1 - P(z)} = \frac{q_0 + q_1 z^{-1} + \ldots + q_m z^{-m}}{1 - p_1 z^{-1} - \ldots - p_m z^{-m}}. \tag{7.1.14}$$

Die Parameter des Reglers erhält man durch Koeffizientenvergleich von (7.1.13) mit (6.1.2) für $d=0$

$$\begin{array}{ll} q_1 = a_1 q_0 & p_1 = b_1 q_0 \\ q_2 = a_2 q_0 & p_2 = b_2 q_0 \\ \cdot & \cdot \\ \cdot & \cdot \\ \cdot & \cdot \\ q_m = a_m q_0 & p_m = b_m q_0. \end{array} \tag{7.1.15a}$$

und aus (7.1.8) folgt mit den letzten Beziehungen

$$q_0 = \frac{1}{b_1 + b_2 + \ldots + b_m} = u(0). \tag{7.1.15b}$$

Die Reglerparameter können somit auf sehr einfache Weise aus den Prozeßparametern berechnet werden. Man beachte, daß die erste Stellgröße $u(0)$ nur von der Summe der b-Parameter des Prozesses abhängt. Da die Summe der b-Parameter mit abnehmender Abtastzeit abnimmt, wird die Stellgröße $u(0)$ um so größer, je kleiner die Abtastzeit.

Setzt man (7.1.15) in (7.1.14) ein, folgt für den Deadbeat-Regler (ohne Totzeit)

$$G_R(z) = \frac{u(z)}{e_w(z)} = \frac{q_0 A(z^{-1})}{1 - q_0 B(z^{-1})}. \tag{7.1.16}$$

Er kompensiert also den Nenner $A(z^{-1})$ der Prozeßübertragungsfunktion.

Dieser Deadbeat-Regler ist wegen (7.1.11) als *(Teil-)Kompensationsregler* aufzufassen, dessen Führungsverhalten, (7.1.12) und (7.1.6), erst während des Entwurfs festgelegt wird und nicht durch beliebige Vorgabe, wie in Abschn. 6.2 beschrieben.

Für das Führungsverhalten ergibt sich mit der Unterscheidung des wirklichen Prozesses $G_{P0}(z)$ und des zur Reglerberechnung verwendeten Prozeßmodells $G_P(z)$ aus (7.1.10)

$$G_w(z) = \frac{y(z)}{w(z)} = \frac{q_0 A(z^{-1}) B_0(z^{-1})}{A_0(z^{-1}) - q_0 A_0(z^{-1}) B(z^{-1}) + q_0 A(z^{-1}) B_0(z^{-1})} \tag{7.1.17}$$

Die charakteristische Gleichung lautet somit

$$A_0(z^{-1}) + q_0[-A_0(z^{-1}) B(z^{-1}) + A(z^{-1}) B_0(z^{-1})] = 0 \tag{7.1.18}$$

Nimmt man näherungsweise Übereinstimmung von Prozeß und Prozeßmodell an, dann folgt

$$A_0(z^{-1}) \approx 0 \text{ bzw. } z^m A_0(z^{-1}) = A_0(z) \approx 0 \tag{7.1.19}$$

Der geschlossene Regelkreis ist somit asymptotisch stabil, wenn die Pole des Prozesses genügend weit im Innern des Einheitskreises liegen. Deshalb darf der Deadbeat-Regler nur auf asymptotisch stabile Prozesse angewandt werden. Nur bei exakter Übereinstimmung $G_{P0}(z) = G_P(z)$ gilt

$$\begin{aligned} G_w(z) &= P(z) = p_1 z^{-1} + \ldots + p_m z^{-m} \\ &= \frac{p_1 z^{m-1} + \ldots + p_m}{z^m} = \frac{q_0 B(z)}{z^m} \end{aligned} \tag{7.1.20}$$

mit der charakteristischen Gleichung

$$1 + G_R(z) G_P(z) = z^m = 0 \tag{7.1.21}$$

Der Regelkreis besitzt dann einen m-fachen Pol im Ursprung der z-Ebene. Nach einer Anfangsauslenkung schwingt der Regelkreis nach m Schritten in den Ruhezustand ein. Bei nicht exakter Übereinstimmung wird der Ruhezustand entsprechend (7.1.19) erst für $k \to \infty$ erreicht.

Prozeß mit Totzeit

Bei einem Prozeß mit Totzeit geht man aus vom Prozeßmodell [5.7]

$$\begin{aligned} G_P(z) &= \frac{b_1 z^{-(1+d)} + \ldots + b_m z^{-(m+d)}}{1 + a_1 z^{-1} + \ldots + a_m z^{-m}} \\ &= \frac{\bar{b}_1 z^{-1} + \ldots + \bar{b}_{d+1} z^{-(1+d)} + \ldots + \bar{b}_v z^{-v}}{1 + a_1 z^{-1} + \ldots + a_m z^{-m} + \ldots + a_v z^{-v}} \end{aligned} \tag{7.1.22}$$

und beachte, daß daraus folgt

$$\left.\begin{array}{ll} \bar{b}_1 = \bar{b}_2 = \ldots = \bar{b}_d = 0 & a_{m+1} = 0 \\ \bar{b}_{1+d} = b_1 & \vdots \\ \bar{b}_{2+d} = b_2 & a_v = 0. \\ \vdots & \\ \bar{b}_v = b_m & \end{array}\right\} \tag{7.1.23}$$

Für das Führungsverhalten sei nun gefordert

$$\left.\begin{array}{lll} y(k) = w(k) = 1 & \text{für} & k \geqq v = m+d \\ u(k) = u(m) & \text{für} & k \geqq m \end{array}\right\} \tag{7.1.24}$$

Auf (7.1.22) können jetzt (7.1.3) bis (7.1.15) Anwendung finden. Dann folgt aus (7.1.22) und (7.1.13)

$$\left.\begin{array}{ll}
q_0 = \dfrac{1}{b_1 + b_2 + \ldots + b_m} = u(0) \ (\text{entspr. } 7.1.15\text{b}) & \\
q_1 = a_1 q_0 & \\
q_2 = a_2 q_0 & p_1 = \bar{b}_1 q_0 = 0 \\
\vdots & \vdots \\
q_m = a_m q_0 & p_d = \bar{b}_d q_0 = 0 \\
q_{m+1} = a_{m+1} q_0 = 0 & p_{1+d} = \bar{b}_{1+d} q_0 = b_1 q_0 \\
\vdots & \vdots \\
q_\nu = a_\nu q_0 = 0 & p_\nu = \bar{b}_\nu q_0 = b_m q_0
\end{array}\right\} \qquad (7.1.25)$$

und die Reglerübertragungsfunktion lautet

$$G_R(z) = \frac{q_0 + q_1 z^{-1} + \ldots + q_m z^{-m}}{1 - p_{1+d} z^{-(1+d)} - \ldots - p_{m+d} z^{-(m+d)}} \qquad (7.1.26)$$

Aus (7.1.25) und (7.1.26) folgt für die Übertragungsfunktion des Deadbeat-Reglers DB (ν) für Prozesse mit Totzeit

$$G_R(z) = \frac{u(z)}{e_w(z)} = \frac{q_0 A(z^{-1})}{1 - q_0 B(z^{-1}) z^{-d}}. \qquad (7.1.27)$$

Die (7.1.19) entsprechende charakteristische Gleichung lautet

$$z^{m+d} A_0(z^{-1}) = z^d A_0(z) \approx 0. \qquad (7.1.28)$$

Für exakte Übereinstimmung von Prozeßmodell und Prozeß lautet die Führungsübertragungsfunktion

$$G_w(z) = \frac{q_0 B(z^{-1}) z^{-d}}{1} = \frac{q_0 B(z)}{z^{(m+d)}} \qquad (7.1.29)$$

und die charakteristische Gleichung wird

$$z^{(m+d)} = 0. \qquad (7.1.30)$$

Beispiel 7.1. Deadbeat-Regler DB(ν). ($\nu = m$).
Für den in Abschn. 5.4.2 beschriebenen Tiefpaßprozeß III mit $T_0 = 4$ s ergeben sich nach (7.1.25) folgende Koeffizienten des Deadbeat-Reglers

$q_0 = 9{,}523 \quad q_1 = -14{,}285 \quad q_2 = 6{,}714 \quad q_3 = -0{,}952$

$p_1 = 0 \quad p_2 = 0{,}619 \quad p_3 = 0{,}457 \quad p_4 = -0{,}0762$

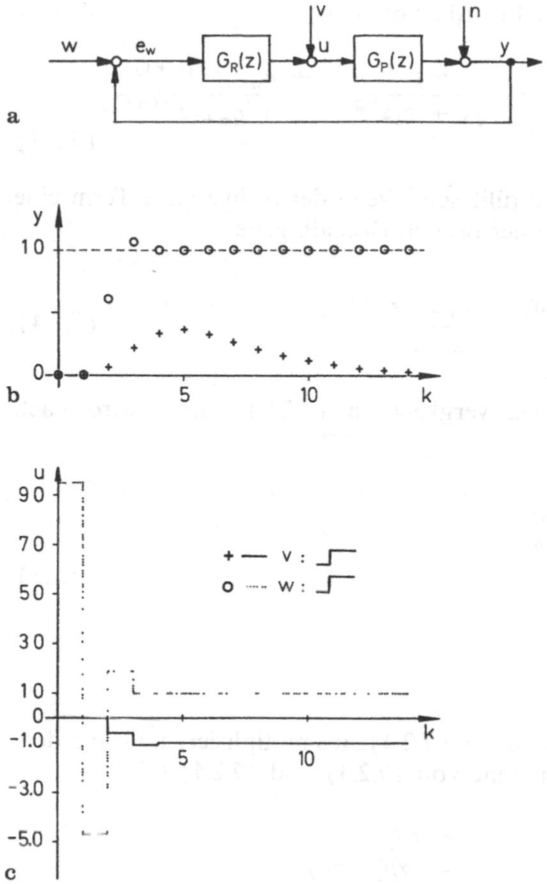

Bild 7.1. Übergangsfunktionen des Regelkreises mit Deadbeat – Regler ν – ter Ordnung (ohne Stellgrößenvorgabe) und Prozeß III bei sprungförmiger Änderung von w und sprungförmiger Änderung von v.
a Blockschaltbild des Regelkreises;
b Regelgrößenverlauf;
c Stellgrößenverlauf

In Bild 7.1 sind die Übergangsfunktionen für sprungförmige Änderungen der Führungsgröße w und der Störgröße v zu sehen. Für die Änderung von w ergibt sich das gewünschte Deadbeat-Verhalten.

7.2 Deadbeat-Regler mit Stellgrößenvorgabe

Erhöht man die endliche Einstellzeit um eine Einheit auf $m+1$, dann kann man einen Wert der Stellgröße beliebig vorgeben. Da der erste Stellgrößenwert $u(0)$ der größte ist, sei dieser vorgegeben [5.7].

In (7.1.4) und (7.1.5) wird ein Schritt mehr zugelassen. Dann lauten (7.1.6) und (7.1.7)

$$P(z) = p_1 z^{-1} + p_2 z^{-2} + \dots + p_{m+1} z^{-(m+1)} \qquad (7.2.1)$$

$$Q(z) = q_0 + q_1 z^{-1} + \dots + q_{m+1} z^{-(m+1)} \qquad (7.2.2)$$

Der Koeffizientenvergleich in (7.1.13) führt dann auf

$$\frac{b_1 z^{-1} + \dots + b_m z^{-m}}{1 + a_1 z^{-1} + \dots + a_m z^{-m}} = \frac{p_1 z^{-1} + \dots + p_{m+1} z^{-(m+1)}}{q_0 + q_1 z^{-1} + \dots + q_{m+1} z^{-(m+1)}}. \tag{7.2.3}$$

Diese Gleichung kann nur dann erfüllt sein, wenn der rechtsseitige Term eine gleiche Wurzel im Zähler und Nenner besitzt. Deshalb gelte

$$\frac{P(z)}{Q(z)} = \frac{(p'_1 z^{-1} + \dots + p'_m z^{-m})(\alpha - z^{-1})}{(q'_0 + \dots + q'_m z^{-m})(\alpha - z^{-1})}. \tag{7.2.4}$$

Führt man dann den Koeffizientenvergleich in (7.2.3) durch, wird nach Durchdividieren mit q'_0

$$\begin{array}{ll} q'_1 = a_1 q'_0 & p'_1 = b_1 q'_0 \\ q'_2 = a_2 q'_0 & p'_2 = b_2 q'_0 \\ \cdot & \cdot \\ \cdot & \cdot \\ \cdot & \cdot \\ q'_m = a_m q'_0 & p'_m = b_m q'_0. \end{array} \tag{7.2.5}$$

Nun werden die Zähler und Nenner in (7.2.4) ausmultipliziert und aus dem Koeffizientenvergleich der rechten Seite von (7.2.3) und (7.2.4) folgt

$$\begin{array}{ll} q_0 = \alpha q'_0 & p_1 = \alpha p'_1 \\ q_1 = (\alpha q'_1 - q'_0) & p_2 = (\alpha p'_2 - p'_1) \\ \cdot & \cdot \\ \cdot & \cdot \\ \cdot & \cdot \\ q_m = (\alpha q'_m - q'_{m-1}) & p_m = (\alpha p'_m - p'_{m-1}) \\ q_{m+1} = -q'_m & p_{m+1} = -p'_m. \end{array} \tag{7.2.6}$$

Hierbei muß nach (7.1.7)

$$q_0 = \alpha q'_0 = u(0) \tag{7.2.7}$$

sein. Nach (7.2.1) bzw. (7.1.6) gilt

$$p_1 + \dots + p_{m+1} = 1$$

und hieraus folgt mit (7.2.6) und (7.2.5)

$$q'_0 = q_0 - \frac{1}{b_1 + b_2 + \dots + b_m} = q_0 - \frac{1}{\Sigma b_i}. \tag{7.2.8}$$

Mit (7.2.7) und (7.2.8) lauten die Parameter des Reglers

$$
\begin{aligned}
q_0 &= u(0) \ \text{(vorgegeben)} \\
q_1 &= q_0(a_1 - 1) + \frac{1}{\Sigma b_i} \\
q_2 &= q_0(a_2 - a_1) + \frac{a_1}{\Sigma b_i} \\
&\ \vdots \\
q_m &= q_0(a_m - a_{m-1}) = \frac{a_{m-1}}{\Sigma b_i} \\
q_{m+1} &= a_m \left(-q_0 + \frac{1}{\Sigma b_i}\right)
\end{aligned}
\tag{7.2.9}
$$

$$
\begin{aligned}
p_1 &= q_0 b_1 \\
p_2 &= q_0(b_2 - b_1) = \frac{b_1}{\Sigma b_i} \\
&\ \vdots \\
p_m &= q_0(b_m - b_{m-1}) + \frac{b_{m-1}}{\Sigma b_i} \\
p_{m+1} &= -b_m \left(q_0 - \frac{1}{\Sigma b_i}\right).
\end{aligned}
\tag{7.2.10}
$$

Die Reglerübertragungsfunktion lautet somit

$$G_R(z) = \frac{Q(z)}{1 - P(z)} = \frac{q_0 + q_1 z^{-1} + \ldots + q_{m+1} z^{-(m+1)}}{1 - p_1 z^{-1} - \ldots - p_{m+1} z^{-(m+1)}}. \tag{7.2.11}$$

Im Unterschied zum Regler nach (7.1.14) wird hier also der erste Stellgrößenwert $u(0) = q_0$ vorgegeben. Die zweite Stellgröße lautet dann, s. (7.1.7) und (7.2.9),

$$u(1) = q_1 + q_0 = a_1 u(0) + \frac{1}{\Sigma b_i}. \tag{7.2.12}$$

Man darf nun $u(0)$ nicht zu klein wählen, denn sonst würde $u(1) > u(0)$ werden, was im allgemeinen weniger zweckmäßig ist.

Damit $u(1) \leqq u(0)$ ist, muß deshalb gefordert werden

$$u(0) = q_0 \geqq 1/(1 - a_1)\Sigma b_i. \tag{7.2.13}$$

Durch die Forderung $u(1) \leqq u(0)$ ist natürlich nicht sichergestellt, daß für $k \geqq 2$ $|u(k)| < |u(0)|$. Da der rechnerische Aufwand zur Berechnung des Reglers relativ gering ist, verfahre man iterativ, d.h. man variiere $u(0)$ so lange, bis ein zufriedenstellender Verlauf erreicht ist. Meist erhält man schon mit $u(1) = u(0)$ ein gutes Ergebnis. Für Regelstrecken mit Totzeit $d > 0$ verfahre man entsprechend (7.1.22) bis (7.1.26). Aus (7.2.11), (7.2.9) und (7.2.10) entsprechenden Gleichungen folgt für den Deadbeat-Regler DB($\nu+1$)

$$G_R(z) = \frac{q_0 A(z^{-1})[1 - z^{-1}/\alpha]}{1 - q_0 B(z^{-1}) z^{-d}[1 - z^{-1}/\alpha]} \tag{7.2.14}$$

mit $1/\alpha = 1 - 1/q_0 \Sigma b_i$. (7.2.15)

Die charakteristische Gleichung wird bei exakter Übereinstimmung von Prozeß und Prozeßmodell

$$z^{m+d+1} = 0 \tag{7.2.16}$$

Zur Wahl von q_0 kann auch folgende Gleichung verwendet werden

$$q_0 = q_{0\,min} + (1-r')(q_{0\,max} - q_{0\,min}) \quad (0 \leqq r' \leqq 1) \tag{7.2.17}$$

mit

$$q_{0\,min} = 1/(1-a_1)\Sigma b_i,\; q_{0\,max} = 1/\Sigma b_i \tag{7.2.18}$$

Beispiel 7.2. Deadbeat-Regler DB($\nu+1$).
Für denselben Prozeß wie in Beispiel 7.1 sind in Bild 7.2 Übergangsfunktionen gezeigt für vorgegebenes $u(0) = u(1)$ mit den Reglerparametern:

$$q_0 = 3{,}810 \quad q_1 = 0 \quad q_2 = -5{,}884 \quad q_3 = 3{,}647 \quad q_4 = -0{,}571$$

$$p_1 = 0 \quad p_2 = 0{,}247 \quad p_3 = 0{,}554 \quad p_4 = 0{,}244 \quad p_5 = -0{,}046.$$

Für sprungförmige Führungsgrößenänderung ergibt sich das geforderte Deadbeat-Verhalten. Die Stellgröße $u(0)$ konnte auf 40 % des Wertes in Bild 7.1 verkleinert werden und die Regelgröße nimmt eine Abtastzeit später ihren Endwert an. Bei sprungförmiger Änderung der Störgröße v ist das Verhalten wieder relativ stark gedämpft. Die Vorgabe der Stellgröße verschlechtert zwar die Regelgüte etwas, jedoch dürfte dieser Deadbeat-Regler wegen der kleineren Stellamplituden öfters anwendbar sein.

In Bild 7.3 sind die Übergangsfunktionen der in den Beispielen 7.1 und 7.2 berechneten Deadbeat-Regler dargestellt. Beim Regler DB(ν) erfolgt nach der ersten großen positiven Stellgröße $u(0)$ eine negative Stellgröße $u(1)$. Diese „Gegensteuerung" ist wegen der großen Stellgröße $u(0)$ erforderlich. Dann folgt wieder eine positive Stellgröße und nach Abklingen einiger oszillierender Stellgrößenänderungen stellt sich ein integral ansteigender Verlauf $u(k)$ ein.

Wegen der Annahme $u(1) = u(0)$ für den Regelkreis und wegen der Totzeit $d = 1$ des Prozesses und damit $p_1 = 0$ sind beim DB($\nu+1$)-Regler auch bei seiner Übergangsfunktion $u(0)$ und $u(1)$ gleich groß. Dann folgen eine negative Stellgröße $u(2)$ und nach einigen oszillierenden Änderungen integrales Verhalten.

Im Vergleich zu den Übergangsfunktionen eines PID-Regelalgorithmus erzeugen die Deadbeat-Regelalgortithmen eine größere Vorhaltwirkung, denen

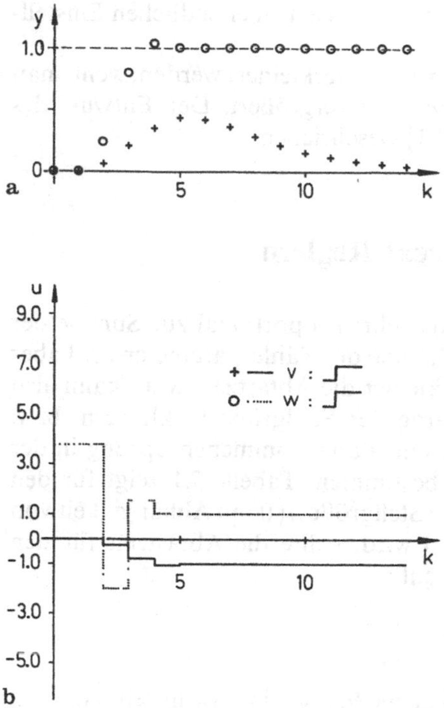

Bild 7.2. Übergangsfunktionen des Regelkreises mit Deadbeat – Regler ($\nu+1$)ter Ordnung (mit Stellgrößenvorgabe) und Prozeß III für sprungförmige Änderung von w und sprungförmige Änderung von v. Zum Entwurf wurde $u(0)=u(1)$, (7.2.13) gesetzt

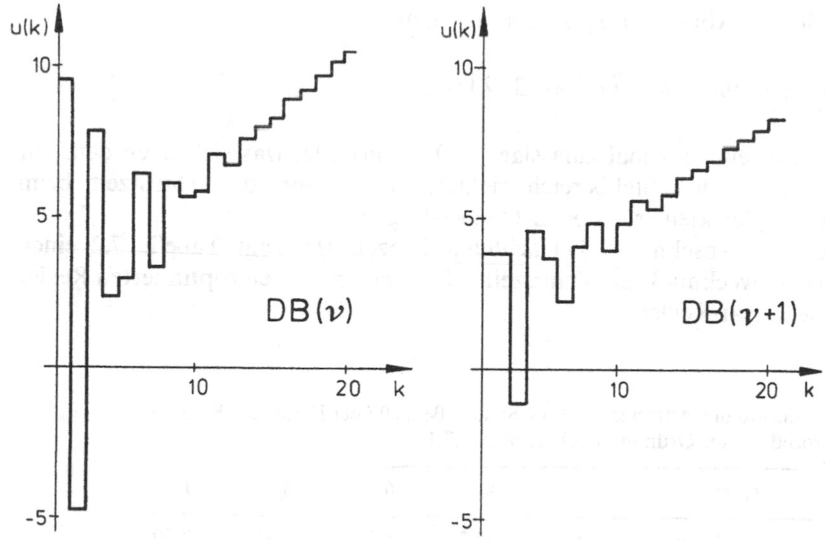

Bild 7.3. Übergangsfunktionen von Regelalgorithmen für endliche Einstellzeit Prozeß III.

abklingende oszillierende Stellbewegungen zum Erzielen einer endlichen Einstellzeit folgen.

Die Stellgrößenamplituden können noch weiter verkleinert werden, wenn man die Einstellzeit auf $m + 2$, $m + 3$, ..., $m + n$ vergrößert. Der Entwurf des resultierenden DB$(\nu+n)$-Reglers ist in [7.3] beschrieben.

7.3 Wahl der Abtastzeit bei Deadbeat-Reglern

Nach (7.1.15) ist die Stellgröße $u(0)$ umgekehrt proportional zur Summe der Zählerparameter des Prozeßmodells. Die Summe der Zählerparameter wird aber (vergleiche Tabelle 3.4) um so kleiner, je kleiner die Abtastzeit. Man kann also durch Vergrößern der Abtastzeit den Betrag der Stellgröße verkleinern, bzw. umgekehrt bei gegebenem Stellbereich für einen angenommenen Sprung in der Führungsgröße eine geeignete Abtastzeit bestimmen. Tabelle 7.1 zeigt für den Prozeß dritter Ordnung nach Tabelle 3.4 die Stellgröße $u(0)$ in Abhängigkeit von der Abtastzeit. Damit $u(0)$ nicht zu groß wird, sollte die Abtastzeit für den DB(ν)-Regler $T_0 \geqq 8$ s sein. Dies entspricht

$$T_0/T_\Sigma \geqq 0{,}36 \text{ bzw. } T_0/T_{95} \geqq 0{,}18$$

wobei T_Σ die Summenzeitkonstante und T_{95} die 95 % Einschwingzeit ist. Erhöht man nun die endliche Einstellzeit um einen Abtastschritt, verwendet also den DB$(\nu+1)$-Regler, dann kann nach (7.2.13) $u(0)$ bis maximal um den Faktor $(1-a_1)$ verkleinert werden, also nach Tabelle 7.1 je nach Abtastzeit beim betrachteten Beispiel um einen Faktor von etwa 1,8 bis 3,3. Für den DB$(\nu+1)$-Regler sollte die Abtastzeit $T_0 \geqq 5$ s sein, bzw.

$$T_0/T_\Sigma \geqq 0{,}22 \text{ bzw. } T_0/T_{95} \geqq 0{,}11.$$

Legt man also ein maximal zulässiges $u(0)$ zugrunde, was sich nach dem zur Verfügung stehenden Stellbereich richtet, dann kann die Abtastzeit beim DB$(\nu+1)$-Regler kleiner als beim DB(ν)-Regler sein.

Für den in Abschn. 5.4 betrachteten Prozeß III zeigt Tabelle 7.2 einen Vergleich der zweckmäßigen Abtastzeiten für einen parameteroptimierten Regler und die Deadbeat-Regler.

Tabelle 7.1. Einfluß der Abtastzeit auf die Stellgröße $u(0)$ bei Deadbeat-Reglern mit dem Prozeß dritter Ordnung nach Tabelle 3.7.1

Regler	T_0 in s	2	4	6	8	10
$DB(\nu)$	$u(0)=q_0$	71,5	13,3	5,75	3,81	2,50
–	$(1-a_1)$	3,25	2,71	2,30	2,00	1,77
DB$(\nu+1)$	$u(0)=q_0$	22,0	4,91	2,50	1,91	1,41

Tabelle 7.2. Vergleich der Abtastzeiten für parameteroptimierte und Deadbeat-Regler am Beispiel von Prozeß III. Annahme $u(0)_{max} \leqq 4{,}5$

Regler	3PR-3 (PID) ($r=0$)	DB(ν)	DB($\nu+1$)
T_0/T_{95}	$\geqq 0{,}12$	$\geqq 0{,}2$	$\geqq 0{,}10$

Die kleinste zu empfehlende Abtastzeit kann bei 3PR−3 und DB($\nu+1$) etwa gleich groß sein, ist aber bei DB(ν) etwa doppelt so groß zu wählen.

Die beschriebenen Deadbeat-Regler benötigen einen besonders kleinen Syntheserechenaufwand. Sie können daher dann angewandt werden, wenn die Synthese oft wiederholt werden muß, wie z.B. bei adaptiven Regelsystemen. Da diese Deadbeat-Regler jedoch, s. (7.1.27) und (7.2.14) die Pole des Prozesses kompensieren, sollten sie, wie in Kap. 6 erläutert, nicht auf Prozesse angewendet werden, deren Pole außerhalb oder in der Nähe des Einheitskreises der z-Ebene liegen [7.1]. Ihre Anwendung ist auf asymptotisch stabile Prozesse zu beschränken. (Das heißt, auch bei integralwirkenden Prozessen darf der DB-Regler nicht eingesetzt werden). Siehe auch Abschn. 11.1.

7.4 Approximation durch PID-Regler

Der Deadbeat-Regler DB($\nu+1$) mit der um Eins erweiterten Ordnung läßt sich dazu verwenden, einen PID-Regler mit relativ kleinem Rechenaufwand zu entwerfen, in den man die Übergangsfunktion $u^*(k)$ des DB($\nu+1$)-Reglers

$$G_R^*(z) = \frac{u^*(z)}{e_w(z)} = \frac{q_0^* + q_1^* z^{-1} + \ldots + q_{m+1}^* z^{-(m+1)}}{1 - p_{1+d}^* z^{-(d+1)} - \ldots - p_{m+d+1}^* z^{-(m+d+1)}} \tag{7.4.1}$$

durch die Übergangsfunktion $u(k)$ des PID-Reglers

$$G_R(z) = \frac{u(z)}{e_w(z)} = \frac{q_0 + q_1 z^{-1} + q_2 z^{-2}}{1 - z^{-1}} \tag{7.4.2}$$

für $k = 0$ und $k \to \infty$ approximiert. Vergleiche die Bilder 5.2 und 7.3. Bei Veränderung der Regelabweichung $e_w(k)$ nach einem Einheitssprung $1(k)$ erhält man die Übergangsfunktion des DB($\nu+1$) aus der rekursiven Gleichung

$$u^*(k) = \sum_{j=1}^{m+1} p_{j+d}^* u^*(k-d-j) + \sum_{j=0}^{m+1} q_j^* e(k-j) \tag{7.4.3}$$

für $k = 0, 1, 2, \dots$ mit den Anfangsbedingungen $u^*(k) = 0$ und $e_w(k) = 0$ für $k < 0$. Hieraus und aus (7.2.13) folgen

$$u(0) = q_0^* = \frac{1}{(1-a_1)\Sigma b_i}. \tag{7.4.4}$$

Das Verhalten für große k und damit die Steigung bzw. den Integralanteil erhält man durch rekursive Lösung der (7.4.3). Der Zuwachs δ pro Abtastzeit T_0

$$\delta = \lim_{k\to\infty} [u^*(k) - u^*(k-1)] \tag{7.4.5}$$

folgt aus

$$\left.\begin{array}{l} \delta \approx u^*(M) - u^*(M-1) \\ \text{oder} \\ \delta \approx \dfrac{1}{\xi}[u^*(M) - u^*(M-\xi)] \end{array}\right\} \tag{7.4.6}$$

wobei M genügend groß zu wählen ist, z.B. $M = 4(m+d)$. Ohne Anhaltspunkte für M kann man für $k > m+d$ auch

$$\delta \approx \Delta u^*(k) = u^*(k) - u^*(k-1) \tag{7.4.7}$$

bilden und dann abbrechen, wenn

$$\Delta u^*(k) - \Delta u^*(k-1) < \varepsilon u^*(k) \tag{7.4.8}$$

mit z.B. $\varepsilon = 0{,}02$.

Der Zuwachs δ kann auch explizit in Abhängigkeit von den Prozeßparametern und der Totzeit angegeben werden.

$$\delta = \lim_{k\to\infty} [u(k) - u(k-1)] = \frac{\Sigma a_i}{[d+1-q_0^*\Sigma b_i]\Sigma b_i + \Sigma i b_i} \tag{7.4.9}$$

wobei $i = 1, 2, \dots, m$. Dies folgt aus (7.4.3).

Die Parameter des 3 PR−2 erhält man wie folgt, vgl. Bild 5.2:

$$\text{a)}\ q_0 = q_0^* \tag{7.4.10}$$

$$\begin{aligned} \text{b)}\ q_0 - q_2 &= u^*(M) - M\delta \\ q_2 &= q_0 - [u^*(M) - M\delta] \end{aligned} \tag{7.4.11}$$

$$\begin{aligned} \text{c)}\ q_0 + q_1 + q_2 &= \delta \\ q_1 &= \delta - q_0 - q_2. \end{aligned} \tag{7.4.12}$$

Die Reglerkennwerte K, c_D und c_I berechnet man nach (5.2.15). Sie können dann je nach Prozeß mit Korrekturfaktoren vergrößert oder verkleinert werden, $K_{res} = \varepsilon_K K$; $c_{D\ res} = \varepsilon_D c_D$ und $c_{I\ res} = \varepsilon_I c_I$, falls dies erforderlich ist.

Die Rechenzeit zum Entwurf ist etwas größer als beim DB($\nu+1$), da außer der Berechnung der Parameter des DB($\nu+1$) hinzukommen: die rekursive Berechnung von $u^*(M)$ nach (7.4.3), (7.4.6) oder (7.4.7), und (7.4.11) und (7.4.12). Sie ist jedoch im allgemeinen viel kleiner als bei numerischer Parameteroptimierung.

Dieses direkte Entwurfsverfahren für diskrete Regler mit PID-Verhalten ist z.B. für folgende Fälle von Interesse:

1. Verwendung der selbsteinstellenden Regelung zum einmaligen Einstellen der Reglerparameter von PID-Reglern.
2. Bestimmung geeigneter Startwerte zur numerischen Parameteroptimierung.

Das Entwurfsprinzip läßt sich mit zusätzlichen Annahmen über den Verlauf der Übergangsfunktion auch für Regler mit Zählerordnungen $\nu > 2$ anwenden. Das beschriebene Entwurfsverfahren kann für Tiefpaßprozesse mit keinen oder kleinen Totzeiten angewandt werden [26.16]. Die Wahl der Abtastzeit ist jedoch an die zulässigen Stellgrößen gebunden. Deshalb wird die Abtastzeit im allgemeinen relativ groß, so daß die Anwendbarkeit etwas eingeschränkt ist.

8 Zustandsregler und Zustandsbeobachter

Beim Entwurf der bisher betrachteten Regler wurde von Ein/Ausgangs-Modellen der Prozesse in Form von Differenzengleichungen oder Übertragungsfunktionen ausgegangen, entsprechend Bild 3.16a). Aufgrund dieser Modelle konnten dann Ein/Ausgangs-Regler, parameteroptimiert nach Kap. 5 oder strukturoptimal nach Kap. 6 und 7, entworfen werden. Dabei wurde generell angenommen, daß sich der Regelkreis vor Einwirken einer Störung in einem Beharrungszustand befindet.

Die Verwendung von internen Zustandsvariablen, die in der Zustandsdarstellung eines Prozeßmodells zusätzlich zur Verfügung stehen, Bild 3.16b), gestattet die Berücksichtigung der inneren Wirkungszusammenhänge des Prozesses im Regler. Außerdem können auch die Anfangsbedingungen des Prozesses von Null verschieden sein, müssen also nicht einem Beharrungszustand entsprechen.

Im Abschn. 8.1 wird die Aufgabe behandelt, daß der Prozeß von einem *gegebenen Anfangszustand* in den Nullzustand optimal überführt werden soll. Dabei wird zunächst angenommen, daß alle Zustandsgrößen meßbar sind. Es wird ein quadratisches Güterkriterium verwendet, dessen Optimierung direkt die Struktur und die Parameter einer *Zustandsrückführung* ergibt. Hierzu ist die Lösung einer Matrix-Riccati-Differenzengleichung erforderlich. Der Entwurf von *Zustandsreglern* für *äußere Störungen* wird in Abschn. 8.2 beschrieben.

Die Parameter eines linearen Zustandsreglers lassen sich auch durch *Vorgabe der Koeffizienten der charakteristischen Gleichung*, Abschn. 8.3, festlegen, was rechnerisch besonders einfach ist. Durch Transformation der Prozeßgleichung auf Diagonalform können die Reglerparameter unter bestimmten Voraussetzungen durch unabhängige Vorgabe der Pole des geschlossenen Systems bestimmt werden. Man spricht dann von *modaler Zustandsregelung*, Abschn. 8.4. Die Parameter des Zustandsreglers können beim Entwurf auf *endliche Einstellzeit* ebenfalls sehr einfach berechnet werden, Abschn. 8.5.

Wenn nicht alle Zustandsgrößen meßbar sind, müssen sie durch einen *Beobachter* ermittelt werden, Abschn. 8.6. Die Zusammenschaltung von Zustandsregler und Beobachter mit dem Prozeß für Anfangswertstörungen und äußere Störungen wird in Abschn. 8.7 behandelt. Schließlich werden noch der Entwurf von *Beobachtern reduzierter Ordnung*, Abschn. 8.8, die *Zustandsrekonstruktion* Abschn. 8.9, und die *Wahl der freien Entwurfsparameter*, Abschn. 8.10, betrachtet.

Da sich bei der Ableitung von Zustandsreglern die Mehrgrößenregelungen von den Eingrößenregelungen nur durch eine vektorielle Schreibweise der Steuer- und Regelgrößen und durch die entsprechenden Parametermatrizen anstelle von

Parametervektoren unterscheiden, wird in den nächsten Abschnitten der allgemeine Fall der *Mehrgrößensysteme* betrachtet. Für Beispiele werden jedoch hier nur Eingrößenregelungen verwendet.

8.1 Optimale Zustandsregler für Anfangswerte

Gegeben sei die Zustandsgleichung des Prozesses

$$\boldsymbol{x}(k+1) = \boldsymbol{A}\,\boldsymbol{x}(k) + \boldsymbol{B}\,\boldsymbol{u}(k) \tag{8.1.1}$$

mit konstanten Parametermatrizen $\boldsymbol{A}$ und $\boldsymbol{B}$ und mit der Anfangsbedingung $\boldsymbol{x}(0)$, s. Bild 8.1. Es werde zunächst angenommen, daß alle Zustandsgrößen $\boldsymbol{x}(k)$ exakt meßbar sind.

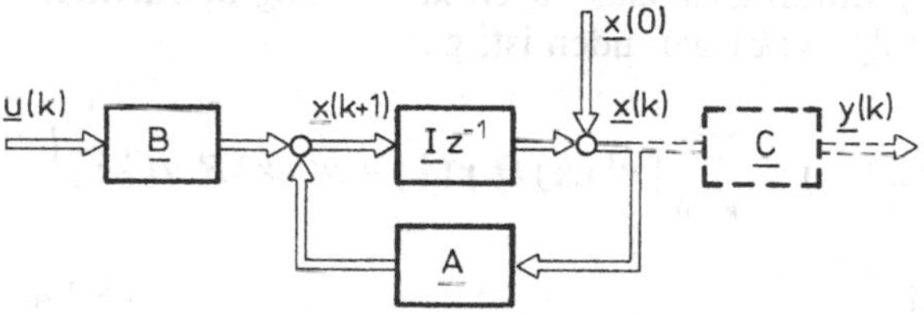

Bild 8.1. Zustandsmodell eines linearen Prozesses

Gesucht ist eine Rückführung (hier auch Regler genannt), die einen Stellgrößenvektor $\boldsymbol{u}(k)$ aus dem Zustandsgrößenvektor $\boldsymbol{x}(k)$ erzeugt, so daß das Gesamtsystem in den Endzustand $\boldsymbol{x}(N) \approx \boldsymbol{0}$ überführt wird und das quadratische Kriterium

$$I = \boldsymbol{x}^T(N)\boldsymbol{S}\,\boldsymbol{x}(N) + \sum_{k=0}^{N-1} [\boldsymbol{x}^T(k)\boldsymbol{Q}\,\boldsymbol{x}(k) + \boldsymbol{u}^T(k)\boldsymbol{R}\,\boldsymbol{u}(k)] \tag{8.1.2}$$

ein Minimum annimmt. Hierbei seien

$\boldsymbol{S}$ positiv semidefinit, symmetrisch
$\boldsymbol{Q}$ positiv semidefinit, symmetrisch
$\boldsymbol{R}$ positiv definit, symmetrisch

d.h. es sei stets $\boldsymbol{x}^T\boldsymbol{S}\,\boldsymbol{x} \geqq 0$, $\boldsymbol{x}^T\boldsymbol{Q}\,\boldsymbol{x} \geqq 0$ und $\boldsymbol{u}^T\boldsymbol{R}\,\boldsymbol{u} > 0$.

Diese Bedingungen für die Bewertungsmatrizen $\boldsymbol{S}$, $\boldsymbol{Q}$ und $\boldsymbol{R}$ folgen aus den Existenzbedingungen für das Optimum von I und lassen sich wie folgt erläutern. Zunächst ergeben sich nur dann regelungstechnisch sinnvolle Lösungen, wenn beide Terme gleiches, also z.B. positives Vorzeichen haben. Deshalb müssen alle Bewertungsmatrizen zumindest positiv semidefinit sein. Wenn $\boldsymbol{S} = \boldsymbol{0}$ ist, d.h. der Endzustand $\boldsymbol{x}(N)$ nicht bewertet wird, aber $\boldsymbol{Q} \neq \boldsymbol{0}$, d.h. alle Zustände $\boldsymbol{x}(0), \ldots, \boldsymbol{x}(N-1)$ bewertet werden, existiert ebenfalls ein regelungstechnisch sinnvolles Optimum. $\boldsymbol{S}$ kann also positiv semidefinit sein, falls $\boldsymbol{Q}$ positiv definit ist. Ebenso gilt der umgekehrte Fall.

Man sollte jedoch ausschließen, daß sowohl $\boldsymbol{S} = \boldsymbol{0}$ als auch $\boldsymbol{Q} = \boldsymbol{0}$, denn dann würden die Zustände $\boldsymbol{x}(k)$ überhaupt nicht und die Stellgrößen mit $\boldsymbol{R} \neq \boldsymbol{0}$ gewichtet, was regelungstechnisch nicht sinnvoll ist. $\boldsymbol{R}$ muß bei kontinuierlichen Zustandsreglern positiv definit sein, da im Regelgesetz $\boldsymbol{R}^{-1}$ steht. Bei diskreten Zustandsreglern kann diese Forderung jedoch abgeschwächt werden, wie später noch bemerkt wird.

Da im folgenden ausschließlich der Fall $\boldsymbol{x}(N) \approx \boldsymbol{0}$ betrachtet wird, wird $\boldsymbol{S} = \boldsymbol{Q}$ gewählt. Dann sollte allerdings auch $\boldsymbol{Q}$ positiv definit sein.

Man beachte, daß bei dieser Aufgabenstellung die Einwirkung von Führungsgrößen und äußeren Störgrößen noch unberücksichtigt bleibt und daß die Ausgangsgrößen

$$\boldsymbol{y}(k) = \boldsymbol{C}\,\boldsymbol{x}(k) \tag{8.1.3}$$

nicht zurückgeführt werden. Es wird somit eine Veränderung des Prozeßeigenverhaltens bzw. eine Stabilisierung durch *Zustandsgrößenrückführung* betrachtet.

Wenn die optimale Steuerfolge $\boldsymbol{u}(k)$ gefunden ist, gilt

$$\min I = \min_{\boldsymbol{u}(k)} \left\{ \boldsymbol{x}^T(N)\boldsymbol{Q}\,\boldsymbol{x}(N) + \sum_{k=0}^{N-1} [\boldsymbol{x}^T(k)\boldsymbol{Q}\,\boldsymbol{x}(k) + \boldsymbol{u}^T(k)\boldsymbol{R}\,\boldsymbol{u}(k)] \right\}$$

$$k = 0, 1, 2, \ldots, N-1 \tag{8.1.4}$$

Die Bestimmung der optimalen Steuerfolge ist ein Problem der dynamischen Optimierung, das durch Variationsrechnung, nach dem Maximumprinzip von Pontryagin oder nach dem Bellmanschen Optimalitätsprinzip [8.1] gelöst werden kann. Die folgende Lösung wurde von Kalman und Koepcke [8.2] angegeben und verwendet das letztgenannte Prinzip.

Anmerkungen

a) Nach dem Optimalitätsprinzip von Bellman ist jedes Endstück einer optimalen Trajektorie ebenfalls optimal. Wenn man also das Ende kennt, kann man die optimale Trajektorie von rückwärts her berechnen.

b) Aufgrund der Zustandsgleichung (8.1.1) beeinflußt $\boldsymbol{u}(k)$ die zukünftigen Zustände $\boldsymbol{x}(k+1)$, $\boldsymbol{x}(k+2)$, ... Man kann somit bei Rechnung von rückwärts aus diesen Zuständen das optimale $\boldsymbol{u}(k)$ berechnen.

Deshalb werde (8.1.4) in folgender Form geschrieben

$$\min I = \min_{\substack{\boldsymbol{u}(k) \\ k=0,1,\ldots,N-2}} \left[\min_{\boldsymbol{u}(N-1)} \{\boldsymbol{x}^T(N)\boldsymbol{Q}\,\boldsymbol{x}(N) + \sum_{k=0}^{N-1} [\boldsymbol{x}^T(k)\boldsymbol{Q}\,\boldsymbol{x}(k) + \boldsymbol{u}^T(k)\boldsymbol{R}\,\boldsymbol{u}(k)]\} \right]. \tag{8.1.5}$$

Nun gilt für den letzten Schritt in der eckigen Klammer von (8.1.5) durch Umstellung der Terme

$$\min_{\boldsymbol{u}(N-1)} \{...\} = \sum_{k=0}^{N-1} \boldsymbol{x}^T(k)\boldsymbol{Q}\,\boldsymbol{x}(k) + \sum_{k=0}^{N-2} \boldsymbol{u}^T(k)\boldsymbol{R}\,\boldsymbol{u}(k)$$

$$+ \underbrace{\min_{\boldsymbol{u}(N-1)} \{\boldsymbol{x}^T(N)\boldsymbol{Q}\,\boldsymbol{x}(N) + \boldsymbol{u}^T(N-1)\boldsymbol{R}\,\boldsymbol{u}(N-1)\}}_{I_{N-1,N}} \qquad (8.1.6)$$

da die beiden ersten Summanden von $\boldsymbol{u}(N-1)$ nicht beeinflußt werden können. $I_{N-1,\,N}$ sind die durch $\boldsymbol{u}(N-1)$ entstehenden Kosten von $k = N-1$ bis $k = N$. Beachtet man als *Nebenbedingung* die Zustandsgleichung

$$\boldsymbol{x}(N) = \boldsymbol{A}\,\boldsymbol{x}(N-1) + \boldsymbol{B}\,\boldsymbol{u}(N-1)$$

bzw.

$$\boldsymbol{x}^T(N) = \boldsymbol{x}^T(N-1)\boldsymbol{A}^T + \boldsymbol{u}^T(N-1)\boldsymbol{B}^T \qquad (8.1.7)$$

so folgt aus (8.1.6)

$$\begin{aligned} I_{N-1,N} &= \min_{\boldsymbol{u}(N-1)} \{\boldsymbol{x}^T(N)\boldsymbol{Q}\boldsymbol{x}(N) + \boldsymbol{u}^T(N-1)\boldsymbol{R}\boldsymbol{u}(N-1)\} \\ &= \min_{\boldsymbol{u}(N-1)} \{\boldsymbol{x}^T(N-1)\boldsymbol{A}^T\boldsymbol{Q}\boldsymbol{A}\boldsymbol{x}(N-1) + 2\boldsymbol{x}^T(N-1)\boldsymbol{A}^T\boldsymbol{Q}\boldsymbol{B}\boldsymbol{u}(N-1) \\ &\quad + \boldsymbol{u}^T(N-1)\boldsymbol{B}^T\boldsymbol{Q}\boldsymbol{B}\boldsymbol{u}(N-1) + \boldsymbol{u}^T(N-1)\boldsymbol{R}\boldsymbol{u}(N-1)\} \\ &= \boldsymbol{x}^T(N-1)\boldsymbol{A}^T\boldsymbol{Q}\boldsymbol{A}\boldsymbol{x}(N-1) + \min_{\boldsymbol{u}(N-1)} \{2\boldsymbol{x}^T(N-1)\boldsymbol{A}^T\boldsymbol{Q}\boldsymbol{B}\boldsymbol{u}(N-1) \\ &\quad + \boldsymbol{u}^T(N-1)(\boldsymbol{B}^T\boldsymbol{Q}\boldsymbol{B} + \boldsymbol{R})\boldsymbol{u}(N-1)\}. \end{aligned} \qquad (8.1.8)$$

Zur Minimierung von (8.1.8) gelten folgende Bedingungen

$$\min_{\boldsymbol{u}(N-1)} \{...\} \rightarrow \frac{\partial}{\partial \boldsymbol{u}(N-1)} \{...\} = \boldsymbol{0}, \quad \frac{\partial^2}{\partial \boldsymbol{u}(N-1)^2} \{...\} > \boldsymbol{0}. \qquad (8.1.9)$$

Daraus folgt mit den im Anhang angegebenen Regeln zur Ableitung von Vektoren und Matrizen

$$\frac{\partial}{\partial \boldsymbol{u}(N-1)} \{...\} = 2\boldsymbol{B}^T\boldsymbol{Q}\,\boldsymbol{A}\,\boldsymbol{x}(N-1) + 2(\boldsymbol{B}^T\boldsymbol{Q}\,\boldsymbol{B} + \boldsymbol{R})\boldsymbol{u}(N-1) = \boldsymbol{0}$$

und somit

$$\begin{aligned} \boldsymbol{u}^0(N-1) &= -(\boldsymbol{B}^T\boldsymbol{Q}\,\boldsymbol{B} + \boldsymbol{R})^{-1}\boldsymbol{B}^T\boldsymbol{Q}\,\boldsymbol{A}\,\boldsymbol{x}(N-1) \\ &= -\boldsymbol{K}_{N-1}\boldsymbol{x}(N-1) \end{aligned} \qquad (8.1.10)$$

wobei

$$K_{N-1} = (B^T Q\, B + R)^{-1} B^T Q\, A \tag{8.1.11}$$

und

$$\frac{\partial^2\{...\}}{\partial u(N-1)^2} = 2(B^T Q\, B + R) > 0. \tag{8.1.12}$$

Die durch $u(N-1)$ entstehenden Kosten $I_{N-1,N}$ kann man damit als Funktion der für diesen Schritt gültigen Anfangsbedingung $x(N-1)$ formulieren:

$$\begin{aligned}
I_{N-1,N} = {} & x^T(N-1)A^T QAx(N-1) \\
& - 2x^T(N-1)A^T QB(B^T QB + R)^{-1} B^T QAx(N-1) \\
& + x^T(N-1)A^T QB(B^T QB + R)^{-1} B^T QAx(N-1) \\
= {} & x^T(N-1)[A^T QA - A^T QB(B^T QB + R)^{-1} B^T QA]x(N-1) \\
= {} & x^T(N-1)[A^T QA - K_{N-1}^T(B^T QB + R)K_{N-1}]x(N-1) \\
= {} & x^T(N-1)P_{N-1,N}x(N-1).
\end{aligned} \tag{8.1.13}$$

Hierbei ist

$$\begin{aligned}
P_{N-1,N} &= A^T Q[I - B(B^T Q\, B + R)^{-1} B^T Q]A \\
&= A^T Q\, A - K_{N-1}^T(B^T Q\, B + R)K_{N-1}
\end{aligned} \tag{8.1.14}$$

I bzw. min I nach (8.1.5) und (8.1.6) kann man nun als Funktion von $x(k), k = 0, ..., N-1$ und $u(k)$, $k = 0, ..., N-2$ angeben. Man hat also die Unbekannten $x(N)$ und $u(N-1)$ eliminiert.

Dazu setzt man zunächst $I_{N-1,N}$ nach (8.1.13) in (8.1.6) ein und erhält

$$\begin{aligned}
& \min_{u(N-1)} \left\{ x^T(N)Q\, x(N) + \sum_{k=0}^{N-1} [x^T(k)Q\, x(k) + u^T(k)R\, u(k)] \right\} \\
&= \sum_{k=0}^{N-1} x^T(k)Q\, x(k) + \sum_{k=0}^{N-2} u^T(k)R\, u(k) + x^T(N-1)P_{N-1,N}x(N-1) \\
&= \sum_{k=0}^{N-2} [x^T(k)Qx(k) + u^T(k)Ru(k)] + \underbrace{x^T(N-1)(P_{N-1,N} + Q)x(N-1)}_{I_{N-1}}.
\end{aligned} \tag{8.1.15}$$

Führt man als Abkürzung

$$P_{N-1} = P_{N-1,N} + Q \tag{8.1.16}$$

ein, so kann man in (8.1.15)

$$\begin{aligned} I_{N-1} &= I_{N-1,N} + \boldsymbol{x}^T(N-1)\boldsymbol{Q}\boldsymbol{x}(N-1) \\ &= \boldsymbol{x}^T(N-1)(\boldsymbol{P}_{N-1,N} + \boldsymbol{Q})\boldsymbol{x}(N-1) = \boldsymbol{x}^T(N-1)\boldsymbol{P}_{N-1}\boldsymbol{x}(N-1) \end{aligned} \qquad (8.1.17)$$

bilden. In dieser Abkürzung sind dann die Kosten des letzten Schrittes und die Bewertung der zugehörigen Anfangsabweichung $\boldsymbol{x}(N-1)$ enthalten. (Diese Zusammenfassung erlaubt eine einfachere Formulierung der folgenden Gleichungen). Setzt man (8.1.16) in (8.1.15) und das Ergebnis in (8.1.5) ein, so folgt:

$$\min I = \min_{\substack{\boldsymbol{u}(k) \\ k=0,\ldots,N-3}} \left[\min_{\boldsymbol{u}(N-2)} \left\{ \sum_{k=0}^{N-2} [\boldsymbol{x}^T(k)\boldsymbol{Q}\,\boldsymbol{x}(k) + \boldsymbol{u}^T(k)\boldsymbol{R}\,\boldsymbol{u}(k)] + \boldsymbol{x}^T(N-1)\boldsymbol{P}_{N-1}\boldsymbol{x}(N-1) \right\} \right] \qquad (8.1.18)$$

Anstelle von $\min\limits_{\boldsymbol{u}(N-1)}$ steht nun $\min\limits_{\boldsymbol{u}(N-2)}$, da das optimale $\boldsymbol{u}(N-1)$ und der daraus entstehende Zustand $\boldsymbol{x}(N)$ berechnet und eingesetzt wurde.

Für den Ausdruck $\min\limits_{\boldsymbol{u}(N-2)}$ ... ergibt sich analog zu (8.1.6)

$$\begin{aligned} \min_{\boldsymbol{u}(N-2)} \{\ldots\} &= \sum_{k=0}^{N-2} \boldsymbol{x}^T(k)\boldsymbol{Q}\,\boldsymbol{x}(k) + \sum_{k=0}^{N-3} \boldsymbol{u}^T(k)\boldsymbol{R}\,\boldsymbol{u}(k) \\ &\quad + \underbrace{\min_{\boldsymbol{u}(N-2)} \{\boldsymbol{u}^T(N-2)\boldsymbol{R}\boldsymbol{u}(N-2) + \boldsymbol{x}^T(N-1)\boldsymbol{P}_{N-1}\boldsymbol{x}(N-1)\}}_{I_{N-2,N}}. \end{aligned} \qquad (8.1.19)$$

$I_{N-2,N}$ beschreibt die durch die beiden letzten Schritte entstehenden Kosten

$$I_{N-2,N} = \boldsymbol{u}^T(N-2)\boldsymbol{R}\,\boldsymbol{u}(N-2) + \boldsymbol{x}^T(N-1)\boldsymbol{Q}\,\boldsymbol{x}(N-1) + I_{N-1,N}. \qquad (8.1.20)$$

Beachtet man wieder die Zustandsgleichung

$$\boldsymbol{x}(N-1) = \boldsymbol{A}\,\boldsymbol{x}(N-2) + \boldsymbol{B}\,\boldsymbol{u}(N-2)$$

so folgt

$$\begin{aligned} I_{N-2,N} &= \min_{\boldsymbol{u}(N-2)} \{\boldsymbol{u}^T(N-2)(\boldsymbol{R}+\boldsymbol{B}^T\boldsymbol{P}_{N-1}\boldsymbol{B})\boldsymbol{u}(N-2) \\ &\quad + 2\boldsymbol{u}^T(N-2)\boldsymbol{B}^T\boldsymbol{P}_{N-1}\boldsymbol{A}\boldsymbol{x}(N-2) \\ &\quad + \boldsymbol{x}^T(N-2)\boldsymbol{A}^T\boldsymbol{P}_{N-1}\boldsymbol{A}\boldsymbol{x}(N-2)\} \\ &= \boldsymbol{x}^T(N-2)\boldsymbol{A}^T\boldsymbol{P}_{N-1}\boldsymbol{A}\boldsymbol{x}(N-2) \\ &\quad + \min_{\boldsymbol{u}(N-2)} \{\boldsymbol{u}^T(N-2)(\boldsymbol{R}+\boldsymbol{B}^T\boldsymbol{P}_{N-1}\boldsymbol{B})\boldsymbol{u}(N-2) \\ &\quad + 2\boldsymbol{u}^T(N-2)\boldsymbol{B}^T\boldsymbol{P}_{N-1}\boldsymbol{A}\boldsymbol{x}(N-2)\}. \end{aligned} \qquad (8.1.21)$$

Hieraus folgt analog zu (8.1.10)

$$\begin{aligned} \boldsymbol{u}^0(N-2) &= -(\boldsymbol{R} + \boldsymbol{B}^T\boldsymbol{P}_{N-1}\boldsymbol{B})^{-1}\boldsymbol{B}^T\boldsymbol{P}_{N-1}\boldsymbol{A}\,\boldsymbol{x}(N-2) \\ &= -\boldsymbol{K}_{N-2}\boldsymbol{x}(N-2). \end{aligned} \tag{8.1.22}$$

Der Regler $\boldsymbol{K}_{N-2}$ wird somit durch

$$\boldsymbol{K}_{N-2} = (\boldsymbol{R} + \boldsymbol{B}^T\boldsymbol{P}_{N-1}\boldsymbol{B})^{-1}\boldsymbol{B}^T\boldsymbol{P}_{N-1}\boldsymbol{A} \tag{8.1.23}$$

beschrieben. Die minimalen Kosten $I_{N-2,N}$ für die beiden letzten Schritte ergeben sich damit aus (8.1.21) zu:

$$\begin{aligned} I_{N-2,N} &= \boldsymbol{x}^T(N-2)\boldsymbol{A}^T\boldsymbol{P}_{N-1}\boldsymbol{A}\boldsymbol{x}(N-2) \\ &\quad + \boldsymbol{x}^T(N-2)\boldsymbol{A}^T\boldsymbol{P}_{N-1}\boldsymbol{B}(\boldsymbol{R}+\boldsymbol{B}^T\boldsymbol{P}_{N-1}\boldsymbol{B})^{-1}\boldsymbol{B}^T\boldsymbol{P}_{N-1}\boldsymbol{A}\boldsymbol{x}(N-2) \\ &\quad - 2\boldsymbol{x}^T(N-2)\boldsymbol{A}^T\boldsymbol{P}_{N-1}\boldsymbol{B}(\boldsymbol{R}+\boldsymbol{B}^T\boldsymbol{P}_{N-1}\boldsymbol{B})^{-1}\boldsymbol{B}^T\boldsymbol{P}_{N-1}\boldsymbol{A}\boldsymbol{x}(N-2) \\ &= \boldsymbol{x}^T(N-2)\,[\boldsymbol{A}^T\boldsymbol{P}_{N-1}\boldsymbol{A} - \boldsymbol{A}^T\boldsymbol{P}_{N-1}\boldsymbol{B} \\ &\quad (\boldsymbol{R}+\boldsymbol{B}^T\boldsymbol{P}_{N-1}\boldsymbol{B})^{-1}\boldsymbol{B}^T\boldsymbol{P}_{N-1}\boldsymbol{A}]\boldsymbol{x}(N-2) \\ &= \boldsymbol{x}^T(N-2)\,[\boldsymbol{A}^T\boldsymbol{P}_{N-1}\boldsymbol{A} - \boldsymbol{K}_{N-2}^T(\boldsymbol{R}+\boldsymbol{B}^T\boldsymbol{P}_{N-1}\boldsymbol{B})\boldsymbol{K}_{N-2}]\boldsymbol{x}(N-2) \\ &= \boldsymbol{x}^T(N-2)\boldsymbol{P}_{N-2,N}\boldsymbol{x}(N-2) \end{aligned} \tag{8.1.24}$$

wobei

$$\begin{aligned} \boldsymbol{P}_{N-2,N} &= \boldsymbol{A}^T\boldsymbol{P}_{N-1}[\boldsymbol{I} - \boldsymbol{B}(\boldsymbol{R} + \boldsymbol{B}^T\boldsymbol{P}_{N-1}\boldsymbol{B})^{-1}\boldsymbol{B}^T\boldsymbol{P}_{N-1}]\boldsymbol{A} \\ &= \boldsymbol{A}^T\boldsymbol{P}_{N-1}\boldsymbol{A} - \boldsymbol{K}_{N-2}^T(\boldsymbol{R} + \boldsymbol{B}^T\boldsymbol{P}_{N-1}\boldsymbol{B})\boldsymbol{K}_{N-2}. \end{aligned} \tag{8.1.25}$$

Damit kann man das Minimum von I bezüglich $\boldsymbol{u}(N-2)$ nach (8.1.19) folgendermaßen formulieren

$$\begin{aligned} \min_{\boldsymbol{u}(N-2)} I &= \sum_{k=0}^{N-2} \boldsymbol{x}^T(k)\boldsymbol{Q}\boldsymbol{x}(k) + \sum_{k=0}^{N-3} \boldsymbol{u}^T(k)\boldsymbol{R}\boldsymbol{u}(k) \\ &\quad + \boldsymbol{x}^T(N-2)\boldsymbol{P}_{N-2,N}\boldsymbol{x}(N-2) \\ &= \sum_{k=0}^{N-3} [\boldsymbol{x}^T(k)\boldsymbol{Q}\boldsymbol{x}(k) + \boldsymbol{u}^T(k)\boldsymbol{R}\boldsymbol{u}(k)] \\ &\quad + \underbrace{\boldsymbol{x}^T(N-2)(\boldsymbol{P}_{N-2,N} + \boldsymbol{Q})\boldsymbol{x}(N-2)}_{I_{N-2}} \end{aligned} \tag{8.1.26}$$

Führt man wieder als Abkürzung

$$\boldsymbol{P}_{N-2} = \boldsymbol{P}_{N-2,N} + \boldsymbol{Q} \tag{8.1.27}$$

ein, so folgen die Kosten der letzten beiden Schritte einschließlich der Bewertung der Anfangsabweichung $x(N-2)$ zu

$$\begin{aligned} I_{N-2} &= I_{N-2,N} + x^T(N-2)Q\,x(N-2) \\ &= x^T(N-2)(P_{N-2,N} + Q)x(N-2) \\ &= x^T(N-2)P_{N-2}x(N-2). \end{aligned} \tag{8.1.28}$$

Unter Beachtung der Zustandsgleichung kann man I nunmehr als Funktion von $x(k)$ und $u(k)$ mit $k = 0, ..., N-3$ beschreiben, woraus sich $u^0(N-3)$ bestimmen läßt, usw.

In allgemeiner Schreibweise erhält man somit einen linearen, *zeitvarianten Zustandsregler* (bzw. eine Zustandsrückführung)

$$u^0(N-j) = -K_{N-j}x(N-j) \quad j=1,2,\ldots,N \tag{8.1.29}$$

der alle Zustandsgrößen proportionalwirkend über die Verstärkungsmatrix K_{N-j} nach Vorzeichenumkehr auf den Eingang des Prozesses zurückführt, Bild 8.2. Seine Parameter folgen aus den rekursiven Gleichungen

$$K_{N-j} = (R + B^T P_{N-j+1}B)^{-1}B^T P_{N-j+1}A \tag{8.1.30}$$

$$\begin{aligned} P_{N-j} &= Q + A^T P_{N-j+1}A - K_{N-j}^T(R + B^T P_{N-j+1}B)K_{N-j} \\ &= Q - K_{N-j}^T R\,K_{N-j} + [A - B\,K_{N-j}]^T P_{N-j+1}[A + B\,K_{N-j}] \\ &= Q + A^T P_{N-j+1}[I - B(R + B^T P_{N-j+1}B)^{-1}B^T P_{N-j+1}]A \end{aligned} \tag{8.1.31}$$

mit $P_N = Q$ als Anfangsmatrix. Die letzte Gleichung ist eine *Matrix-Riccati-Differenzengleichung*. Für den Wert des Gütekriteriums (8.1.2) gilt

$$\min_{u(k)} I = I_0 = x^T(0)P_0x(0) \tag{8.1.32}$$

wobei $k = 0, 1, ..., N-1$. Der minimale Wert des quadratischen Kriteriums kann also explizit in Abhängigkeit vom Anfangszustand $x(0)$ angegeben werden.

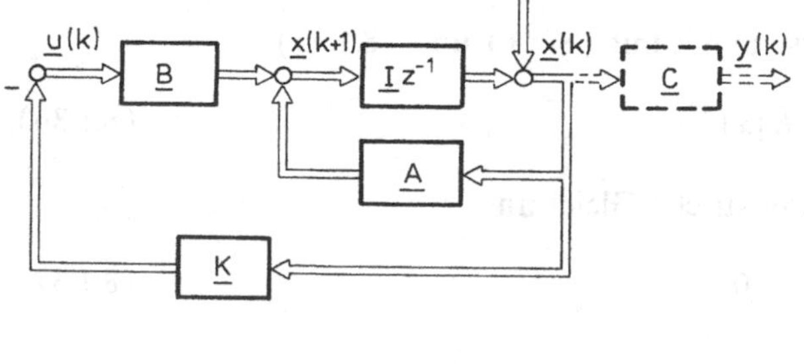

Bild 8.2. Zustandsmodell mit optimaler Zustandsrückführung K zur Ausregelung einer Anfangswertauslenkung $x(0)$. Dabei Annahme, daß der Zustandsvektor $x(k)$ exakt und vollständig gemessen werden kann

Wie nachfolgend an einem Beispiel gezeigt wird, strebt $\boldsymbol{K}_{N-j}$ für $j = 1, 2, ..., N$, also für

$$\boldsymbol{K}_{N-1}, \boldsymbol{K}_{N-2}, ..., \boldsymbol{K}_2, \boldsymbol{K}_1, \boldsymbol{K}_0$$

gegen einen festen Wert falls $N \to \infty$

$$\boldsymbol{K}_0 = \bar{\boldsymbol{K}} = \lim_{N \to \infty} \boldsymbol{K}_{N-j}$$

so daß im Grenzfall ein *zeitinvarianter Zustandsregler*

$$\boldsymbol{u}^0(k) = -\bar{\boldsymbol{K}}\boldsymbol{x}(k) \tag{8.1.33}$$

entsteht. Die Reglermatrix erhält man dabei aus

$$\bar{\boldsymbol{K}} = (\boldsymbol{R} + \boldsymbol{B}^T\bar{\boldsymbol{P}}\boldsymbol{B})^{-1}\boldsymbol{B}^T\bar{\boldsymbol{P}}\boldsymbol{A} \tag{8.1.34}$$

mit $\bar{\boldsymbol{P}} = \boldsymbol{P}_0$ als Lösung der stationären Matrix-Riccati-Gleichung

$$\bar{\boldsymbol{P}} = \lim_{N \to \infty} \boldsymbol{P}_{N-j} = \boldsymbol{Q} + \boldsymbol{A}^T\bar{\boldsymbol{P}}[\boldsymbol{I} - \boldsymbol{B}(\boldsymbol{R} + \boldsymbol{B}^T\bar{\boldsymbol{P}}\boldsymbol{B})^{-1}\boldsymbol{B}^T\bar{\boldsymbol{P}}]\boldsymbol{A}. \tag{8.1.35}$$

Die Lösung dieser nichtlinearen Gleichung folgt über die rekursive Gleichung (8.1.31).

Der zeitinvariante Zustandsregler nach (8.1.33) ist für die praktische Anwendung am wichtigsten. Wegen der durchzuführenden Matrixinversion muß zunächst

$$\det[\boldsymbol{R} + \boldsymbol{B}^T\bar{\boldsymbol{P}}\boldsymbol{B}] \neq 0$$

aber wegen der rekursiven Berechnung, bzw. Existenzbedingungen für das jeweilige Optimum, auch

$$\det[\boldsymbol{R} + \boldsymbol{B}^T\boldsymbol{Q}\boldsymbol{B}] \neq 0 \to \text{Gleichungen (8.1.12), (8.1.11)}$$

$$\det[\boldsymbol{R} + \boldsymbol{B}^T\boldsymbol{P}_{N-j+1}\boldsymbol{B}] \neq 0 \to \text{Gleichung (8.1.30)}$$

sein, d.h. der jeweilige Ausdruck in der Klammer muß positiv definit sein. Dies ist für positiv definite Matrix $\boldsymbol{R}$ im allgemeinen erfüllt. Es kann jedoch auch $\boldsymbol{R} = \boldsymbol{0}$ zugelassen werden, falls der zweite Term $\boldsymbol{B}^T\boldsymbol{P}_{N-j+1}\boldsymbol{B} > 0$ für $j = 1, 2, ..., N$ und $\boldsymbol{Q} > \boldsymbol{0}$. Da man jedoch $\boldsymbol{P}_{N-j+1}$ nicht im voraus kennt, ist im allgemeinen $\boldsymbol{R} > \boldsymbol{0}$ zu fordern.

Für das geschlossene System gilt mit (8.1.1) und (8.1.33)

$$\boldsymbol{x}(k+1) = [\boldsymbol{A} - \boldsymbol{B}\bar{\boldsymbol{K}}]\boldsymbol{x}(k) \tag{8.1.36}$$

und somit lautet die charakteristische Gleichung

$$\det[z\boldsymbol{I} - \boldsymbol{A} + \boldsymbol{B}\bar{\boldsymbol{K}}] = 0. \tag{8.1.37}$$

Dieses geschlossene System ist asymptotisch stabil, falls der Prozeß (8.1.1) vollkommen steuerbar ist. Falls er nicht vollkommen steuerbar ist, muß der nicht steuerbare Anteil asymptotisch stabile Eigenwerte besitzen, damit das Gesamtsystem asymptotisch stabil ist [8.4].

Beispiel 8.1

Für den in Abschn. 5.4 beschriebenen Testprozeß III, einem Tiefpaßprozeß dritter Ordnung mit einer Totzeit, sind in Tabelle 8.1 die Koeffizienten der Matrix $\boldsymbol{P}_{N-j}$ und in Bild 8.3 die Koeffizienten des Reglers $\boldsymbol{k}_{N-j}^T$ in Abhängigkeit von $k = N-j$ dargestellt. Vgl. Beisp. 8.2

Die rekursive Lösung der Matrix-Riccati-Gleichung für $\boldsymbol{R} = r = 1$ wurde dabei mit $j = 0$, $N = 29$ und

$$\boldsymbol{Q} = \begin{bmatrix} 0 & 0 & 0 & 0 \\ 0 & 0 & 0 & 0 \\ 0 & 0 & 1 & 0 \\ 0 & 0 & 0 & 0 \end{bmatrix}$$

gestartet. Hierbei wurde $\boldsymbol{Q}$ so angenommen, daß, vgl. Abschn. 8.10.1

$$\boldsymbol{x}^T(k)\boldsymbol{Q}\,\boldsymbol{x}(k) = y^2(k).$$

Man erkennt, daß sich die Koeffizienten von $\boldsymbol{P}_{N-j}$ und $\boldsymbol{k}_{N-j}^T$ nach etwa 10 Schritten nur noch unwesentlich ändern, daß also nach wenigen Rechenschritten bereits die stationäre Lösung erreicht ist.

Bisher wurde angenommen, daß der Zustandsvektor $\boldsymbol{x}(k)$ exakt und vollständig gemessen werden kann. Das ist zwar gelegentlich bei mechanischen oder elektrischen Prozessen (z.B. Fahrzeuge, elektrische Netzwerke) und zeitkonti-

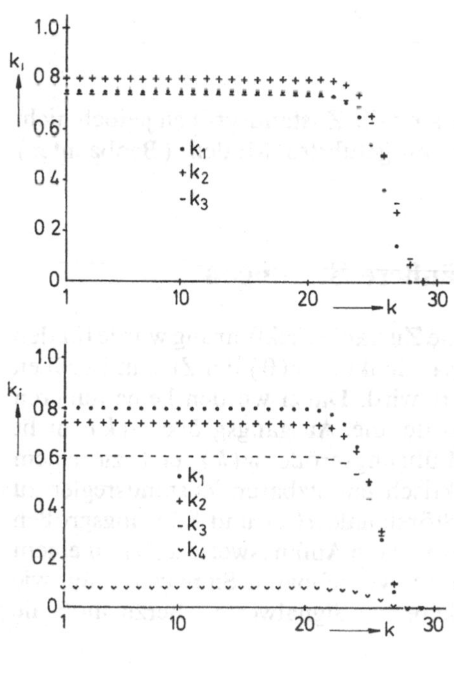

Bild 8.3. Verlauf der Koeffizienten der Zustandsrückführung $\boldsymbol{k}_{N-j}^T$ bei der rekursiven Lösung der Matrix – Riccati – Gleichung für Prozeß III. Aus [8.5], $(k = N-j)$

Tabelle 8.1. Verlauf der Matrix P_{N-j} bei der rekursiven Lösung der Matrix-Riccati-Gleichung für Prozeß III. Aus [8.5]

P_{29}	0,0000	0,0000	0,0000	0,0000
	0,0000	0,0000	0,0000	0,0000
	0,0000	0,0000	1,0000	0,0000
	0,0000	0,0000	0,0000	0,0000
P_{28}	0,0000	0,0000	0,0000	0,0000
	0,0000	1,0000	1,5000	0,0650
	0,0000	1,5000	3,3500	0,0975
	0,0000	0,0650	0,0975	0,0042
P_{27}	0,9958	1,4937	1,5385	0,1449
	1,4937	3,2405	3,8078	0,2823
	1,5385	3,8077	5,6270	0,3214
	0,1449	0,2823	0,3214	0,0253
P_{24}	6,6588	6,6533	5.8020	0,7108
	6,6533	7,9940	7,7599	0,8022
	5,8020	7,7599	8,9241	0,7529
	0,7108	0,8022	0,7529	0,0822
P_{21}	7,8748	7,5319	6,4262	0,8132
	7,5319	8,6296	8,2119	0,8763
	6,4262	8,2119	9,2456	0,8056
	0,8132	0,8763	0,8056	0,0908
P_{19}	7,9430	7,5754	6,4540	0,8184
	7,5754	8,6573	8,2296	0,8796
	6,4540	8,2296	9,2570	0,8077
	0,8184	0,8796	0,8077	0,0912
P_{1}	7,9502	7,5796	6,4564	0,8189
	7,5796	8,6597	8,2310	0,8799
	6,4564	8,2310	9,2578	0,8079
	0,8189	0,8799	0,8079	0,0913

nuierlichen Modellen der Fall. Sehr häufig sind die Zustandsgrößen jedoch nicht alle meßbar. Dann müssen sie über ein mitgeführtes Modell (Beobachter) bestimmt werden, s. Abschn. 8.6.

8.2 Optimale Zustandsregler für äußere Störungen

Die im letzten Abschnitt berechnete optimale Zustandsrückführung wurde für den Fall entworfen, daß eine gegebene Anfangsauslenkung $\boldsymbol{x}(0)$ der Zustandsgrößen in einen Endzustand $\boldsymbol{x}(N) \approx \boldsymbol{0}$ überführt wird. Dabei wurden keine äußeren Störungen berücksichtigt. Außerdem wurde die Ausgangsgröße $y(k)$ nicht betrachtet, deren Vergleich mit einer Führungsgröße $w(k)$ erst zu einem eigentlichen Regler führt. Um einen praktisch einsetzbaren Zustandsregler zu erhalten, müssen also extern angreifende Störsignale $\boldsymbol{n}(k)$ und Führungsgrößen $\boldsymbol{w}(k)$ berücksichtigt werden, die nicht nur, wie die Anfangswerte $\boldsymbol{x}(0)$ zu einem einzigen Zeitpunkt „einwirken“, sondern mit vorgebbaren Signalverläufen wie z.B. sprungförmige Signale, also auch bleibende Signalwerte. Hierzu muß die

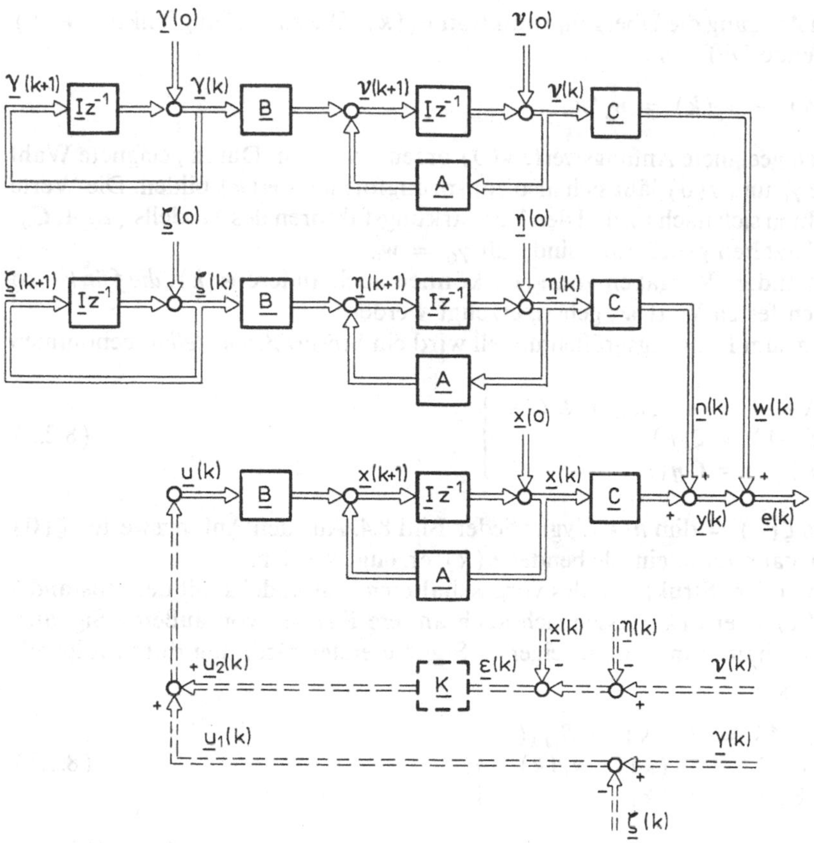

Bild 8.4. Zustandsmodell eines linearen Prozesses mit Führungsgrößen – und Störgrößenmodell zur Erzeugung von bleibenden Führungsgrößen $\boldsymbol{w}(k)$ und Störgrößen $\boldsymbol{n}(k)$. Der entstehende Zustandsregler ist gestrichelt eingetragen

Zustandsrückführung geeignet ergänzt werden, vgl. [8.3, 8.4, 8.6, 8.7]. Die folgende Darstellung lehnt sich an [8.8] an.

Es werde nun der Fall betrachtet, daß *bleibende Führungsgrößen* $\boldsymbol{w}(k)$ und *Störgrößen* $\boldsymbol{n}(k)$ auftreten. Diese lassen sich durch ein Führungsgrößenmodell, vgl. Bild 8.4

$$\left.\begin{aligned} \boldsymbol{v}(k+1) &= \boldsymbol{A}\boldsymbol{v}(k) + \boldsymbol{B}\boldsymbol{\gamma}(k) \\ \boldsymbol{\gamma}(k+1) &= \boldsymbol{\gamma}(k) \\ \boldsymbol{w}(k) &= \boldsymbol{C}\boldsymbol{v}(k) \end{aligned}\right\} \qquad (8.2.1)$$

wobei dim $\boldsymbol{\gamma}(k)$ = dim $\boldsymbol{w}(k)$, aus bestimmten Anfangswerten $\boldsymbol{v}(0)$ und $\boldsymbol{\gamma}(0)$ erzeugen. Möchte man bei einem Prozeß mit Ausgleich z.B. eine sprungförmige Führungsgröße $\boldsymbol{w}(k) = \boldsymbol{w}_0 1(k)$ haben, wird $\boldsymbol{\gamma}(0) = \boldsymbol{\gamma}_0$ gesetzt. Dann wird der Teil $(\boldsymbol{B}, \boldsymbol{A}, \boldsymbol{C})$ des Führungsgrößenmodells sprungförmig angeregt und erzeugt an seinem Ausgang die Übergangsfunktion $\boldsymbol{w}_\gamma(k)$. Die zur Sprungfunktion $\boldsymbol{w}(k)$ noch fehlende Differenz

$$\boldsymbol{w}(k) - \boldsymbol{w}_\gamma(k) = \boldsymbol{w}_v(k)$$

kann durch geeignete Anfangswerte $\boldsymbol{v}(0)$ erzeugt werden. Durch geeignete Wahl der Werte γ_0 und $\boldsymbol{v}(0)$ läßt sich also ein sprungförmiges $\boldsymbol{w}(k)$ bilden. Die Werte von γ_0 richten sich nach $\boldsymbol{w}_0$ und den Verstärkungsfaktoren des Modells $(\boldsymbol{B}, \boldsymbol{A}, \boldsymbol{C})$. Falls die letzteren gleich Eins sind, gilt $\gamma_0 = \boldsymbol{w}_0$.

Durch andere Vorgaben von $\boldsymbol{v}(0)$ können auch andere $\boldsymbol{w}(k)$, *die für* $k \to \infty$ gegen einen festen Wert $\boldsymbol{w}_0$ gehen, erzeugt werden.

Analog zum Führungsgrößenmodell wird ein *Störgrößenmodell* angenommen

$$\left.\begin{aligned} \boldsymbol{\eta}(k+1) &= \boldsymbol{A}\,\boldsymbol{\eta}(k) + \boldsymbol{B}\,\boldsymbol{\zeta}(k) \\ \boldsymbol{\zeta}(k+1) &= \boldsymbol{\zeta}(k) \\ \boldsymbol{n}(k) &= \boldsymbol{C}\boldsymbol{\eta}(k) \end{aligned}\right\} \qquad (8.2.2)$$

wobei $\dim \boldsymbol{\zeta}(k) = \dim \boldsymbol{n}(k)$, vgl. wieder Bild 8.4. Aus den Anfangswerten $\boldsymbol{\zeta}(0)$ und $\boldsymbol{\eta}(0)$ kann dann ein bleibendes $\boldsymbol{n}(k)$ erzeugt werden.

Durch andere Strukturen des vorgeschalteten Teilmodells mit den Zustandsgrößen $\gamma(k)$ oder $\boldsymbol{\zeta}(k)$ lassen sich auch andere Klassen von äußeren Signalen bilden. So erhält man z.B. ansteigende Signale erster Ordnung durch folgende Erweiterung

$$\left.\begin{aligned} \boldsymbol{v}(k+1) &= \boldsymbol{A}\,\boldsymbol{v}(k) + \boldsymbol{B}\,\gamma_2(k) \\ \gamma_2(k+1) &= \gamma_2(k) + \gamma_1(k) \\ \gamma_1(k+1) &= \gamma_1(k). \end{aligned}\right\} \qquad (8.2.3)$$

Die Zustandsgrößen des Prozeßmodells und des Führungs- und Störgrößenmodells werden zu einer Fehlerzustandsgröße $\boldsymbol{\varepsilon}(k)$ zusammengefaßt, so daß für die Regelabweichung $\boldsymbol{e}_w(k)$ gilt

$$\begin{aligned} \boldsymbol{e}_w(k) &= \boldsymbol{w}(k) - \boldsymbol{y}(k) - \boldsymbol{n}(k) \\ &= \boldsymbol{C}\,[\boldsymbol{v}(k) - \boldsymbol{x}(k) - \boldsymbol{\eta}(k)] = \boldsymbol{C}\,\varepsilon(k). \end{aligned} \qquad (8.2.4)$$

Das Gesamtmodell wird dann beschrieben durch

$$\begin{bmatrix} \boldsymbol{\varepsilon}(k+1) \\ \gamma(k+1) - \boldsymbol{\zeta}(k+1) \end{bmatrix} = \begin{bmatrix} \boldsymbol{A} & \boldsymbol{B} \\ \boldsymbol{0} & \boldsymbol{I} \end{bmatrix} \begin{bmatrix} \varepsilon(k) \\ \gamma(k) - \boldsymbol{\zeta}(k) \end{bmatrix} - \begin{bmatrix} \boldsymbol{B} \\ \boldsymbol{0} \end{bmatrix} \boldsymbol{u}(k). \qquad (8.2.5)$$

Zur Regelung sei angenommen, daß die Zustandsgrößen $\boldsymbol{\varepsilon}(k), \gamma(k)$ und $\boldsymbol{\zeta}(k)$ alle vollständig meßbar sind.

Die Stellgröße wird nun in zwei Anteile aufgeteilt

$$\boldsymbol{u}(k) = \boldsymbol{u}_1(k) + \boldsymbol{u}_2(k). \qquad (8.2.6)$$

Setzt man

$$\boldsymbol{u}_1(k) = \gamma(k) - \boldsymbol{\zeta}(k) \qquad (8.2.7)$$

dann wird der Einfluß von $\gamma(k)$ und $\zeta(k)$ auf $\boldsymbol{y}(k)$ vollständig kompensiert. $\boldsymbol{u}_1(k)$ steuert somit die Auswirkung der Anfangswerte $\gamma(0)$ und $\zeta(0)$ aus, was einer idealen Störgrößenaufschaltung entspricht. Die Teilsteuerung $\boldsymbol{u}_2(k)$ muß dann die Auswirkungen der Anfangswerte

$$\varepsilon(0) = \boldsymbol{v}(0) - \boldsymbol{x}(0) - \boldsymbol{\eta}(0) \tag{8.2.8}$$

mit Hilfe eines Zustandsreglers ausregeln.

Es verbleibt somit die Synthese eines optimalen Zustandsreglers für Anfangswerte des restlichen Systems

$$\varepsilon(k+1) = \boldsymbol{A}\,\varepsilon(k) - \boldsymbol{B}\,\boldsymbol{u}_2(k). \tag{8.2.9}$$

Hierzu muß das zugehörige quadratische Gütekriterium

$$I_\varepsilon = \varepsilon^T(N)\boldsymbol{Q}\,\varepsilon(N) + \sum_{k=0}^{N-1} [\varepsilon^T(k)\boldsymbol{Q}\,\varepsilon(k) + \boldsymbol{u}_2^T(k)\boldsymbol{R}\,\boldsymbol{u}_2(k)] \tag{8.2.10}$$

minimiert werden. Diese Aufgabe entspricht aber völlig der Aufgabe des Abschn. 8.1, so daß der optimale zeitinvariante Zustandsregler entsprechend (8.1.33) lautet

$$\boldsymbol{u}_2(k) = \boldsymbol{K}\,\varepsilon(k). \tag{8.2.11}$$

Im Unterschied zur Ausregelung von Anfangswerten $\boldsymbol{x}(0)$ in Abschn. 8.1 regelt dieser Zustandsregler die Anfangswerte $\varepsilon(0)$ aus.

Der gesamte Regler für bleibende Störungen setzt sich also zusammen aus
– Zustandsregler für Anfangswerte $\varepsilon(0) \rightarrow \boldsymbol{u}_2(k)$
– Störgrößenaufschaltung von $\gamma(k)$ und $\zeta(k) \rightarrow \boldsymbol{u}_1(k)$
und lautet mit (8.2.6), (8.2.7) und (8.2.11)

$$\boldsymbol{u}(k) = [\boldsymbol{K}\boldsymbol{I}]\begin{bmatrix} \varepsilon(k) \\ \gamma(k) - \zeta(k) \end{bmatrix}. \tag{8.2.12}$$

Dieser Regler ist in Bild 8.4 gestrichelt eingetragen.

Das Gesamtmodell (8.2.5) läßt sich mit Hilfe der Abkürzungen

$$\boldsymbol{x}^*(k) = \begin{bmatrix} \varepsilon(k) \\ \gamma(k) - \zeta(k) \end{bmatrix}; \qquad \boldsymbol{A}^* = \begin{bmatrix} \boldsymbol{A} & \boldsymbol{B} \\ \boldsymbol{0} & \boldsymbol{I} \end{bmatrix}$$
$$\boldsymbol{B}^* = \begin{bmatrix} -\boldsymbol{B} \\ \boldsymbol{0} \end{bmatrix}; \qquad \boldsymbol{C}^* = [\boldsymbol{C} \quad \boldsymbol{0}] \tag{8.2.13}$$

wie folgt darstellen

$$\boldsymbol{x}^*(k+1) = \boldsymbol{A}^*\boldsymbol{x}^*(k) + \boldsymbol{B}^*\boldsymbol{u}(k) \tag{8.2.14}$$

$$\boldsymbol{e}_w(k) = \boldsymbol{C}^*\boldsymbol{x}^*(k) \tag{8.2.15}$$

und der zugehörige Zustandsregler lautet

$$\boldsymbol{u}(k) = \boldsymbol{K}^{*}\boldsymbol{x}^{*}(k) \tag{8.2.16}$$

mit

$$\boldsymbol{K}^{*} = [\boldsymbol{K}\,\boldsymbol{I}]. \tag{8.2.17}$$

Falls jede Ausgangsgröße $y_i(k)$ eine zugeordnete Führungsgröße $w_i(k)$ und Störgröße $n_i(k)$ besitzt, gilt

$$\dim \mathrm{x}^{*} = \dim \boldsymbol{\varepsilon} + \dim \boldsymbol{y} = m + r$$

so daß $\boldsymbol{A}^{*}$ eine $(m+r)x(m+r)$-Matrix ist.

Die charakteristische Gleichung des optimalen Zustandsregelsystems für sprungförmige äußere Störungen ist

$$\begin{aligned}
&\det\,[z\boldsymbol{I} - \boldsymbol{A}^{*} - \boldsymbol{B}^{*}\boldsymbol{K}^{*}]\\
&= \det\begin{bmatrix} z\boldsymbol{I} - \boldsymbol{A} + \boldsymbol{B}\boldsymbol{K} & \boldsymbol{0} \\ \boldsymbol{0} & (z-1)\boldsymbol{I} \end{bmatrix}\\
&= \det\,[z\,\boldsymbol{I} - \boldsymbol{A} + \boldsymbol{B}\,\boldsymbol{K}]\,(z-1)^{q} = 0
\end{aligned} \tag{8.2.18}$$

falls $\dim \boldsymbol{y}(k) = \dim \boldsymbol{\zeta}(k) = \dim \boldsymbol{u}_1(k) = \dim \boldsymbol{u}(k) = q$.

Durch die angenommenen Modelle für die äußeren Störungen bekommt das Regelsystem bei q Stellgrößen einen q-fachen Pol bei $z = 1$, also q „Intergralanteile“, die bleibende Regelabweichungen zum Verschwinden bringen. Für ein Eingrößensystem lautet die charakteristische Gleichung

$$\det\,[z\boldsymbol{I} - \boldsymbol{A} + \boldsymbol{b}\boldsymbol{k}^{T}](z-1) = 0 \tag{8.2.19}$$

Es besitzt also $(m+1)$ Pole.

Ein anderer Weg zur Beseitigung von bleibenden Regelabweichungen, die durch äußere Störungen und Führungsgrößenänderungen entstehen, besteht darin, das Prozeßmodell durch einen Pol bei $z = 1$ zu ergänzen. Dies entspricht für einen Prozeß mit der Ausgangsgröße

$$\boldsymbol{y}(k) = \boldsymbol{C}\,\boldsymbol{x}(k)$$

der Einführung zusätzlicher Zustandsgrößen

$$\boldsymbol{q}(k+1) = \boldsymbol{q}(k) + \boldsymbol{F}\,\boldsymbol{y}(k) \tag{8.2.20}$$

also dem Nachschalten von Summations- bzw. „Integrationsgliedern“. Hierbei ist $\boldsymbol{F}$ eine Diagonalmatrix. Bei Rechteckintegration lassen sich die Diagonalelemente von $\boldsymbol{F}$ als Verhältnis von Abtastzeit T_0 zu Integrationszeit T_{Ii}, $f_{ii} = T_0/T_{Ii}$, interpretieren. Der Zustandsregler bekommt dann einen *parallelen integralwirkenden Term*[8.4, 8.5]

$$\boldsymbol{u}(k) = -\boldsymbol{K}\,\boldsymbol{x}(k) - \boldsymbol{K}_I \boldsymbol{q}(k). \tag{8.2.21}$$

Im Vergleich zur Einbeziehung von Führungs- und Störgrößenmodellen hat dieses Nachschalten eines Integrationsgliedes jedoch den Nachteil, daß die Integrationszeitkonstanten f_{ii} frei wählbare Parameter sind, die beim Zustandsreglerentwurf über das Kriterium (8.1.2) nicht bestimmt werden. Die Auslegung des Integralanteiles fügt sich somit nicht gut in das Entwurfskonzept des Zustandsreglers ein, welches eine geschlossene Lösung erlaubt. Bessere Möglichkeiten werden in Abschn. 8.7.3 behandelt.

Falls die Zustandsgrößen $\boldsymbol{x}^*(k)$ nicht, wie in diesem Abschnitt angenommen, exakt gemessen werden können, müssen sie von einem Prozeßmodell rekonstruiert werden. Dann erst werden die Vorteile der Zustandsregelung nach Bild 8.4 für den allgemeinen Fall deutlich, s. Abschn. 8.7.2.

8.3 Zustandsregler mit vorgegebener charakteristischer Gleichung

Ein steuerbarer Prozeß mit der Zustandsgleichung

$$\boldsymbol{x}(k+1) = \boldsymbol{A}\,\boldsymbol{x}(k) + \boldsymbol{B}\,\boldsymbol{u}(k) \tag{8.3.1}$$

soll durch eine Zustandsrückführung

$$\boldsymbol{u}(k) = -\boldsymbol{K}\,\boldsymbol{x}(k) \tag{8.3.2}$$

so verändert werden, daß die Pole des Gesamtsystems

$$\boldsymbol{x}(k+1) = [\boldsymbol{A} - \boldsymbol{B}\,\boldsymbol{K}]\boldsymbol{x}(k) \tag{8.3.3}$$

bzw. die Koeffizienten der charakteristischen Gleichung

$$\det\,[z\boldsymbol{I} - \boldsymbol{A} + \boldsymbol{B}\,\boldsymbol{K}] = 0 \tag{8.3.4}$$

vorgegebene Werte erhalten.

Das prinzipielle Vorgehen bei der Polfestlegung einer Zustandsrückführung sei an einem Prozeß mit einer Ein- und einer Ausgangsgröße erläutert. Hierzu wird die Zustandsgleichung in die Regelungsnormalform gebracht, s. Tabelle 3.3.

$$\boldsymbol{x}(k+1) = \begin{bmatrix} 0 & 1 & \dots & 0 \\ \vdots & \vdots & & \vdots \\ 0 & 0 & \dots & 1 \\ -a_m & -a_{m-1} & \dots & -a_1 \end{bmatrix} \boldsymbol{x}(k) + \begin{bmatrix} 0 \\ \vdots \\ 0 \\ 1 \end{bmatrix} u(k). \tag{8.3.5}$$

Die Zustandsrückführung lautet

$$\boldsymbol{u}(k) = -\boldsymbol{k}^T\boldsymbol{x}(k) = -[k_m k_{m-1} \dots k_1]\boldsymbol{x}(k). \tag{8.3.6}$$

Gleichung (8.3.6) in (8.3.5) eingesetzt ergibt

$$\boldsymbol{x}(k+1) = \begin{bmatrix} 0 & 1 & \cdots & 0 \\ \vdots & \vdots & \ddots & \vdots \\ 0 & 0 & & 1 \\ (-a_m-k_m) & (-a_{m-1}-k_{m-1}) & \cdots & (-a_1-k_1) \end{bmatrix} \boldsymbol{x}(k) \tag{8.3.7}$$

Die charakteristische Gleichung lautet somit

$$\begin{aligned} &\det(z\,\boldsymbol{I} - \boldsymbol{A} + \boldsymbol{b}\,\boldsymbol{k}^T] \\ &= (a_m+k_m) + (a_{m-1}+k_{m-1})z + \dots + (a_1+k_1)z^{m-1} + z^m \\ &= \alpha_m + \alpha_{m-1}z + \dots + \alpha_1 z^{m-1} + z^m = 0. \end{aligned} \tag{8.3.8}$$

Aus dieser Gleichung folgt für jeden Koeffizienten des Rückführvektors $\boldsymbol{k}^T$

$$k_i = \alpha_i - a_i \quad i = 1, 2, \dots, m. \tag{8.3.9}$$

Die Koeffizienten k_i sind also Null, wenn die charakteristische Gleichung des Prozesses durch Rückführung nicht verändert werden soll, so daß $\alpha_i = a_i$ ist, und werden umso größer je mehr die Koeffizienten α_i des geschlossenen Systems im Vergleich zu den Koeffizienten a_i in positiver Richtung verschoben werden. Damit ist auch leicht einzusehen, daß die Stellgröße $u(k)$ umso größere Änderungen ausführen muß, je mehr der Regler die Koeffizienten α_i gegenüber a_i verändert. Die Auswirkung einer Zustandsrückführung auf das Eigenverhalten läßt sich somit sehr anschaulich interpretieren, vgl. mit Bild 3.17.

Beim Entwurf mittels *Polfestlegung* geht man schließlich so vor, daß zunächst die Pole z_i, $i = 1, \dots, m$,

$$\det[z\,\boldsymbol{I} - \boldsymbol{A} + \boldsymbol{b}\,\boldsymbol{k}^T] = (z-z_1)(z-z_2) \dots (z-z_m) \tag{8.3.10}$$

in geeigneter Weise festgelegt und dann die α_i berechnet und die k_i nach (8.3.9) bestimmt werden. Über die geeignete Festlegung von Polen s. Abschn. 3.5. In [2.19] wird auch der Fall der Mehrgrößensysteme behandelt. Es sei jedoch noch einmal angemerkt, daß durch die Vorgabe von Polen nur die Eigenbewegungen einzeln festgelegt werden. Da das Zusammenwirken dieser Eigenbewegungen und das Verhalten auf äußere Störungen nicht betrachtet wird, sind oft Entwurfsverfahren, in denen der Verlauf von Regel- und Stellgröße direkt bewertet wird, zweckmäßiger. Der Vorteil des oben beschriebenen Verfahrens der Polfestlegung mit Zustandsreglern liegt in der besonders transparenten Interpretation der Veränderung von einzelnen Koeffizienten α_i der charakteristischen Gleichung durch bestimmte Rückführkonstanten k_i.

Wie in Kap. 7 gezeigt wurde, lautet die charakteristische Gleichung bei *Deadbeat-Regelung* $z^m = 0$. Aus (8.3.8) ist zu sehen, daß dies mit der Wahl $\alpha_i = 0$ erreicht wird. Diese Zustands-Deadbeat-Regelung wird in Abschn. 8.5 näher betrachtet.

8.4 Modale Zustandsregelung

Im Abschn. 8.3 wurde zur Polfestlegung die Zustandsdarstellung in Regelungsnormalform verwendet. Durch Verändern der Koeffizienten k_i der Rückführmatrix konnten die Koeffizienten α_i der charakteristischen Gleichung direkt beeinflußt werden. k_i beeinflußt dabei jeweils nur α_i, so daß die k_i und α_j für $j \neq i$ entkoppelt sind.

In diesem Abschnitt wird nun die Polfestlegung einer Zustandsregelung für eine Zustandsdarstellung in Diagonalform beschrieben. Da dann die k_i direkt die Eigenwerte (modes) z_i beeinflussen, spricht man von *modaler Regelung*. Für Mehrgrößensysteme wurde die modale Regelung zuerst in [8.9] beschrieben. Eine ausführliche Behandlung findet man z.B. in [5.17, 8.10].

Es werde ein linearer zeitinvarianter Prozeß mit mehreren Ein- und Ausgangsgrößen

$$\boldsymbol{x}(k+1) = \boldsymbol{A}\,\boldsymbol{x}(k) + \boldsymbol{B}\,\boldsymbol{u}(k) \tag{8.4.1}$$

$$\boldsymbol{y}(k) = \boldsymbol{C}\,\boldsymbol{x}(k) \tag{8.4.2}$$

betrachtet und angenommen, daß alle m Eigenwerte verschieden sind. Dieser Prozeß wird nun durch eine lineare Transformation nach (3.6.33)

$$\boldsymbol{x}_t(k) = \boldsymbol{T}\,\boldsymbol{x}(k) \tag{8.4.3}$$

in die Form

$$\begin{aligned} \boldsymbol{x}_t(k+1) &= \boldsymbol{A}_t\boldsymbol{x}_t(k) + \boldsymbol{B}_t\boldsymbol{u}(k) \\ \boldsymbol{y}(k) &= \boldsymbol{C}_t\boldsymbol{x}_t(k) \end{aligned} \tag{8.4.4}$$

gebracht, wobei

$$\boldsymbol{A}_t = \boldsymbol{T}\boldsymbol{A}\boldsymbol{T}^{-1} = \begin{bmatrix} z_1 & & \cdots & 0 \\ & z_2 & & \\ \vdots & & \ddots & \vdots \\ 0 & & \cdots & z_m \end{bmatrix} = \boldsymbol{\Lambda} \tag{8.4.5}$$

eine Diagonalform erhält, und

$$\boldsymbol{B}_t = \boldsymbol{T}\,\boldsymbol{B} \tag{8.4.6}$$

$$\boldsymbol{C}_t = \boldsymbol{C}\,\boldsymbol{T}^{-1} \tag{8.4.7}$$

ist.

Die charakteristische Gleichung der nichttransformierten Prozeßgleichung ist

$$\det [z\boldsymbol{I} - \boldsymbol{A}] = 0 \tag{8.4.8}$$

und die der transformierten Prozeßgleichung lautet

$$\begin{aligned} \det [z\boldsymbol{I} - \boldsymbol{\Lambda}] &= \det [z\boldsymbol{I} - \boldsymbol{T} \boldsymbol{A} \boldsymbol{T}^{-1}] \\ &= \det \boldsymbol{T} [z\boldsymbol{I} - \boldsymbol{A}] \boldsymbol{T}^{-1} = \det [z\boldsymbol{I} - \boldsymbol{A}] \\ &= (z-z_1)(z-z_2) \dots (z-z_m) = 0. \end{aligned} \tag{8.4.9}$$

Die Diagonalwerte von $\boldsymbol{\Lambda}$ sind also die Eigenwerte der Gl. (8.4.4) und diese sind identisch mit den Eigenwerten von (8.4.1). Durch eine lineare Transformation werden deshalb die Eigenwerte nicht verändert.

Die Transformationsmatrix $\boldsymbol{T}$ läßt sich wie folgt ermitteln [5.17]. Zunächst schreibe man (8.4.5) in der Form

$$\boldsymbol{A} \boldsymbol{T}^{-1} = \boldsymbol{T}^{-1} \boldsymbol{\Lambda}. \tag{8.4.10}$$

Dann wird $\boldsymbol{T}^{-1}$ in seine Spaltenvektoren zerlegt

$$\boldsymbol{T}^{-1} = [\boldsymbol{v}_1 \boldsymbol{v}_2 \dots \boldsymbol{v}_m] \tag{8.4.11}$$

und es folgt

$$\begin{aligned} \boldsymbol{A} [\boldsymbol{v}_1 \boldsymbol{v}_2 \dots \boldsymbol{v}_m] &= [\boldsymbol{v}_1 \boldsymbol{v}_2 \dots \boldsymbol{v}_m] \begin{bmatrix} z_1 & & \dots & 0 \\ & z_2 & & \vdots \\ \vdots & & \ddots & \\ 0 & & \dots & z_m \end{bmatrix} \\ &= [z_1 \boldsymbol{v}_1 \quad z_2 \boldsymbol{v}_2 \dots z_m \boldsymbol{v}_m]. \end{aligned} \tag{8.4.12}$$

Für jede Spalte gilt somit

$$\boldsymbol{A} \boldsymbol{v}_i = z_i \boldsymbol{v}_i \qquad i = 1, 2, \dots, m \tag{8.4.13}$$

bzw.

$$[z_i \boldsymbol{I} - \boldsymbol{A}] \boldsymbol{v}_i = \boldsymbol{0}. \tag{8.4.14}$$

Gleichung (8.4.14) liefert m Gleichungen für die m unbekannten Vektoren $\boldsymbol{v}_i$, die wiederum jeweils aus m Elementen $v_{i1}, v_{i2}, \dots, v_{im}$ bestehen. Schließt man die triviale Lösung $\boldsymbol{v}_i = \boldsymbol{0}$ aus, dann gibt es also keine eindeutige Lösung des Gleichungssystems (8.4.14). Es wird für jedes i nur die Richtung von $\boldsymbol{v}_i$ festgelegt, nicht jedoch dessen Betrag. Dieser kann jedoch so gewählt werden, daß in $\boldsymbol{B}_t$ oder $\boldsymbol{C}_t$ nur die Elemente 1 und 0 entstehen [2.19].

Die Vektoren $\boldsymbol{v}_i$ werden *Eigenvektoren* genannt.

Für den Fall eines Prozesses mit einer Ein- und Ausgangsgröße entspricht der Zustandsdarstellung in Diagonalform die Partialbruchzerlegung der z-Übertragungsfunktion bei m verschiedenen Eigenwerten

$$G(z) = \boldsymbol{c}_t^T[z\boldsymbol{I} - \boldsymbol{A}_t]^{-1}\boldsymbol{b}_t$$
$$= \frac{c_{t1}b_{t1}}{z-z_1} + \frac{c_{t2}b_{t2}}{z-z_2} + \ldots + \frac{c_{tm}b_{tm}}{z-z_m}. \tag{8.4.15}$$

Auch aus dieser Gleichung wird deutlich, daß die b_{ti} und c_{ti} nicht eindeutig bestimmbar sind. Wählt man z.B. die $b_{ti} = 1$, dann lassen sich die c_{ti} durch

$$c_{ti} = [(z-z_i)\ G(z)]_{z = z_i}$$

vgl. (3.7.5), berechnen.

Man beachte, daß $\boldsymbol{\Lambda}$ nicht nur reelle, sondern auch konjugiert komplexe z_i enthalten kann. Wenn konjugiert komplexe Elemente vermieden werden sollen, s. z.B. [5.17].

In (8.4.4) werde nun auch der Steuervektor $\boldsymbol{u}(k)$ transformiert gemäß

$$\boldsymbol{u}_t(k) = \boldsymbol{B}_t\boldsymbol{u}(k) \tag{8.4.16}$$

so daß sich

$$\boldsymbol{x}_t(k+1) = \boldsymbol{\Lambda}\ \boldsymbol{x}_t(k) + \boldsymbol{u}_t(k) \tag{8.4.17}$$

ergibt. Dieser Prozeß werde mit der Rückführung

$$\boldsymbol{u}_t(k) = -\boldsymbol{K}_t\boldsymbol{x}_t(k) \tag{8.4.18}$$

versehen. Somit entsteht die homogene Vektordifferenzengleichung

$$\boldsymbol{x}_t(k+1) = [\boldsymbol{\Lambda} - \boldsymbol{K}_t]\boldsymbol{x}_t(k). \tag{8.4.19}$$

Wenn dabei auch $\boldsymbol{K}_t$ eine Diagonalform erhält

$$\boldsymbol{K}_t = \begin{bmatrix} k_{t1} & & \ldots & 0 \\ & k_{t2} & & \\ \vdots & & & \vdots \\ & & \ddots & \\ 0 & & \ldots & k_{tm} \end{bmatrix} \tag{8.4.20}$$

gilt für die charakteristische Gleichung

$$\det\,[z\boldsymbol{I} - (\boldsymbol{\Lambda} - \boldsymbol{K}_t)]$$
$$= (z-(z_1-k_{t1}))(z-(z_2-k_{t2})\ \ldots\ (z-(z_m-k_{tm})) = 0. \tag{8.4.21}$$

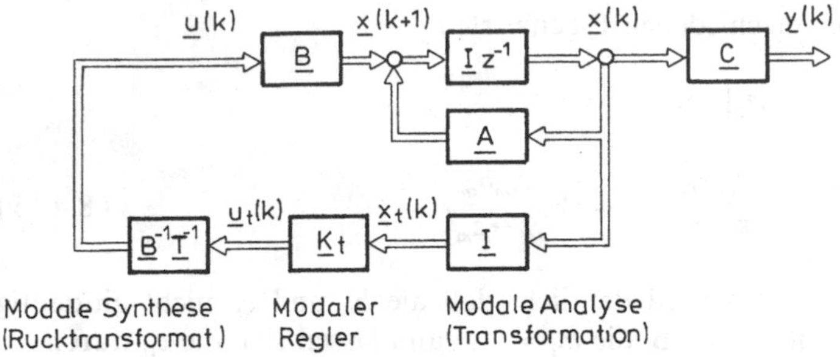

Bild 8.5. Blockschaltbild einer modalen Zustandsregelung N

Die Eigenwerte z_i des Prozesses lassen sich also unabhängig voneinander durch entsprechende Wahl von k_{ti} verschieben, da sowohl (8.4.17) als auch (8.4.18) Diagonalform enthalten. Es entstehen somit m entkoppelte Regelkreise erster Ordnung.

Der realisierbare Steuervektor $\boldsymbol{u}(k)$ berechnet sich aus (8.4.16) und (8.4.6) zu

$$\boldsymbol{u}(k) = \boldsymbol{B}_t^{-1}\boldsymbol{u}_t(k) = \boldsymbol{B}^{-1}\boldsymbol{T}^{-1}\boldsymbol{u}_t(k). \tag{8.4.22}$$

Wegen der erforderlichen Inversion von $\boldsymbol{B}$ muß diese Matrix regulär sein, d.h. sie muß quadratisch sein und

$$\det \boldsymbol{B} \neq 0$$

erfüllen. Das bedeutet, daß man die m Eigenwerte von $\boldsymbol{A}$ bzw. $\boldsymbol{\Lambda}$ nur dann unabhängig voneinander beeinflussen kann, wenn dazu m verschiedene Stellgrößen zur Verfügung stehen. Prozeßordnung und Anzahl der Stellgrößen müssen also gleich groß sein.

In Bild 8.5 ist die Struktur der modalen Zustandsregelung im Blockschaltbild dargestellt. Durch die Transformation nach (8.4.3) werden die Zustandsgrößen $\boldsymbol{x}_t(k)$ entkoppelt (modale Analyse). Die Bildung des transformierten Steuervektors $\boldsymbol{u}_t(k)$ erfolgt mittels des modalen Reglers $\boldsymbol{K}_t$ in „getrennten Pfaden". Der realisierbare Steuervektor $\boldsymbol{u}(k)$ wird dann durch Rücktransformation (modale Synthese) gebildet.

Da der Fall regulärer Steuermatrizen $\boldsymbol{B}$ nicht oft vorkommt, kann die beschriebene modale Regelung nur selten Verwendung finden.

Bei Mehrgrößenprozessen der Ordnung m mit p Eingangsgrößen, also Steuermatrizen $\boldsymbol{B}$ der Ordnung $(m \times p)$, kann man nur noch p Eigenwerte durch eine diagonale $(p \times p)$-Reglermatrix $\boldsymbol{K}$ unabhängig voneinander beeinflussen, während die verbleibenden $m-p$ Eigenwerte des Prozesses unverändert bleiben [8.11, 5.17].

Es wird nun ein linearer Prozeß mit einer Eingangsgröße, also $p = 1$, betrachtet. Seine nach (8.4.3) transformierte Gleichung lautet

$$\boldsymbol{x}_t(k+1) = \boldsymbol{A}_t\boldsymbol{x}_t(k) + \boldsymbol{b}_t u(k) \tag{8.4.23}$$

$$y(k) = \boldsymbol{c}_t^T\boldsymbol{x}_t(k) \tag{8.4.24}$$

mit

$$\boldsymbol{b}_t = \boldsymbol{T}\,\boldsymbol{b} \tag{8.4.25}$$

$$\boldsymbol{c}_t^T = \boldsymbol{c}^T \boldsymbol{T}^{-1}. \tag{8.4.26}$$

Zur Regelung dieses transformierten Prozesses werde eine Zustandsrückführung

$$u(k) = -\boldsymbol{k}^T \boldsymbol{x}_t(k) = -[k_1\ k_2 \dots k_m]\boldsymbol{x}_t(k) \tag{8.4.27}$$

angenommen. Einsetzen in (8.4.23) liefert

$$\boldsymbol{x}_t(k+1) = [\boldsymbol{\Lambda} - \boldsymbol{b}_t \boldsymbol{k}^T]\boldsymbol{x}_t(k) = \boldsymbol{F}\,\boldsymbol{x}_t(k). \tag{8.4.28}$$

Falls die b_{ti} sämtlich gleich eins gewählt wurden, wird

$$\boldsymbol{F} = \begin{bmatrix} (z_1 - k_1) & -k_2 & \dots & -k_m \\ -k_1 & (z_2 - k_2) & & -k_m \\ \vdots & & \ddots & \vdots \\ -k_1 & -k_2 & \dots & (z_m - k_m) \end{bmatrix}. \tag{8.4.29}$$

Die einzelnen Zustandsgrößen sind dann nicht mehr entkoppelt und die Eigenwerte von $\boldsymbol{F}$ ändern sich gegenüber $\boldsymbol{\Lambda}$ in einer untereinander gekoppelten Weise, so daß der eigentliche Vorteil der modalen Regelung mit dem Ansatz (8.4.27) nicht erreicht wird. Wenn jedoch eine einzige Zustandsgröße x_{tj} zurückgeführt wird

$$u(k) = -k_j\, x_{tj}(k)$$

läßt sich ein einziger Eigenwert unabhängig von den anderen, nicht veränderbaren Prozeßeigenwerten, verändern

$$\boldsymbol{F} = \begin{bmatrix} z_1 & \dots & -k_j & \dots & 0 \\ \vdots & & \vdots & & \vdots \\ 0 & \dots & (z_j - k_j) & \dots & 0 \\ \vdots & & \vdots & & \vdots \\ 0 & \dots & -k_j & \dots & z_m \end{bmatrix}. \tag{8.4.30}$$

Die charakteristische Gleichung lautet dann

$$\det\,[z\boldsymbol{I} - \boldsymbol{F}] = (z - z_1) \dots (z - (z_j - k_j)) \dots (z - z_m). \tag{8.4.31}$$

Bisher wurde stets angenommen, daß die Eigenwerte von $\boldsymbol{\Lambda}$ verschieden sind. Wenn die Eigenwerte mehrfach vorkommen, muß man anstelle der diagonalen Matrizen $\boldsymbol{\Lambda}$ Jordan-Matrizen verwenden [8.10].

Da die modale Zustandsregelung beim Reglerentwurf lediglich die Lage der Pole berücksichtigt, treffen auch hier die am Ende des Abschn. 8.3 gemachten Bemerkungen zu. Es sei noch vermerkt, daß die modale Regelung jedoch bei der Regelung von Prozessen mit verteilten Parametern und mehreren Stellgrößen vorteilhaft eingesetzt werden kann [8.11, 3.10, 8.12].

8.5 Zustandsregler für endliche Einstellzeit (Deadbeat)

Es werde ein steuerbarer Prozeß m-ter Ordnung mit einer Stellgröße betrachtet

$$\boldsymbol{x}(k+1) = \boldsymbol{A}\,\boldsymbol{x}(k) + \boldsymbol{b}u(k). \tag{8.5.1}$$

In Abschn. 3.6 wurde gezeigt, daß dieser Prozeß in $N = m$ Schritten von einem beliebigen Anfangszustand $\boldsymbol{x}(0)$ in den Nullzustand $\boldsymbol{x}(N) = \boldsymbol{0}$ überführt werden kann. Die zugehörige Stellgröße kann nach Gl. (3.6.61) berechnet werden. Sie läßt sich jedoch auch durch eine Zustandsrückführung

$$u(k) = -\,\boldsymbol{k}^T\boldsymbol{x}(k) \tag{8.5.2}$$

bilden. Es gilt dann

$$\boldsymbol{x}(k+1) = [\boldsymbol{A} - \boldsymbol{b}\,\boldsymbol{k}^T]\boldsymbol{x}(k) = \boldsymbol{R}\,\boldsymbol{x}(k) \tag{8.5.3}$$

bzw.

$$\begin{aligned} \boldsymbol{x}(1) &= \boldsymbol{R}\,\boldsymbol{x}(0)\\ \boldsymbol{x}(2) &= \boldsymbol{R}^2\boldsymbol{x}(0)\\ &\;\;\vdots\\ \boldsymbol{x}(N) &= \boldsymbol{R}^N\boldsymbol{x}(0). \end{aligned}$$

Aus $\boldsymbol{x}(N) = \boldsymbol{0}$ folgt

$$\boldsymbol{R}^N = \boldsymbol{0}. \tag{8.5.4}$$

Die charakteristische Gleichung des geschlossenen Systems lautet

$$\det\,[z\,\boldsymbol{I} - \boldsymbol{R}] = \alpha_m + \alpha_{m-1}z + \ldots + \alpha_1 z^{m-1} + z^m = 0. \tag{8.5.5}$$

Nach dem Cayley-Hamilton-Theorem erfüllt eine quadratische Matrix ihre eigene charakteristische Gleichung, d.h. es gilt auch

$$\alpha_m\boldsymbol{I} + \alpha_{m-1}\boldsymbol{R} + \ldots + \alpha_1\boldsymbol{R}^{m-1} + \boldsymbol{R}^m = \boldsymbol{0}. \tag{8.5.6}$$

Gleichung (8.5.4) ist erfüllt für

$$\begin{aligned} N &= m\\ \alpha_1 &= \alpha_2 = \ldots = \alpha_m = 0. \end{aligned}$$

Die charakteristische Gleichung lautet also

$$\det[z\,\boldsymbol{I} - \boldsymbol{R}] = z^m = 0. \tag{8.5.7}$$

Ein m-facher Pol bei $z = 0$ ist aber kennzeichnend für einen Regelkreis mit Deadbeat-Verhalten, vgl. (7.1.21).

Wird der Prozeß, wie in (8.3.5), in Regelungsnormalform angegeben, dann lautet der Deadbeat-Zustandsregler, mit (8.3.9), also $k_i = -a_i$,

$$u(k) = [a_m a_{m-1} \dots a_1]\boldsymbol{x}(k). \tag{8.5.8}$$

Im Fall der Regelungsnormalform werden daher alle Zustandsgrößen x_i durch den Zustandsregler mit a_i multipliziert und mit umgekehrtem Vorzeichen auf den Eingang zurückgeführt, wie im Zustandsmodell des Prozesses selbst, vgl. Bild 3.17. Dadurch werden m-mal hintereinander Nullen für die erste Zustandsgröße erzeugt, die dann zu den folgenden Zustandsgrößen weitergeschoben werden, so daß für $k = m$ alle Zustände mit einer Null aufgefüllt sind [2.19].

Der in Abschn. 7.1 beschriebene Deadbeatregler DB(v) führt den Prozeß von einem Anfangszustand $\boldsymbol{x}(0) = \boldsymbol{0}$ in m Schritten zu einer konstant bleibenden Ausgangsgröße

$$y(m) = y(m-1) = \dots = y(\infty)$$

bei konstant bleibender Stellgröße

$$u(m) = u(m+1) = \dots = u(\infty).$$

Dieser Regler ist daher ein „Ausgangsgrößen-Deadbeatregler".

Der in diesem Abschnitt behandelte Deadbeatregler führt den Prozeß aus einem beliebigen Anfangszustand $\boldsymbol{x}(0) \neq \boldsymbol{0}$ in den Endzustand $\boldsymbol{x}(m) = \boldsymbol{0}$. Deshalb kann er „Zustandsgrößen-Deadbeatregler" genannt werden.

Da beide geschlossenen Systeme dieselbe charakteristische Gleichung $z^m = 0$ haben, müssen sie sich bei gleichen Anfangsstörungen $\boldsymbol{x}(0)$ gleich verhalten, da für das Verhalten nach einer Anfangsstörung alleine die charakteristische Gleichung maßgebend ist. Deshalb muß auch der Deadbeatregler DB(v) beliebige Anfangszustände $\boldsymbol{x}(0)$ nach m Schritten in den Nullzustand $\boldsymbol{x}(m) = \boldsymbol{0}$ führen.

8.6 Zustandsgrößen-Beobachter

Da die Zustandsgrößen $\boldsymbol{x}(k)$ bei vielen Prozessen nicht direkt meßbar sind, müssen sie aus den meßbaren Größen ermittelt werden. Es werde nun der dynamische Prozeß

$$\begin{aligned} \boldsymbol{x}(k+1) &= \boldsymbol{A}\,\boldsymbol{x}(k) + \boldsymbol{B}\,\boldsymbol{u}(k) \\ \boldsymbol{y}(k) &= \boldsymbol{C}\,\boldsymbol{x}(k) \end{aligned} \tag{8.6.1}$$

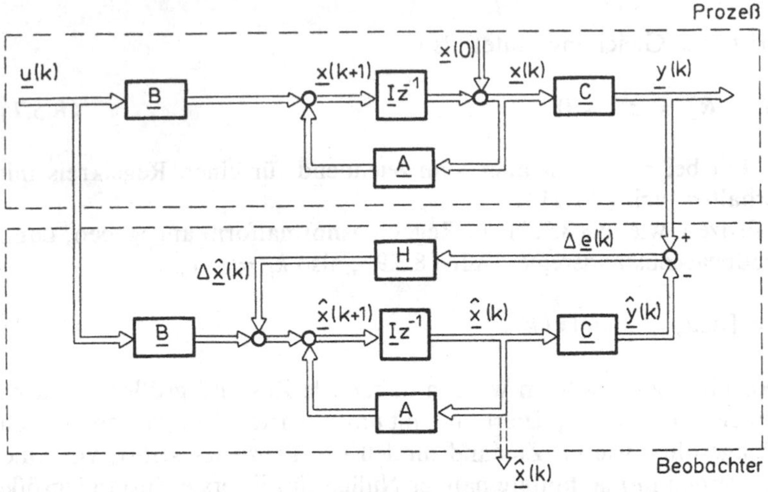

Bild 8.6. Dynamischer Prozeß und Zustandsgrößen – Beobachter

betrachtet und angenommen, daß nur der Eingangssignalvektor $\mathbf{u}(k)$ und der Ausgangssignalvektor $\boldsymbol{y}(k)$ fehlerfrei gemessen werden können und daß die Zustandsgrößen $\boldsymbol{x}(k)$ beobachtbar sind. Diesem Modell wird nun ein Modell des Prozesses mit gleicher Struktur parallel geschaltet, wie in Bild 8.6 zu sehen. Durch eine Rückführung der Differenz der Ausgangsgrößen von Modell und Prozeß

$$\Delta \boldsymbol{e}(k) = \boldsymbol{y}(k) - \hat{\boldsymbol{y}}(k) \tag{8.6.2}$$

Über eine Bewertungsmatrix $\boldsymbol{H}$ auf die Zustandsgrößen $\hat{\boldsymbol{x}}(k+1)$ werden Zustandsgrößenkorrekturen $\Delta\hat{\boldsymbol{x}}(k)$ erzeugt, so daß im Falle der Konvergenz die Modellzustandsgrößen den Prozeßzustandsgrößen folgen. Ein solches Modell wird *Zustands-Beobachter* nach Luenberger [8.13, 8.14] genannt. Man spricht von einem Identitätsbeobachter, falls ein vollständiges Modell des Prozesses verwendet wird.

Die konstante Beobachter-Rückführmatrix $\boldsymbol{H}$ muß so gewählt werden, daß $\hat{\boldsymbol{x}}(k+1)$ für $k \to \infty$ asymptotisch gegen $\boldsymbol{x}(k+1)$ geht. Aus Bild 8.6 folgt die Gleichung des Beobachters

$$\begin{aligned} \hat{\boldsymbol{x}}(k+1) &= \boldsymbol{A}\,\hat{\boldsymbol{x}}(k) + \boldsymbol{B}\,\boldsymbol{u}(k) + \boldsymbol{H}\,\Delta\boldsymbol{e}(k) \\ &= \boldsymbol{A}\,\hat{\boldsymbol{x}}(k) + \boldsymbol{B}\,\boldsymbol{u}(k) + \boldsymbol{H}[\boldsymbol{y}(k) - \boldsymbol{C}\,\hat{\boldsymbol{x}}(k)]. \end{aligned} \tag{8.6.3}$$

Für den Zustandsgrößenfehler gilt dann

$$\tilde{\boldsymbol{x}}(k+1) = \boldsymbol{x}(k+1) - \hat{\boldsymbol{x}}(k+1) \tag{8.6.4}$$

und mit (8.6.1) und (8.6.3) folgt

$$\tilde{\boldsymbol{x}}(k+1) = [\boldsymbol{A} - \boldsymbol{H}\,\boldsymbol{C}]\tilde{\boldsymbol{x}}(k) \tag{8.6.5}$$

also eine homogene Vektordifferenzengleichung. Der Zustandsgrößenfehler ist also nur abhängig vom Anfangsfehler $\tilde{\boldsymbol{x}}(0)$ und nicht von der Eingangsgröße $\boldsymbol{u}(k)$. Damit er gegen Null geht,

$$\lim_{k \to \infty} \tilde{\boldsymbol{x}}(k) = \boldsymbol{0},$$

muß (8.6.5) asymptotisch stabil sein. Deshalb darf die charakteristische Gleichung

$$\begin{aligned} \det\,[z\,\boldsymbol{I} - \boldsymbol{A} + \boldsymbol{H}\,\boldsymbol{C}] &= (z-z_1)(z-z_2)\,...\,(z-z_m) \\ &= \gamma_m + \gamma_{m-1}z + ... + z^m = 0 \end{aligned} \tag{8.6.6}$$

nur Wurzeln $|z_i| < 1$, $i = 1, 2, ..., m$, also nur stabile Beobachterpole, besitzen.

Die Pole können durch geeignete Wahl der Matrix $\boldsymbol{H}$ beeinflußt werden. Die Festlegung dieser Rückführmatrix kann in Anlehnung an die Bestimmung der Zustandsreglermatrix erfolgen. Da

$$\det \boldsymbol{W} = \det \boldsymbol{W}^T$$

gilt

$$\det[z\,\boldsymbol{I} - \boldsymbol{A} + \boldsymbol{H}\,\boldsymbol{C}] = \det\,[z\,\boldsymbol{I} - \boldsymbol{A}^T + \boldsymbol{C}^T\boldsymbol{H}^T]. \tag{8.6.7}$$

Aus dem Vergleich mit der charakteristischen Gleichung für den Zustandsregler mit zugehörigem Prozeß, (8.1.37), folgt, daß man in den Gleichungen zum Entwurf von Zustandsreglern nur ersetzen muß

$$\boldsymbol{A} \to \boldsymbol{A}^T; \quad \boldsymbol{B} \to \boldsymbol{C}^T; \quad \boldsymbol{K} \to \boldsymbol{H}^T \tag{8.6.8}$$

um die Rückführmatrix $\boldsymbol{H}$ des Beobachters zu erhalten. Anstelle des Prozesses

$$\begin{aligned} \boldsymbol{x}(k+1) &= \boldsymbol{A}\,\boldsymbol{x}(k) + \boldsymbol{B}\,\boldsymbol{u}(k) \\ \boldsymbol{y}(k) &= \boldsymbol{C}\,\boldsymbol{x}(k) \end{aligned}$$

mit der Rückführung

$$\boldsymbol{u}(k) = -\,\boldsymbol{K}\,\boldsymbol{x}(k)$$

wird dann also zur Festlegung der Beobachterpole der „transponierte Ersatzprozeß".

$$\boldsymbol{\xi}(k+1) = \boldsymbol{A}^T\boldsymbol{\xi}(k) + \boldsymbol{C}^T\boldsymbol{\vartheta}(k) \tag{8.6.9}$$

mit der Rückführung

$$\boldsymbol{\vartheta}(k) = -\,\boldsymbol{H}^T\boldsymbol{\xi}(k) \tag{8.6.10}$$

eingeführt, um die Gleichungen zum Zustandsreglerentwurf verwenden zu können.

Die Beobachtermatrix $\boldsymbol{H}$ kann nun bestimmt werden durch:

Festlegung der charakteristischen Gleichung nach Abschn. 8.3

Bei skalarem $u(k)$ und $y(k)$ und damit $\boldsymbol{H} \to \boldsymbol{h}$ lautet die Gleichung des Beobachters

$$\hat{\boldsymbol{x}}(k+1) = [\boldsymbol{A} - \boldsymbol{h}\,\boldsymbol{c}^T]\hat{\boldsymbol{x}}(k) + \boldsymbol{b}\,u(k) + \boldsymbol{h}\,y(k). \tag{8.6.11}$$

Nun bietet sich, der Regelungsnormalform in Abschn. 8.3 entsprechend, hier die Beobachternormalform an, so daß

$$\hat{\boldsymbol{x}}(k+1) = \begin{bmatrix} 0 & 0 & \dots & (-a_m - h_m) \\ 1 & 0 & & (-a_{m-1} - h_{m-1}) \\ \vdots & & \ddots & \vdots \\ 0 & 0 & 1 & (-a_1 - h_1) \end{bmatrix} \hat{\boldsymbol{x}}(k) + \boldsymbol{b}u(k) + \begin{bmatrix} h_m \\ h_{m-1} \\ \vdots \\ h_1 \end{bmatrix} y(k) \tag{8.6.12}$$

und analog zu (8.3.9)

$$h_i = \gamma_i - a_i \qquad i = 1, 2, \dots, m. \tag{8.6.13}$$

gilt. γ_i sind die vorzugebenden Koeffizienten der Gl. (8.6.6).

Deadbeat-Verhalten

Für die Wahl

$$h_i = -\,a_i \tag{8.6.14}$$

erhält der Beobachter eine minimale Einschwingzeit und damit Deadbeat-Verhalten, vgl. Abschn. 8.5.

Minimieren einer quadratischen Gütefunktion

Unter Beachtung von (8.6.8) kann man $\boldsymbol{h}$ so wählen, daß das quadratische Kriterium

$$I_B = \boldsymbol{\xi}^T(N)\,\boldsymbol{Q}_b\boldsymbol{\xi}(N) + \sum_{k=0}^{N-1} [\boldsymbol{\xi}^T(k)\boldsymbol{Q}_b\boldsymbol{\xi}(k) + \boldsymbol{\vartheta}^T(k)\boldsymbol{R}_b\boldsymbol{\vartheta}(k)] \tag{8.6.15}$$

wie in Abschn. 8.1 minimiert wird. Die resultierenden rekursiven Lösungsgleichungen lauten dann, vgl. mit (8.1.30) und (8.1.31)

$$\left.\begin{aligned} \boldsymbol{H}_{N-j}^T &= [\boldsymbol{R}_b + \boldsymbol{C}\,\boldsymbol{P}_{N-j+1}\boldsymbol{C}^T]^{-1}\boldsymbol{C}\,\boldsymbol{P}_{N-j+1}\boldsymbol{A}^T \\ \boldsymbol{P}_{N-j} &= \boldsymbol{Q}_b + \boldsymbol{A}\,\boldsymbol{P}_{N-j+1}\boldsymbol{A}^T - \boldsymbol{H}_{N-j}[\boldsymbol{R}_b + \boldsymbol{C}\,\boldsymbol{P}_{N-j+1}\boldsymbol{C}^T]\boldsymbol{H}_{N-j}^T \end{aligned}\right\} \tag{8.6.16}$$

Somit kann das Verhalten des Beobachters und damit sein Einschwingverhalten nach mehreren Methoden frei gewählt werden. Bei der praktischen Ausführung von Beobachtern sind einem schnellen Einschwingverhalten des Beobachters jedoch meist Grenzen gesetzt durch das in der Ausgangsgröße stets enthaltene Meßrauschen.

In der bisher beschriebenen Form des Beobachters sind sämtliche Zustandsgrößen $\hat{\boldsymbol{x}}(k)$ berechnete Größen. Ein Teil dieser Zustandsgrößen kann meistens jedoch direkt bestimmt werden, z.B. aus der Ausgangsgröße $\boldsymbol{y}(k)$. Dann lassen sich Beobachter reduzierter Ordnung angeben. S. Abschn. 8.8.

Aus Bild 8.6 ergibt sich, daß die Zustandsgrößen des Beobachters zwar den Prozeßzustandsgrößen verzögerungsfrei folgen, wenn sich $\boldsymbol{u}(k)$ ändert, daß sie aber nur verzögert auf Anfangswerte $\boldsymbol{x}(0)$ reagieren. Störungen der Ausgangsgröße $\boldsymbol{y}(k)$ führen zu falschen Beobachterzuständen. Bei stochastischen Störungen sind deshalb die Zustandsgrößen mit Zustandsschätzmethoden zu schätzen, was zu Kalman-Filtern führt, s. Kap. 22.

8.7 Zustandsregler mit Beobachter

Für die Zustandsregler in den Abschn. 8.1 bis 8.5 wurde angenommen, daß die Zustandsgrößen des Prozesses exakt und vollständig gemessen werden können. Bei den meisten Prozessen ist dies jedoch nicht der Fall. Dann müssen anstelle der Prozeßzustandsgrößen $\boldsymbol{x}(k)$, vgl. (8.1.33), die mit dem Beobachter berechneten Zustandsgrößen zur Bildung des Regelgesetzes verwendet werden, also

$$\boldsymbol{u}(k) = -\boldsymbol{K}\,\hat{\boldsymbol{x}}(k) \tag{8.7.1}$$

Das dann entstehende Blockschaltbild zeigt Bild 8.7

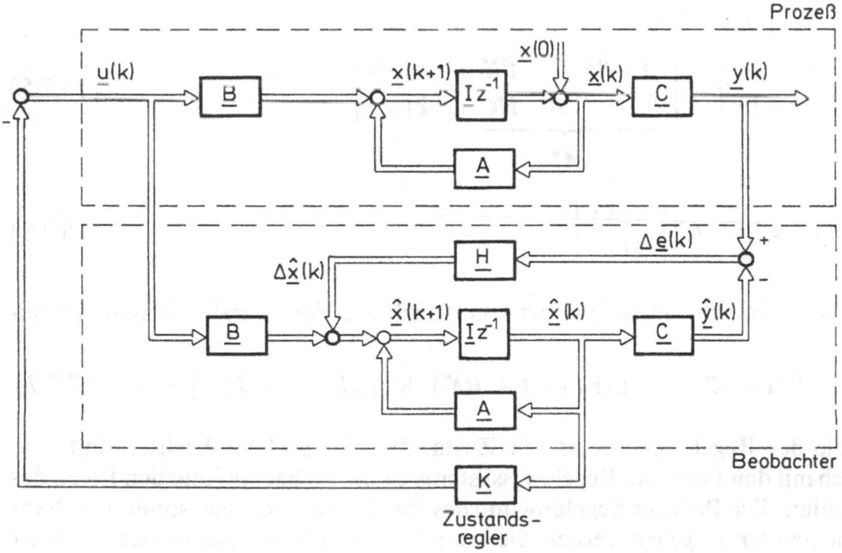

Bild 8.7. Zustandsregler mit Beobachter für Anfangswerte $\boldsymbol{x}(0)$

8.7.1 Beobachter für Anfangswerte

Für den Gesamtzustand des geschlossenen Regelsystems folgt aus (8.1.1), (8.6.3) und (8.7.1)

$$\begin{bmatrix} \boldsymbol{x}(k+1) \\ \hat{\boldsymbol{x}}(k+1) \end{bmatrix} = \begin{bmatrix} \boldsymbol{A} & -\boldsymbol{BK} \\ \boldsymbol{HC} & \boldsymbol{A}-\boldsymbol{BK}-\boldsymbol{HC} \end{bmatrix} \begin{bmatrix} \boldsymbol{x}(k) \\ \hat{\boldsymbol{x}}(k) \end{bmatrix} \qquad (8.7.2)$$

$$\boldsymbol{y}(k) = \boldsymbol{C}\,\boldsymbol{x}(k). \qquad (8.7.3)$$

$\boldsymbol{x}(k)$ und $\hat{\boldsymbol{x}}(k)$ beeinflussen sich also gegenseitig. Das Eigenverhalten des Prozesses mit Zustandsrückführung ohne Beobachter wird nach (8.1.36) durch

$$\boldsymbol{x}(k+1) = [\boldsymbol{A} - \boldsymbol{BK}]\boldsymbol{x}(k)$$

und das Eigenverhalten des Beobachters nach (8.6.5) durch

$$\boldsymbol{x}(k+1) - \hat{\boldsymbol{x}}(k+1) = \tilde{\boldsymbol{x}}(k+1) = [\boldsymbol{A} - \boldsymbol{HC}]\,\tilde{\boldsymbol{x}}(k)$$

beschrieben. Um mit diesen Gleichungen vergleichen zu können, wird (8.7.2) der Transformation

$$\begin{bmatrix} \boldsymbol{x}(k+1) \\ \tilde{\boldsymbol{x}}(k+1) \end{bmatrix} = \begin{bmatrix} \boldsymbol{I} & \boldsymbol{0} \\ \boldsymbol{I} & -\boldsymbol{I} \end{bmatrix} \begin{bmatrix} \boldsymbol{x}(k+1) \\ \hat{\boldsymbol{x}}(k+1) \end{bmatrix} \qquad (8.7.4)$$

unterworfen. Dann wird mit

$$\boldsymbol{T}^{-1} = \begin{bmatrix} \boldsymbol{I} & \boldsymbol{0} \\ \boldsymbol{I} & -\boldsymbol{I} \end{bmatrix} = \boldsymbol{T}$$

$$\begin{bmatrix} \boldsymbol{x}(k+1) \\ \tilde{\boldsymbol{x}}(k+1) \end{bmatrix} = \underbrace{\begin{bmatrix} \boldsymbol{A}-\boldsymbol{BK} & \boldsymbol{BK} \\ \boldsymbol{0} & \boldsymbol{A}-\boldsymbol{HC} \end{bmatrix}}_{\boldsymbol{A}^*} \begin{bmatrix} \boldsymbol{x}(k) \\ \tilde{\boldsymbol{x}}(k) \end{bmatrix} \qquad (8.7.5)$$

$$y(k) = [\boldsymbol{C} \quad \boldsymbol{0}] \begin{bmatrix} \boldsymbol{x}(k) \\ \tilde{\boldsymbol{x}}(k) \end{bmatrix}. \qquad (8.7.6)$$

Das Eigenverhalten dieses Systems ergibt sich aus der charakteristischen Gleichung

$$\det[z\boldsymbol{I} - \boldsymbol{A}^*] = \det[z\boldsymbol{I} - \boldsymbol{A} + \boldsymbol{BK}]\det[z\boldsymbol{I} - \boldsymbol{A} + \boldsymbol{HC}] = 0. \qquad (8.7.7)$$

Die Pole des Regelungssystems mit Zustandsregler und Beobachter sind also identisch mit den Polen des Regelungssystems ohne Beobachter und den Polen des Beobachters. Die Pole der Regelung und des Beobachters können somit unabhängig voneinander festgelegt werden. Sie beeinflussen sich gegenseitig nicht. Dies ist die Aussage des sog. *Separationstheorems*.

Es sei jedoch bemerkt, daß natürlich der zeitliche Verlauf von $\boldsymbol{x}(k)$ von der Wahl der Beobachterpole beeinflußt wird, wie aus (8.7.5) hervorgeht. Ein Beobachter führt zusätzliche Pole und damit zusätzliche Verzögerungen in das Regelungssystem ein.

Bei Verwendung eines Identitätsbeobachters bekommt der Regelkreis mit einem Prozeß der Ordnung m nach (8.7.7) also $2m$ Pole und somit die Ordnung $2m$.

Die verzögernde Wirkung eines Beobachters ist auch deutlich zu sehen, wenn ein Zustandsregler für Deadbeat-Verhalten, Abschn. 8.5, mit einem ebenfalls für Deadbeat-Verhalten ausgelegten Beobachter, (8.6.14), versehen wird. Für die charakteristische Gleichung gilt dann

$$\det\,[z\,\boldsymbol{I} - \boldsymbol{A}^*] = z^m\,z^m = z^{2m}. \tag{8.7.8}$$

Der eingeschwungene Zustand wird nach einer Anfangswertauslenkung deshalb erst nach $2\,m$ Abtastschritten und nicht, wie beim Deadbeat-Regler entsprechend Abschn. 8.5, nach m Schritten erreicht. In diesem Fall ist der einfache Deadbeat-Regler nach Kap. 6 dem Zustandsregler mit Beobachter an Schnelligkeit überlegen. In den Abschn. 8.7.2 und 8.8 wird beschrieben, wie man die Beobachterverzögerungen zum Teil umgehen kann.

8.7.2 Beobachter für äußere Störungen

In Abschn. 8.2 wurde gezeigt, wie man bleibende äußere Störungen durch erweiterte Zustandsmodelle aus Anfangszuständen erzeugen kann. Zur Ausregelung von bleibenden Störungen ist der Stellvektor $\boldsymbol{u}(k)$ nach (8.2.12) aus dem Zustandsvektor $\boldsymbol{\varepsilon}(k)$ über einen Zustandsregler und aus den Zustandsvektoren $\boldsymbol{\gamma}(k) - \boldsymbol{\zeta}(k)$ über eine proportionale Steuerung zu bilden. Da diese Zustandsgrößen jedoch im allgemeinen nicht meßbar sind, müssen sie mit einem Beobachter ermittelt werden.

Hierzu werde, wie im vorigen Abschnitt, angenommen, daß die Eingangsgrößen $\boldsymbol{u}(k)$ und die Ausgangsgrößen $\boldsymbol{y}(k)$ fehlerfrei meßbar sind. Das durch (8.2.14) und (8.2.15) beschriebene Gesamtsystem mit den Abkürzungen (8.2.13) verwendet einen erweiterten Zustandsvektor $\boldsymbol{x}^*(k)$, der alle Zustandsgrößen von Prozeßmodell und Störgrößenmodell enthält. Der Beobachter für diesen Zustandsvektor lautet

$$\hat{\boldsymbol{x}}^*(k+1) = \boldsymbol{A}^*\hat{\boldsymbol{x}}^*(k) + \boldsymbol{B}^*\boldsymbol{u}(k) + \boldsymbol{H}^*\,[\boldsymbol{e}_w(k) - \boldsymbol{C}^*\hat{\boldsymbol{x}}^*(k)]. \tag{8.7.9}$$

Die Beobachter-Rückführungsmatrix $\boldsymbol{H}^*$ hat nun bei Prozessen mit m Zustandsgrößen und r Ausgängen die Dimension $(m+r)\,x r$ und kann nach den in Abschn. 8.6 angegebenen Methoden bestimmt werden.

Die Reglergleichung lautet, entsprechend (8.2.16), bei Verwendung des Beobachters

$$\boldsymbol{u}(k) = \boldsymbol{K}^*\hat{\boldsymbol{x}}^*(k). \tag{8.7.10}$$

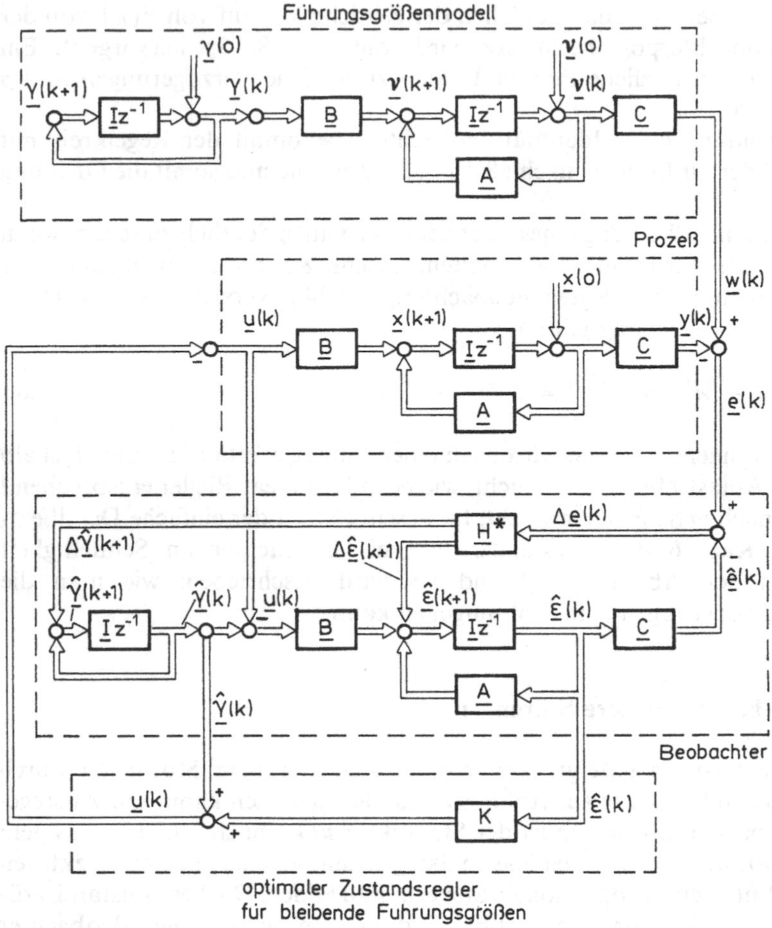

Bild 8.8. Zustandsregler mit Beobachter (für bleibende Führungsgrößenänderungen gezeichnet). Vergleiche mit Bild 8.4

Ein zugehöriges Blockschaltbild ist in Bild 8.8 für den Fall bleibender Führungsgrößenänderungen dargestellt. Bild 8.9 zeigt die entsprechende Anordnung mit den Abkürzungen nach (8.2.13). Nach Auftreten von Störgrößenänderungen $\boldsymbol{n}(k)$ oder Führungsgrößenänderungen $\boldsymbol{w}(k)$ werden die zunächst unbekannten Zustandsgrößen $\hat{\boldsymbol{x}}^*(k)$ durch den Beobachter so bestimmt, daß das angenommene Störgrößen- bzw. Führungsgrößenmodell gerade $\boldsymbol{n}(k)$ bzw. $\boldsymbol{w}(k)$ an seinem Ausgang erzeugt und daß durch das Prozeßmodell auch $\boldsymbol{y}(k)$ entsteht.

Aus Bild 8.8 ist zu erkennen, daß für die Steuergröße $\boldsymbol{u}_1(k)$ gilt

$$\begin{aligned} \boldsymbol{u}_1(k) &= \hat{\boldsymbol{\gamma}}(k) \\ \hat{\boldsymbol{\gamma}}(k+1) &= \hat{\boldsymbol{\gamma}}(k) + \boldsymbol{H}^*_{(r \times r)} \Delta \boldsymbol{e}(k) \end{aligned} \qquad (8.7.11)$$

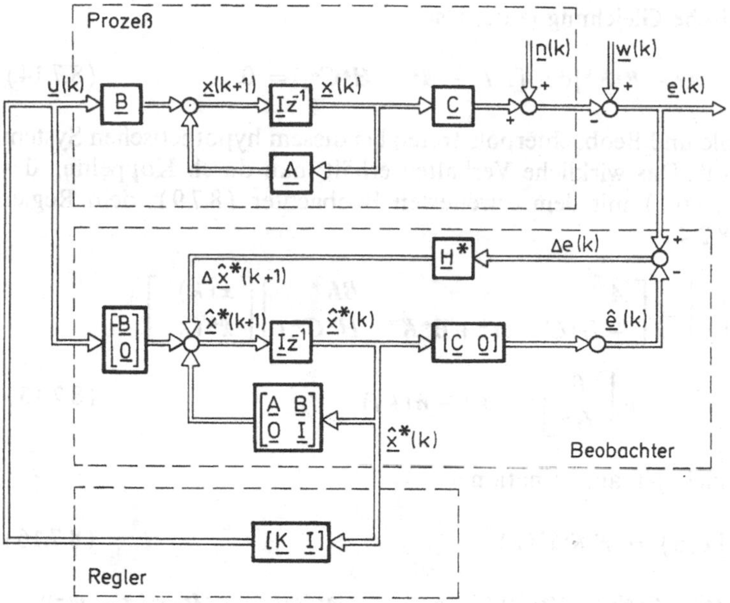

Bild 8.9. Zustandsregler mit Beobachter für bleibende Führungsgrößen $\boldsymbol{w}(k)$ und Störgrößen $\boldsymbol{n}(k)$

wobei $\boldsymbol{H}^*_{(rxr)}$ der entsprechende Anteil von $\boldsymbol{H}^*$ ist. Für eine einzige Ausgangsgröße $(r = 1)$ folgt hieraus

$$u_1(z) = \frac{z^{-1}}{1-z^{-1}} h_{m+1} \Delta e(z). \tag{8.7.12}$$

Die beobachtete Zustandsgröße $\hat{\gamma}(k)$ führt somit zu einer $(m+1)$ten Zustandsrückführung und zum Steueranteil $\boldsymbol{u}_1(k)$, der in bezug auf $\Delta e(k)$ summierend (integrierend) wirkt. Durch das Einführen der Zustandsgröße $\gamma(k)$ (bzw. $\zeta(k)$) wird also im Beobachter ein „Integralanteil" gebildet, der bleibende Regelabweichungen zum Verschwinden bringt. Der Integrationsbeiwert ist gleich der Rückführkonstante h_{m+1} des Beobachters. Er wird also beim Beobachterentwurf mitbestimmt und fügt sich somit in den Entwurf der Zustandsregelung passend ein.

Es wird nun das Eigenverhalten des hypothetischen, erweiterten Prozesses (8.2.14) mit dem erweiterten Beobachter (8.7.9) und dem Zustandsregler (8.7.10) betrachtet. Analog zu (8.7.5) und (8.7.6) folgt dann

$$\begin{bmatrix} \boldsymbol{x}^*(k+1) \\ \tilde{\boldsymbol{x}}^*(k+1) \end{bmatrix} = \begin{bmatrix} \boldsymbol{A}^* + \boldsymbol{B}^*\boldsymbol{K}^* & -\boldsymbol{B}^*\boldsymbol{K}^* \\ \boldsymbol{0} & \boldsymbol{A}^* - \boldsymbol{H}^*\boldsymbol{C}^* \end{bmatrix} \begin{bmatrix} \boldsymbol{x}^*(k) \\ \tilde{\boldsymbol{x}}(k) \end{bmatrix} \tag{8.7.13}$$

$$y(k) = [\boldsymbol{C}^* \quad \boldsymbol{0}] \begin{bmatrix} \boldsymbol{x}^*(k) \\ \tilde{\boldsymbol{x}}^*(k) \end{bmatrix}.$$

Die charakteristische Gleichung lautet also

$$\det\,[z\,\boldsymbol{I} - \boldsymbol{A}^* - \boldsymbol{B}^*\boldsymbol{K}^*]\det\,[z\,\boldsymbol{I} - \boldsymbol{A}^* + \boldsymbol{H}^*\boldsymbol{C}^*] = 0. \tag{8.7.14}$$

Die Regelungspole und Beobachterpole treten bei diesem hypothetischen System wieder separat auf. Das wirkliche Verhalten erhält man durch Koppelung des Prozesses nach (8.6.1) mit dem erweiterten Beobachter (8.7.9), dem Regler (8.7.10), und (8.2.4)

$$\begin{bmatrix} \boldsymbol{x}(k+1) \\ \hat{\boldsymbol{x}}^*(k+1) \end{bmatrix} = \begin{bmatrix} \boldsymbol{A} & \boldsymbol{B}\boldsymbol{K}^* \\ -\boldsymbol{H}^*\boldsymbol{C} & (\boldsymbol{A}^*+\boldsymbol{B}^*\boldsymbol{K}^*-\boldsymbol{H}^*\boldsymbol{C}^*) \end{bmatrix} \begin{bmatrix} \boldsymbol{x}(k) \\ \hat{\boldsymbol{x}}^*(k) \end{bmatrix}$$

$$+ \begin{bmatrix} \boldsymbol{0} \\ \boldsymbol{H}^* \end{bmatrix} (\boldsymbol{w}(k) - \boldsymbol{n}(k)). \tag{8.7.15}$$

Hieraus folgen nach z-Transformation

$$[z\,\boldsymbol{I} - \boldsymbol{A}]\boldsymbol{x}(z) = \boldsymbol{B}\,\boldsymbol{K}^*\hat{\boldsymbol{x}}^*(z) \tag{8.7.16}$$

$$[z\,\boldsymbol{I} - (\boldsymbol{A}^* + \boldsymbol{B}^*\boldsymbol{K}^* - \boldsymbol{H}^*\boldsymbol{C}^*)]\hat{\boldsymbol{x}}^*(z) = -\boldsymbol{H}^*\boldsymbol{C}^*\boldsymbol{x}(z) + \boldsymbol{H}^*(\boldsymbol{w}(z) - \boldsymbol{n}(z)) \tag{8.7.17}$$

und nach Elimination von $\hat{\boldsymbol{x}}^*(z)$

$$[z\,\boldsymbol{I} - \boldsymbol{A} + \boldsymbol{B}\,\boldsymbol{K}^*\,[z\,\boldsymbol{I} - (\boldsymbol{A}^* + \boldsymbol{B}^*\boldsymbol{K}^* - \boldsymbol{H}^*\boldsymbol{C}^*)]^{-1}\boldsymbol{H}^*\boldsymbol{C}^*]\boldsymbol{x}(z)$$

$$= \boldsymbol{B}\,\boldsymbol{K}^*[z\,\boldsymbol{I} - (\boldsymbol{A}^* + \boldsymbol{B}^*\boldsymbol{K}^* - \boldsymbol{H}^*\boldsymbol{C}^*)^{-1}\,\boldsymbol{H}^*\,(\boldsymbol{w}(z) - \boldsymbol{n}(z)). \tag{8.7.18}$$

Mit $\boldsymbol{y}(z) = \boldsymbol{C}\boldsymbol{x}(z)$ läßt sich daraus das Führungs- oder Störverhalten berechnen. In beiden Fällen erhält man die Pole aus

$$\det\,[z\boldsymbol{I} - \boldsymbol{A} + \boldsymbol{B}\,\boldsymbol{K}^*[z\boldsymbol{I} - (\boldsymbol{A}^* + \boldsymbol{B}^*\boldsymbol{K}^* - \boldsymbol{H}^*\boldsymbol{C}^*)]^{-1}\boldsymbol{H}^*\boldsymbol{C}^*] = 0. \tag{8.7.19}$$

Regelungs- und Beobachterpole treten also nicht mehr getrennt auf. Die Dynamik des Beobachters geht in das Führungs- bzw. Störverhalten ein.

Es sei noch erwähnt, daß man den Zustandsregler mit Beobachter auch so entwerfen kann, daß die Beobachterdynamik nicht in das Führungsverhalten eingeht. Hierzu wird die Führungsgröße $\boldsymbol{w}(k)$ erst nach Beobachter und Zustandsregler über eine Steuerung auf $\boldsymbol{u}(k)$ geschaltet [2.19]. Da dann jedoch ein direkter Vergleich zwischen Regelgrößen und Führungsgrößen nicht mehr stattfindet und die Parameter des Steuergliedes von den Prozeßparametern abhängen, können sich bei ungenauer Kenntnis der Prozeßparameter bzw. bei Änderungen, mit denen immer gerechnet werden muß, bleibende Regelabweichungen einstellen. Bei dem hier beschriebenen Entwurf tritt dieser Nachteil nicht auf, da durch einen direkten Soll-Istwertvergleich die Regelabweichungen $\boldsymbol{e}_w(k)$ vor Beobachter und Zustandsregler gebildet und wegen der Pole bei $z = 1$ immer zu Null geregelt werden. Die dann entstehenden Beobachterverzögerungen lassen sich zudem zu einem Teil umgehen, wie im folgenden gezeigt wird.

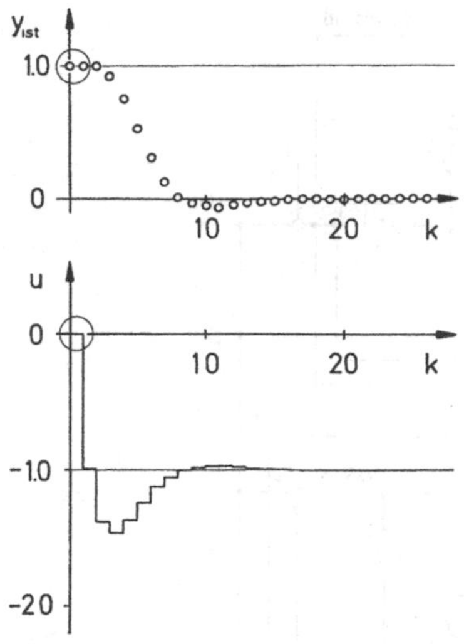

Bild 8.10. Verlauf von Regelgröße und Stellgröße für Prozeß III mit einem Zustandsregler für äußere Störungen bei sprungförmiger Störgrößenänderung $n(k)$. Aus [8.5]

In Bild 8.10 ist zunächst der Verlauf von Regel- und Stellgröße für den Prozeß III mit einem für äußere Störung entworfenen Zustandsregler zu sehen für eine sprungförmige Störgrößenänderung $n(k)$. Es tritt keine bleibende Regelabweichung mehr auf. Die Stellgröße wird allerdings erst nach Ablauf einer Abtastzeiteinheit verstellt. Diese Verzögerung entsteht dadurch, daß alle Änderungen $\Delta e(k)$ der Regelabweichung im Beobachter erst ein Glied z^{-1} durchlaufen müssen, bevor eine Änderung der Stellgröße erfolgen kann, vgl. Bild 8.8.

Der Beobachter verursacht dadurch eine unerwünschte anfängliche und fortwährende Verzögerung des Stellgrößenverlaufs, den die parameteroptimierten Regler und anderen Ein-/Ausgangsregler im allgemeinen nicht aufweisen.

Die anfängliche Verzögerung läßt sich jedoch vermeiden. Denn beim Beobachter nach Bild 8.8 werden alle Zustandsgrößen beobachtet, obwohl man eine Zustandsgröße direkt messen kann, nämlich dann, wenn sie gleich der Ausgangsgröße $y(k)$ ist. Dies ist der Fall bei Zustandsdarstellung in Beobachternormalform, vgl. Bild 3.19. Anstelle der verzögerten Teilsteuerung

$$u_m(k) = k_m \hat{x}_m(k) = k_m \hat{y}(k)$$

verwende man das nichtverzögerte Signal

$$u'_m(k) = k_m y(k) \tag{8.7.20}$$

vgl. Bilder 8.11 und 8.12.

Eine nicht verzögerte Erfassung der Ausgangsgröße $y(k)$ läßt sich auch durch die Verwendung eines Beobachters reduzierter Ordnung erreichen, s. Abschn. 8.8

Beispiel 8.2

Als Beispiel werde nun für den Prozeß III (vgl. Abschn. 5.4.1) der Entwurf eines Zustandsreglers nach Abschn. 8.2 mit einem Beobachter für äußere Störungen nach Abschn. 8.7.2 betrachtet.

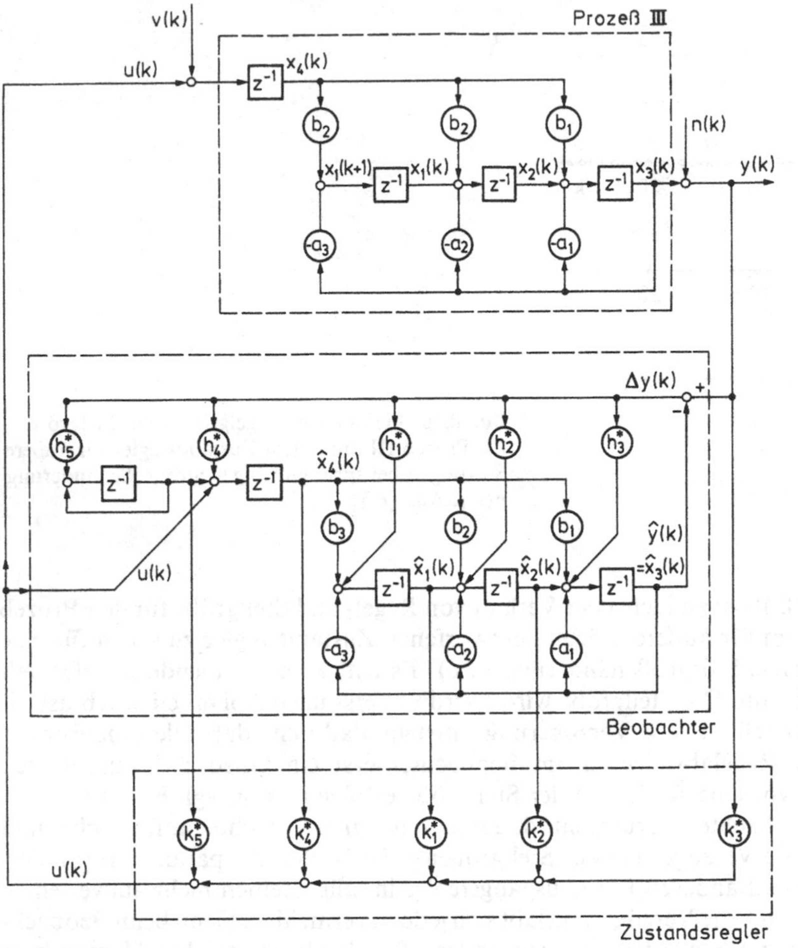

Bild 8.11. Blockschaltbild von Prozeß III mit Zustandsregler und Beobachter für äußere Störungen, mit Umgehung der Anfangsverzögerung

Die Zustandsdarstellung des Testprozesses III werde in Beobachternormalform gewählt. Da der Prozeß eine Totzeit $d = 1$ besitzt, folgen aus (3.6.44) und (3.6.45)

$$\begin{bmatrix} x_1(k+1) \\ x_2(k+1) \\ x_3(k+1) \\ x_4(k+1) \end{bmatrix} = \begin{bmatrix} 0 & 0 & -a_3 & b_3 \\ 1 & 0 & -a_2 & b_2 \\ 0 & 1 & -a_1 & b_1 \\ 0 & 0 & 0 & 0 \end{bmatrix} \begin{bmatrix} x_1(k) \\ x_2(k) \\ x_3(k) \\ x_4(k) \end{bmatrix} + \begin{bmatrix} 0 \\ 0 \\ 0 \\ 1 \end{bmatrix} u(k)$$

bzw.

$$\boldsymbol{x}_d(k+1) = \boldsymbol{A}_d \boldsymbol{x}_d(k) + \boldsymbol{b}_d\, u(k)$$

und

$$y(k) = [0\;0\;1\;0] \begin{bmatrix} x_1(k) \\ x_2(k) \\ x_3(k) \\ x_4(k) \end{bmatrix}$$

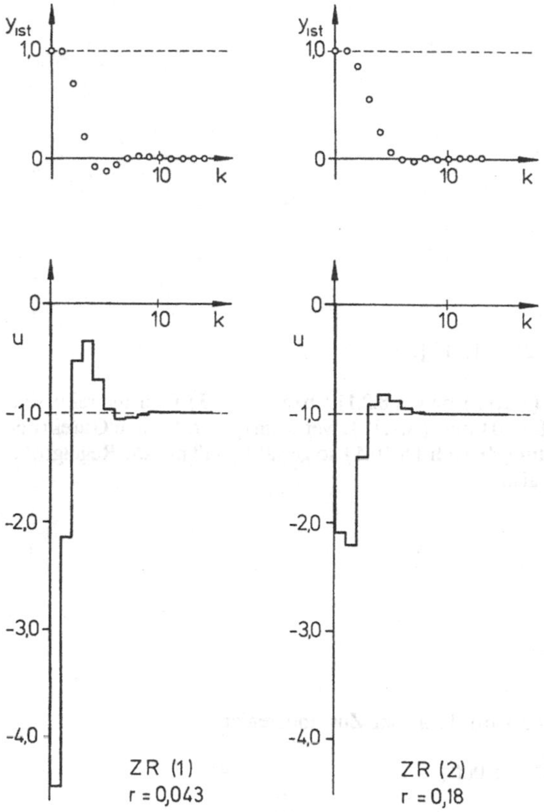

Bild 8.12. Verlauf von Regel- und Stellgröße für Prozeß III mit einem Zustandsregler für äußere Störungen und einem modifizierten Beobachter mit Umgehung der Anfangsverzögerung. Sprungförmige Störgrößenänderung $n(k)$. Aus [8.5]

bzw.

$$y(k) = \boldsymbol{c}_d^T \boldsymbol{x}_d(k).$$

Ein Blockschaltbild ist in Bild 8.11 dargestellt.

Der Beobachter für sprungförmige äußere Einwirkungen $w(k)$ oder $n(k)$ erhält nach (8.7.9) und (8.2.13) die Parameter

$$\boldsymbol{A}^* = \left[\begin{array}{cccc|c} 0 & 0 & -a_3 & b_3 & 0 \\ 1 & 0 & -a_2 & b_2 & 0 \\ 0 & 1 & -a_1 & b_1 & 0 \\ 0 & 0 & 0 & 0 & 1 \\ \hline 0 & 0 & 0 & 0 & 1 \end{array}\right] \qquad \boldsymbol{b}^* = \left[\begin{array}{c} 0 \\ 0 \\ 0 \\ 1 \\ \hline 0 \end{array}\right]$$

$$\boldsymbol{c}^{*T} = [0 \quad 0 \quad 1 \quad 0 \mid 0]$$

$$\boldsymbol{h}^{*T} = [h_1^* \quad h_2^* \quad h_3^* \quad h_4^* \mid h_5^*].$$

Die Berechnung der Rückführkostanten $\boldsymbol{h}^*$ des Beobachters werde durch Minimieren des quadratischen Gütekriteriums nach (8.6.15) für den transponierten Beobachter, (8.6.9) und (8.6.10), über die rekursive Lösung der Matrix-Riccati-Gleichung (8.6.16) durchgeführt. Wählt man als Bewertungskoeffizienten

$$Q_B = \begin{bmatrix} 1 & 0 & 0 & 0 & 0 \\ 0 & 1 & 0 & 0 & 0 \\ 0 & 0 & 1 & 0 & 0 \\ 0 & 0 & 0 & 1 & 0 \\ 0 & 0 & 0 & 0 & 25 \end{bmatrix}; \; r_B = 5$$

dann ergibt sich

$$\boldsymbol{h}^{*T} = [0{,}061 \quad -0{,}418 \quad 0{,}984 \quad 1{,}217 \quad 1{,}217].$$

Zum Entwurf des Zustandsreglers nach (8.2.17) bzw. (8.2.11) bzw. (8.1.33) über die rekursive Lösung der Matrix-Riccati-Gleichung (8.1.30) und (8.1.31), werde im quadratischen Gütekriterium (8.1.2) die Zustandsgrößengewichtung $\boldsymbol{Q}$ nach (8.10.4) so gewählt, daß nur die Regelgröße $y(k)$ mit dem Faktor 1 bewertet wird, also

$$\boldsymbol{Q} = \boldsymbol{c}_d \boldsymbol{c}_d^T = \begin{bmatrix} 0 & 0 & 0 & 0 \\ 0 & 0 & 0 & 0 \\ 0 & 0 & 1 & 0 \\ 0 & 0 & 0 & 0 \end{bmatrix}.$$

Für die Stellgrößengewichtung $r = 0{,}043$ wird dann der Zustandsregler

$$\boldsymbol{k}^{*T} = [4{,}828 \quad 5{,}029 \quad 4{,}475 \quad 0{,}532 \quad 1{,}000]$$

und für $r = 0{,}18$

$$\boldsymbol{k}^{*T} = [2{,}526 \quad 2{,}445 \quad 2{,}097 \quad 0{,}263 \quad 1{,}000]$$

Die sich mit diesen beiden Reglern ergebenden Regel- und Stellgrößenverläufe sind in Bild 8.12 dargestellt.

Die für diesen Prozeß der Gesamtordnung $m + d = 4$ erforderlichen rekursiven Algorithmen für einen Abtastschritt lauten:

– Beobachterausgangsfehler:

$$\Delta e(k-1) = y(k-1) - \hat{x}_3(k-1) = y(k-1) - \hat{y}(k-1) = \Delta y(k-1)$$

– Zustandsgrößenschätzwerte:

$$\begin{aligned}
\hat{x}_1(k) &= -a_3\hat{x}_3(k-1) + b_3\hat{x}_4(k-1) + h_1^*\Delta e(k-1) \\
\hat{x}_2(k) &= \hat{x}_1(k-1) - a_2\hat{x}_3(k-1) + b_2\hat{x}_4(k-1) + h_2^*\Delta e(k-1) \\
\hat{x}_3(k) &= \hat{x}_2(k-1) - a_1\hat{x}_3(k-1) + b_1\hat{x}_4(k-1) + h_3^*\Delta e(k-1) \\
\hat{x}_4(k) &= \hat{x}_5(k-1) + u(k-1) + h_4^*\Delta e(k-1) \\
\hat{x}_5(k) &= \hat{x}_5(k-1) + h_5^*\Delta e(k-1)
\end{aligned}$$

– Stellgröße:

– ohne „Umgehung" der Beobachterverzögerung z^{-1} für $y(k)$

$$u(k) = k_1^*\hat{x}_1(k) + k_2^*\hat{x}_2(k) + k_3^*\hat{x}_3(k) + k_4^*\hat{x}_4(k) + k_5^*\hat{x}_5(k)$$

– mit „Umgehung" der Beobachterverzögerung z^{-1} für $y(k)$

$$u(k) = k_1^*\hat{x}_1(k) + k_2^*\hat{x}_2(k) + k_3^*y(k) + k_4^*\hat{x}_4(k) + k_5^*\hat{x}_5(k).$$

Pro Abtastschritt sind also an Rechenaufwand erforderlich:

15 Multiplikationen
16 Additionen.

Dabei wurde $k_5^* = 1$ beachtet. Hinzu kommen bei der Realisierung in einem Digitalrechner noch 8 Schiebeoperationen der Variablen.

8.7.3 Einführung von Integralgliedern in den Zustandsregler

Außer der Einführung eines *Integralanteils in den Beobachter*, Abschn. 8.7.2, und dem Hinzufügen eines *parallelen Integralanteils* zum Zustandsregler, Abschn. 8.2, gibt es noch die Möglichkeit der *Einführung von Integralanteilen in das Prozeßmodell* und den geschlossenen Entwurf für das so erweiterte Modell. Der Integralanteil kann dabei dem Prozeßmodell nach – oder vorgeschaltet werden [5.26].

Prozeßmodell mit nachgeschaltetem I-Anteil

Das Prozeßmodell wird wie folgt durch einen integralwirkenden Anteil erweitert, vgl. Bild 8.13:

$$\begin{aligned} \boldsymbol{x}(k+1) &= \boldsymbol{A}\,\boldsymbol{x}(k) + \boldsymbol{B}\,\boldsymbol{u}(k) \\ \boldsymbol{q}(k+1) &= \boldsymbol{I}\,\boldsymbol{q}(k) + \boldsymbol{w}(k) - \boldsymbol{C}\,\boldsymbol{x}(k) \end{aligned} \tag{8.7.21}$$

Das erweiterte Modell lautet somit

$$\begin{bmatrix} \boldsymbol{x}(k+1) \\ \boldsymbol{q}(k+1) \end{bmatrix} = \begin{bmatrix} \boldsymbol{A} & \boldsymbol{0} \\ -\boldsymbol{C} & \boldsymbol{I} \end{bmatrix} \begin{bmatrix} \boldsymbol{x}(k) \\ \boldsymbol{q}(k) \end{bmatrix} + \begin{bmatrix} \boldsymbol{B} \\ \boldsymbol{0} \end{bmatrix} \boldsymbol{u}(k) + \begin{bmatrix} \boldsymbol{0} \\ \boldsymbol{I} \end{bmatrix} \boldsymbol{w}(k)$$

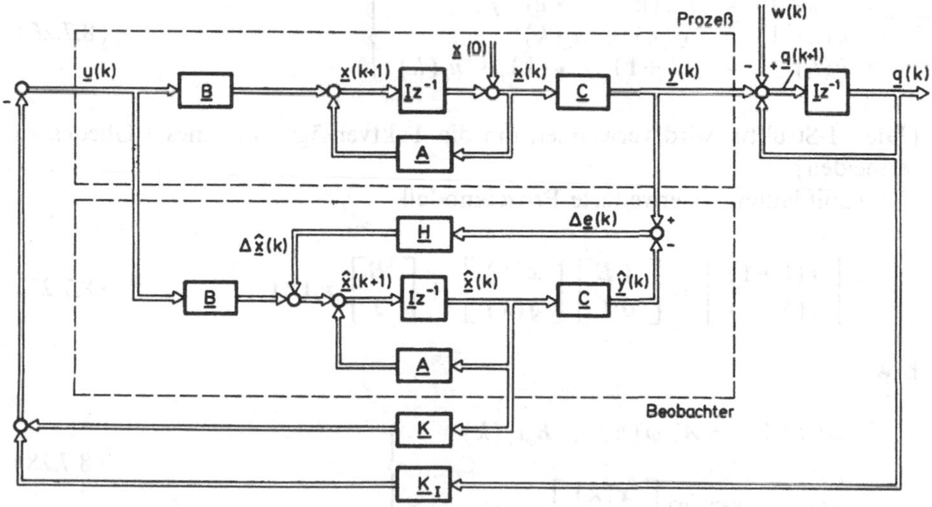

Bild 8.13. Zustandsregler mit Beobachter und dem Prozeß nachgeschaltetem Integralanteil

bzw.

$$\begin{aligned} \boldsymbol{\varphi}(k+1) &= \boldsymbol{A}_\varphi\, \boldsymbol{\varphi}(k) + \boldsymbol{B}_\varphi \boldsymbol{u}(k) + \boldsymbol{E}\, \boldsymbol{w}(k) \\ \boldsymbol{y}(k) &= \boldsymbol{C}_\varphi \boldsymbol{\varphi}(k) \end{aligned} \tag{8.7.22}$$

Der Einfluß der Führungsgrößen $\boldsymbol{w}(k)$ wird als Zustandsgrößenstörung aufgefaßt und zum Reglerentwurf nicht weiter berücksichtigt. Aufgrund von $\boldsymbol{A}_\varphi$ und $\boldsymbol{B}_\varphi$ kann dann ein Zustandsregler

$$\boldsymbol{K}_\varphi = [\, \boldsymbol{K}\, \boldsymbol{K}_I] \tag{8.7.23}$$

wie in Abschn. 8.1 und 8.3 behandelt, entworfen werden.
Das Regelgesetz lautet dann

$$\boldsymbol{u}(k) = -\boldsymbol{K}\hat{\boldsymbol{x}}(k) - \boldsymbol{K}_I\, \boldsymbol{q}(k) \tag{8.7.24}$$

Damit bei einer Änderung der Führungsgrößen $\boldsymbol{w}(k)$ die Verzögerung um eine Abtastzeit durch den I-Anteil vermieden wird, kann der Integralanteil durch einen PI-Algorithmus der Form

$$\boldsymbol{u}_I(k) = \boldsymbol{L}_I \boldsymbol{q}(k+1) + (\boldsymbol{I} - \boldsymbol{L}_I)\boldsymbol{q}(k) \tag{8.7.25}$$

ersetzt werden, vgl. Abschn. 8.7.4.

Prozeßmodell mit vorgeschaltetem PI-Anteil

Das Prozeßmodell wird durch einen vorgeschalteten proportional-integralwirkenden Anteil erweitert, s. Bild 8.14

$$\left.\begin{aligned} \boldsymbol{x}(k+1) &= \boldsymbol{A}\,\boldsymbol{x}(k) + \boldsymbol{B}\,\boldsymbol{u}(k) \\ \boldsymbol{q}(k+1) &= \boldsymbol{I}\,\boldsymbol{q}(k) + \boldsymbol{u}_\varepsilon(k) \\ \boldsymbol{u}(k) &= \boldsymbol{q}(k+1) = \boldsymbol{q}(k) + \boldsymbol{u}_\varepsilon(k) \end{aligned}\right\} \tag{8.7.26}$$

(Die PI-Struktur wird verwendet, um die Taktverzögerung eines I-Gliedes zu vermeiden).

Damit lautet das erweiterte Prozeßmodell

$$\begin{bmatrix} \boldsymbol{x}(k+1) \\ \boldsymbol{q}(k+1) \end{bmatrix} = \begin{bmatrix} \boldsymbol{A} & \boldsymbol{B} \\ \boldsymbol{0} & \boldsymbol{I} \end{bmatrix} \begin{bmatrix} \boldsymbol{x}(k) \\ \boldsymbol{q}(k) \end{bmatrix} + \begin{bmatrix} \boldsymbol{B} \\ \boldsymbol{I} \end{bmatrix} \boldsymbol{u}_\varepsilon(k) \tag{8.7.27}$$

bzw.

$$\left.\begin{aligned} \boldsymbol{\varphi}(k+1) &= \boldsymbol{A}_\varphi\, \boldsymbol{\varphi}(k) + \boldsymbol{B}_\varphi \boldsymbol{u}_\varepsilon(k) \\ \boldsymbol{y}(k) &= [\boldsymbol{C}\ \ \boldsymbol{0}] \begin{bmatrix} \boldsymbol{x}(k) \\ \boldsymbol{q}(k) \end{bmatrix} = \boldsymbol{C}_\varphi \boldsymbol{\varphi}(k) \end{aligned}\right\} \tag{8.7.28}$$

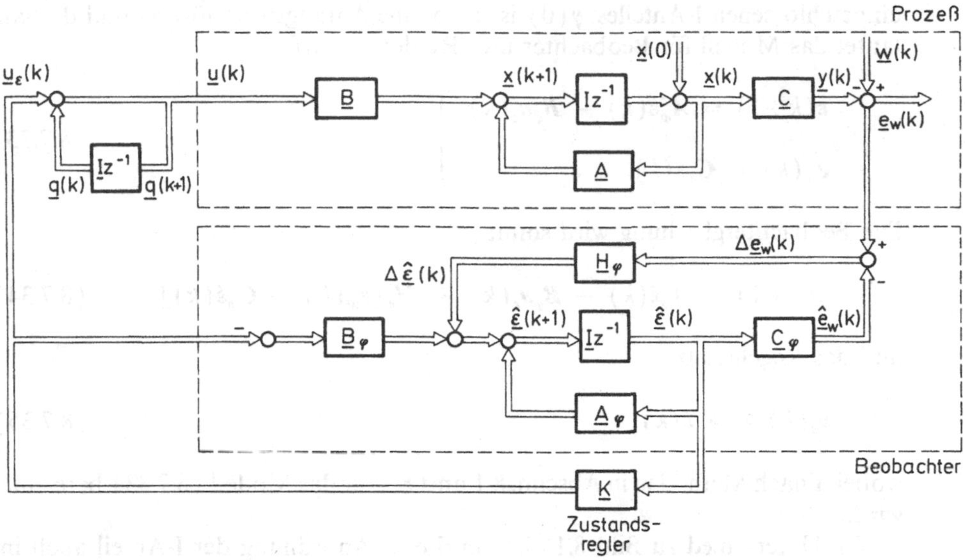

Bild 8.14. Zustandsregler mit Beobachter und dem Prozeß vorgeschaltetem Proportional – Integralanteil

Das Blockschaltbild zeigt, daß wegen der Führungsgrößenaufschaltung $\boldsymbol{w}(k)$ die Regeldifferenz

$$\boldsymbol{e}_w(k) = \boldsymbol{w}(k) - \boldsymbol{y}(k) \tag{8.7.29}$$

als Ausgangsgröße und damit Vergleichsgröße für den Beobachter verwendet wird. Die Führungsgröße $\boldsymbol{w}(k)$ wird dabei in Anlehnung an das Führungsgrößenmodell nach (8.2.1) angesetzt

$$\left.\begin{aligned} \boldsymbol{v}(k+1) &= \boldsymbol{A}_\varphi \boldsymbol{v}(k) + \boldsymbol{B}_\varphi \boldsymbol{\gamma}(k) \\ \boldsymbol{w}(k) &= \boldsymbol{C}_\varphi \boldsymbol{v}(k) \end{aligned}\right\} \tag{8.7.30}$$

sodaß

$$\boldsymbol{e}_w(k) = \boldsymbol{C}_\varphi[\boldsymbol{v}(k) - \boldsymbol{\varphi}(k)] = \boldsymbol{C}_\varphi \boldsymbol{\varepsilon}(k). \tag{8.7.31}$$

Somit verbleibt als Prozeßmodell zum Entwurf des Zustandsreglers als Gesamtmodell aufgrund von (8.7.30) und (8.7.28)

$$\left.\begin{aligned} \boldsymbol{\varepsilon}(k+1) &= \boldsymbol{A}_\varphi \boldsymbol{\varepsilon}(k) + \boldsymbol{B}_\varphi[\boldsymbol{\gamma}(k) - \boldsymbol{u}_\varepsilon(k)] \\ \boldsymbol{e}_w(k) &= \boldsymbol{C}_\varphi \boldsymbol{\varepsilon}(k) \end{aligned}\right\} \tag{8.7.32}$$

$\boldsymbol{\gamma}(k)$ ist hierbei für ein sprungförmiges $\boldsymbol{w}(k) = \boldsymbol{1}(k)$ nur als Anfangswert $\boldsymbol{\gamma}(0) = \boldsymbol{\gamma}_0$ zu setzen, also $\boldsymbol{\gamma}(k) = \boldsymbol{0}$ für $k \geqq 1$, wegen des in (8.7.30) bereits eingeschlossenen I-Anteiles. $\gamma(0)$ ist also eine Anfangswertstörung und deshalb lautet das Modell für Beobachter und Reglerentwurf

$$\left.\begin{aligned} \boldsymbol{\varepsilon}(k+1) &= \boldsymbol{A}_\varphi \boldsymbol{\varepsilon}(k) - \boldsymbol{B}_\varphi \boldsymbol{u}_\varepsilon(k) \\ \boldsymbol{e}_w(k) &= \boldsymbol{C}_\varphi \boldsymbol{\varepsilon}(k). \end{aligned}\right\} \tag{8.7.33}$$

Die Beobachtergleichung wird somit

$$\hat{\boldsymbol{\varepsilon}}(k+1) = \boldsymbol{A}_\varphi \hat{\boldsymbol{\varepsilon}}(k) - \boldsymbol{B}_\varphi \boldsymbol{u}_\varepsilon(k) + \boldsymbol{H}_\varphi[\boldsymbol{e}_w(k) - \boldsymbol{C}_\varphi \hat{\boldsymbol{\varepsilon}}(k)] \tag{8.7.34}$$

und das Regelgesetz

$$\boldsymbol{u}_\varepsilon(k) = \boldsymbol{K}\,\hat{\boldsymbol{\varepsilon}}(k) \tag{8.7.35}$$

wobei $\boldsymbol{K}$ nach Methoden in Abschn. 8.1 und 8.3 für das Modell (8.7.33) berechnet wird.

Im Unterschied zu Bild 8.13 ist bei dieser Anordnung der I-Anteil auch im Beobachter vorhanden.

8.7.4 Maßnahmen zur Verringerung der Beobachterverzögerung

In Abschn. 8.7.2 wurde bereits gezeigt, wie man durch Verwendung der gemessenen Ausgangsgröße $\boldsymbol{y}(k)$ anstelle der beobachteten Ausgangsgröße $\hat{\boldsymbol{y}}(k)$ für den Regler die durch den Beobachter entstehende Schiebetaktverzögerung

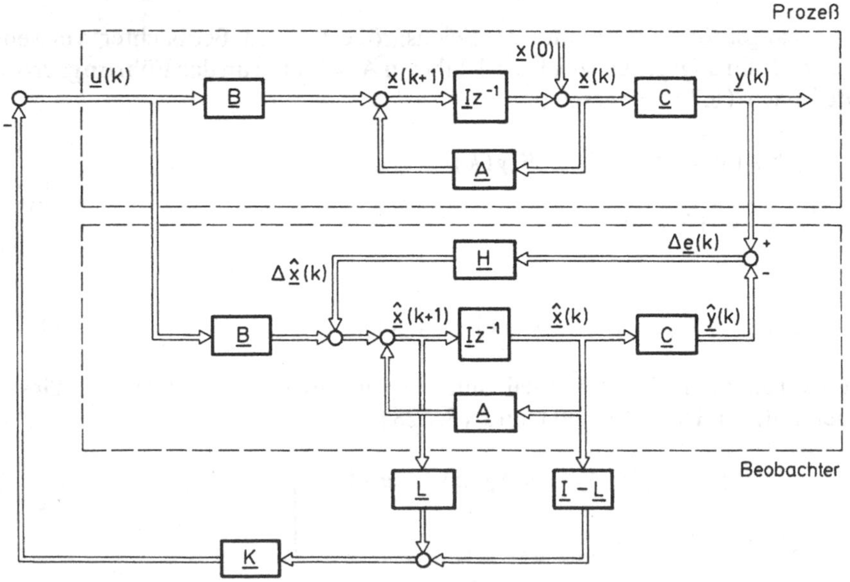

Bild 8.15. Verringerung der Beobachterverzögerung durch zusätzliche Rückführung von $\hat{\boldsymbol{x}}(k+1)$

vermeiden kann. Möchte man diese Verzögerung auch für die anderen Zustandsgrößen verringern, dann kann man nach Bild 8.15 vorgehen und die im Beobachter aufgrund der gemessenen Differenz $\boldsymbol{y}(k) - \hat{\boldsymbol{y}}(k)$ vorhergesagte Zustandsgröße $\hat{\boldsymbol{x}}(k+1)$ einbeziehen [5.26].

$$u(k) = -\boldsymbol{K}[\boldsymbol{L}\,\hat{\boldsymbol{x}}(k+1) + [\boldsymbol{I} - \boldsymbol{L}]\,\hat{\boldsymbol{x}}(k)]$$

$$\boldsymbol{L} = diag\ (l_i);\ l_i \leqq 1$$

Im einfachsten Fall ist bei gleicher Gewichtung aller Zustandsgrößen

$$\boldsymbol{L} = l\boldsymbol{I} \quad l \leqq 1$$

Die Gewichtsfaktoren l_i sollten um so kleiner gewählt werden, je ungenauer die Vorhersage $\hat{\boldsymbol{x}}(k+1)$ ist, z.B. aufgrund von Störsignalen oder numerischen Einflüssen.

8.8 Zustandsgrößenbeobachter reduzierter Ordnung

Beim Identitätsbeobachter nach Abschn. 8.6 werden alle Zustandsgrößen $\boldsymbol{x}(k)$ bestimmt. Wenn einzelne Zustandsgrößen jedoch direkt meßbar sind, dann werden diese Zustandsgrößen unnötigerweise berechnet. Bei einem Prozeß m-ter Ordnung mit einem Ein- und einem Ausgang z.B. kann im allgemeinen eine Zustandsgröße direkt aus der meßbaren Ausgangsgröße $y(k)$ berechnet werden, so daß also nur $(m-1)$ Zustandsgrößen mit dem Beobachter zu bestimmen sind.

Beobachter, deren Ordnung niedriger als die des Prozeßmodells ist, werden *Beobachter reduzierter Ordnung* genannt, s. [8.13, 8.15].

Im folgenden wird eine Ableitung des reduzierten Beobachters in Anlehnung an [8.15] und [2.19] gebracht. Hierzu wird der Prozeß

$$\boldsymbol{x}(k+1) = \boldsymbol{A}\,\boldsymbol{x}(k) + \boldsymbol{B}\,\boldsymbol{u}(k) \tag{8.8.1}$$

$$\boldsymbol{y}(k) = \boldsymbol{C}\,\boldsymbol{x}(k) \tag{8.8.2}$$

betrachtet. Die Dimensionen der Vektoren seien

$$\begin{aligned}\boldsymbol{x}(k) &: (mx1)\\ \boldsymbol{u}(k) &: (px1)\\ \boldsymbol{y}(k) &: (rx1).\end{aligned}$$

Bei r unabhängigen meßbaren Ausgangsgrößen $\boldsymbol{y}(k)$ können r Zustandsgrößen direkt berechnet werden. Deshalb werde der Zustandsvektor $\boldsymbol{x}(k)$ in einen direkt berechenbaren Teil $\boldsymbol{x}_b(k)$ und einen zu beobachtenden Teil $\boldsymbol{x}_a(k)$ aufgespalten

$$\begin{bmatrix}\boldsymbol{x}_a(k+1)\\ \boldsymbol{x}_b(k+1)\end{bmatrix} = \begin{bmatrix}\boldsymbol{A}_{11} & \boldsymbol{A}_{12}\\ \boldsymbol{A}_{21} & \boldsymbol{A}_{22}\end{bmatrix}\begin{bmatrix}\boldsymbol{x}_a(k)\\ \boldsymbol{x}_b(k)\end{bmatrix} + \begin{bmatrix}\boldsymbol{B}_1\\ \boldsymbol{B}_2\end{bmatrix}\boldsymbol{u}(k) \tag{8.8.3}$$

$$\boldsymbol{y}(k) = [\boldsymbol{C}_1\ \ \boldsymbol{C}_2]\begin{bmatrix}\boldsymbol{x}_a(k)\\ \boldsymbol{x}_b(k)\end{bmatrix}. \tag{8.8.4}$$

Der direkt berechenbare Zustandsvektor $\boldsymbol{x}_b(k)$ soll nun durch $\boldsymbol{y}(k)$ ersetzt werden. Dann entsteht ein teilweise neuer Zustandsvektor $\boldsymbol{v}$, den man durch folgende lineare Transformation erhält

$$\boldsymbol{v} = \begin{bmatrix} \boldsymbol{x}_a \\ \boldsymbol{y} \end{bmatrix} = \boldsymbol{T}\boldsymbol{x} = \begin{bmatrix} \boldsymbol{T}_{11} & \boldsymbol{T}_{12} \\ \boldsymbol{T}_{21} & \boldsymbol{T}_{22} \end{bmatrix} \begin{bmatrix} \boldsymbol{x}_a \\ \boldsymbol{x}_b \end{bmatrix}. \tag{8.8.5}$$

Aus (8.8.4) folgt $\boldsymbol{T}_{21} = \boldsymbol{C}_1$ und $\boldsymbol{T}_{22} = \boldsymbol{C}_2$, und da $\boldsymbol{x}_a(k)$ unverändert ist, $\boldsymbol{T}_{11} = \boldsymbol{I}$, und unabhängig von $\boldsymbol{x}_b(k)$ ist, $\boldsymbol{T}_{12} = \boldsymbol{0}$. Somit lautet die Transformationsmatrix

$$\boldsymbol{T} = \begin{bmatrix} \boldsymbol{I} & \boldsymbol{0} \\ \boldsymbol{C}_1 & \boldsymbol{C}_2 \end{bmatrix} \tag{8.8.6}$$

und der transformierte Prozeß wird

$$\boldsymbol{v}(k+1) = \boldsymbol{A}_t\boldsymbol{v}(k) + \boldsymbol{B}_t\boldsymbol{u}(k) \tag{8.8.7}$$

$$y(k) = \boldsymbol{C}_t\boldsymbol{v}(k) \tag{8.8.8}$$

wobei nach (3.2.32)

$$\left.\begin{aligned} \boldsymbol{A}_t &= \boldsymbol{T}\,\boldsymbol{A}\,\boldsymbol{T}^{-1} \\ \boldsymbol{B}_t &= \boldsymbol{T}\,\boldsymbol{B} \\ \boldsymbol{C}_t &= \boldsymbol{C}\,\boldsymbol{T}^{-1} = [\boldsymbol{0}\ \boldsymbol{I}]. \end{aligned}\right\} \tag{8.8.9}$$

Spaltet man nun (8.8.7) analog zu (8.8.3) auf, dann erhält man folgende Gleichungen

$$\boldsymbol{x}_a(k+1) = \boldsymbol{A}_{t11}\boldsymbol{x}_a(k) + \boldsymbol{A}_{t12}\boldsymbol{y}(k) + \boldsymbol{B}_{t1}\boldsymbol{u}(k) \tag{8.8.10}$$

$$\boldsymbol{y}(k+1) = \boldsymbol{A}_{t21}\boldsymbol{x}_a(k) + \boldsymbol{A}_{t22}\boldsymbol{y}(k) + \boldsymbol{B}_{t2}\boldsymbol{u}(k). \tag{8.8.11}$$

Für (8.8.10) wird nun ein Identitätsbeobachter der Ordnung $(m-r)$ verwendet

$$\hat{\boldsymbol{x}}_a(k+1) = \boldsymbol{A}_{t11}\hat{\boldsymbol{x}}_a(k) + \boldsymbol{A}_{t12}\boldsymbol{y}(k) + \boldsymbol{B}_{t1}\boldsymbol{u}(k) + \boldsymbol{H}\,\boldsymbol{e}_t(k) \tag{8.8.12}$$

vgl. mit (8.6.3). Beim Identitätsbeobachter der vollen Ordnung m war als Fehler zwischen Beobachter und Prozeß der Ausgangsfehler nach (8.6.2) verwendet worden. Da aber beim Beobachter reduzierter Ordnung kein $\hat{\boldsymbol{y}}(k)$ explizit berechnet wird und $\boldsymbol{y}(k)$ keine Informationen über $\hat{\boldsymbol{x}}_a(k)$ enthält, muß der Beobachterfehler $\boldsymbol{e}_t(k)$ anders festgelegt werden. Hierzu kann nun (8.8.11) Verwendung finden, denn diese Gleichung liefert einen Gleichungsfehler $\boldsymbol{e}_t(k)$, falls $\hat{\boldsymbol{x}}_a(k)$ noch nicht an die meßbaren Größen $\boldsymbol{y}(k)$, $\boldsymbol{y}(k+1)$ und $\boldsymbol{u}(k)$ angeglichen ist

$$\boldsymbol{e}_t(k) = \boldsymbol{y}(k+1) - \underbrace{\boldsymbol{A}_{t21}\hat{\boldsymbol{x}}_a(k) - \boldsymbol{A}_{t22}\boldsymbol{y}(k) - \boldsymbol{B}_{t2}\boldsymbol{u}(k)}_{\hat{\boldsymbol{y}}(k+1)}; \tag{8.8.13}$$

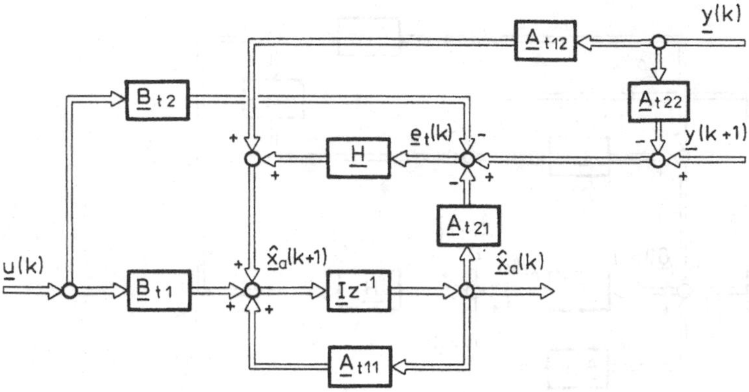

Bild 8.16. Blockschaltbild eines Beobachters reduzierter Ordnung nach (8.8.14)

Somit ergibt sich aus (8.8.12) und (8.8.13) der Beobachter

$$\hat{\boldsymbol{x}}_a(k+1) = \boldsymbol{A}_{t11}\hat{\boldsymbol{x}}_a(k) + \boldsymbol{A}_{t12}\boldsymbol{y}(k) + \boldsymbol{B}_{t1}\boldsymbol{u}(k) + \boldsymbol{H}[\boldsymbol{y}(k+1) - \boldsymbol{A}_{t22}\boldsymbol{y}(k) - \boldsymbol{B}_{t2}\boldsymbol{u}(k) - \boldsymbol{A}_{t21}\hat{\boldsymbol{x}}_a(k)] \tag{8.8.14}$$

dessen Blockschaltbild in Bild 8.16 dargestellt ist.

In (8.8.14) ist $\boldsymbol{y}(k+1)$ zum Zeitpunkt k unbekannt. Wie aus Bild 8.16 zu entnehmen ist, ändert sich in bezug auf den Ausgang $\hat{\boldsymbol{x}}_a(k)$ nichts, wenn man den Signalpfad

$$\hat{\boldsymbol{x}}_a(z) = \boldsymbol{H}\, z^{-1}\boldsymbol{y}(z)\, z$$

ersetzt durch

$$\hat{\boldsymbol{x}}_a(z) = \boldsymbol{H}\, \boldsymbol{y}(z).$$

Dann müssen aber neue Beobachterzustandsgrößen

$$\hat{\boldsymbol{\mu}}(k) = \hat{\boldsymbol{x}}_a(k) - \boldsymbol{H}\,\boldsymbol{y}(k) \tag{8.8.15}$$

eingeführt werden. Aus Bild 8.17 folgt dann der Beobachter reduzierter Ordnung

$$\hat{\boldsymbol{\mu}}(k+1) = \boldsymbol{A}_{t11}\hat{\boldsymbol{\mu}}(k) + [\boldsymbol{A}_{t12} + \boldsymbol{A}_{t11}\boldsymbol{H}]\,\boldsymbol{y}(k) + \boldsymbol{B}_{t1}\boldsymbol{u}(k) + \boldsymbol{H}[-\boldsymbol{A}_{t21}\boldsymbol{H}\,\boldsymbol{y}(k) - \boldsymbol{A}_{t22}\boldsymbol{y}(k) - \boldsymbol{B}_{t2}\boldsymbol{u}(k) - \boldsymbol{A}_{t21}\hat{\boldsymbol{\mu}}(k)]$$

bzw.

$$\hat{\boldsymbol{\mu}}(k+1) = [\boldsymbol{A}_{t11} - \boldsymbol{H}\,\boldsymbol{A}_{t21}]\hat{\boldsymbol{\mu}}(k) + [\boldsymbol{A}_{t12} - \boldsymbol{H}\,\boldsymbol{A}_{t22} + \boldsymbol{A}_{t11}\boldsymbol{H} - \boldsymbol{H}\,\boldsymbol{A}_{t21}\boldsymbol{H}]\boldsymbol{y}(k) + [\boldsymbol{B}_{t1} - \boldsymbol{H}\,\boldsymbol{B}_{t2}]\boldsymbol{u}(k). \tag{8.8.16}$$

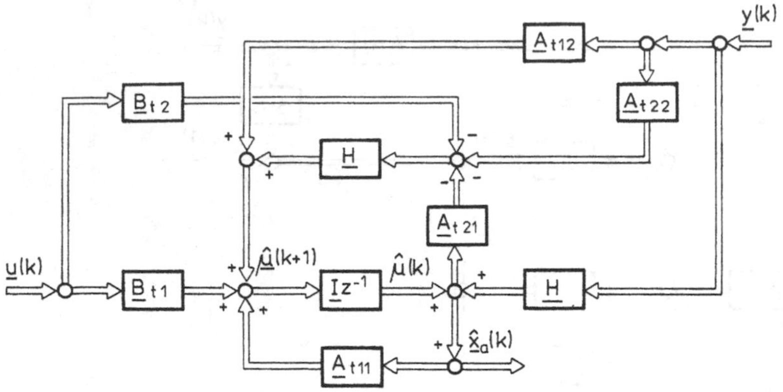

Bild 8.17. Umgewandeltes Blockschaltbild eines Beobachters reduzierter Ordnung nach (8.8.15)

Die zu beobachtenden Zustandsgrößen erhält man aus

$$\hat{x}_a(k) = \hat{\mu}(k) + H\,y(k) \tag{8.8.17}$$

und der Gesamtzustandsvektor lautet schließlich

$$\hat{v}(k) = \begin{bmatrix} \hat{x}_a(k) \\ y(k) \end{bmatrix} = \begin{bmatrix} I & H \\ 0 & I \end{bmatrix} \begin{bmatrix} \hat{\mu}(k) \\ y(k) \end{bmatrix}. \tag{8.8.18}$$

Für den Zustandsgrößenfehler des reduzierten Beobachters

$$\tilde{x}_a(k+1) = x_a(k+1) - \hat{x}_a(k+1) \tag{8.8.19}$$

folgt aus (8.8.10) bis (8.8.13)

$$\tilde{x}_a(k+1) = [A_{t11} - H\,A_{t21}]\tilde{x}_a(k). \tag{8.8.20}$$

Im Vergleich zum Identitätsbeobachter steht in dieser homogenen Fehlerdifferenzengleichung anstelle der Systemmatrix A die zum Zustandsvektor x_a gehörende transformierte Teilsystemmatrix A_{t11} und anstelle der Ausgangsmatrix C die transformierte Teilsystemmatrix A_{t21}, die den Zusammenhang zwischen $x_a(k)$ und $y(k+1)$ liefert (8.8.11).

Die charakteristische Gleichung des reduzierten Beobachters lautet

$$\det[z\mathbf{I} - A_{t11} + H A_{t21}] = (z-z_1)\,(z-z_2)\,...\,(z-z_{m-r}) = 0. \tag{8.8.21}$$

Die Beobachterpole lassen sich festlegen wie in Abschn. 8.6 beschrieben.

Die Vorteile eines Beobachters reduzierter Ordnung im Vergleich zum Identitätsbeobachter nach Abschn. 8.6 sind die um die Anzahl r der direkt meßbaren Ausgangsgrößen kleinere Ordnung und die verzögerungsfreie Berücksichtigung der momentanen Ausgangsgrößen $y(k)$, die die in Abschn. 8.7

beschriebenen Verzögerungen bei der Bildung der Steuergrößen nicht auftreten lassen. Diese Vorteile müssen allerdings durch einen etwas größeren Rechenaufwand bei der Synthese des Beobachters erkauft werden. Ferner ist zu beachten, daß zur Berechnung der zu beobachtenden Zustandsgrößen eine zusätzliche Gleichung (8.8.17), auftritt.

Bei der Realisierung von Beobachtern in Digitalrechnern wird man deshalb im allgemeinen dann Beobachter reduzierter Ordnung vorziehen, wenn relativ viele Zustandsgrößen direkt meßbar sind. In allen anderen Fällen, z.B. bei Prozessen mit jeweils einer meßbaren Ein- und Ausgangsgröße, ist meist dem Identitätsbeobachter mit der in Abschn. 8.7 angegebenen Modifikation der Vorzug zu geben, da der Entwurf einfacher und transparenter, und die Einsparung an laufendem Rechenaufwand relativ klein ist.

8.9 Zustandsgrößen-Rekonstruktion

Die bisher betrachteten Zustandsbeobachter führen zur Bestimmung der Zustandsgrößen den Ausgangsfehler $\Delta e(k)$ zurück und bilden damit ein dynamisches System, das durch die Wahl der Rückführkonstanten $\boldsymbol{H}$ geeignet ausgelegt werden kann.

Eine andere Möglichkeit, bei der die Zustandsgrößen direkt aus den gemessenen Signalen berechnet werden können, folgt aus den Gleichungen für die Beobachtbarkeit in Abschn. 3.6.8., [2.19, 8.17, 8.18].

Nach (3.6.68) gilt für einen Prozeß mit einem Eingang und einem Ausgang

$$\boldsymbol{y}_m = \boldsymbol{Q}_B \boldsymbol{x}(k) + \boldsymbol{S}\, \boldsymbol{u}_m \tag{8.9.1}$$

und hieraus folgt, für ein beobachtbares System, s. (3.6.69),

$$\boldsymbol{x}(k) = \boldsymbol{Q}_B^{-1} \left[\boldsymbol{y}_m - \boldsymbol{S}\, \boldsymbol{u}_m \right] \tag{8.9.2}$$

Wählt man nun die Zustandsdarstellung nach der Beobachtbarkeitsnormalform, dann wird aufgrund der Besetzung von $\boldsymbol{A}$ und $\boldsymbol{C}$ nach Tabelle 3.3 und (3.6.68)

$$\boldsymbol{Q}_B = \boldsymbol{I} \tag{8.9.3}$$

und aus (8.9.2) folgt

$$\boldsymbol{x}(k) = \boldsymbol{y}_m - \boldsymbol{S}\, \boldsymbol{u}_m \tag{8.9.4}$$

Damit in $\boldsymbol{y}_m$ und $\boldsymbol{u}_m$ keine zukünftigen, sondern vergangene Werte stehen, wird diese Gleichung für m Abtastschritte früher geschrieben

$$\boldsymbol{x}(k-m) = \boldsymbol{y}'_m - \boldsymbol{S}\, \boldsymbol{u}'_m \tag{8.9.5}$$

mit

$$\left.\begin{aligned} y_m'^T &= [y(k-m)\ y(k-m+1)\ \dots\ y(k-1)] \\ u_m'^T &= [u(k-1)\ u(k-2)\ \dots\ u(k-m)] \end{aligned}\right\} \tag{8.9.6}$$

Nach (3.6.49) bzw. (3.6.59) berechnet sich hieraus der gesuchte Zustand zum Zeitpunkt k aufgrund des bekannten Eingangssignales und des bekannten Zustands $\boldsymbol{x}(k-m)$ zu

$$\boldsymbol{x}(k) = \boldsymbol{A}^m \boldsymbol{x}(k-m) + \sum_{i=1}^{m} \boldsymbol{A}^{i-1} \boldsymbol{b} u(k-i) \tag{8.9.7}$$

und nach Einsetzen von (8.9.5)

$$\begin{aligned} \hat{\boldsymbol{x}}(k) = \; & \boldsymbol{A}^m [\boldsymbol{y}_m' - \boldsymbol{S} \boldsymbol{u}_m'] \\ & + \boldsymbol{A}^{m-1} \boldsymbol{b} u(k-m) + \boldsymbol{A}^{m-2} \boldsymbol{b} u(k-m+1) + \dots \\ & + \boldsymbol{A}\, \boldsymbol{b}\, u(k-2) + \boldsymbol{b} u(k-1) \end{aligned} \tag{8.9.8}$$

Damit läßt sich der Zustandsgrößenvektor $\boldsymbol{x}(k)$ aufgrund der gemessenen Signale $u(k-1), \dots, u(k-m)$ und $y(k-1), \dots, y(k-m)$ berechnen. In Anlehnung an die in Abschn. 3.6.8 eingeführten Begriffe hat man damit die Zustandsgrößen „rekonstruiert" und man nennt dies *Zustandsrekonstruktion.*

Gleichung (8.9.8) läßt sich mit Hilfe der Steuerbarkeitsmatrix $\boldsymbol{Q}_s$, (3.6.62), auch wie folgt schreiben

$$\hat{\boldsymbol{x}}(k) = \boldsymbol{A}^m [\boldsymbol{y}_m' - \boldsymbol{S}\, \boldsymbol{u}_m'] + \boldsymbol{Q}_s\, \boldsymbol{u}_m' \tag{8.9.9}$$

Vgl. [2.19]. Für Prozesse mit Totzeit lautet (8.9.8)

$$\begin{aligned} \hat{\boldsymbol{x}}(k+d) = \; & \boldsymbol{A}^{m+d} [\boldsymbol{y}_m' - \boldsymbol{S} \boldsymbol{u}_m'] \\ & + \mathbf{A}^{m+d-1} \boldsymbol{b}\, u(k-d-m) + \boldsymbol{A}^{m+d-2} \boldsymbol{b}\, u(k-d-m+1) \\ & + \dots + \boldsymbol{A}\, \boldsymbol{b}\, u(k-2) + \boldsymbol{b}\, u(k-1) \end{aligned} \tag{8.9.10}$$

mit

$$\boldsymbol{u}_m' = [u(k-d-1)\ u(k-d-2)\ \dots\ u(k-d-m)] \tag{8.9.11}$$

Das Prinzip dieser Zustandsrekonstruktion besteht darin, daß die m Zustandsgrößen $\boldsymbol{x}(k-m)$ für den zurückliegenden Zeitpunkt $(k-m)$ aus den m Ein- und Ausgangssignalwerten für die Zeiten $(k-m)$ bis $(k-1)$ nach (8.9.5) berechnet werden, und dann der Zustand $\boldsymbol{x}(k)$ aus dem (Anfangs)-Wert $\boldsymbol{x}(k-m)$ und dem bekannten Eingangssignal nach (8.9.7) nach vorne gerechnet wird. Nach jedem Abtastschritt werden so alle Zustände aus den Ein- und Ausgangssignalen neu berechnet.

Diese Art der Zustandsbestimmung ist also nicht rekursiv und benötigt keinen Entwurf einer Rückführung wie beim Zustandsgrößenbeobachter. Es müssen daher keine Entwurfsparameter bestimmt werden.

Für Mehrgrößenprozesse lautet die Zustandsrekonstruktion

$$\hat{\boldsymbol{x}}(k) = \boldsymbol{A}^m \boldsymbol{x}(k-m) + \sum_{i=1}^{m} \boldsymbol{A}^{i-1} \boldsymbol{B}\, \boldsymbol{u}(k-i) \tag{8.9.12}$$

wobei m die maximale Ordnung der in $\boldsymbol{y}$ stehenden Untersysteme 1 bis r ist, s. [8.18].

Die Zustandsgrößenkonstruktion läßt sich auch für die Beobachternormalform angeben. Allerdings steht dann $\boldsymbol{Q}_B^{-1}$ aus (8.9.2) in (8.9.8), da (8.9.3) nicht gilt [5.26]. In [5.26] wurde ferner gezeigt, daß die Zustandsrekonstruktion einem Beobachter reduzierter Ordnung mit minimaler Einstellzeit (Deadbeat-Verhalten) entspricht. Deshalb ergibt sich eine relativ große Empfindlichkeit für höherfrequente Störsignale im gemessenen Ausgangssignal, sodaß man stets eine Vorfilterung des Ausgangssignals vorsehen sollte.

8.10 Zur Wahl der Bewertungsmatrizen und der Abtastzeit

Wenn der Zustandsregler nicht für endliche Einstellzeit (Deadbeat-Verhalten) entworfen wird, dann sind beim Entwurf von Zustandsreglern im Vergleich zu anderen strukturoptimalen Reglern relativ viel freie Parameter geeignet festzulegen. Beim Entwurf ohne Gütekriterium sind entweder die Koeffizienten der charakteristischen Gleichung (Abschn. 8.3) oder die Eigenwerte (Abschn. 8.4) vorzugeben. Der quadratisch optimale Zustandsregler setzt die Angabe der Bewertungsmatrizen $\boldsymbol{Q}$ für die Zustandsgrößen und $\boldsymbol{R}$ für die Stellgrößen voraus. Hinzu kommen gegebenenfalls die freien Parameter beim Entwurf des Beobachters, die wiederum Koeffizienten der charakteristischen Gleichung oder aber Bewertungsmatrizen $\boldsymbol{Q}_b$ und $\boldsymbol{R}_b$ eines quadratischen Gütekriteriums sind (Abschn. 8.6).

Ferner gehen, wie beim Entwurf anderer Regler auch, die Parameter eines angenommenen äußeren Störsignals (Abschn. 8.2) und die Abtastzeit ein. Die relativ vielen freien Parameter beim Entwurf von Zustandsreglern deuten einerseits auf eine besonders große Anpassungsfähigkeit an die zu regelnden Prozesse hin. Andererseits besteht bei zu vielen freien Parametern stets eine gewisse Willkür in ihrer Wahl.

Der Entwurf von Zustandsreglern gelingt daher selten in einem Schritt. Man muß vielmehr die freien Parameter iterativ bestimmen, wobei das jeweilige Regelkreisverhalten, wie in Kap. 4 beschrieben, zu beurteilen ist.

Durch Spezialisierungen läßt sich jedoch die Zahl der freien Entwurfsparameter einschränken.

8.10.1 Bewertungsmatrizen bei Zustandsreglern und Beobachtern

Zum Entwurf des Zustandsreglers nach dem Gütekriterium (8.1.2) kann die Bewertung der Stellgrößen im allgemeinen getrennt erfolgen, so daß $\boldsymbol{R}$ als

Diagonalmatrix

$$R = \begin{bmatrix} r_1 & 0 & \dots & 0 \\ 0 & r_2 & & \\ \vdots & & \ddots & \vdots \\ 0 & & \dots & r_p \end{bmatrix} \tag{8.10.1}$$

angenommen werden darf. Damit R positiv definit ist, muß $r_i > 0$ sein für alle $i = 1, 2, ..., p$. In Sonderfällen können jedoch alle $r_i = 0$ sein, wenn R positiv semidefinit sein darf, s. Abschn 8.1.

Auch die Bewertung der einzelnen Zustandsgrößen kann im allgemeinen durch eine diagonale Matrix Q erfolgen.

$$Q = \begin{bmatrix} q_1 & 0 & \dots & 0 \\ 0 & q_2 & & \\ \vdots & & \ddots & \vdots \\ 0 & & \dots & q_r \end{bmatrix}. \tag{8.10.2}$$

Sie muß positiv definit sein, d.h. $q_i > 0$. Siehe Abschn. 8.1.

Wenn man in Anlehnung an das bei den parameteroptimierten Reglern verwendete quadratische Gütekriterium (5.2.6) lediglich die Ausgangsgrößen $y(k)$ mit einer Diagonalmatrix L gewichten möchte, gilt mit (8.1.2)

$$x^T(k)\; Q\, x(k) = y^T(k)\; L\; y(k)$$

und da nach (8.1.3)

$$y^T(k)\; L\; y(k) = x^T(k)\; C^T L\; C\, x(k)$$

folgt also

$$Q = C^T L\; C. \tag{8.10.3}$$

Bei einem Prozeß mit einer Ein- und einer Ausgangsgröße gilt dann mit $L = 1$

$$\begin{aligned} R &= r \\ Q &= c\, c^T. \end{aligned} \tag{8.10.4}$$

Man beachte, daß mit r beim Entwurf des Zustandsreglers die Stellgröße $u^2(k)$ bewichtet wird, im Unterschied zu (5.2.6), bei der $\Delta u^2(k) = [u(k) - u(\infty)]^2$ bewertet wird. Bei proportionalwirkenden Prozessen ist jedoch beim Zustandsregler $u(\infty) = 0$ und somit $u(k) = \Delta u(k)$, wegen der zum Entwurf angenommenen Anfangswertstörung $x(0)$, so daß kein prinzipieller Unterschied besteht.

Bei der Auslegung von Beobachtern nach dem quadratischen Gütekriterium (8.6.15) für das transponierte System (8.6.9) und (8.6.10) können die Gewichtungsmatrizen $\boldsymbol{Q}_b$ und $\boldsymbol{R}_b$ sinngemäß wie für den Zustandsregler festgelegt werden. Man wird jedoch im allgemeinen versuchen, den Beobachter im Vergleich zum Prozeß dynamisch schnell auszulegen, d.h. die Elemente von $\boldsymbol{R}_b$ klein im Vergleich zu den Elementen von $\boldsymbol{Q}_b$ wählen.

8.10.2 Wahl der Abtastzeit

Zur Auswahl einer geeigneten Abtastzeit T_0 scheint es bei Zustandsreglern infolge der analytischen Beziehungen zwischen der optimalen Regelgüte und den Prozeßparametern im Unterschied zu den anderen Reglern eine weitere Möglichkeit zu geben. Nach (8.1.32) gilt

$$I_{opt}(T_0) = \boldsymbol{x}^T(0)\, \boldsymbol{P}_0(T_0)\, \boldsymbol{x}(0)$$

wobei $\boldsymbol{P}_0 = \boldsymbol{P}$ die stationäre Lösung der Matrix-Riccati-Gleichung (8.1.31) ist. Eine analytische Lösung für die Kostenfunktion in Abhängigkeit der Abtastzeit ist allerdings sehr aufwendig [8.16]. Es konnte jedoch für kleine T_0 gezeigt werden, daß die Kosten $I_{opt}(T_0)$ mit zunehmender Abtastzeit T_0 monoton zunehmen, sofern die Regelstrecke steuerbar ist. Dies trifft für Prozesse mit reellen Polen stets zu, aber für Prozesse mit konjugiert komplexen Polen dann nicht, wenn die Abtastzeit sich der halben Periodendauer der Eigenfrequenzen nähert [8.16]. Allgemein gilt jedoch, daß die kleinsten Kosten für $T_0 = 0$ erreicht werden, also für den Zustandsregler mit kontinuierlichen Signalen.

Für sehr kleine Abtastzeiten ist auch mit Zustandsreglern die Regelgüte nur unwesentlich schlechter als für $T_0 = 0$. Erst bei größeren Abtastzeiten verschlechtert sich die Regelgüte deutlich.

Nach den bisherigen Erfahrungen kann die Abtastzeit bei Verwendung von Zustandsreglern ebenfalls nach den in den Abschn. 5.7 und 7.3 angegebenen Richtwerten erfolgen.

Ähnlich wie beim Deadbeat-Regler, kann man auch bei Zustandsreglern einen Zusammenhang zwischen den benötigten Stellamplituden und der Abtastzeit herstellen, wenn eine Störung in einer bestimmten Zeit vollständig ausgeregelt werden soll. Über den stets beschränkten Stellbereich läßt sich dann die Abtastzeit festlegen [2.19].

9 Regler für Prozesse mit großen Totzeiten

Zum Entwurf der in den vorhergehenden Kapiteln behandelten Regler sind Totzeiten im Prozeßmodell bereits berücksichtigt worden. Das war deshalb leicht möglich, weil sich Totzeiten sehr einfach in Prozeßmodelle für diskrete Signale einfügen lassen; einer der Vorteile gegenüber Modellen für kontinuierliche Signale. Insofern können Regler für Prozesse mit Totzeiten direkt mit den bisher behandelten Entwurfsmethoden berechnet werden.

Prozesse mit *kleinen Totzeiten* im Vergleich zur restlichen Prozeßdynamik sind bereits in einigen Beispielen betrachtet worden. Die kleinen Totzeiten im Prozeßmodell können dabei entweder als Ersatz für mehrere kleine Zeitkonstanten stehen oder aber echte Laufzeiten beschreiben. Wenn die *Totzeiten jedoch groß* sind im Vergleich zur sonstigen Prozeßdynamik, dann ergeben sich einige Besonderheiten, die in diesem Kapitel betrachtet werden. Große Totzeiten sind ausschließlich echte Laufzeiten. Dabei sind Prozesse zu unterscheiden, die nur aus einer Totzeit bestehen, oder Prozesse, die zusätzliche Dynamik besitzen.

9.1 Modelle für Prozesse mit Totzeiten

Eine *reine Totzeit* der Dauer $T_t = dT_0$ kann durch die Übertragungsfunktion

$$G_P(z) = \frac{y(z)}{u(z)} = bz^{-d} \quad d = 1,2,\ldots \tag{9.1.1}$$

bzw. die Differenzengleichung

$$y(k) = bu(k-d) \tag{9.1.2}$$

beschrieben werden, wobei T_t ganzzahlige Vielfache der Abtastzeit T_0 betragen muß.

Bei *Prozessen mit zusätzlicher Prozeßdynamik* gilt für die Übertragungsfunktion

$$G_P(z) = \frac{y(z)}{u(z)} = \frac{B(z^{-1})}{A(z^{-1})} z^{-d} = \frac{b_1 z^{-1} + \ldots + b_m z^{-m}}{1 + a_1 z^{-1} + \ldots + a_m z^{-m}} z^{-d} \tag{9.1.3}$$

bzw. die zugehörige Differenzengleichung, s. (3.4.13). Gleichung (9.1.1) folgt hieraus entweder durch Ersatz von d durch $d' = d-1$, $b_1 = b$ und $b_2, ..., b_m = 0$ und $a_1, ..., a_m = 0$

$$G_P(z) = b_1 z^{-1} z^{-d'} = b\, z^{-d} \tag{9.1.4}$$

oder einfach durch $d = 0$ in z^{-d}, $m = d$ in $B(z^{-1})$; $b_m = b_d = b$ und $b_1, ..., b_{m-1} = 0$ und $a_1, ..., a_m = 0$ (bzw. $B(z^{-1}) = z^{-d}$ und $A(z^{-1}) = 1$)

$$G_P(z) = b_m z^{-m} = b\, z^{-d}. \tag{9.1.5}$$

Bei Zustandsdarstellung von Prozessen mit einem Ein- und einem Ausgang gibt es mehrere Möglichkeiten des Einfügens einer Totzeit. Vgl. hierzu Abschn. 3.6.4.

– Totzeit am Eingang

$$\begin{aligned} \boldsymbol{x}(k+1) &= \boldsymbol{A}\, \boldsymbol{x}(k) + \boldsymbol{b}\, u(k-d) \\ y(k) &= \boldsymbol{c}^T \boldsymbol{x}(k) \end{aligned} \tag{9.1.6}$$

– Totzeit in Systemmatrix $\boldsymbol{A}$ einbezogen, vgl. (3.6.48)

$$\begin{aligned} \boldsymbol{x}(k+1) &= \boldsymbol{A}\, \boldsymbol{x}(k) + \boldsymbol{b}\, u(k) \\ y(k) &= \boldsymbol{c}^T \boldsymbol{x}(k) \end{aligned} \tag{9.1.7}$$

– Totzeit am Ausgang

$$\begin{aligned} \boldsymbol{x}(k+1) &= \boldsymbol{A}\, \boldsymbol{x}(k) + \boldsymbol{b}\, u(k) \\ y(k) &= \boldsymbol{c}^T \boldsymbol{x}(k-d) \text{ oder } y(k+d) = \boldsymbol{c}^T \boldsymbol{x}(k). \end{aligned} \tag{9.1.8}$$

In allen Fällen kann dabei $\boldsymbol{A}$ verschiedene kanonische Formen haben, s. Abschn. 3.6.3. Bei (9.1.6) und (9.1.8) hat $\boldsymbol{A}$ die Dimension $m \times m$, bei (9.1.7) jedoch $(m+d) \times (m+d)$. Wenn die Totzeit in die Systemmatrix $\boldsymbol{A}$ einbezogen wird, werden ihr also d Zustandsgrößen mehr zugeordnet.

Obwohl das Ein/Ausgangsverhalten aller drei Modelle gleich ist, muß man zum Entwurf von Zustandsreglern die einzelnen Fälle unterscheiden, da sich verschiedene Regler ergeben. Ob die Totzeit dabei am Ein- oder Ausgang berücksichtigt werden muß, hängt vom technologischen Aufbau des Prozesses ab und kann im allgemeinen leicht festgestellt werden.

Für eine reine Totzeit erhält man bei Einbeziehung der Totzeit in die Systemmatrix in Regelungsnormalform (3.6.43), wobei der Zustandsvektor $\boldsymbol{x}(k)$ die Dimension d hat. Dagegen wird bei (9.1.6) und (9.1.8) $\boldsymbol{A} = a = 0$ und es ist d durch $d' = d-1$ zu ersetzen, so daß man von einer Zustandsdarstellung nicht mehr sprechen kann.

Es sei noch angemerkt, daß außer den Totzeiten am Ein- oder Ausgang auch Totzeiten zwischen den Zustandsgrößen auftreten können. Im Falle kontinuierlicher Signale entstehen dann Vektordifferenzen-Differentialgleichungen der Form

$$\dot{x}(t) = \mathbf{A}_1 x(t) + \mathbf{A}_2 x(t-T_{tA}) + \mathbf{B}\, u(t)$$

$$y(t) = \mathbf{C}\, x(t).$$

Bei zeitdiskreten Signalen lassen sich diese Totzeitsysteme durch entsprechende Erweiterung des Zustandsvektors und der Systemmatrix A auf (9.1.7) zurückführen.

9.2 Deterministische Regler für Totzeitprozesse

Über den Entwurf von Reglern für Totzeitprozesse mit *kontinuierlichen Signalen* sind viele Arbeiten veröffentlicht worden, s. z.B. [9.1 – 9.7, 5.14]. Dabei wurde außer P- und I-Reglern dem von Reswick [9.1] vorgeschlagenen „Prädiktorregler" besondere Beachtung zuteil.

Hierbei wird ein Modell des Totzeitprozesses in der Rückführung des Reglers verwendet. Dadurch wird eine Ausregelung in kürzester Zeit erreicht. Als Nachteile dieses Prädiktor-Reglers und einiger Modifikationen, s. [5.14], waren der relativ große gerätetechnische Aufwand und die große Empfindlichkeit gegenüber Unterschieden zwischen der zum Reglerentwurf verwendeten und der wirklichen Totzeit anzusehen. Die praktische Schlußfolgerung bestand im allgemeinen darin, PI-Regler zu verwenden, die das Verhalten eines Prädiktorreglers im Mittel annähern.

Bei digitalen Reglern fällt nun der Nachteil des gerätetechnischen Aufwandes weg. Deshalb soll die Regelung von Prozessen mit (großen) Totzeiten, aber *zeitdiskreten Signalen* noch einmal aufgegriffen werden.

9.2.1 Prozesse mit großen Totzeiten und zusätzlicher Dynamik

Zur Regelung von Prozessen mit großen Totzeiten kommen sowohl die parameteroptimierten Regler nach Kap. 5 als auch die strukturangepaßten Deadbeat-Regler nach Kap. 7 und Zustandsregler nach Kap. 8 in Betracht. Die Struktur der parameteroptimierten Regler iPR kann beibehalten werden; lediglich die Parameterwerte ändern sich wesentlich. Die Deadbeat-Regler DB(v) und DB($v+1$) wurden bereits für Prozesse mit Totzeiten abgeleitet. Bei den Zustandsreglern spielt das Einfügen der Totzeit in die Zustandsdarstellung eine Rolle. In diesem Abschnitt sollen deshalb nur einige Ergänzungen zu den bisherigen Angaben gemacht werden.

Prädiktorregler (PRER)

Zunächst werde der speziell für Totzeitprozesse entworfene Prädiktorregler [9.1] auf diskrete Signale übertragen. In seiner ursprünglichen Ableitung wird zum Prozeß $G_P(z)$ ein Übertragungsglied $G_{ER}(z)$ parallel geschaltet, so daß sich als Gesamtübertragung eine Konstante ergibt, die gleich dem Verstärkungsfaktor K_P des Prozesses ist. Das parallele Übertragungsglied $G_{ER}(z)$ wird in eine interne

Rückführung des Reglers $G_R(z)$ umgezeichnet [5.14]. Man erhält dann mit $G'_R \to \infty$ einen Regler, der ein Kompensationsregler nach (6.2.4) mit dem vorgeschriebenen Führungsverhalten

$$G_w(z) = \frac{1}{K_P} G_P(z) = \frac{1}{K_P} \frac{B(z^{-1})}{A(z^{-1})} z^{-d} \tag{9.2.1}$$

ist. Das Führungsverhalten ist dann gleich dem auf Verstärkung Eins normierten Prozeßverhalten, eine zumindest für reine Totzeitprozesse plausible Forderung. Der *Prädiktorregler* lautet mit (6.2.4) und (9.2.1)

$$G_R(z) = \frac{1}{K_P - G_P(z)} = \frac{A(z^{-1})}{K_P A(z^{-1}) - B(z^{-1}) z^{-d}}$$

$$= \frac{1 + a_1 z^{-1} + \ldots + a_m z^{-m}}{K_P + K_P a_1 z^{-1} + \ldots + (K_P a_{1+d} - b_1) z^{-(1+d)} + \ldots - b_m z^{-(m+d)}} \tag{9.2.2}$$

Als charakteristische Gleichung folgt aus (9.2.1)

$$z^d z^m A(z^{-1}) = z^d [z^m + a_1 z^{m-1} + \ldots + a_{m-1} z + a_m] = 0. \tag{9.2.3}$$

Die charakteristischen Gleichungen von Prozeß und geschlossenem Regelkreis sind also identisch. Der Prädiktorregler darf somit nur auf asymptotisch stabile Prozesse angewendet werden. Um die große Empfindlichkeit des Prädiktorreglers nach Reswick (s. Abschn. 9.2.2) gegenüber Änderungen der Totzeit bei reinen Totzeitprozessen herabzusetzen, hat Smith [5.14, 9.2–9,4] ihn so modifiziert, daß das Führungsverhalten

$$G_w(z) = \frac{1}{K_P} G_P(z) \cdot G'(z) \tag{9.2.4}$$

eine zusätzliche Verzögerung $G'(z)$ erfährt. Der *modifizierte Prädiktorregler* lautet dann

$$G_R(z) = \frac{G'(z)}{K_P - G_P(z) G'(z)} \tag{9.2.5}$$

Für $G'(z)$ wird ein Verzögerungsglied erster Ordnung gewählt.

Zustandsregler (ZR)

Falls die Totzeit d nicht wie in (9.1.7) in Form von d zusätzlichen Zustandsgrößen in die Systemmatrix A einbezogen wird, sondern wie in (9.1.6) und (9.1.8) lediglich zu Zeitverzögerungen $\boldsymbol{u}(k-d)$ bzw. $\boldsymbol{x}(k-d)$ führt, kann der Vorteil der Zustandsregler, alle Zustandsgrößen zurückzuführen, nicht ausgenützt werden. Beim Entwurf von Zustandsreglern für Prozesse mit Totzeiten sollte daher die Totzeit in die Systemmatrix A einbezogen werden. Bei großen Totzeiten wird dann allerdings die Ordnung $(m+d) \times (m+d)$ der Matrix A entsprechend groß. Ein

Tabelle 9.1. Existierende Parameter von Deadbeat-Regler, Prädiktorregler und Minimal-Varianz-Regler (Kap. 14) für Prozesse der Ordnung $m \geqq 1$ und Totzeit d

	q_0	$q_1 \cdots$	q_{m-1}	q_m	p_0	$p_1 \cdots$	$p_{1+d} \cdots$	p_{m+d-1}	p_{m+d}
DB(v)	×	×	×	×	×	–	×	×	×
PRER	×	×	×	×	×	×	×	×	×
MV3-d	×	×	×	–	×	×	×	×	–

großer Vorteil ergibt sich jedoch daraus, daß sich an der Systematik des Entwurfes des Zustandsreglers und Beobachters nichts ändert. Wie aus (3.6.43) und (3.6.48) hervorgeht, erhalten lediglich $\boldsymbol{A}$, $\boldsymbol{b}$ und $\boldsymbol{c}^T$ eine im Vergleich zu reinen Verzögerungsprozessen abgeänderte Besetzung.

Bei den strukturoptimalen Ein/Ausgangsreglern für Prozesse mit Totzeiten ist die Ordnung des Zählers der Übertragungsfunktion nur von der Prozeßordnung m abhängig und ist bei DB(v) und PRER gleich m bzw. beim Minimal-Varianz-Regler MV3-d (s. Kap. 14) gleich $(m-1)$. Die Totzeit geht nur in die Ordnung des Nenners ein und wird $(m+d)$ bzw. $(m+d-1)$, s. Tabelle 9.1.

9.2.2 Reine Totzeitprozesse

Ein/Ausgangsregler (Deadbeat-, Prädiktor- und PI-Regler)
Die strukturoptimalen *Ein/Ausgangsregler* für reine Totzeitprozesse

$$G_P(z) = \frac{y(z)}{u(z)} = b\, z^{-d} \tag{9.2.6}$$

erhält man aus den entsprechenden Reglern für Verzögerungsprozesse der Ordnung m und Totzeit d wie in (9.1.4) oder (9.1.5) angegeben. Für beide Kompensationsregler, den *Deadbeat-Regler* DB(v) und den *Prädiktorregler* PRER, folgt dann dieselbe Übertragungsfunktion

$$G_R(z) = \frac{1}{b}\frac{1}{1-z^{-d}} \tag{9.2.7}$$

bzw. Differenzengleichung

$$u(k) = u(k-d) + q_0 e(k) \tag{9.2.8}$$

mit $q_0 = 1/b$. Die momentane Stellgröße $u(k)$ wird aus der um die Totzeit früheren Stellgröße $u(k-d)$ und der momentanen Regelabweichung $e(k)$ gebildet.

Die Übergangsfunktion des Kompensationsreglers nach (9.2.2) ist in Bild 9.1 dargestellt. Wie bereits zu Beginn dieses Kapitels erwähnt, läßt sich der Totzeitregler durch einen *PI-Regler* wie in Bild 9.1 angegeben, approximieren.

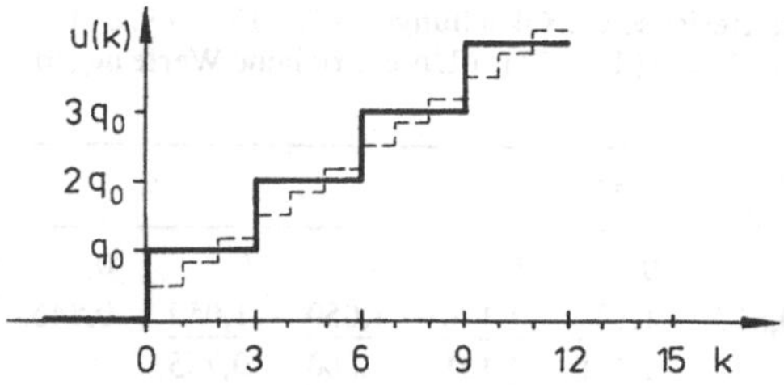

Bild 9.1. Übergangsfunktion des Totzeit–Kompensationsreglers $u(k)=u(k-d)+q_0 e(k)$ für $d=3$. Gestrichelt: Annäherung durch PI–Regler nach (9.2.9)

Man erhält dann den Regelalgorithmus

$$u(k) = u(k-1) + q_0' e(k) + q_1' e(k-1)$$

mit den Parametern

$$\left.\begin{aligned} q_0' &= \frac{q_0}{2} = \frac{1}{2b} \\ q_1' &= q_0\left[\frac{1}{d} - \frac{1}{2}\right] = -\frac{1}{2b}\frac{(d-2)}{d} \end{aligned}\right\} \tag{9.2.9}$$

bzw. den Kennwerten, vgl. Abschn. 5.2.1,

$$K = q'_0 = \frac{1}{2b} \qquad \text{Verstärkungsfaktor}$$

$$c_I = \frac{q'_0 + q'_1}{q'_0} = \frac{2}{d} \qquad \text{Integrationsfaktor.}$$

Diese Werte stimmen für $d \geqq 5$ gut mit den optimalen Faktoren aufgrund einer Parameteroptimierung überein [5.8].

Nun sollen die charakteristischen Gleichungen der entstehenden Regelkreise für richtig und falsch gewählte Totzeiten betrachtet werden. Für den Kompensationsregler folgt bei richtig gewählter Totzeit

$$1 + G_R(z)\, G_P(z) = 0 \rightarrow z^d = 0. \tag{9.2.10}$$

Die charakteristische Gleichung ist somit für den geschlossenen Regelkreis und den Prozeß identisch.

Es ist bekannt, daß der betrachtete Totzeitregler sehr empfindlich gegenüber fehlerhaft gewählter Totzeit ist. Dies läßt sich auch aus der charakteristischen Gleichung erkennen. Falls der für den Prozeß mit der Totzeit d entworfene Regler an einem Prozeß mit Totzeit $d+1$ geschlossen wird, lautet die charakteristische Gleichung

$$z^{d+1} - z + 1 = 0. \tag{9.2.11}$$

Tabelle 9.2. Beträge $|z_i|$ der Wurzeln der charakteristischen Gleichungen (9.2.10), (9.2.11), (9.2.12) für Totzeitprozesse mit dem Regler $G_R(z) = 1/(1-z^{-d})$. (Unterstrichene Werte liegen außerhalb des Einheitskreises)

Prozeß	$d=1$		$d=2$			$d=5$				
z^{-d}	0		0	0		0	0	0	0	0
$z^{-(d+1)}$	$\underline{1,0}$	$\underline{1,0}$	$\underline{1,325}$	0,869	0,869	$\underline{1,126}$	$\underline{1,126}$	$\underline{1,050}$	$\underline{1,050}$	0,846
$z^{-(d-1)}$	0,5		$\underline{1,62}$	0,618		$\underline{1,151}$	$\underline{1,151}$	$\underline{1,000}$	0,755	

Für $d \geqq 1$ liegen Wurzeln auf bzw. außerhalb des Einheitskreises, sodaß Instabilität eintritt, vgl. Tabelle 9.2. Hat der Prozeß eine Totzeit $d-1$, folgt

$$z^d + z - 1 = 0. \tag{9.2.12}$$

In diesem Fall stellt sich für $d \geqq 2$ instabiles Verhalten ein, Tabelle 9.2.

Tabelle 9.3 zeigt die jeweils größten Beträge der instabilen Wurzeln für $d = 1$, 2, 5, 10 und 20. Auch bei sehr großen Totzeiten ist der mit dem Kompensationsregler entstehende Regelkreis bei Änderung der Prozeßtotzeit um eine Abtastzeiteinheit so empfindlich, daß Instabilität eintritt. Somit ist dieser Regler nur dann einsetzbar, wenn die Totzeit exakt bekannt ist.

Wird zur Regelung des Totzeitprozesses ein Regelalgorithmus mit PI-Verhalten (2 PR-2) verwendet, dann lautet die charakteristische Gleichung

$$z^{d+1} - z^d + bq_0'z + q_1'b = 0 \tag{9.2.13}$$

und mit den Parametern nach (9.2.9)

$$2\,z^{d+1} - 2\,z^d + z - \frac{d-2}{d} = 0. \tag{9.2.14}$$

Ändert der Prozeß seine Totzeit von d nach $d+1$, dann gilt

$$2\,z^{d+2} - 2\,z^{d+1} + z - \frac{d-2}{d} = 0. \tag{9.2.15}$$

Tabelle 9.3. Maximale Beträge $|z_i|_{\max}$ der Wurzeln der charakteristischen Gleichungen für Totzeitprozesse mit dem Regler $G_R(z) = 1/1-z^{-d})$

Prozeß	$d=1$	2	5	10	20
z^{-d}	0	0	0	0	0
$z^{-(d+1)}$	$\underline{1,0}$	$\underline{1,320}$	$\underline{1,126}$	$\underline{1,068}$	$\underline{1,034}$
$z^{-(d-1)}$	0,5	$\underline{1,618}$	$\underline{1,151}$	$\underline{1,076}$	$\underline{1,036}$

Tabelle 9.4. Beträge $|z_i|$ der Wurzeln der charakteristischen Gleichungen (9.2.14), (9.2.15), (9.2.16) für Totzeitprozesse mit dem PI-Regler nach (9.2.9). (Unterstrichene Werte liegen außerhalb des Einheitskreises)

Prozeß	$d=1$			$d=2$			$d=5$					
z^{-d}	0,707	0,707		0,707			0,886	0,886	0,829	0,829	0,701	
$z^{-(d+1)}$	$\underline{1,065}$	$\underline{1,065}$	0,441	0,941	0,941	0,565	0,923	0,923	0,858	0,858	0,856	0,856
$z^{-(d-1)}$	0,333			0,500	0		0,796	0,796	0,789	0,789	0,760	

Tabelle 9.5. Maximale Beträge $|z_i|_{max}$ der Wurzeln der charakteristischen Gleichungen für Totzeitprozesse mit dem PI-Regler nach (9.2.9)

Prozeß	$d=1$	2	5	10	20
z^{-d}	0,707	0,707	0,866	0,938	0,970
$z^{-(d+1)}$	$\underline{1,065}$	0,941	0,923	0,951	0,974
$z^{-(d-1)}$	0,333	0,500	0,796	0,923	0,967

und bei Änderung von d nach $d-1$

$$2\,z^{d} - 2\,z^{d-1} + z - \frac{d-2}{d} = 0. \qquad (9.2.16)$$

Die Tabellen 9.4 und 9.5 zeigen die Beträge der entstehenden Wurzeln. Schließt man den Fall $d = 1$ aus, so entsteht in keinem Fall instabiles Verhalten. Der Regelkreis mit PI-Regler ist also viel unempfindlicher gegenüber Änderungen der Prozeßtotzeit. Lediglich bei einem für $d = 1$ ausgelegten PI-Regler tritt Instabilität auf, wenn dieser an einen Prozeß mit $d = 2$ angeschlossen wird.

Es ist ferner zu beobachten, daß die maximalen Beträge der Wurzeln größer werden, wenn die Totzeit des Prozesses zum Entwurf des Reglers zu klein angenommen wurde. Da sich dadurch der Abstand zur Stabilitätsgrenze verkleinert, sollte man im Zweifelsfall bei diesem PI-Regler die *Totzeit eher zu groß als zu klein annehmen.*

In Abschn. 14.3 werden Regler für reine Totzeiten und stochastische Störungen, die nach dem *Minimal-Varianz-Prinzip* entworfen werden, behandelt.

Zustandsregler

Wenn die Totzeit nach (9.1.7) und (3.6.43) in die Systemmatrix einbezogen wird, erhält man für den reinen Totzeitprozeß mit Zustandsregler bei Annahme direkt meßbarer Zustandsgrößen nach (8.3.8) die charakteristische Gleichung

$$\det[z\,\boldsymbol{I} - \boldsymbol{A} + \boldsymbol{b}\,\boldsymbol{k}^T] = k_d + k_{d-1}z + \dots + k_1 z^{d-1} + z^d$$
$$= (z-z_1)\,(z-z_2)\,\dots\,(z-z_d) = 0. \qquad (9.2.17)$$

Soll die charakteristische Gleichung gleich sein wie bei den Ein/Ausgangs-Kompensationsreglern, also $z^d = 0$, dann müssen sämtliche $k_i = 0$ sein. Der offene Totzeitprozeß mit verschwindender Zustandsrückführung läßt Anfangswertstörungen $\boldsymbol{x}(0)$, entsprechend einem Deadbeat-Verhalten ($\to z^d = 0$) am schnellsten abklingen. Wenn die Zustandsrückführungen nicht verschwinden sollen, müssen die Pole z_i in (9.2.17) $z_i \neq 0$ gewählt werden.

Da die im Prozeßmodell (3.6.43) eingeführten Zustandsgrößen im allgemeinen nicht meßbar sind, müssen die Zustandsgrößen beobachtet oder geschätzt werden. Hierzu sind Zustandsgrößenbeobachter nach den Abschn. 8.6 und 8.7 oder Zustandsgrößenschätzer nach Abschn. 22.3, 15.2 und 15.3, die das Zustandsmodell des Totzeitprozesses enthalten, einzusetzen.

9.3 Vergleich der Regelgüte und Empfindlichkeit verschiedener Regler für Totzeitprozesse

Zum Vergleich der mit den verschiedenen Regelalgorithmen an Prozessen mit großen Totzeiten erreichbaren Regelgüte und der sich einstellenden Empfindlichkeit gegenüber fehlerhaft gewählter Totzeit beim Entwurf wurde das Regelkreisverhalten mit einem Prozeßrechner (Programmpaket CADCA, s. Kap. 30) simuliert [5.8] für den reinen Totzeitprozeß

$$G_P(z^{-1}) = \frac{y(z)}{u(z)} = z^{-d} \quad \text{mit} \quad d = 10 \tag{9.3.1}$$

und für den Tiefpaß-Testprozeß III, s. (5.4.4) und Anhang, mit Totzeit $d = 10$

$$G_P(z^{-1}) = \frac{y(z)}{u(z)} = \frac{b_1 z^{-1} + b_2 z^{-2} + b_3 z^{-3}}{1 + a_1 z^{-1} + a_2 z^{-2} + a_3 z^{-3}} z^{-d}. \tag{9.3.2}$$

Das resultierende Führungsverhalten ist in den Bildern 9.2 und 9.3 zu sehen. Der quadratische Mittelwert der Regelabweichung

$$S_e = \sqrt{\frac{1}{M+1} \sum_{k=0}^{M} e_w^2(k)} \tag{9.3.3}$$

und der quadratische Mittelwert der Stellabweichung (Stellaufwand)

$$S_u = \sqrt{\frac{1}{M+1} \sum_{k=0}^{M} [u(k) - u(\infty)]^2} \tag{9.3.4}$$

sind für $M = 100$ und sprungförmige Führungsänderung in Bild 9.4 dargestellt für die beim Entwurf richtig gewählte Totzeit $d_E = d = 10$ und für die zu klein angenommenen Totzeiten $d_E = 8$ und 9 und die zu groß angenommenen Totzeiten

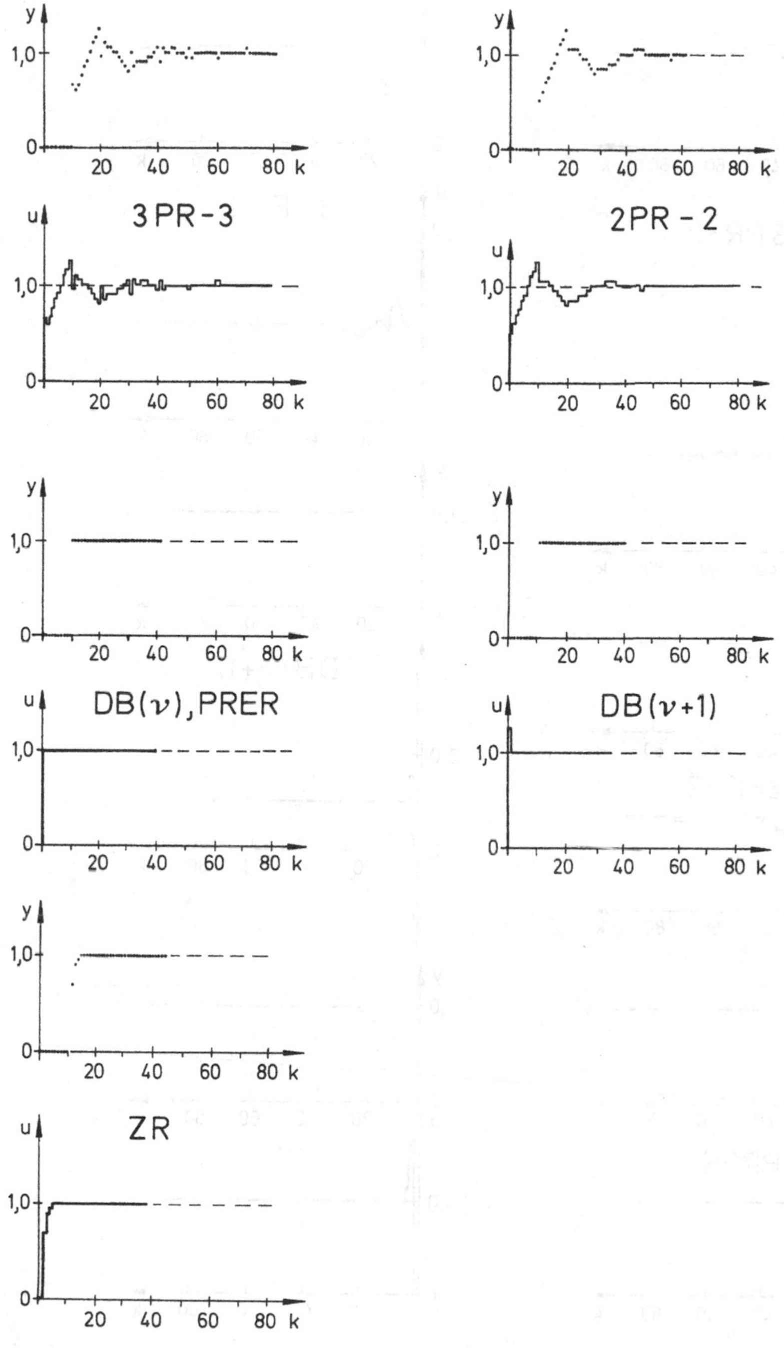

Bild 9.2. Verlauf von Regelgröße $y(k)$ und Stellgröße $u(k)$ für den *reinen Totzeitprozeß* $G_P(z) = z^{-d}$ mit $d = 10$ für Führungsgrößensprung

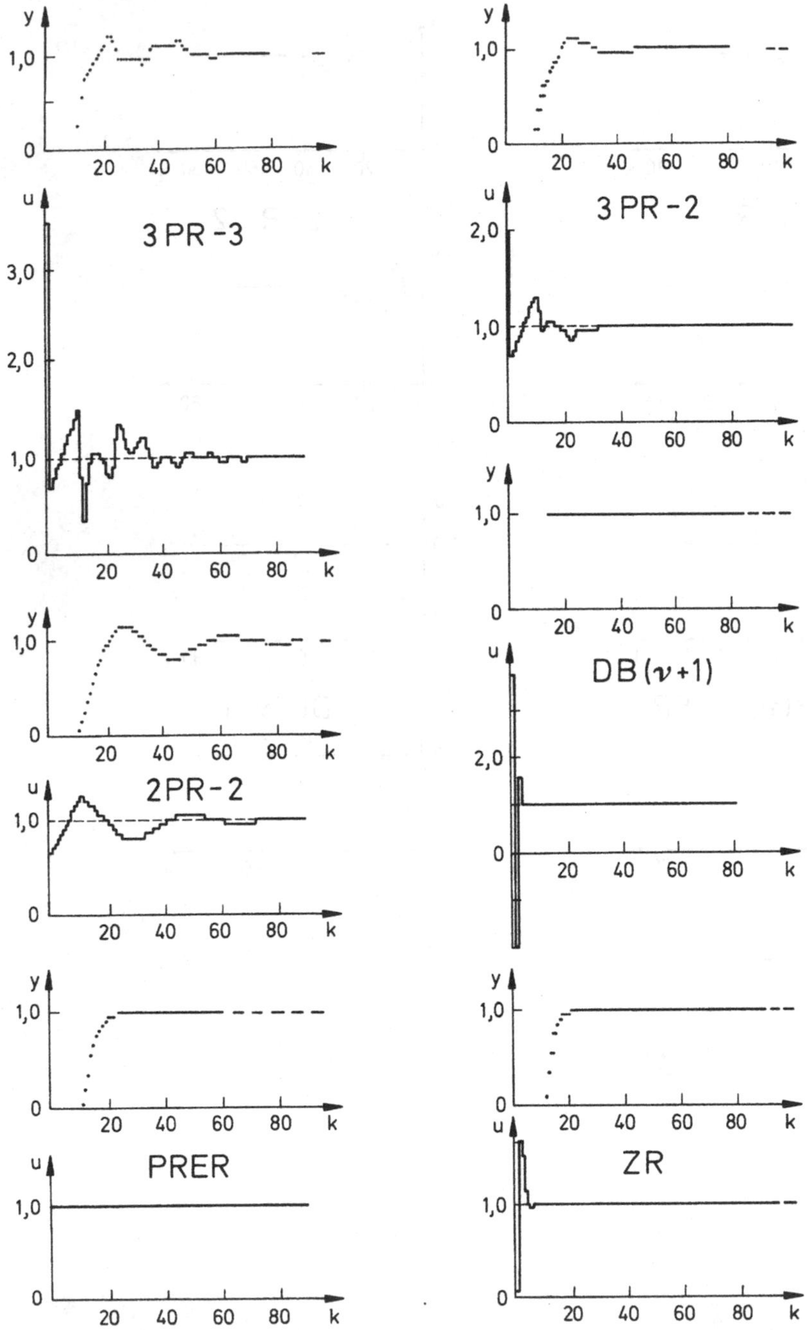

Bild 9.3. Verlauf von Regelgröße $y(k)$ und Stellgröße $u(k)$ für den *Prozeß* III *mit Totzeit* $d=10$, $G_P(z)=B(z^{-1})z^{-d}/A(z^{-1})$, für Führungsgrößensprung

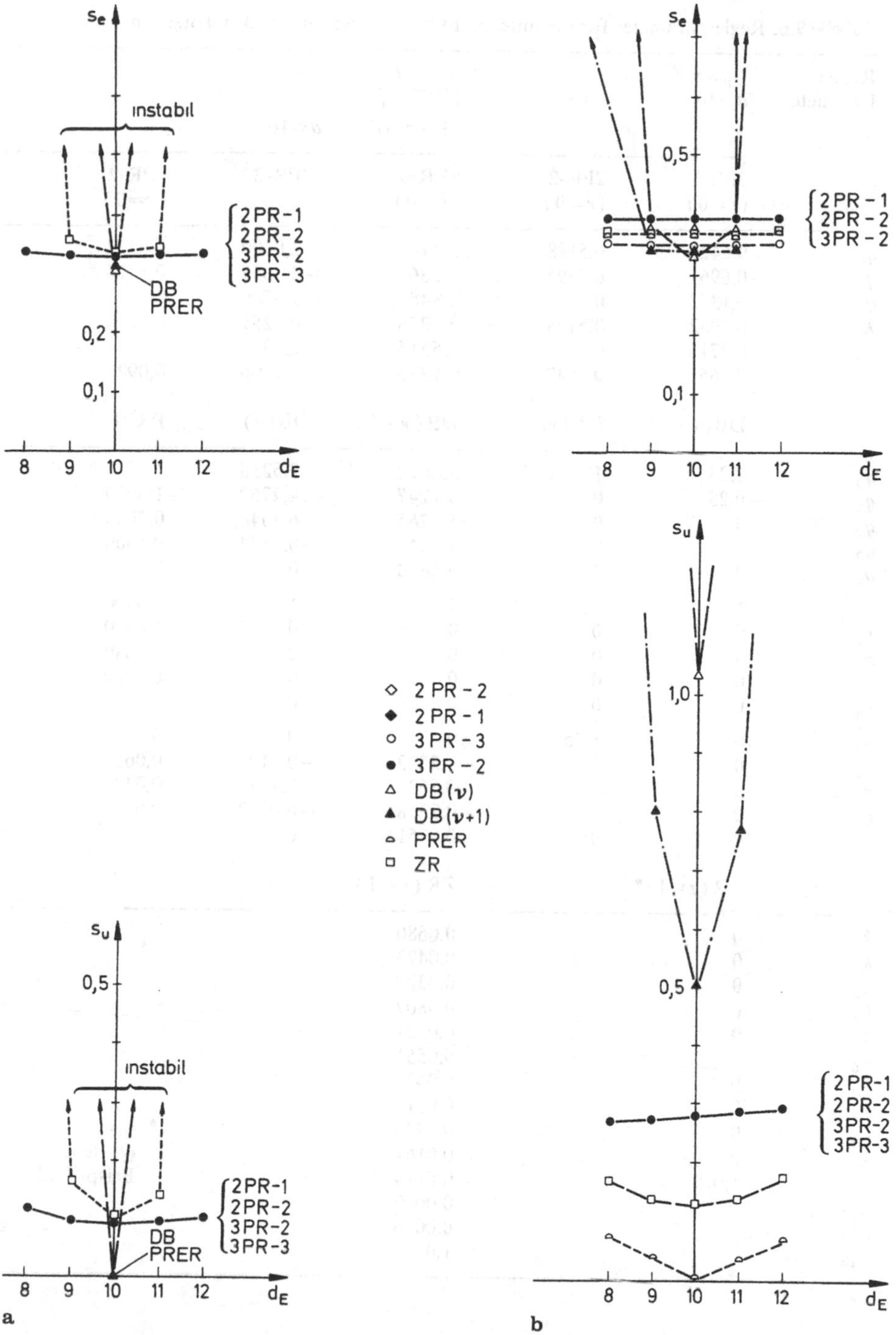

Bild 9.4. Quadratischer Mittelwert der Regelabweichung S_e und quadratischer Mittelwert der Stellabweichung S_u (Stellaufwand) in Abhängigkeit der zum Entwurf der Regelalgorithmen verwendeten Totzeit d_E. **a** Reiner Totzeitprozeß z^{-d} mit $d=10$; **b** Prozeß III mit Totzeit $d=10$

Tabelle 9.6. Reglerparameter für die untersuchten Prozesse mit großen Totzeiten

Regler Parameter	$G_P = z^{-d}$ $d=10$		$G_P = \frac{B(z^{-1})}{A(z^{-1})} z^{-d}$ (Proz. III mit $d=10$)		
	3PR.3 ($r=0$)	2PR-2 ($r=0$)	3PR-3 ($r=0$)	3PR-2	2PR-2 ($r=0$)
q_0	0,6423	0,5198	3,4742	2,0000	0,6279
q_1	−0,6961	−0,4394	−6,2365	−3,3057	−0,5714
q_2	0,1372	0	2,8483	1,3749	0
K	0,5052	0,5198	0,6258	0,6251	0,6280
c_D	0,2715	0	4,5515	2,1993	0
c_I	0,1651	0,1547	0,1373	0,1106	0,092
	DB($\nu+1$)	DB(ν)	DB($\nu+1$)	DB(ν)	PRER
q_0	1,25	1	3,8810	9,5238	1
q_1	−0,25	0	−0,1747	−14,2762	−1,4990
q_2	0	0	−5,7265	6,7048	0,7040
q_3	0	0	3,5845	−0,9524	−0,1000
q_4	0	0	−0,5643	0	0
p_0	1	1	1	1	1,0000
p_1	0	0	0	0	−1,4990
p_2	0	0	0	0	0,7040
p_3	0	0	0	0	−0,1000
p_4	0	0	0	0	0
p_d	0	−1,25	0	0	0
p_{d+1}	0	0	−0,2523	−0,6190	0,0650
p_{d+2}	0	0	−0,5531	−0,4571	0,0480
p_{d+3}	0	0	−0,2398	−0,0762	−0,0451
p_{d+4}	0	0	0,0451	0	–
	ZR ($r=1$)*		ZR ($r=1$)*		
k_1	0		0,0680		
k_2	0		0,0473		
k_3	0		0,0327		
k_4	0		0,0807		
k_5	0		0,0691		
k_6	0		0,0551		
k_7	0		0,0420		
k_8	0		0,0311		
k_9	0		0,0226		
k_{10}	0		0,0161		
k_{11}	1,0		0,0114		
k_{12}	–		0,0080		
k_{13}	–		0,0056		
k_{14}	–		1,0		

* $r_b = 5$; Q_b siehe Beispiel 8.2.

$d_E = 11$ und 12. Tabelle 9.6 zeigt die für $d_E = d = 10$ erhaltenen Reglerparameter. Aus diesen Ergebnissen läßt sich folgendes entnehmen:

Reiner Totzeitprozeß

Beim reinen Totzeitprozeß zeigt innerhalb der *parameteroptimierten Regelalgorithmen* der 2 PR−2 mit PI-Verhalten eine etwas bessere Regelgüte als der 3 PR−3 mit PID-Verhalten, da sich ein besser gedämpftes Einschwingen der Regelgröße bei einem ruhigeren Stellgrößenverlauf einstellt. Der Verstärkungsfaktor K liegt in beiden Fällen bei etwa 0,5. Eine Gewichtung der Stellgröße mit $r > 0$ ändert das sich einstellende Regelverhalten nur unwesentlich. Die Empfindlichkeit dieser parameteroptimierten Regler auf eine beim Entwurf fehlerhaft gewählte Totzeit ist im Vergleich zu allen anderen Reglern am kleinsten.

Das bestmögliche Einschwingverhalten der Regelgröße wird mit dem *Deadbeat-Regler* DB(v) bzw. dem identischen *Prädiktorregler* PRER erreicht. Der modifizierte Deadbeat-Regler DB($v+1$) erreicht den neuen Beharrungswert eine Abtastzeit später. Beide Deadbeat-Regler und der Prädiktorregler sind jedoch nicht zu empfehlen, da sie zu instabilem Verhalten führen, wenn die zum Entwurf verwendete Totzeit nicht mit der wirklichen Prozeßtotzeit übereinstimmt.

Ein sehr gut gedämpftes Einschwingen läßt sich mit einem *Zustandsregler* mit Beobachter erreichen. Es ist $u(0) = 0$, da auch bei Optimierung nach dem quadratischen Gütekriterium (8.1.2) die Zustandsrückführung k_d, und auch alle k_i für $i = 1$ bis $d-1$ gleich Null werden. Nur k_{d+1}, die Rückführung des um die Zustandsgröße $\gamma(k) = x_{d+1}(k)$ erweiterten Beobachters wird $k_{d+1} = 1$, vgl. Bilder 8.8, 8.11 und Beispiel 8.2. Dieser Zustandsregler ist unabhängig von der Wahl der Stellgrößengewichtung r. Die Empfindlichkeit auf fehlerhafte Totzeit ist für $|\Delta d| = |d_E - d| = 1$ allerdings größer als bei den parameteroptimierten Reglern. Bei $|\Delta d| > 1$ entsteht Instabilität. Mit abnehmender Totzeit $d < 10$ nimmt diese Empfindlichkeit zu [9.8].

Somit sind für reine Totzeitprozesse bei genauer Kenntnis der Totzeit Zustandsregler mit Beobachter und bei ungenauer Kenntnis oder sich verändernder Totzeit $|\Delta d| > 1$ parameteroptimierte Regler mit PI-Verhalten zu empfehlen.

Tiefpaßprozeß III mit großer Totzeit

Die mit $r = 0$ entworfenen *parameteroptimierten Regelalgorithmen* mit PI-Verhalten (2 PR−2, 2 PR−1) ergeben einen relativ schwach gedämpft schwingenden Verlauf von Regel- und Stellgröße. Die Regelgröße schwingt beim 3 PR−3 mit PID-Verhalten schneller ein, jedoch sind dazu wesentlich größere Stellgrößenänderungen erforderlich. Ein 3 PR−2 mit $q_0 = 2{,}0$ ergibt das günstigste Regelverhalten innerhalb der Gruppe der parameteroptimierten Regler: gut gedämpftes Einschwingen von Regel- und Stellgröße. Die Empfindlichkeit aller parameteroptimierter Regler auf fehlerhaft gewählte Totzeit ist klein.

Die Regelgröße erreicht mit den *Deadbeat-Reglern* im Vergleich zu allen anderen Reglern am schnellsten den neuen Beharrungswert. Jedoch sind die Stellgrößenänderungen bei DB(v) für die meisten Anwendungen viel zu groß und auch beim DB($v+1$) noch groß. Die Empfindlichkeit für fehlerhaft gewählte Totzeit ist bei den Deadbeat-Reglern am größten von allen Reglern. Im betrachteten Beispiel wirken sich, besonders beim DB($v+1$), Fehler von

$\Delta d_E = \pm 1$ noch erträglich aus. Größere Totzeitfehler ergeben jedoch ein schlechtes Regelverhalten.

Der *Prädiktorregler* liefert gemäß seinem Entwurfsprinzip als Führungsverhalten das Verhalten des offenen Prozesses für $K_P = 1$. Die Stellgröße erreicht sofort den neuen Beharrungswert.

Der für $r = 1$ ausgelegte *Zustandsregler* mit Beobachter bewirkt im Vergleich zum Prädiktorregler ein sehr gut gedämpftes Einschwingen der Regelgröße. Die Stellgröße $u(0)$ ist noch klein, wegen des sich ergebenden kleinen Wertes der Zustandsrückführung k_3 s. Tabelle 9.6 und Bild 8.11. Die Stellgröße erhält bei $k = 1$ den größten Wert und läuft dann sehr gut gedämpft in den neuen Beharrungswert ein. Die Empfindlichkeit ist beim Prädiktorregler und Zustandsregler etwa gleich und als klein zu bezeichnen.

Die besten Regelverhalten stellen sich bei diesem Tiefpaßprozeß mit großer Totzeit also mit dem Zustandsregler, dem Prädiktorregler oder dem parameteroptimierten Regler 3 PR$-$2 (bzw. 3 PR$-$3 mit $r \approx 1$) ein. Der Prädiktorregler bewirkt dabei die kleinsten, der 3 PR$-$2 die größten und der Zustandsregler mittelgroße Stellgrößenänderungen. Ein Vergleich der Regelgrößen zeigt, daß die Führungsgrößenübergangsfunktion nur wenig gegenüber der Übergangsfunktion des offenen Prozesses verändert werden kann, wenn man nicht sehr große Stellgrößenänderungen zuläßt. Bei größeren Stellgrößenänderungen, wie bei den Deadbeat-Reglern, kann man zwar ein schnelleres Einschwingen erreichen. Dies geht bei Prozessen mit großen Totzeiten jedoch auf Kosten der Empfindlichkeit gegenüber einer ungenauen Kenntnis der Totzeit oder sich im Betrieb ändernder Totzeit. Deshalb sind die Deadbeat-Regler bei grossen Totzeiten im allgemeinen nicht zu empfehlen. Da der Prädiktorregler nur bei Prozessen mit asymptotisch stabilem Verhalten einzusetzen ist, sind Zustandsregler mit Beobachter und parameteroptimierte Regler mit PID- oder PI-Verhalten bei Prozessen mit großen Totzeiten am universellsten anwendbar. Wenn die Totzeit nicht genau bekannt ist, soll sie eher zu groß als zu klein angenommen werden [5.8].

Wegen der begrenzten Möglichkeit des Ausregelns von Störungen bei Prozessen mit großen Totzeiten sollte man stets versuchen, zusätzlich Störgrößenaufschaltungen einzusetzen, s. Kap. 17.

10 Empfindlichkeit und Robustheit mit konstanten Reglern

Zum Entwurf von Reglern wurde bisher angenommen, daß das Prozeßmodell genau bekannt ist. Dies trifft jedoch praktisch nie zu. Sowohl bei der theoretischen Modellbildung als auch bei der experimentellen Identifikation ist zumindest mit kleinen, oft aber auch größeren Unterschieden zwischen dem ermittelten Prozeßmodell und dem wirklichen Prozeßverhalten zu rechnen. Nimmt man zur Vereinfachung einmal an, daß Struktur und Ordnung des Prozeßmodells richtig gewählt sind, dann machen sich die Unterschiede als Parameterfehler des Prozeßmodells bemerkbar. Aber auch während des normalen Betriebes treten fast immer Änderungen des Prozeßverhaltens auf, z.B. durch Änderungen des Betriebspunktes (der Last) bzw. durch Änderungen der Energie-, Massen- oder Impulsspeicher oder -ströme. Beim Entwurf von Regelungen sind also grundsätzlich zu beachten:

- Das zugrunde gelegte Prozeßmodell ist ungenau.
- Das Prozeßverhalten ändert sich im Betrieb.

In diesem Kapitel soll betrachtet werden, wie sich Änderungen des Prozesses auf das Verhalten des geschlossenen Regelkreises auswirken und wie man diese Prozeßänderungen beim Entwurf der Regler berücksichtigen kann.

Hierzu wird bei Parameteränderungen zunächst von einem nominalen Parametervektor $\boldsymbol{\Theta}_n$ ausgegangen. Es interessiert dann das Regelkreisverhalten für Parametervektoren

$$\boldsymbol{\Theta} = \boldsymbol{\Theta}_n + \Delta\boldsymbol{\Theta}$$

wobei konstante Regler angenommen werden sollen. Dabei sei vorausgesetzt, daß sich die Ordnung des Prozeßmodells nicht ändert, und daß die Parameteränderungen langsam erfolgen im Vergleich zur Regelkreisdynamik. Die letzte Annahme bedeutet, daß der Prozeß als quasi zeitinvariant betrachtet wird.

Wenn die Parameteränderungen klein sind, dann können für diese Aufgabenstellung *Empfindlichkeitsmethoden* benützt werden, Abschn. 10.1. Bei bekannter Parameterempfindlichkeit kann dann beim Reglerentwurf sowohl eine bestimmte Regelgüte als auch eine kleine (minimale) Parameterempfindlichkeit gefordert werden. Die resultierenden Regler werden *unempfindliche Regler* genannt, s. Abschn. 10.2.

Für große Parameteränderungen ist der Entwurf unempfindlicher Regler jedoch nicht gedacht. Man muß dann im allgemeinen von mehreren Prozeßmodellen mit den wesentlich verschiedenen Parametervektoren

$$\boldsymbol{\Theta}_1, \boldsymbol{\Theta}_2, \ldots, \boldsymbol{\Theta}_M$$

ausgehen und versuchen, einen *gemeinsamen konstanten Regler* zu entwerfen, der für diese Prozesse Stabilität und einen gewissen Regelgütebereich zum Ziel hat. Die resultierenden Regler werden *robuste Regler* genannt. Auf diese Aufgabenstellung wird in den Abschn. 10.3 und 10.4 eingegangen.

Der Ansatz für den Entwurf robuster Regler ist allgemeiner als der Entwurf unempfindlicher Regler. Es ist jedoch zu erwarten, daß sich für mittelgroße Parameteränderungen ähnliche Eigenschaften der resultierenden unempfindlichen und robusten Regelungen ergeben.

10.1 Zur Empfindlichkeit von Regelungen

Regelungen haben im Vergleich zu Steuerungen nicht nur den Vorteil, den Einfluß von Störsignalen auf die Ausgangsgröße zu verkleinern, sondern auch den Einfluß von Parameteränderungen des Prozesses auf die Ausgangsgröße abzuschwächen. Um an diese bekannte Eigenschaft aus der Regelungstheorie zu erinnern [10.1], werden eine Regelung und eine Steuerung nach Bild 6.1 und 6.2 betrachtet. Der Prozeß habe die Übertragungsfunktion $G_P(z)$, der Regler $G_R(z)$ und das Steuerglied $G_S(z)$. Beide Anordnungen seien für den nominalen Prozeßparametervektor $\boldsymbol{\Theta}_n$ so ausgelegt, daß das gleiche Eingangssignal $w(k)$ ein gleiches Ausgangssignal $y(k)$ erzeugt. Der Prozeß $G_P(z)$ sei asymptotisch stabil, so daß nach Abklingen von Einschwingvorgängen beide Prozesse vor Einwirken von $w(k)$ im gleichen Beharrungszustand sind. Das Ein/Ausgangsverhalten des Regelkreises für den nominalen Betriebspunkt ist

$$G_w(\boldsymbol{\Theta}_n, z) = \frac{y(z)}{w(z)} = \frac{G_R(z)G_P(\boldsymbol{\Theta}_n, z)}{1+G_R(z)G_P(\boldsymbol{\Theta}_n, z)}. \tag{10.1.1}$$

Die Steuerung mit dem gleichen Ein/Ausgangsverhalten hat die Übertragungsfunktion

$$G_S(\boldsymbol{\Theta}_n, z) = \frac{u(z)}{w(z)} = \frac{G_R(z)}{1+G_R(z)G_P(\boldsymbol{\Theta}_n, z)} \tag{10.1.2}$$

Der Prozeßparametervektor ändert sich nun um eine infinitesimal kleine Größe $d\boldsymbol{\Theta}$. Für den Regelkreis folgt dann durch Differentiation nach dem Prozeßparametervektor

$$\left.\frac{\partial G_w(\boldsymbol{\Theta}_n, z)}{\partial \boldsymbol{\Theta}}\right|_R = \frac{G_R(z)}{[1+G_R(z)G_P(\boldsymbol{\Theta}_n, z)]^2}\ \frac{\partial G_p(\boldsymbol{\Theta}_n, z)}{\partial \boldsymbol{\Theta}}. \tag{10.1.3}$$

Entsprechend erhält man für die Steuerung

$$\left.\frac{\partial G_w(\boldsymbol{\Theta}_n,z)}{\partial \boldsymbol{\Theta}}\right|_S = G_S(\boldsymbol{\Theta}_n,z)\ \frac{\partial G_P(\boldsymbol{\Theta}_n,z)}{\partial \boldsymbol{\Theta}}$$

$$= \frac{G_R(z)}{1+G_R(z)G_P(\boldsymbol{\Theta}_n,z)}\ \frac{\partial G_P(\boldsymbol{\Theta}_n,z)}{\partial \boldsymbol{\Theta}}. \qquad (10.1.4)$$

Da für beide Anordnungen

$$\frac{\partial y(z)}{\partial \boldsymbol{\Theta}} = \frac{\partial G_w(\boldsymbol{\Theta}_n,z)}{\partial \boldsymbol{\Theta}} w(z) \qquad (10.1.5)$$

gilt, folgt

$$\left.\frac{\partial y(z)}{\partial \boldsymbol{\Theta}}\right|_R = R(\boldsymbol{\Theta}_n,z)\ \left.\frac{\partial y(z)}{\partial \boldsymbol{\Theta}}\right|_S \qquad (10.1.6)$$

wobei

$$R(\boldsymbol{\Theta}_n,z) = \frac{1}{1+G_R(z)G_P(\boldsymbol{\Theta}_n,z)} \qquad (10.1.7)$$

der dynamische Regelfaktor ist.

Der Differentialquotient $\partial y/\partial \boldsymbol{\Theta}$ wird *Parameterempfindlichkeit* der Ausgangsgröße y genannt. Wie aus (10.1.6) hervorgeht, hängt der Vergleich der Parameterempfindlichkeiten von Regelung und Steuerung von der Kreisfrequenz ω des einwirkenden Signals $w(k)$ ab. Falls $|R(z)| < 1$ ist, besitzt die Regelung eine kleinere Parameterempfindlichkeit als die Steuerung und falls $|R(z)| > 1$ ist, gilt das Umgekehrte. Da Regelungen jedoch, um eine gute Regelgüte zu erreichen, im allgemeinen so ausgelegt werden, daß im wesentlichen Frequenzbereich $0 \leqq \omega \leqq \omega_{max}$ der dynamische Regelfaktor $|R(z)| < 1$ ist, ist fast immer die Parameterempfindlichkeit von Regelungen kleiner als diejenige von Steuerungen. Sie ist im allgemeinen umso kleiner, je niederer die anregende Frequenz ist, und somit am kleinsten für $\omega = 0$, also für den Beharrungszustand.

Man beachte, daß für das Verhältnis der Parameterempfindlichkeiten bei Regelungen und Steuerungen dieselbe Gleichung gilt, wie für das Verhältnis der Auswirkungen einer Störgröße $n(k)$ auf die Ausgangsgröße $y(k)$

$$\left.\frac{y(z)}{n(z)}\right|_R = R(z)\left.\frac{y(z)}{n(z)}\right|_S. \qquad (10.1.8)$$

Aus (10.1.3) und (10.1.1) folgt ferner für die Regelung

$$\frac{dG_w(\boldsymbol{\Theta}_n,z)}{G_w(\boldsymbol{\Theta}_n,z)} = S(\boldsymbol{\Theta}_n,z)\ \frac{dG_P(\boldsymbol{\Theta}_n,z)}{G_P(\boldsymbol{\Theta}_n,z)} \qquad (10.1.9)$$

wobei für die *Empfindlichkeitsfunktion* $S(\boldsymbol{\Theta}_n,z)$ der Regelung gilt

$$S(\boldsymbol{\Theta}_n,z) = R(\boldsymbol{\Theta}_n,z) = \frac{1}{1+G_R(z)G_P(\boldsymbol{\Theta}_n,z)}. \qquad (10.1.10)$$

Diese Empfindlichkeitsfunktion drückt aus, welche relativen Änderungen des Ein/Ausgangs-Übertragungsverhaltens eines Regelkreises sich durch relative Änderungen der Prozeßübertragungsfunktion ergeben. Da dieses Verhältnis dasselbe ist wie das Verhältnis der Parameterempfindlichkeiten von Regelung und Steuerung, lassen sich die obigen Bemerkungen auch auf diesen Fall übertragen. Man beachte, daß die Empfindlichkeitsfunktion auch für nichtparametrische Modelle verwendet werden kann.

Eine kleine Empfindlichkeit des Führungsverhaltens eines Regelkreises läßt sich also dadurch erreichen, daß der Betrag des dynamischen Regelfaktors $|R(\boldsymbol{\Theta}_n,z)|$ im wesentlichen Frequenzbereich $0 \leqq \omega \leqq \omega_{max}$ der den dynamischen Regelfaktor anregenden Signale $n(z)$ oder $y_w(z) = G_R(z)G_P(z)w(z)$ kleine Werte erhält.

Es sei noch angemerkt, daß die Parameterempfindlichkeit der Ausgangsgröße und die Empfindlichkeitsfunktion nach Rücktransformation in den Originalbereich Zeitfunktionen $\partial y(k)/\partial\boldsymbol{\Theta}$ bzw. $s(k)$ darstellen.

Für einen Prozeß in Zustandsdarstellung

$$\boldsymbol{x}(k+1) = \boldsymbol{A}\,\boldsymbol{x}(k) + \boldsymbol{b}\,u_p(k) + \boldsymbol{b}\,u_w(k) \tag{10.1.11}$$

mit dem Zustandsregler

$$\boldsymbol{u}_R(k) = -\boldsymbol{k}^T\boldsymbol{x}(k) \tag{10.1.12}$$

bzw. der Übertragungsfunktion des offenen Regelkreises

$$G_R(z)\,G_P(z) = \frac{u_R(z)}{u_P(z)} = \boldsymbol{k}^T[z\boldsymbol{I} - \boldsymbol{A}]^{-1}\boldsymbol{b} \tag{10.1.13}$$

lautet der dynamische Regelfaktor, nun definiert als $R'(z) = u_P(z)/u_w(z)$ wobei $u_P = u_R$

$$R'(z) = \frac{u_P(z)}{u_w(z)} = \frac{1}{1+\boldsymbol{k}^T[z\boldsymbol{I} - \boldsymbol{A}]^{-1}\boldsymbol{b}} \tag{10.1.14}$$

In [8.10] wird gezeigt, daß auch für den Zustandsregler die Parameterempfindlichkeit der (nicht zurückgeführten) Ausgangsgröße $y(k) = \boldsymbol{c}^T\boldsymbol{x}(k)$ die Gl. (10.1.6) gilt, jedoch mit $R'(z)$ anstelle $R(z)$. Optimale Zustandsregler für kontinuierliche Signale ergeben im Vergleich zu Steuerungen grundsätzlich für alle Frequenzen eine kleinere Parameterempfindlichkeit [8.4 (S. 314), 10.2, 10.8 (S. 126)]. Für Zustandsregler mit Beobachter und Zustandsregler für diskrete Signale gilt dies jedoch nicht grundsätzlich [8.4 (S. 419, 520)]

Die Empfindlichkeitsfunktion $S(\boldsymbol{\Theta}_n,z)$ nach (10.1.10) gibt die Auswirkung von relativen Änderungen des Prozeßübertragungsverhaltens an. Absolute Änderungen des Führungsverhaltens folgen aus (10.1.9) und $G_w = RG_RG_P$

$$|\Delta G_w(\boldsymbol{\Theta}_n,z)| = |R(\boldsymbol{\Theta}_n,z)|^2|G_R(z)|\,|\Delta G_P(\boldsymbol{\Theta}_n,z)|. \tag{10.1.15}$$

Prozeßänderungen $|\Delta G_p|$ wirken sich also durch $|R|^2|G_R|$ verstärkt auf $|\Delta G_w|$ aus. Man vergleiche hierzu die entsprechende Beziehung für die Signale

$$|y(z)| = |R(z)|\,|n(z)| \tag{10.1.16}$$

die zur Beurteilung der Regelgüte dient. Die Änderungen $|\Delta G_w|$ wirken sich linear auf $|y(z)|$ aus

$$|\Delta y(\boldsymbol{\Theta}_n, z)| = |\Delta G_w(\boldsymbol{\Theta}_n, z)|\,|w(z)|. \tag{10.1.17}$$

Die Verstärkung der $|\Delta G_P|$ durch $|R|^2|G_R|$ hat zur Folge, daß sich Änderungen von $|\Delta G_P|$ in den Frequenzbereichen II und III des dynamischen Regelfaktors, Bild 11.5, besonders stark auswirken. Für sehr niedere Frequenzen gilt bei Reglern mit Integralanteil $|R|^2|G_R| \sim |R|$, also Auswirkung wie bei der Regelgüte (10.1.16). Eine unempfindlichere Regelung erhält man also im allgemeinen dadurch, daß man $|R(z)|$ besonders bei den höheren Frequenzen des Bereichs I, im Bereich II und im Bereich III möglichst verkleinert, wenn in diesen Bereichen Störsignale auftreten.

Aus den Bildern 11.6 und Tabelle 11.5 folgt für unempfindliche Regelungen bei nur niederfrequenten Störsignalen, daß die Stellgrössengewichtung r klein, der Reglereingriff also stark sein muß. Wesentliche Störsignalkomponenten $n(k)$ in der Nähe der Resonanzfrequenz verlangen dagegen eine Verkleinerung der Resonanzspitze und somit größere r, bzw. einen schwächeren Reglereingriff. Hieraus ist wieder zu entnehmen, daß Maßnahmen für eine unempfindlichere Regelung wesentlich vom Störsignalspektrum abhängen.

Betrachtet man $|R(z)|^2$ aufgrund der Bilder 11.6 und 11.7 für verschiedene Regler, dann entstehen mit folgenden Reglern große Empfindlichkeiten gegenüber Prozeßänderungen: Bereich I: 2PR–2. Bereich II: 2PR–2, DB(v) und ZR. Kleine Empfindlichkeiten liefern für Bereich I: ZR, und Bereich II: DB($v+1$). Man beachte jedoch, daß die parameteroptimierten und die Deadbeat-Regler für sprungförmige Führungsgrößenänderung entworfen wurden, also für geringe Anregung in den Bereichen II und III. Für sprungförmiges $w(k)$ stimmen diese Ergebnisse im wesentlichen mit den Empfindlichkeitsuntersuchungen in Abschn. 11.3 überein.

Bisher wurden nur einige der üblichen Empfindlichkeitsmaße betrachtet. Andere häufig verwendete Parameterempfindlichkeitsmaße sind, jeweils für den nominalen Parametervektor $\boldsymbol{\Theta}_n$,

Empfindlichkeit einer Zustandsgröße (Trajektorienempfindlichkeit)

$$\sigma_x = \frac{\partial x}{\partial \boldsymbol{\Theta}} \tag{10.1.18}$$

Empfindlichkeit des Gütekriteriums

$$\sigma_I = \frac{\partial I}{\partial \boldsymbol{\Theta}} \tag{10.1.19}$$

Empfindlichkeit eines Eigenwertes

$$\sigma_\lambda = \frac{\partial \lambda i}{\partial \boldsymbol{\Theta}}. \tag{10.1.20}$$

Die Empfindlichkeit der Ausgangsgrößen folgt aus der Empfindlichkeit der Zustandsgrößen

$$\sigma_y = \frac{\partial y}{\partial \boldsymbol{\Theta}} = \frac{\partial}{\partial \boldsymbol{\Theta}}[\boldsymbol{c}^T \boldsymbol{x}] = \frac{\partial \boldsymbol{x}}{\partial \boldsymbol{\Theta}} \boldsymbol{c}. \tag{10.1.21}$$

10.2 Unempflindliche Regelungen

Die Empfindlichkeit von Regelungen kann beim Entwurf z.B. dadurch berücksichtigt werden, daß man zu dem Gütekriterium I_n für den Nominalpunkt positiv semidefinite Funktionen der Empfindlichkeit $f(\sigma) \geqq 0$ addiert, und

$$I_{n\sigma} = I_n + f(\sigma) = I_n + I_\sigma \tag{10.2.1}$$

minimiert. Falls man die Parameterempfindlichkeit des Gütekriteriums

$$I_\sigma = \boldsymbol{\varkappa}^T \boldsymbol{\sigma}_I = \boldsymbol{\varkappa}^T \frac{\partial I_n}{\partial \boldsymbol{\Theta}} \tag{10.2.2}$$

verwendet, wobei $\boldsymbol{\varkappa}$ Gewichtsfaktoren sind, ist also anstelle von I_n das Kriterium

$$I_{n\sigma} = I_n + \boldsymbol{\varkappa}^T \frac{\partial I_n}{\partial \boldsymbol{\Theta}} \tag{10.2.3}$$

zu minimieren. Dabei kann man die Struktur des für I_n entworfenen Reglers einfach übernehmen und eventuelle freie Entwurfsparameter so variieren, daß das erweiterte $I_{n\sigma}$ ein Minimum wird (Unempfindlichkeit durch Variation des Entwurfs üblicher Regler) oder aber man verwendet das erweiterte Kriterium I_n zur Bestimmung eines in der Struktur geänderten Reglers (Unempfindlichkeit durch zusätzliche dynamische Rückführung).

Die meisten der über den Entwurf unempfindlicher Regelungen erschienenen Veröffentlichungen behandeln zeitkontinuierliche Systeme, s. z.B. [10.7, 10.9 – 10.11]. Im folgenden wird das prinzipielle Vorgehen einiger Methoden, die sich auf zeitdiskrete Systeme übertragen lassen, kurz beschrieben.

10.2.1 Unempfindlichkeit durch zusätzliche dynamische Rückführung

Es werde der Prozeß mit der Zustandsgleichung

$$\begin{aligned} \boldsymbol{x}(k+1) &= \boldsymbol{A}(\boldsymbol{\Theta})\boldsymbol{x}(k) + \boldsymbol{B}(\boldsymbol{\Theta})\boldsymbol{u}(k) \\ &= \boldsymbol{A}_n \boldsymbol{x}(k) + \boldsymbol{B}_n \boldsymbol{u}(k) \end{aligned} \tag{10.2.4}$$

betrachtet. Die Trajektorienempfindlichkeit für einen Parameter $\boldsymbol{\Theta}_i$ lautet dann mit

$$\boldsymbol{\sigma}_{xi}(k) = \left.\frac{\partial \boldsymbol{x}(k)}{\partial \boldsymbol{\Theta}_i}\right|_n = \boldsymbol{\sigma}_i(k) \quad i = 1, 2, \ldots, p \tag{10.2.5}$$

wie folgt:

$$\sigma_i(k+1) = A_i x(k) + A_n \sigma_i(k) + B_i u(k) + B_n \left.\frac{\partial u(k)}{\partial \Theta_i}\right|_n \tag{10.2.6}$$

mit

$$A_i = \left.\frac{\partial A}{\partial \Theta_i}\right|_n; \quad B_i = \left.\frac{\partial B}{\partial \Theta_i}\right|_n; \quad \sigma_i(0) = 0 \tag{10.2.7}$$

Für jeden Prozeßparameter ergibt sich somit ein Zustandsempfindlichkeitsmodell des Prozesses nach (10.2.6).

Um nun nicht nur die Zustandsrößen, sondern auch die Empfindlichkeiten klein zu halten, werden außer den Zustandsgrößen $x(k)$ auch die Empfindlichkeiten $\sigma_i(k)$ des Prozesses negativ zurückgeführt [10.12] also Rückführungen

$$u(k) = -Kx(k) - \sum_{i=1}^{p} K_i \sigma_i(k) \tag{10.2.8}$$

gebildet. Einsetzen in (10.2.4) liefert für den Prozeß mit Rückführung

$$x(k+1) = [A_n - B_n K]x(k) - B_n \sum_{i=1}^{p} K_i \sigma_i(k). \tag{10.2.9}$$

Die Empfindlichkeit dieses geschlossenen Systems ergibt sich durch Anwendung von (10.2.5) auf (10.2.9)

$$\begin{aligned} \sigma_i(k+1) &= [A_i - B_i K]x(k) + [A_n - B_n K]\sigma_i(k) \\ &\quad - B_i \sum_{l=1}^{p} K_l \sigma_l(k) - B_n \sum_{l=1}^{p} K_l \frac{\partial \sigma_l(k)}{\partial \Theta_i} \end{aligned} \tag{10.2.10}$$

Der letzte Term enthält zweite Ableitungen und wird deshalb zur Vereinfachung vernachlässigt.

Man beachte, daß $\sigma_i(k) = \sigma_l(k)$, $i = l = 1, 2, ..., p$, ist.
Dann gilt unter Berücksichtigung von (10.2.8)

$$\tilde{\sigma}_i(k+1) = [A_n - B_n K]\tilde{\sigma}_i(k) + A_i x(k) + B_i u(k) \tag{10.2.11}$$

$$\begin{aligned} u(k) &= -Kx(k) - \sum_{l=1}^{p} K_l \tilde{\sigma}_l(k) \\ &= -Kx(k) - K_\sigma \tilde{\sigma}(k). \end{aligned} \tag{10.2.12}$$

Hierin stellt (10.2.11) das Empfindlichkeitsmodell des geschlossenen Systems dar. Zusammen mit (10.2.4) kann mit dem erweiterten Zustandsvektor

$$\begin{aligned} z^T(k) &= [x^T(k)\tilde{\sigma}_1^T(k)\dots\tilde{\sigma}_p^T(k)] \\ &= [x^T(k)\tilde{\sigma}^T(k)] \end{aligned} \tag{10.2.13}$$

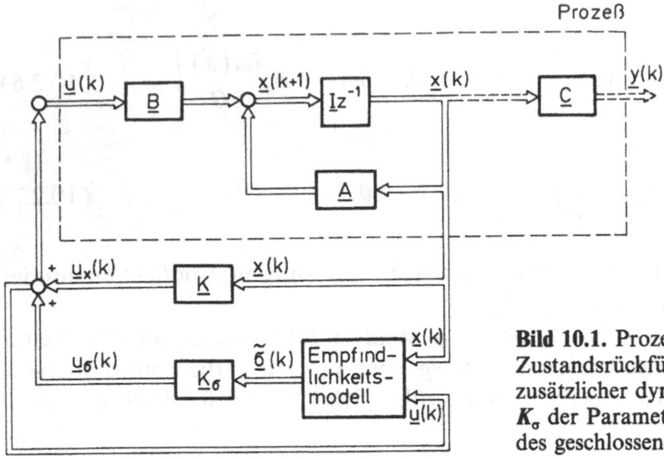

Bild 10.1. Prozeß mit Zustandsrückführung $\boldsymbol{K}$ und zusätzlicher dynamischer Rückführung $\boldsymbol{K}_\sigma$ der Parameterempfindlichkeit $\tilde{\sigma}(k)$ des geschlossenen Systems

ein System der Gesamtordnung $n(1+p)$ gebildet werden

$$\left.\begin{aligned} \boldsymbol{z}(k+1) &= \tilde{\boldsymbol{A}}\boldsymbol{z}(k) + \tilde{\boldsymbol{B}}\boldsymbol{u}(k) \\ \boldsymbol{u}(k) &= -\boldsymbol{K}_z\boldsymbol{z}(k) \end{aligned}\right\} \tag{10.2.14}$$

s. Bild 10.1. Diesem System kann das Gütekriterium

$$I_{n\sigma} = \sum_{k=0}^{\infty} [\boldsymbol{z}^T(k)\boldsymbol{Q}_z\boldsymbol{z}(k) + \boldsymbol{u}^T(k)\boldsymbol{R}\,\boldsymbol{u}(k)] \tag{10.2.15}$$

zugeordnet werden. Es bewertet sowohl die Zustandsgrößen $\boldsymbol{x}(k)$ als auch die Trajektorienempfindlichkeiten $\boldsymbol{\sigma}_i(k)$. Die Optimierung von I_σ führt deshalb zu einem Kompromiß zwischen Regelgüte und Parameterempfindlichkeit.

Die $\boldsymbol{K}_z$ werden iterativ durch wiederholtes Lösen und Wiedereinsetzen der entsprechenden Matrix-Riccati-Gleichung bestimmt ($\boldsymbol{K}$ tritt sowohl in (10.2.11) als auch (10.2.12) auf).

Man beachte, daß der rechnerische Aufwand groß ist, da:

a) für jeden variablen Parameter Θ_i ein Empfindlichkeitsmodell realisiert werden muß,
b) mit jedem variablen Parameter sich die Ordnung des Gesamtsystems um n erhöht.

Die Empfindlichkeitsrückführung nach (10.2.12) führt eine *zusätzliche dynamische Rückführung* mit verzögerndem Charakter ein, wie aus (10.2.11) zu ersehen. Gleichzeitig wird die Zustandsrückführverstärkung $\boldsymbol{K}$ gegenüber dem üblichen Entwurf abgschwächt, sodaß sich insgesamt ein schwächerer Reglereingriff ergibt. (Bei einem Prozeß erster Ordnung ergibt sich anstelle einer rein proportionalen Rückführung eine proportionale und eine parallele proportional-verzögernde Rückführung erster Ordnung. Bei Prozessen höherer Ordnung wird auch die proportionalverzögernde Rückführung von höherer Ordnung. Dies bewirkt nach der proportional verstellten Stellgröße ein verlangsamtes Nachstellen auf einen Endstellwert, und entspricht damit, grob betrachtet, einem PI-ähnlichen Verhalten der Rückführung).

Modifikationen dieser Entwurfsmethode, besonders im Hinblick auf das Vermeiden iterativer Rechenprozeduren, werden in [10.13, 10.14] beschrieben. Wegen des dennoch großen Aufwandes beim Entwurf und bei der Realisierung und wegen der erforderlichen relativ genauen Kenntnis eines Prozeßmodells haben sich diese umempfindlichen Regelungen mit zusätzlicher dynamischer Rückführung nicht allgemein durchsetzen können.

10.2.2 Unempfindlichkeit durch Variation des Entwurfs üblicher Regler

Eine Verringerung des Realisierungsaufwandes erhält man durch das Weglassen der Empfindlichkeitsrückführung und Verwendung einer üblichen Reglerstruktur, aber Minimierung eines Gütekriteriums nach (10.2.1), das die Parameterempfindlichkeit mitbewertet.

Für die übliche Zustandsrückführung gilt

$$\boldsymbol{u}(k) = -\boldsymbol{K}\,\boldsymbol{x}(k) \tag{10.2.16}$$

und somit

$$\left.\frac{\partial \boldsymbol{u}(k)}{\partial \Theta_i}\right|_n = -\boldsymbol{K}\boldsymbol{\sigma}_i(k). \tag{10.2.17}$$

Diese Gleichungen werden in (10.2.4) und (10.2.6) eingesetzt,

$$\boldsymbol{x}(k+1) = [\boldsymbol{A}_n - \boldsymbol{B}_n\boldsymbol{K}]\boldsymbol{x}(k) \tag{10.2.18}$$

$$\boldsymbol{\sigma}_i(k+1) = [\boldsymbol{A}_n - \boldsymbol{B}_n\boldsymbol{K}]\boldsymbol{\sigma}_i(k) + [\boldsymbol{A}_i - \boldsymbol{B}_i\boldsymbol{K}]\boldsymbol{x}(k). \tag{10.2.19}$$

$\boldsymbol{K}$ wird nun so bestimmt, daß das Kriterium

$$I_{n\sigma} = I_n + I_\sigma \tag{10.2.20}$$

$$I_n = \sum_{k=0}^{\infty} [\boldsymbol{x}^T(k)\boldsymbol{Q}\,\boldsymbol{x}(k) + \boldsymbol{u}^T(k)\boldsymbol{R}\,\boldsymbol{u}(k)] \tag{10.2.21}$$

$$I_\sigma = \sum_{k=0}^{\infty}\sum_{i=1}^{p} \boldsymbol{\sigma}_i^T(k)\boldsymbol{Q}_\sigma\boldsymbol{\sigma}_i(k) \tag{10.2.22}$$

minimiert wird. In [10.15] wurde dies durch eine numerische Parameteroptimierung durchgeführt.

In [10.16] wird außer I_n noch die Empfindlichkeit dieses Kriteriums

$$\sigma_{Ii} = \frac{\partial I_1}{\partial \Theta_i};\ I_1 = \sum_{k=0}^{\infty} \boldsymbol{x}^T(k)\boldsymbol{F}\,\boldsymbol{x}(k) \tag{10.2.22}$$

mit $\boldsymbol{F} \neq \boldsymbol{Q}$ verwendet und

$$I_{n\sigma} = \beta_1 I_n + \beta_2 sp[\sigma_{Ii} d\Theta_i] \tag{10.2.23}$$

$$\beta_1 + \beta_2 = 1, \quad 0 \leqq \beta_1 \leqq 1$$

minimiert durch iterative Bestimmung von $\boldsymbol{K}$. Der rechentechnische Aufwand dieser Methoden ist jedoch relativ groß.

Viel einfacher ist die *Variation der Entwurfsparameter* im üblichen Reglerentwurf, also z.B. der Bewertungsmatrizen $\boldsymbol{Q}$ oder $\boldsymbol{R}$ im Gütekriterium (10.2.21). Man kann z.B.

$$\boldsymbol{Q}_1 = \mu \boldsymbol{Q} \quad \mu > 1 \tag{10.2.24}$$

wählen und μ in Abhängigkeit vom Empfindlichkeitskriterium (10.2.22) variieren [10.17, 10.18]. Hierbei kann das Empfindlichkeitskriterium (10.2.22) über eine Ljapunov-Gleichung bestimmt werden, sodaß

$$\boldsymbol{Q}_1 = \boldsymbol{Q} + \mu \boldsymbol{P} \quad (\mu > 0). \tag{10.2.25}$$

Durch ein iteratives Vorgehen wird $\boldsymbol{Q}_1$ solange verändert, bis die Empfindlichkeitsreduktion eine untere Grenze erreicht hat [10.19, 10.20].

Über einen Vergleich verschiedener Methoden zum Entwurf unempfindlicher Regelungen wird in [10.11, 10.18] und [10.20] anhand zweier Simulationsbeispiele mit kontinuierlichen Signalen (Magnetschwebebahn, Flugzeug mit Strahltriebwerk und Canards) berichtet. Es konnte dabei gezeigt werden, daß die verbesserte Parameterempfindlichkeit nur auf Kosten einer längeren Einschwingzeit erreicht werden kann, daß die Methoden zur Variation der Q-Matrix ähnliche Ergebnisse erzielen wie die Methoden mit zusätzlicher dynamischer Rückführung und daß die Methoden zur Reduktion der Parameterempfindlichkeit auch bei großen Parameteränderungen eingesetzt werden können [10.24]. Auf den Einfluß verschiedener Anregungssignale (s. Abschn. 10.1) wurde allerdings nicht eingegangen. Insgesamt bleibt festzustellen, daß die Variationsmöglichkeiten des zeitlichen Verlaufes von Regel- und Stellgrößen im allgemeinen nicht groß sind, wenn die Regelgüte gut bleiben soll und daß diese auch durch geeignete Wahl der Entwurfsparameter mit üblichen Reglern erreicht werden können.

Dies soll mit dem folgenden Beispiel gezeigt werden.

Beispiel 10.1 Regelgüte für Änderungen der Prozeßverstärkung bei Variation der Entwurfsparameter.

Für den Testprozeß VI (Tiefpaß, $m = 3$, $T_0 = 4\text{s}$), s. Anhang, wurde ein PID-Regelalgorithmus nach dem Regelgütekriterium

$$S_{eu}^2 = \sum_{k=0}^{M} [e^2(k) + r\,\Delta u^2(k)], \; M = 60$$

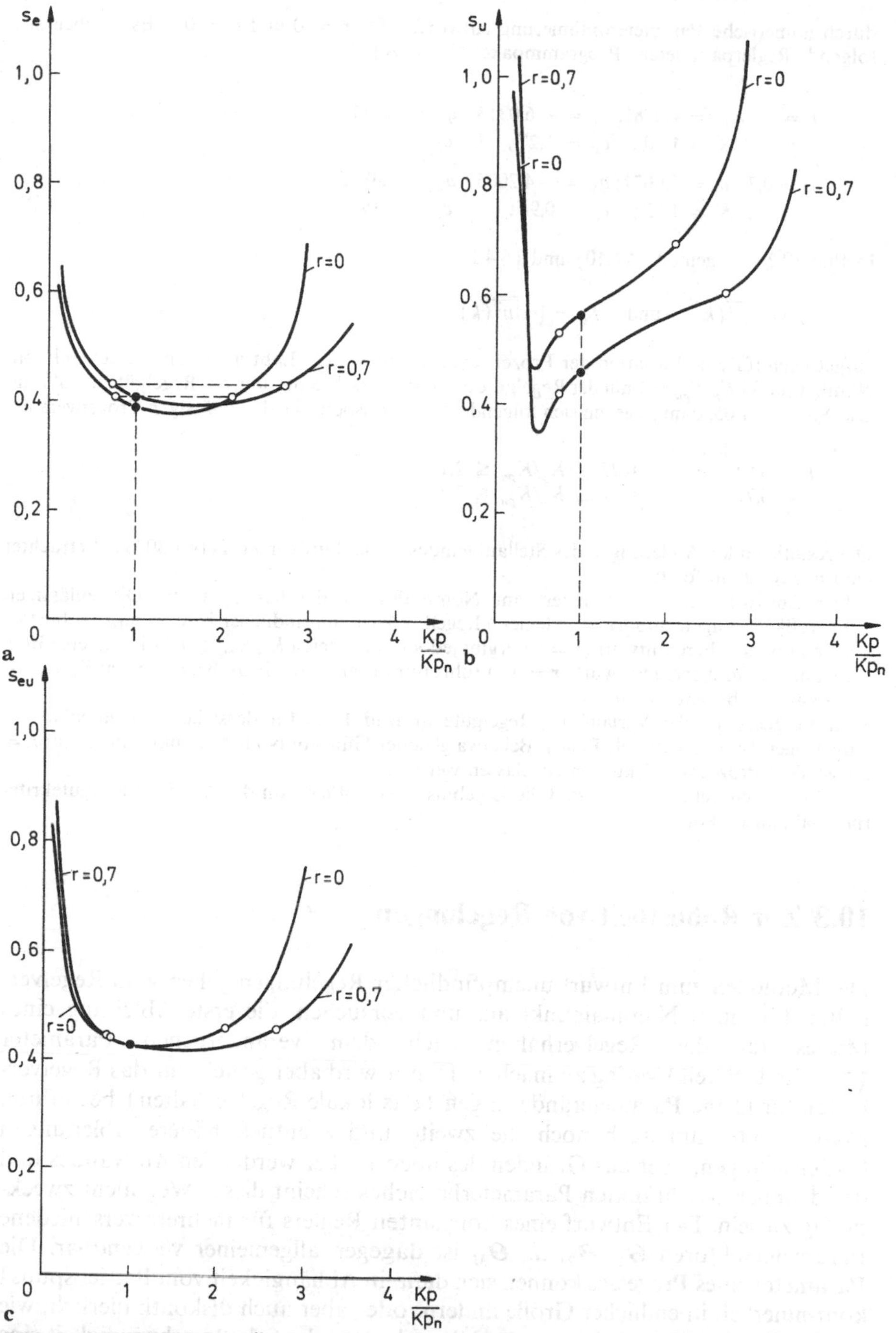

Bild 10.2. Regelgüten für Änderungen der Prozeßverstärkung. Prozeß VI mit PID – Regler. **a** Quadratischer Mittelwert der Regelabweichung S_e; **b** Quadratischer Mittelwert der Stellabweichung S_u; **c** Gemischtes quadratisches Kriterium $S'_{eu}=\sqrt{S_e^2+0,1S_u^2}$

durch numerische Parameteroptimierung entworfen für $r = 0$ und $r = 0{,}7$. Es ergeben sich folgende Reglerparameter (Programmpaket CADCA)

$$\begin{aligned} r = 0: q_0 &= 4{,}0781;\; q_1 = -6{,}0313;\; q_2 = 2{,}2813 \\ K &= 1{,}80;\; c_D = 1{,}27;\; c_I = 0{,}18 \end{aligned}$$

$$\begin{aligned} r = 0{,}7: q_0 &= 3{,}0021;\; q_1 = -4{,}2005;\; q_2 = 1{,}4835 \\ K &= 1{,}52;\; c_D = 0{,}98;\; c_I = 0{,}19. \end{aligned}$$

In Bild 10.2 sind gemäß (5.4.10) und (5.4.13)

$$S_e = \sqrt{\overline{e^2(k)}} \quad \text{und} \quad S_u = \sqrt{\overline{\Delta u^2(k)}}$$

aufgetragen für eine Variation der Prozeßverstärkung K_p/K_{pn}. Läßt man nun, ausgehend vom Nominalpunkt $K_p/K_{pn} = 1$ mit der Regelgüte S_{en}, eine Verschlechterung der Regelgüte um 5% zu, also $S_e/S_{en} \leqq 1{,}05$, dann ergeben sich folgende Variationsbereiche der zulässigen Prozeßverstärkung

$$r = 0: \quad 0{,}75 \leqq K_p/K_{pn} \leqq 2{,}1$$
$$r = 0{,}7: \quad 0{,}71 \leqq K_p/K_{pn} \leqq 2{,}7$$

Die resultierenden Änderungen des Stellaufwandes S_u sind größer (bis etwa 30%). Betrachtet man nur S_e, dann folgt:

- Der Entwurf mit $r = 0$ liefert am Nominalpunkt die bessere Güte. Die zulässigen Prozeßänderungen sind jedoch kleiner (Regelkreis ist empfindlicher bzw. weniger robust)
- Der empfindlichere Entwurf ($r = 0$) ergibt jedoch im Bereich $K_p/K_{pn} \leqq 1{,}9$ die bessere Güte. Der unempfindlichere Entwurf ($r = 0{,}7$) führt nur bei größeren Prozeßänderungen $K_p/K_{pn} > 1{,}9$ zu einer besseren Güte.

Zum Vergleich ist der Verlauf der Regelgüte in Bild 10.2c für dasselbe Regelgütemaß S'_{eu} aufgetragen ($r' = 0{,}1$ für alle Fälle). Bei etwa gleicher Güte am Nominalpunkt können für $r = 0{,}7$ größere Prozeßverstärkungen zugelassen werden.

Dieses Beispiel zeigt auch, daß die Ergebnisse wesentlich von der Art des Regelgütekriteriums abhängen können.

10.3 Zur Robustheit von Regelungen

Die Methoden zum Entwurf unempfindlicher Regelungen gehen vom Regelverhalten für einen Nominalpunkt aus und versuchen, die erste Ableitung eines Maßes für das Regelverhalten nach dem veränderlichen Parameter (Empfindlichkeit) gering zu machen. Damit wird aber gezielt nur das Regelverhalten für kleine Parameteränderungen (das lokale Regelverhalten) beeinflußt. Man könnte nun auch noch die zweite und eventuell höhere Ableitungen berücksichtigen, aber aus Gründen des noch größer werdenden Aufwandes und des dennoch beschränkten Parameterbereiches scheint dieser Weg nicht zweckmäßig zu sein. Der Entwurf eines konstanten Reglers für mehrere verschiedene Parametervektoren $\boldsymbol{\Theta}_1$, $\boldsymbol{\Theta}_2$, ..., $\boldsymbol{\Theta}_M$ ist dagegen allgemeiner verwendbar. Die Parameter eines Prozesses können sich dann in Abhängigkeit vom Betriebspunkt kontinuierlich in endlicher Größe ändern, oder aber auch diskontinuierlich, wie z.B. bei Regelstrecken, bei denen das Überschreiten der Schallgeschwindigkeit eine Rolle spielt (Stellventile, Flugzeuge), oder bei verschieden schaltbaren Regelstrecken und gleichen Reglern (z.B. Heizen und Kühlen bei Klimaanlagen) oder duch das Umschalten eines Teils mehrerer gekoppelter Regelungen von Automatik auf Hand, oder das Zuschalten anderer Verbraucher (z.B. mehr induktive Verbraucher in elektrischen Netzen) usw.

In diesen Fällen wünscht man sich aus Gründen der Einfachheit oder Zuverlässigkeit einen konstanten Regler, der für alle Parametervektoren Stabilität und ein Regelverhalten innerhalb eines bestimmten Gütebereiches ergibt. Solche Regler werden *robuste Regler* genannt.

Zur Beurteilung der Robustheit von Regelungen wird der Parameterbereich geeignet diskretisiert sodaß man M Prozeßmodelle z.B. der Form

$$\left.\begin{aligned} \boldsymbol{x}(k+1) &= \boldsymbol{A}(\boldsymbol{\Theta}_j)\boldsymbol{x}(k) + \boldsymbol{B}(\boldsymbol{\Theta}_j)\boldsymbol{u}(k) \\ \boldsymbol{y}(k) &= \boldsymbol{C}(\boldsymbol{\Theta}_j)\boldsymbol{x}(k) \quad j = 1, 2, ..., M \end{aligned}\right\} \tag{10.3.1}$$

erhält. Es wird also für jeden Betriebspunkt j ein lokales, vereinfachtes Prozeßmodell angenommen (z.B. linearisiert) und vorausgesetzt, daß sich die Prozeßparameter $\boldsymbol{\Theta}_j$ nur langsam im Vergleich zu den Signalen ändern. Man kann so näherungsweise nichtlineare oder langsam zeitvariante Prozesse beschreiben.

Nun interessiert zunächst, wie robust die üblichen, für einen Parametervektor entworfenen Regler von sich aus sind. Für die über eine Matrix-Riccati-Gleichung entworfene Zustandsrückführung mit *kontinuierlichen Signalen*

$$u(t) = -\boldsymbol{k}^T\boldsymbol{x}(t) \tag{10.3.2}$$

wurde in [10.21, 10.8] gezeigt, daß der Frequenzgang des offenen Kreises

$$G_0(i\omega) = \boldsymbol{k}^T[i\omega\boldsymbol{I} - \boldsymbol{A}]^{-1}\boldsymbol{b} \tag{10.3.3}$$

die Ungleichung für die sog. Rückführdifferenz

$$|1 - G_0(i\omega)| \geqq 1 \tag{10.3.4}$$

erfüllt. Das bedeutet, daß die Entfernung irgendeines Punktes auf der Ortskurve des offenen Kreises $G_0(i\omega)$ vom kritischen Punkt $-1+i0$ des Nyquist-Stabilitätskriteriums mindestens Eins ist. $G_0(i\omega)$ meidet also stets einen Kreis um $-1+i0$ und Radius 1, unabhängig wie groß die Rückführverstärkungen sind bzw. der kritische Punkt $-1+i0$ liegt immer im Innern dieses Kreises. Deshalb hat die optimale Zustandsrückführung einen unendlich großen Amplitudenrand und einen Phasenrand von mindestens 60° (für den dann $|G_0(i\omega)| = 1$). In [10.22] wurde nachgewiesen, daß dieselben Eigenschaften auch für jeden Kanal in Mehrgrößensystemen gelten. Siehe auch [10.23].

Der für die optimale Zustandsrückführung (10.3.2) mit den Rückführverstärkungen $\boldsymbol{k}^T$ geltende unendliche große Amplitudenrand bedeutet, daß das geschlossene System asymptotisch stabil bleibt, wenn man die Verstärkungen unendlich groß macht. Das bedeutet, daß mit

$$\boldsymbol{k}_\mu^T = \mu\boldsymbol{k}^T \tag{10.3.5}$$

das System

$$\dot{x}(t) = [A - \mu b k^T] x(t) \tag{10.3.6}$$

asymptotisch stabil ist für alle

$$1 \leqq \mu < \infty. \tag{10.3.7}$$

Ersetzt man in (10.3.2) k^T durch k_μ^T nach (10.3.5), dann gilt entsprechend (10.3.4)

$$\left. \begin{aligned} &|1 - \mu G_0(i\omega)| \geqq 1 \\ \text{oder} \quad & \\ &\left| \frac{1}{\mu} - G_0(i\omega) \right| \geqq \frac{1}{\mu} \end{aligned} \right\} \tag{10.3.8}$$

Die letzte Gleichung bedeutet, daß $\mu G_0(i\omega)$ bei mit $\frac{1}{\mu}$ multiplizierten Koordinatenachsen eine transformierte Ortskurve $G_0(i\omega)$ darstellt. Dann ist der ehemals kritische Punkt $-1+i0$ in den transformierten Punkt $-\frac{1}{\mu}+i0$ übergegangen. $G_0(i\omega)$ meidet aber den Kreis um $-1+i0$ mit Radius 1, also auch den Punkt $-2+i0$. Damit gilt asymptotische Stabilität für $\mu > 1/2$ [10.8].

Somit gibt es also zusätzlich zu (10.3.7) noch einen weiteren stabilen Bereich

$$1/2 < \mu \leqq 1. \tag{10.3.9}$$

Die optimale Zustandsrückführung ist somit asymptotisch stabil für Änderungen der Rückführverstärkungen im Bereich

$$1/2 < \mu < \infty. \tag{10.3.10}$$

Dies gilt auch für zeitvariante und nichtlineare Rückführverstärkungen k_μ^T [10.8].

Die bisherigen Betrachtungen galten für einen konstanten Prozeß A, b mit veränderter Rückführung k_μ^T. Aus (10.3.6) folgt, daß man ein asymptotisch stabiles Verhalten auch bei verändertem Prozeß A, b_μ oder A_μ, b und konstante Rückführung erhält [8.8], wenn

$$b_\mu = \mu b \quad 1/2 < \mu < \infty \tag{10.3.11}$$

oder

$$A_\mu = \frac{1}{\mu} A \quad 0 \leqq \frac{1}{\mu} < 2 \tag{10.3.12}$$

(Die letzte Gleichung folgt nach Einführen eines neuen Zeitmaßstabes $t' = \mu t$)

Ein für den Prozeß A, b entworfener optimaler Matrix-Riccati-Zustandsregler ist also asymptotisch stabil, wenn sich die Parameter b_i um die Faktoren $0{,}5 < \mu$

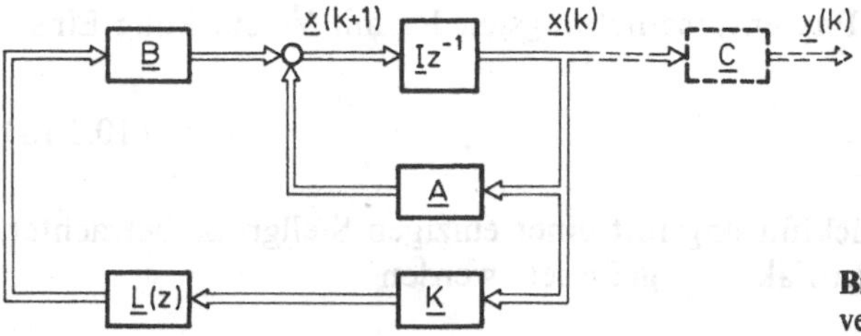

Bild 10.3. Durch Perturbation $L(z)$ veränderte Zustandsrückführung

$\leqq \infty$ ändern oder (bei Diagonalform von A) die Eigenwerte λ_i um die Faktoren $0 \leqq 1/\mu < 2$. Die optimale Zustandsrückführung besitzt somit ausgesprochen robuste Eigenschaften (allerdings ohne Beobachter). Siehe auch die Diskussion am Ende von Abschn. 11.1.

Für die Zustandsrückführung mit *zeitdiskreten Signalen*

$$u(k) = -\boldsymbol{K}\boldsymbol{x}(k) \tag{10.3.13}$$

wurde in [10.23] auf graphischem Wegen nachgewiesen, daß der nach Abschn. 8.2 entworfene optimale Zustandsregler

$$\boldsymbol{K} = [\boldsymbol{R} + \boldsymbol{B}^T\boldsymbol{P}\,\boldsymbol{B}]^{-1}\boldsymbol{B}^T\boldsymbol{P}\,\boldsymbol{A} \tag{10.3.14}$$

mit $\boldsymbol{R} = diag\,[r_1,...,r_p]$

stabil ist, wenn die in Bild 10.3 eingefügte „Perturbation"

$$\boldsymbol{L}(z)\boldsymbol{u}(z) = \begin{bmatrix} L_1(z)u_1(z) \\ \cdot \\ \cdot \\ L_p(z)u_p(z) \end{bmatrix} \tag{10.3.15}$$

für jeden Kanal eine Ortskurve $L_i(z)$ besitzt, die innerhalb eines Kreises in der komplexen Ebene liegt mit

$$\text{Mittelpunkt: } \frac{1}{1-\gamma_i^2}; \quad \text{Radius: } \frac{\gamma_i}{1-\gamma_i^2}$$

wobei

$$\gamma_i^2 = \frac{r_i}{r_i + \lambda_{max}[\boldsymbol{B}^T\boldsymbol{K}\,\boldsymbol{B}]}; \; i = 1, ..., p \tag{10.3.16}$$

$\lambda_{max}[...]$ bedeutet hierbei maximaler Eigenwert von [...]. (In [10.23] ist dies für eine nicht lineare Funktion $\boldsymbol{L}$ bewiesen).

Betrachtet man nun als Sonderfall für die Perturbation Verstärkungsfaktoren μ_i, dann ist die optimale Zustandsrückführung stabil wenn

$$\frac{1}{1+\gamma_i} \leqq \mu_i \leqq \frac{1}{1-\gamma_i} \quad (i = 1, ..., p). \tag{10.3.17}$$

Entsprechend gilt für reine Phasenverschiebungsglieder mit Verstärkung Eins

$$|\varphi_i| \leqq 2 \arcsin\left(\frac{\gamma_i}{2}\right). \tag{10.3.18}$$

Nun werde eine Zustandsrückführung mit einer einzigen Stellgröße betrachtet, deren Verstärkungen um den Faktor μ geändert werden

$$\boldsymbol{k}_\mu^T = \mu \boldsymbol{k}^T. \tag{10.3.19}$$

Dann ist das mit der quadratisch optimalen Zustandsrückführung

$$\boldsymbol{k}^T = [r + \boldsymbol{b}^T\boldsymbol{P}\,\boldsymbol{b}]^{-1}\boldsymbol{b}^T\boldsymbol{P}\,\boldsymbol{A} \tag{10.3.20}$$

betriebene System

$$\boldsymbol{x}(k+1) = [\boldsymbol{A} - \mu\boldsymbol{b}\,\boldsymbol{k}^T]\boldsymbol{x}(k) \tag{10.3.21}$$

stabil, falls μ mit

$$\gamma_\bullet^2 = \frac{r}{r + \boldsymbol{b}^T\boldsymbol{P}\,\boldsymbol{b}} \tag{10.3.22}$$

die Ungleichung (10.3.17) erfüllt. Dies und die folgenden Ergebnisse wurden in [10.29] abgeleitet.

Im Unterschied zum kontinuierlichen Regler hängt μ also vom Entwurfsparameter r, der Lösungsmatrix $\boldsymbol{P}$ und von den Prozeßparametern $\boldsymbol{b}$ ab. Die Matrix $\boldsymbol{P}$ der Matrix-Riccati-Gleichung (8.1.35) wird dabei für gegebenen Prozeßparameter von den Gewichtsfaktoren $\boldsymbol{Q}$ und r des Gütekriteriums beeinflußt. Die obere Grenze von μ ist dabei umso größer, und die untere Grenze umso kleiner, je größer r und je kleiner spur $\boldsymbol{Q}$, je schwächer also der Reglereingriff. Für $r = 0$ ist $\mu = 1$. Für $r \gg \boldsymbol{b}^T\boldsymbol{P}\,\boldsymbol{b}$ wird $\gamma \approx 1$ und aus (10.3.17) folgt

$$1/2 < \mu < \infty$$

also der Bereich des zeitkontinuierlichen Systems.

Diese Ergebnisse für veränderte Rückführverstärkungen und konstanten Prozeß lassen sich wie bei kontinuierlichen Signalen direkt übertragen auf konstante Rückführung und veränderten Prozeß mit

$$\boldsymbol{b}_\mu = \mu\boldsymbol{b} \tag{10.3.23}$$

Nun wird der Einfluß des Faktors μ auf das Gütekriterium betrachtet. Gesucht sind die geänderten Bewertungsgrößen $\boldsymbol{Q}_\mu$ und r_μ des quadratischen Kriteriums

$$I_\mu = \sum_{k=0}^{\infty} [\boldsymbol{x}^T(k)\boldsymbol{Q}_\mu\boldsymbol{x}^T(k) + r_\mu u^2(k)] \tag{10.3.24}$$

die zu wählen sind, damit das geänderte System *optimal* ist.

Ändert man $\boldsymbol{k}_\mu^T = \mu \boldsymbol{k}^T$, gemäß (10.3.21), dann folgt [10.29]

$$r_\mu = r + (1-\mu)\boldsymbol{b}^T \boldsymbol{P}\,\boldsymbol{b} \geqq 0 \tag{10.3.25}$$

$$\boldsymbol{Q}_\mu = \mu \boldsymbol{Q} + \mu(\mu-1)\boldsymbol{A}^T \boldsymbol{P}\,\boldsymbol{b}\,\boldsymbol{k} \tag{10.3.26}$$

im Bereich

$$\mu \leqq \frac{r + \boldsymbol{b}^T \boldsymbol{P}\,\boldsymbol{b}}{\boldsymbol{b}^T \boldsymbol{P}\,\boldsymbol{b}}. \tag{10.3.27}$$

Nun werde der Prozeß verändert und mit der unveränderten Rückführung $\boldsymbol{k}^T$ betrieben. Für

$$\boldsymbol{b}_\mu = \mu \boldsymbol{b} \tag{10.3.28}$$

gilt dann das Gütekriterium (10.3.24) mit

$$r_\mu = r + (1-\mu)\boldsymbol{b}^T \boldsymbol{P}\,\boldsymbol{b} \tag{10.3.29}$$

$$\boldsymbol{Q}_\mu = \boldsymbol{Q} + \left(1 - \frac{1}{\mu}\right)\boldsymbol{A}^T \boldsymbol{P}\,\boldsymbol{b}\,\boldsymbol{k} \tag{10.3.30}$$

im Bereich von μ wie (10.3.27). r_μ ist also gleich wie (10.3.25), aber $\boldsymbol{Q}_\mu$ ist anders. Entsprechend erhält man für

$$\boldsymbol{A}_\mu = \frac{1}{\mu}\boldsymbol{A} \tag{10.3.31}$$

die Gleichungen

$$r_\mu = r + (1-\mu)\boldsymbol{b}^T \boldsymbol{P}\,\boldsymbol{b} \tag{10.3.32}$$

$$\boldsymbol{Q}_\mu = \boldsymbol{Q} + (\mu-1)\boldsymbol{P} + \left(1 - \frac{1}{\mu}\right)\boldsymbol{A}^T \boldsymbol{P}\,\boldsymbol{A} \tag{10.3.33}$$

im Bereich von μ wie (10.3.27)

Aus dem Vergleich von (10.3.27) mit (10.3.22) und (10.3.17) geht hervor, daß der für die Erfüllung des Gütekriteriums zulässige Bereich μ kleiner ist, s. Bild 10.4

Dieses Bild zeigt deutlich, daß die zulässigen Änderungen um so größer sind, je größer die Stellgrößengewichtung r.

Zusammenfassend ist also eine optimale Zustandsrückführung (bei stabilen Prozessen) um so robuster

– je größer die Stellgrößengewichtung r
– je kleiner die Zustandsgrößengewichtungen q_i,

also je schwächer der Eingriff durch die Rückführung ist. Für $r = 0$ ist $\mu = 1$, sodaß keine Änderungen zulässig sind (unrobustes Verhalten). Die zeitdiskrete

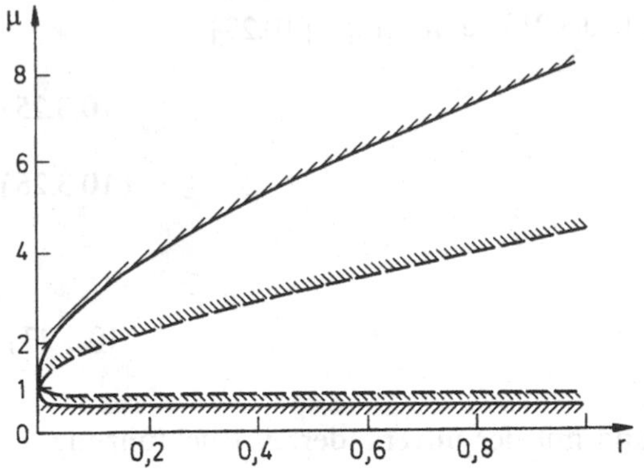

Bild 10.4. Zulässiger Änderungsfaktor μ der optimalen Zustandsrückführung $\boldsymbol{k}^T$ für Testprozeß VI in Abhängigkeit der Stellgrößengewichtung r für $Q = \text{diag}\,[1,1,5]$ —— Stabilitätsgrenzen, - - - Optimalitätsgrenzen

Zustandsrückführung ist weniger robust als die zeitkontinuierliche Zustandsrückführung. Für $r \gg \boldsymbol{b}^T\boldsymbol{P}\,\boldsymbol{b}$ nähert sich die Stabilitätsgrenze derjenigen der zeitkontinuierlichen Zustandsrückführung.

Diese Ergebnisse gelten allerdings nur für die reine Zustandsrückführung ohne Zustandsbeobachter. Bei Einbeziehung von Beobachtern oder Kalmanfiltern werden die robusten Bereiche wegen der Verzögerungen in der Rückführung wesentlich kleiner, s. [10.28]. Die dargestellten Ergebnisse geben aber trotzdem wertvolle Hinweise für den Entwurf robuster Regelungen.

10.4 Robuste Regelungen

Von einem Entwurfsverfahren für eine robuste Regelung wird erwartet, daß ein konstanter Regler für gegebene M Prozeßmodelle nach (10.3.1) auf systematische Weise bestimmt werden kann. Hierbei sind vor allem folgende Forderungen zu erfüllen:

a) *Stabilisierbarkeit*: Der konstante Regler muß den Prozeß für alle M Parametervektoren $\boldsymbol{\Theta}_j$ (bzw. M Prozesse) stabilisieren
b) *Güteforderung*: Es muß für alle Parametervektoren $\boldsymbol{\Theta}_j$ eine bestimmte Regelgüte erreicht werden
c) Die Forderungen nach a) und b) sind bei diskretisierten Parametervektoren $\boldsymbol{\Theta}_j$ auch für die dazwischenliegenden Werte zu erfüllen.

Die meisten Verfahren wurden bisher für zeitkontinuierliche Signale angegeben. Die älteren Methoden transformieren Toleranzen im Zeitbereich in den Frequenzbereich, und arbeiten mit „Schläuchen" in Frequenzgängen [10.25, 10.28]. Jüngere Entwurfsverfahren gehen fast ausschließlich von der Zustandsdarstellung aus. Bisherige Übersichtsbeiträge findet man z.B. in [2.10, 10.23, 10.26 – 10.28]. Im folgenden wird nur auf Methoden für parametrische Prozeßmodelle, zum Teil mit kontinuierlichen Signalen, kurz eingegangen.

Optimaler robuster Zustandsregler für Mehrfach-Prozeßmodelle

Eine der ersten systematischen Entwurfsverfahren für konstante Zustandsregler für Prozesse mit großen Parameteränderungen ist in [10.29] und [10.30] beschrieben. Es wird zunächst gezeigt, daß im Fall kontinuierlicher Signale der Prozeß

$$\dot{\boldsymbol{x}}(t) = \boldsymbol{A}\,\boldsymbol{x}(t) + \boldsymbol{B}\,\boldsymbol{u}(t) \tag{10.4.1}$$

durch alle Zustandsrückführungen

$$\boldsymbol{u}(t) = -\,\boldsymbol{K}\,\boldsymbol{x}(t) \tag{10.4.2}$$

stabilisierbar ist, die der Menge

$$\boldsymbol{K} = \boldsymbol{K}_0 + \boldsymbol{L}\,\boldsymbol{B}^T\boldsymbol{P} \tag{10.4.3}$$

ausgehören. Hierbei ist $\boldsymbol{K}_0$ beliebig reell, $\boldsymbol{L} = \boldsymbol{L}^T$ positiv definit und $\boldsymbol{P}$ die Lösung der Ljapunov-Gleichung

$$\boldsymbol{P}[\mathrm{A} - \boldsymbol{B}\,\boldsymbol{K}_0] + [\boldsymbol{A} - \boldsymbol{B}\,\boldsymbol{K}_0]^T\boldsymbol{P} - 2\,\boldsymbol{P}\,\boldsymbol{B}\,\boldsymbol{L}\,\boldsymbol{B}^T\boldsymbol{P} + \boldsymbol{S} = \boldsymbol{0} \tag{10.4.4}$$

mit $\boldsymbol{S}$ positiv definit. Faßt man (10.4.4) als Matrix-Riccati-Gleichung einer äquivalenten optimalen Zustandsrückführung

$$\boldsymbol{u}(t) = -\,[\boldsymbol{K}_0 + 2\,\boldsymbol{L}\,\boldsymbol{B}^T\boldsymbol{P}]\boldsymbol{x}(t) \tag{10.4.5}$$

auf, dann gilt für die Güte

$$I = \frac{1}{2}\,\boldsymbol{x}^T(0)\boldsymbol{P}\,\boldsymbol{x}(0). \tag{10.4.6}$$

Somit ist die Lösung $\boldsymbol{P}$ der Gl. (10.4.4) die Kostenmatrix einer optimalen Zustandsrückführung. Diese optimale Zustandsrückführung ist asymptotisch stabil für positiv definites $\boldsymbol{P}$ [10.8]. Damit führen Zustandsrückführungen nach (10.4.3) zu asymptotisch stabilem Verhalten.

Ausgehend von (10.4.3) wird dann ein Prozeß gemäß (10.4.1) in M Betriebspunkten, also für M verschiedene Sätze $(\boldsymbol{A}, \boldsymbol{B})$, mit einer konstanten Rückführung

$$\bar{\boldsymbol{K}} = \boldsymbol{K}_0 + \sum_{j=1}^{M} \boldsymbol{L}_j\boldsymbol{B}_j^T\boldsymbol{P}_j \tag{10.4.7}$$

versehen, wobei die $\boldsymbol{P}_j$ aus M gekoppelten Matrix-Riccati-Gleichungen folgen. Sind diese $\boldsymbol{P}_j$ alle positiv definit, dann existiert eine gemeinsame stabilisierende, konstante Rückführung $\bar{\boldsymbol{K}}$.

Ausgehend von der Existenz einer konstanten, alle Betriebspunkte stabilisierenden Zustandsrückführung kann nun eine „im Mittel" optimale Zustandsrückführung bestimmt werden, die das Gesamtkriterium

$$\left.\begin{aligned} \bar{I} &= \sum_{j=1}^{M} \varepsilon_j I_j \quad 0 \leqq \varepsilon_j \leqq 1 \\ &\sum_{j=1}^{M} \varepsilon_j = 1 \end{aligned}\right\} \tag{10.4.8}$$

minimiert, wobei I_j die jeweils lokalen quadratischen Regelgütekriterien

$$I_j = \frac{1}{2} \int_0^{\infty} [\boldsymbol{x}_j^T(t)\boldsymbol{Q}_j\boldsymbol{x}_j(t) + \boldsymbol{u}_j^T(t)\boldsymbol{R}_j\boldsymbol{u}_j(t)]\mathrm{d}t \tag{10.4.9}$$

sind, die mit ε_j für jeden Betriebspunkt gewichtet werden. In Anlehnung an (10.4.7) wird mit $\boldsymbol{K}_0 = \boldsymbol{0}$ eine konstante Rückführung

$$\bar{\boldsymbol{K}} = \bar{\boldsymbol{R}}^{-1}\bar{\boldsymbol{B}}^T\bar{\boldsymbol{P}} = \left[\sum_{j=1}^{M} \varepsilon_j \boldsymbol{R}_j\right]^{-1} \sum_{j=1}^{M} \varepsilon_j \boldsymbol{B}_j^T \boldsymbol{P}_j \tag{10.4.10}$$

angesetzt. Die $\boldsymbol{P}_j$ folgen aus der Lösung von M gekoppelten Matrix-Riccati-Gleichungen. Falls alle $\boldsymbol{P}_j$ positiv definit sind, existiert eine zulässige Lösung. $\bar{\boldsymbol{K}}$ kann als optimale Rückführung eines fiktiven Ersatzprozesses

$$\dot{\boldsymbol{x}}(t) = \bar{\boldsymbol{A}}\,\boldsymbol{x}(t) + \bar{\boldsymbol{B}}\,\boldsymbol{u}(t) \tag{10.4.11}$$

aufgefaßt werden mit

$$\left.\begin{aligned} \bar{\boldsymbol{A}} &= \left[\sum_{j=1}^{M} \varepsilon_j \boldsymbol{P}_j\right]^{-1} \sum_{j=1}^{M} \varepsilon_j \boldsymbol{P}_j \boldsymbol{A}_j \\ \bar{\boldsymbol{B}} &= \left[\sum_{j=1}^{M} \varepsilon_j \boldsymbol{P}_j\right]^{-1} \sum_{j=1}^{M} \varepsilon_j \boldsymbol{P}_j \boldsymbol{B}_j \end{aligned}\right\} \tag{10.4.12}$$

Dieser rechnerische Ersatzprozeß muß in Wirklichkeit nicht existieren. Über weitere Einzelheiten sehe man in [10.30] nach. S. auch [10.28]. In [10.30] werden Anwendungsbeispiele (360°-Pendel, Wärmeaustauscher) angegeben, die die erreichbaren Regelgüten für große Parameteränderungen zeigen. Für kleine Abtastzeiten kann diese Methode direkt angewandt werden. Das Ergebnis ist dann eine diskretisierte, kontinuierliche robuste Rückführung.

Robuste Regler durch Variation der Entwurfsparameter

Eine andere Möglichkeit ergibt sich direkt aus der Analyse der Robustheitseigenschaften konstanter Regler nach Abschn. 10.2. Man geht von einem „mittleren" Prozeßverhalten aus und legt die „Prozeßmodelle" für extreme Betriebspunkte fest. Dann werden die *Bewertungsfaktoren* $\boldsymbol{Q}$ und $\boldsymbol{R}$ im Gütekriterium durch *iteratives Vorgehen* solange variiert bis die Regelgüten z.B. nach (10.4.8) ein Minimum erreichen.

Dies ist übrigens ein Vorgehen, das in der Praxis bei der Einstellung von Reglern im Prinzip seit langem angewandt wird. Ein bekanntes Vorgehen bei der Regelung von Kraftwerken z.B. ist, die Regler bei ca. 40% Last gut gedämpft einzustellen. Dann ergibt sich meist im ganzen Bereich von 20 bis 100% Last ein befriedigendes Regelverhalten. In [10.32] wurde durch Simmulation gezeigt, daß sich ein konstanter PI-Regler für die Dampftemperatur bei 35% Last ergibt, wenn man die gemeinsame *Schnittmenge der lokalen Regelgütebereiche* $0{,}9 \leqq I/I_{opt} \leqq 1$ aufsucht.

In Anlehnung an die Methoden zum Entwurf unempfindlicher Regler durch *Variation der Entwurfsparameter* nach Abschn. 10.2.2 kann man wie bei (10.2.20) ein Gütekriterium

$$I_{nv} = I_n + I_v \tag{10.4.13}$$

verwenden, bei dem einer der diskreten Betriebspunkte als *Nominalfall* mit dem Gütekriterium

$$I_n = \sum_{k=0}^{\infty} [\boldsymbol{x}_0^T(k)\boldsymbol{Q}\,\boldsymbol{x}_0(k) + \boldsymbol{u}_0^T(k)\boldsymbol{R}\,\boldsymbol{u}_0(k)] \tag{10.4.14}$$

angesetzt wird und ein Gütekriterium für die Trajektorienabweichungen

$$I_v = \sum_{k=0}^{\infty} \sum_{i=1}^{p} \Delta\boldsymbol{x}_i^T(k)\boldsymbol{Q}_{vi}\Delta\boldsymbol{x}_i(k) \tag{10.4.15}$$

zusätzlich berücksichtigt wird s. [10.24]. Hierbei gilt für die Trajektorienfehler

$$\Delta\boldsymbol{x}_i(k) = \boldsymbol{x}_i(k) - \boldsymbol{x}_0(k) \tag{10.4.16}$$

in Anlehnung an (10.2.6)

$$\begin{aligned}\Delta\boldsymbol{x}_i(k+1) &= \boldsymbol{A}_0\Delta\boldsymbol{x}_i(k) + \Delta\boldsymbol{A}_i[\boldsymbol{x}_0(k) + \Delta\boldsymbol{x}_i(k)]\\ &\quad + \boldsymbol{B}_0\Delta\boldsymbol{u}_i(k) + \Delta\boldsymbol{B}_i[\boldsymbol{u}_0(k) + \Delta\boldsymbol{u}_i(k)].\end{aligned} \tag{10.4.17}$$

Die einzelnen Gütekriterien werden berechnet und I_{nv} minimiert durch systematisches Ändern der Matrix $\boldsymbol{Q}$ in (10.3.14). Ein Beispiel in [10.24] zeigt für den Fall der kontinuierlichen Signale, daß keine großen Unterschiede zum Entwurf mit Empfindlichkeitsmethoden auftreten. Dieses Verfahren erfordet also die Festlegung eines nominalen Prozeßmodells und kann als Erweiterung der Empfindlichkeitsmethoden aufgefaßt werden.

Robuste Regler durch Polgebietsvorgabe

Bei manchen Prozessen wie z.B. Flugzeugen, Servosystemen oder elektrischen Netzwerken ist bekannt, wo die Pole des geschlossenen Systems liegen dürfen. Man kann deshalb ein Polgebiet im stabilen Bereich vorgeben und für M verschiedene Prozeßmodelle feststellen, in welchen Gebieten die zugehörigen Reglerparameter liegen. Die Parameter eines robusten Reglers werden dann der gemeinsamen Schnittmenge entnommen [10.26, 10.27], evtl. unter Berücksichtigung weiterer Kriterien. Das Verfahren der Polgebietsvorgabe setzt nicht voraus, daß ein nominaler Prozeß festgelegt wird. Jedoch muß ein gemeinsamer stabiler Regler existieren. Bedingungen hierzu wurden in [10.30] angegeben.

11 Vergleich verschiedener Regler für deterministische Störsignale

Als Abschluß des Teils B werden die verschiedenen Entwurfsmethoden und die resultierenden Regler bzw. Regelalgorithmen für lineare Prozesse mit oder ohne Totzeiten verglichen. In Abschn. 11.1 folgt deshalb eine Gegenüberstellung der Reglerstrukturen und insbesondere der resultierenden Polen und Nullstellen des geschlossenen Regelkreises. Dann wird in den Abschn. 11.2 und 11.3 die mit den einzelnen Reglern erreichbare Güte an Hand von zwei Testprozessen quantitativ verglichen. In Abschn. 11.4 werden die dynamischen Regelfaktoren für verschiedene Regler untersucht. Schlußfolgerungen zur Anwendung der einzelnen Regelalgorithmen werden in 11.5 angegeben.

11.1 Vergleich von Reglerstrukturen, Polen und Nullstellen

Die Übertragungsfunktionen für den allgemeinen linearen Ein/Ausgangs-Regler, für den Prozeß und für die Führungsgröße w und die Störsignale n und u als Eingang des geschlossenen Regelkreises sind in (6.1.1) bis (6.1.6) angegeben.

Im folgenden werden die Ordnungen ν und μ der einzelnen Regler und die Pole und Nullstellen der Übertragungsfuktionen des geschlossenen Regelkreises betrachtet. Dies wird auch für Abweichungen von Prozeß und Prozeßmodell durchgeführt, was für die praktische Einsetzbarkeit wichtig ist. Hierzu müssen die Polynome von $G_*(z)$ mit positiven Exponenten z^0, z^1, z^2, ... verwendet werden. Aus dem Regler

$$G_R(z) = \frac{Q(z)}{P(z)} \tag{11.1.1}$$

und dem Prozeß

$$G_P(z) = \frac{B_0(z)}{A_0(z)z^d} \tag{11.1.2}$$

vgl. (6.2.9), ergibt sich dann die allgemeine Übertragungsfunktion

$$G_*(z) = \frac{\mathscr{B}_*(z)}{\mathscr{A}(z)} \tag{11.1.3}$$

mit der charakteristischen Gleichung des Regelkreises

$$\begin{aligned}\mathscr{A}(z) &= P(z)A_0(z)z^d + Q(z)B_0(z)\\ &= (z-z_{\alpha 1})(z-z_{\alpha 2}) \dots (z-z_{\alpha \ell}) = 0\end{aligned} \tag{11.1.4}$$

wobei $z_{\alpha i}$ die Pole sind. Die Nullstellen von $G_*(z)$

$$\mathscr{B}_*(z) = (z-z_{\beta 1})(z-z_{\beta 2}) \dots (z-z_{\beta s}) = 0 \tag{11.1.5}$$

folgen aus

$$\left.\begin{aligned}\mathscr{B}_w(z) &= Q(z)\, B_0(z) = 0\\ \mathscr{B}_n(z) &= P(z)\, A_0(z) z^d = 0\\ \mathscr{B}_u(z) &= P(z)\, B_0(z) = 0.\end{aligned}\right\} \tag{11.1.6}$$

Sie sind vom Angriffsort des einwirkenden Signales abhängig.

Die folgende Betrachtung der Pole und Nullstellen des geschlossenen Regelkreises wird auch für Zustandsregler durchgeführt.

11.1.1 Allgemeiner linearer Regler für vorgegebene Pole

In Abschn. 6.1 wurde bereits gezeigt, daß die kleinstmöglichen Ordnungszahlen $\nu = m$ und $\mu = m+d$ sind und daß dann bei Polvorgabe auch die Nullstellen von $\mathscr{B}_*(z) = 0$ festgelegt sind. Die Ordnung der charakteristischen Gleichung wird $l = 2m+d$, wie aus (6.1.10) hervorgeht. Der allgemeine lineare Regler läßt sich für beliebige Lagen der Pole und Nullstellen des Prozesses einsetzen.

11.1.2 Parameteroptimierte Regler niederer Ordnung

Für parameteroptimierte Regler niederer Ordnung, z.B. den 3 PR – 3 Regler mit PID-Verhalten

$$G_R(z) = \frac{Q(z^{-1})}{P(z^{-1})} = \frac{q_0 + q_1 z^{-1} + q_2 z^{-2}}{1 - z^{-1}}$$

ist im Vergleich zum allgemeinen parameteroptimierten Regler nach (6.1.1) zu beachten, daß die charakteristische Gleichung $l = m+d+2$ Pole besitzt, und daß wegen der nur drei freien Reglerparameter die Koeffizienten der charakteristischen Gleichung für Prozeßordnungen $m > 1-d$ nicht frei vorgegeben werden können. Ferner werden die Nullstellen von $G_n(z)$ und $G_u(z)$ durch den Prozeß und den Reglerpol bei $z = 1$ diktiert, s. (11.1.6). Lediglich einige Nullstellen von $G_w(z)$ können durch die Reglerparameter beeinflußt werden.

11.1.3 Allgemeiner Kompensationsregler

In Abschn. 6.2 wurde bereits gezeigt, daß Kompensationsregler mit vorgeschriebenem allgemeinem Führungsverhalten $G_w(z)$ nach (6.2.4) auf die charakteristische Gleichung

$$A(z) = A_0(z)z^dB(z) + [A(z)z^dB_0(z) - A_0(z)z^dB(z)]G_w(z) = 0 \tag{11.1.7}$$

führen. Für ungefähre Übereinstimmung von Prozeß und Prozeßmodell gilt mit $G_w(z) = \mathscr{B}_{w0}(z)/\mathscr{A}_{w0}(z)$

$$A_0(z)z^dB(z)A_{w0}(z) = 0. \tag{11.1.8}$$

Allgemeine Kompensationsregler dürfen deshalb nur auf Prozesse angewendet werden, deren Pole und Nullstellen innerhalb des Einheitskreises liegen. Für bestimmte Führungsverhalten können diese Forderungen bezüglich der Nullstellen zumindest abgeschwächt werden, wie die Deadbeat-Regler und Prädiktorregler zeigen.

11.1.4 Deadbeat-Regler

Für den Deadbeat-Regler DB(ν) gilt nach (7.1.27)

$$G_R(z) = \frac{Q(z^{-1})}{P(z^{-1})} = \frac{q_0A(z^{-1})}{1 - q_0B(z^{-1})z^{-d}}$$

bzw. nach Erweiterung mit $z^{(m+d)}$ im Zähler und Nenner.

$$G_R(z) = \frac{Q(z)}{P(z)} = \frac{q_0A(z)z^d}{z^{(m+d)} - q_0B(z)} \tag{11.1.9}$$

wobei $A(z)z^d$ und $B(z)$ Polynome des zugrunde gelegten Prozeßmodells sind. Die charakteristische Gleichung lautet nach (11.1.4)

$$\mathscr{A}(z) = z^{(m+d)}A_0(z)z^d - q_0A_0(z)z^dB(z) + q_0A(z)z^dB_0(z) = 0. \tag{11.1.10}$$

Wenn Prozeß und Prozeßmodell näherungsweise übereinstimmen ist $A(z)z^d \approx A_0(z)z^d$ und $B(z) \approx B_0(z)$ und es wird

$$\mathscr{A}(z) \approx z^{(m+d)}A_0(z)z^d = 0. \tag{11.1.11}$$

Für die Nullstellen gilt

$$\left.\begin{aligned} \mathscr{B}_w(z) &= q_0A(z)z^dB_0(z) = 0 \\ \mathscr{B}_n(z) &= [z^{(m+d)} - q_0B(z)]A_0(z)z^d = 0 \\ \mathscr{B}_u(z) &= [z^{(m+d)} - q_0B(z)]B_0(z) = 0 \end{aligned}\right\} \tag{11.1.12}$$

und die Übertragungsfunktionen lauten mit (11.1.11)

$$G_w(z) = \frac{q_0 B_0(z) A(z) z^d}{z^{(m+d)} A_0(z) z^d} = \frac{q_0 B_0(z) A(z)}{z^{(m+d)} A_0(z)}$$

$$G_n(z) = \frac{[z^{(m+d)} - q_0 B(z)] A_0(z) z^d}{z^{(m+d)} A_0(z) z^d}$$

$$= \frac{[z^{(m+d)} - q_0 B(z)]}{z^{(m+d)}} = \frac{P(z)}{z^{(m+d)}} \tag{11.1.13}$$

$$G_u(z) = \frac{[z^{(m+d)} - q_0 B(z)] B_0(z)}{z^{(m+d)} A_0(z) z^d} = \frac{P(z)}{z^{(m+d)}} G_P(z).$$

Bei Annahme einer exakten Übereinstimmung von Prozeßmodell und Prozeß, also $A(z) = A_0(z)$ und $B(z) = B_0(z)$, kürzt sich in $G_w(z)$ das Polynom $A_0(z)$ heraus, sodaß

$$G_w(z) = \frac{q_0 B_0(z)}{z^{(m+d)}}. \tag{11.1.14}$$

Dann folgt aber auch

$$\mathscr{A}(z) = 1 + G_R(z) G_P(z) = z^{(m+d)} = 0. \tag{11.1.15}$$

Nur für exakte Übereinstimmung von Prozeßmodell und Prozeß wird also ein Deadbeat-Verhalten erreicht. Wenn die Übereinstimmung nicht zutrifft klingen die Eigenbewegungen, zusätzlich zu $z^{(m+d)}$, noch durch $A_0(z) z^d$ verzögert ab, wie (11.1.11) zeigt. Deshalb dürfen Deadbeat-Regler nur für Prozesse verwendet werden, deren Pole genügend weit im Innern des Einheitskreises der z-Ebene liegen, also für asymptotisch stabile Prozesse.

Die Nullstellen der Übertragungsfunktionen des Regelkreises werden im wesentlichen durch die Nullstellen des Prozesses festgelegt. Wie aus (11.1.10) hervorgeht, wirken sich Differenzen $\Delta B(z) = B(z) - B_0(z)$ zwischen dem Nullstellenpolynom des Prozesses und des Prozeßmodells wie folgt auf die charakteristische Gleichung aus, wobei $A_0(z) = A(z)$,

$$\mathscr{A}(z) = A_0(z) z^d [z^{(m+d)} - q_0 \Delta B(z)] = 0. \tag{11.1.16}$$

Kleine $\Delta B(z)$ gefährden unter den obigen Bedingungen die Stabilität nicht. Die Nullstellen des Prozesses können auch außerhalb des Einheitskreises liegen, denn sie werden durch den Deadbeat-Regler nicht kompensiert.

11.1.5 Prädiktorregler

Der Prädiktorregler folgt nach (9.2.2) der Beziehung

$$G_R(z) = \frac{Q(z^{-1})}{P(z^{-1})} = \frac{A(z^{-1})}{K_P A(z^{-1}) - B(z^{-1}) z^{-d}}$$

bzw.

$$G_R(z) = \frac{Q(z)}{P(z)} = \frac{A(z)z^d}{K_P A(z)z^d - B(z)} \tag{11.1.17}$$

und führt zu der charakteristischen Gleichung (11.1.4),

$$\mathscr{A}(z) = K_P A(z)z^d A_0(z)z^d - A_0(z)B(z)z^d + A(z)B_0(z)z^d = 0. \tag{11.1.18}$$

Wenn Prozeß und Prozeßmodell näherungsweise übereinstimmen, wird

$$\mathscr{A}(z) \approx K_P A(z)z^d A_0(z)z^d = 0. \tag{11.1.19}$$

Die Übertragungsfunktionen werden

$$\left.\begin{aligned} G_w(z) &= \frac{B_0(z)}{K_P A_0(z)z^d} \\ G_n(z) &= \frac{[K_P A(z)z^d - B(z)]}{K_P A(z)z^d} = \frac{P(z)}{K_P A(z)z^d} \\ G_u(z) &= G_n(z)G_P(z). \end{aligned}\right\} \tag{11.1.20}$$

Bei $G_w(z)$ bzw. $G_n(z)$ werden die Pole $A(z)z^d$ bzw. $A_0(z)z^d$ immer von entsprechenden Nullstellen exakt gekürzt. Regelkreise mit einem Prädiktorregler sind nur für asymptotisch stabile Prozesse asymptotisch stabil, wie (11.1.19) zeigt. Die Nullstellen des Prozesses können außerhalb des Einheitskreises liegen.

Die Nullstellen des Regelkreises werden nur beim Führungsverhalten durch die Prozeßnullstellen diktiert. Wenn die Pole des Prozesses genügend weit im Innern des Einheitskreises liegen, gefährden kleine Differenzen $\Delta B(z) = B(z) - B_0(z)$ die Stabilität nicht (11.1.18).

11.1.6 Zustandsregler

Für eine einfache Zustandsregelung mit einer Regel- und Stellgröße und dem Zustandsregler

$$u(k) = -\boldsymbol{k}^T \boldsymbol{x}(k)$$

gilt bei fehlenden äußeren Einwirkungen

$$\left.\begin{aligned} \boldsymbol{x}(k+1) &= [\boldsymbol{A} - \boldsymbol{b}\,\boldsymbol{k}^T]\boldsymbol{x}(k) \\ y(k) &= \boldsymbol{c}^T \boldsymbol{x}(k). \end{aligned}\right. \tag{11.1.21}$$

Diese Regelung wird nun durch ein äußeres Störsignal $v(k)$ beeinflußt, sodaß

$$\boldsymbol{x}(k+1) = [\boldsymbol{A} - \boldsymbol{b}\,\boldsymbol{k}^T]\boldsymbol{x}(k) + \boldsymbol{f}\,v(k). \tag{11.1.22}$$

Falls $\boldsymbol{f} = \boldsymbol{b}$ ist, erfolgt die Störung am Prozeßeingang. Durch entsprechende Wahl von $\boldsymbol{f}$ kann jede Zustandsgröße gestört werden. Die Übertragungsfunktion des nicht geregelten Prozesses lautet nach (3.6.56)

$$G_P(z) = \frac{y(z)}{u(z)} = \boldsymbol{c}^T[z\boldsymbol{I} - \boldsymbol{A}]^{-1}\boldsymbol{b} = \frac{b_m + \ldots + b_1 z^m}{a_m + \ldots + a_1 z^m} = \frac{B(z)}{A(z)}. \tag{11.1.23}$$

Somit folgt für die Zustandsregelung

$$G_v(z) = \frac{y(z)}{v(z)} = \boldsymbol{c}^T[z\boldsymbol{I} - \boldsymbol{A} + \boldsymbol{b}\,\boldsymbol{k}^T]^{-1}\boldsymbol{f}$$

$$= \boldsymbol{c}^T \frac{\operatorname{adj}[z\boldsymbol{I} - \boldsymbol{A} + \boldsymbol{b}\,\boldsymbol{k}^T]}{\det[z\boldsymbol{I} - \boldsymbol{A} + \boldsymbol{b}\,\boldsymbol{k}^T]}\boldsymbol{f} = \frac{\mathscr{B}(z)}{\mathscr{A}(z)}. \tag{11.1.24}$$

Die charakteristische Gleichung ist nach (8.3.8)

$$\mathscr{A}(z) = (a_m + k_m) + (a_{m-1} + k_{m-1})z + \ldots + z^m$$
$$= \alpha_m + \alpha_{m-1}z + \ldots + z^m = 0. \tag{11.1.25}$$

Man beachte, daß durch geeignete Wahl der k_i beliebige α_i für beliebige a_i erzeugt werden können. Instabile Prozesse können stabilisiert werden.

Wenn die Zustandsregelung am Eingang des Prozesses gestört wird, also $\boldsymbol{f} = \boldsymbol{b}$ zu setzen ist, verändern sich die Nullstellen von $G_v(z)$

$$\mathscr{B}(z) = \boldsymbol{c}^T\operatorname{adj}[z\boldsymbol{I} - \boldsymbol{A} + \boldsymbol{b}\,\boldsymbol{k}^T]\boldsymbol{b} \tag{11.1.26}$$

gegenüber dem Prozeß nicht, wie aus dem Vergleich von (11.1.23) und (11.1.24) hervorgeht. Denn die Parameter der Zählerpolynome $\mathscr{B}(z) = B(z)$ sind dann, je nach kanonischer Zustandsdarstellung entweder nur in $\boldsymbol{c}^T$ oder in $\boldsymbol{b}$ enthalten. Falls jedoch die Störung bei irgendeiner Zustandsgröße einwirkt werden durch den Zustandsregler auch die Nullstellen der Übertragungsfunktion $G_v(z)$ beeinflußt.

Beispiel 11.1:
Die Prozeßordnung sei $m = 2$. Es werde Regelungsnormalform gewählt. Dann ist

$$\mathscr{B}(z) = [b_2\; b_1]\begin{bmatrix} z + (a_1 + k_1) & 1 \\ -(a_2 + k_2) & z \end{bmatrix}\boldsymbol{f}.$$

Mit $\boldsymbol{f} = \boldsymbol{b} = \begin{bmatrix} 0 \\ 1 \end{bmatrix}$ folgt

$$\mathscr{B}(z) = b_1 z + b_2 = B(z)$$

also das Zählerpolynom des Prozesses und mit $\boldsymbol{f} = \begin{bmatrix} 1 \\ 0 \end{bmatrix}$ ist

$$\mathscr{B}(z) = b_2 z + [b_2(a_1 + k_1) - b_1(a_2 + k_2)].$$

Nach Wahl der Pole der Regelung sind im letzten Fall auch die Nullstellen der Regelung festgelegt.

Die Pole von Zustandsregelungen mit Beobachtern wurden in Abschn. 8.7 angegeben. Der Beobachter bringt zusätzliche Pole und Nullstellen in das Regelsystem ein, s. (8.7.7), (8.7.18) und (8.7.19). Nur falls äußere Störungen exakt meßbar sind, dem Beobachter direkt aufgeschaltet werden können, und Beobachter und Prozeß direkt übereinstimmen, liefert der Beobachter keine zusätzlichen Pole, da dann $\Delta \boldsymbol{e}(k) = \boldsymbol{0}$, Bild 8.7. Wenn in diesem Fall die Störung am Prozeßeingang erfolgt, verändern sich auch die Nullstellen nicht. Es bleibt dann $\mathscr{B}(z) = B(z)$.

In Tabelle 11.1 sind die wichtigsten strukturellen Eigenschaften verschiedener Regler am Prozeß $B(z^{-1})z^{-d}/A(z^{-1})$ noch einmal zusammengefaßt.

Die *Ein/Ausgangsregler* haben, wenn sie dem Prozeß strukturoptimal angepaßt sind, die Ordnungen $\nu \geqq m$ und $\mu \geqq m+d$. Die Ordnung der charakteristischen Gleichung und damit die Anzahl der Pole ist verschieden. Sie ist mit $(m+d)$ am kleinsten beim exakt angepaßten Deadbeat-Regler. Die Nullstellen des Prozesses treten in allen Fällen auch als Nullstellen von $G_w(z)$ und $G_u(z)$ auf. Ferner werden die Reglerpole $P(z) = 0$ zu Nullstellen bei $G_n(z)$ und $G_u(z)$.

Für lineare Prozesse sind nur der allgemeine lineare Regler und der parameteroptimierte Regler niederer Ordnung allgemein einsetzbar. Deadbeat-Regler und Prädiktorregler dürfen nur bei Prozessen mit Polen innerhalb des Einheitskreises (asymptotisch stabile Prozesse) und allgemeine Kompensationsregler nur bei Prozessen mit Polen und Nullstellen innerhalb des Einheitskreises eingesetzt werden.

Bei *Zustandsreglern ohne Beobachter* hat der Reglervektor $\boldsymbol{k}^T$ mindestens die Ordnung $(m+d)$. Die Ordnung der charakteristischen Gleichung ist ebenfalls $(m+d)$ und somit im Vergleich zu den Ein/Ausgangs-Reglern, mit Ausnahme des Deadbeat-Reglers, kleiner. Bei $G_u(z)$ erzeugt der Zustandsregler als einziger Regler keine zusätzlichen Nullstellen zu denjenigen des Prozesses. Bei Störung am Eingang macht sich also nur die Änderung der Pole bemerkbar.

Setzt man beim allgemeinen linearen Regler jedoch $P(z^{-1}) = 1$ und

$$G_R(z) = Q(z^{-1}) = q_0 + q_1 z^{-1} + \dots + q_m z^{-m} \tag{11.1.27}$$

also einen proportional wirkenden Regler mit m-facher Differenzenbildung (PD_m-Regler), dann wird mit $d = 0$

$$G_u(z) = \frac{B(z^{-1})}{A(z^{-1}) + Q(z^{-1})B(z^{-1})}. \tag{11.1.28}$$

Wie beim Zustandsregler treten dann ebenfalls nur die Nullstellen des Prozesses auf. Es entstehen aber $2m$ Pole, also doppelt soviel wie beim Zustandsregler, da die Differenzenbildung erst aufgrund der gemessenen Ausgangsgröße erfolgt und nicht wie beim Zustandsregler bereits im Prozeß abgegriffen wird.

Beispiel 11.2:
Für $m = 2$ lautet die Übertragungsfunktion des geschlossenen Regelkreises bei Störung am Eingang mit einem PD_2-Regler nach (11.1.28)

$$G_u(z) = \frac{b_1 z^{-1} + b_2 z^{-2}}{1 + (a_1 + q_0 b_1)z^{-1} + (a_2 + q_0 b_2 + q_1 b_1)z^{-2} + (q_1 b_2 + q_2 b_1)z^{-3} + q_2 b_2 z^{-4}}$$

Tabelle 11.1. Strukturelle Eigenschaften verschiedener deterministischer Regler $G_R(z)=Q(z^{-1})/P(z^{-1})$. $A^-(z)$: Prozeßpole in der Nähe oder außerhalb des Einheitsrichtkreises; $B^-(z)$: Prozeßnullstellen in der Nähe oder außerhalb des Einheitskreises; n: nein; j: ja

Regler		Kurz-bez.	Ordnungszahlen Regler			Nullstellen $\mathscr{B}_*(z)$			Gefahr der Instabilität bei	
			$Q(z^{-1})$	$P(z^{-1})$	Char. Gl. $\mathscr{A}(z)=0$	$G_w(z)$	$G_n(z)$	$G_u(z)$	$A^-(z)$	$B^-(z)$
Ein-/Ausgangs-Regler	Allgemeiner linearer Regler (Polvorgabe)	LRPV	m	$m+d$	$2m+d$	QB	PAz^d	PB	n	n
	Param. opt. Regler nied. Ord.	3PR-3 (PID)	2	1	$m+d+2$	QB	PAz^d	PB	n	n
	Allgemein. Kompensationsregler	KR	$\geqq m+1$	$\geqq m+d+1$	$\geqq 2m+d$	QB	PAz^d	PB	j	j
	Deadbeat-Regler	DB(v)	m	$m+d$	$m+d$	q_0B	P	PB	j	n
	Prädiktorregler	PRER	m	$m+d$	$m+d$ bzw. $2(m+d)$	B	P	PB	j	n
Zustands-regler	Zustandsregler ohne Beobachter	ZR o.B.	–	–	$m+d$	–	–	B	n	n
	Zustandsregler mit Beobachter	ZR m.B.	–	–	$2(m+d)$	Durch Prozeß, Regler und Beobachter festgelegt			n	n

und mit einem Zustandsregler (s. Beispiel 11.1)

$$G_u(z) = \frac{b_1 z^{-1} + b_2 z^{-2}}{1 + (a_1+k_1)z^{-1} + (a_2 + k_2)z^{-2}}.$$

Der PD_2-Regler erzeugt also vier Pole, der Zustandsregler nur zwei Pole im geschlossenen Regelkreis, bei gleicher Anzahl von Nullstellen.

Der Zustandsregler ist somit in der Lage ein m-fach differenzierendes Verhalten ohne zusätzliche Pole im Regelkreis zu erzeugen. Dies führt außer zu einem hervorragend dämpfenden Verhalten zu einer sehr großen Stabilitätsreserve (Amplitudenrand, Phasenrand) und zu besonders robusten Eigenschaften bei großen Parameteränderungen der Regelstrecke, s. Abschn. 10.3. Bei nicht meßbaren Zustandsgrößen und Verwendung von Beobachtern geht ein Teil dieser positiven Eigenschaften wieder verloren.

11.2 Kennwerte für einen Gütevergleich

Nachdem die strukturellen Unterschiede der verschiedenen Regler im letzten Abschnitt zusammengefasst wurden, sollen die wichtigsten Regler in den nächsten Abschnitten im Hinblick auf die erreichbare Güte quantitativ verglichen werden. Unter einer verallgemeinerten Güte seien hierbei verstanden: Die eigentliche Regelgüte und der dazu erforderliche Stellaufwand, die Empfindlichkeit gegenüber ungenau bekanntem Prozeßmodell, der Rechenaufwand pro Abtastschritt und der Rechenaufwand zur Synthese.

Da ein quantitativer Vergleich ohne Verwendung spezieller Prozesse nicht durchzuführen ist, sollen die in Abschn. 5.4.2 bzw. im Anhang angegebenen zwei Testprozesse herangezogen werden:

Prozeß II : zweiter Ordnung, nichtminimales Phasenverhalten, $T_0 = 2$ s.

Prozeß III: dritter Ordnung mit Totzeit, Tiefpassverhalten, $T_0 = 4$ s.

Es werden die Eigenschaften folgender Regelalgorithmen verglichen:

1. *Parameteroptimierte Regelalgorithmen niederer Ordnung*
   - 2 PR – 2, PI-Verhalten, ohne Stellgrößenvorgabe
   - 2 PR – 1, PI-Verhalten, mit Stellgrößenvorgabe } (5.2.20)
   - 3 PR – 3, PID-Verhalten, ohne Stellgrößenvorgabe
   - 3 PR – 2, PID-Verhalten, mit Stellgrößenvorgabe } (5.2.10)
2. *Regelalgorithmen für endliche Einstellzeit* (Deadbeat)
   - DB(ν), ν-ter Ordnung, ohne Stellgrößenvorgabe, (7.1.26)
   - DB($\nu+1$), ($\nu+1$)-ter Ordnung, mit Stellgrößenvorgabe, (7.2.11)
3. *Zustandsgrößen-Regelalgorithmen mit Beobachter für äußere Störungen*
   - ZR – 1, kleinere Gewichtung r der Stellgröße
   - ZR – 2, größere Gewichtung r der Stellgröße } (8.7.9, 8.7.10) Bild 8.11

Die Regelalgorithmen werden untersucht für Eingrößen-Regelungen nach Bild 5.1. Der Vergleich wird besonders im Hinblick auf den rechnergestützten Entwurf der Algorithmen durch den Prozeßrechner selbst durchgeführt [8.5].

Da Prozeßrechner während der Synthese der Regelalgorithmen meist noch andere Aufgaben zu erfüllen haben, soll die Rechenzeit bei der Synthese möglichst klein sein. Ferner soll der erforderliche Speicherplatzbedarf im Hinblick auf kleinere Prozeßrechner nicht zu groß sein. Ein weiteres Kriterium ist die erforderliche Rechenzeit des Algorithmus zwischen zwei Abtastungen. Sowohl der Synthese- als auch der laufende Rechenaufwand sind im Zusammenhang mit regelungstechnischen Kenngrößen wie z.B. Regelgüte, erforderliche Stelleistung, erforderlicher Stellbereich, Empfindlichkeit gegenüber ungenauem Prozeßmodell und gegenüber Parameteränderungen des Prozesses zu sehen.

Zum Vergleich des Regelverhaltens werden folgende Kennwerte verwendet:

a) Quadratischer Mittelwert der Regelabweichung

$$S_e = \sqrt{\overline{e^2(k)}} = \sqrt{\frac{1}{M+1} \sum_{k=0}^{M} e^2(k)}; \quad M = 63 \tag{11.2.1}$$

b) Quadratischer Mittelwert der „Stellabweichung" (Stellaufwand)

$$S_u = \sqrt{\overline{u^2(k)}} = \sqrt{\frac{1}{M+1} \sum_{k=0}^{M} \Delta u^2(k)} \tag{11.2.2}$$

wobei $\Delta u(k) = u(k) - u(\infty)$

c) Wert des quadratischen Kriteriums nach (5.2.6)

für $r = 0{,}1$ und $0{,}25$

d) Maximale Überschwingweite

$$y_m = y_{max}(k) - w(k) \tag{11.2.3}$$

e) Ausregelzeit k_3 für $|e(k)| \leqq 0{,}03\,|w(\infty)|$
bzw. $|e(k)| \leqq 0{,}03\,|v(\infty)|$

f) Stellgröße $u(0)$ bei Führungssprung $w(k)$

g) Empfindlichkeit bezüglich ungenauem Prozeßmodell

$$\varepsilon_1 = \sigma_{\delta_y}/\sigma_{\delta_g} \tag{11.2.4}$$

(Erklärung s. am Ende des Abschn. 11.3)

Zur Beurteilung des Rechenaufwandes pro Abtastschritt wurden verwendet

h) Anzahl der Additionen und Subtraktionen: ℓ_{add}
Anzahl der Multiplikationen und Divisionen: ℓ_{mult}
Anzahl der Rechenoperationen : $\ell_\Sigma = \ell_{add} + \ell j_{mult}$.

11.3 Gütevergleich der Regelalgorithmen

Die untersuchten Regelalgorithmen wurden für den Fall einer sprungförmigen Führungsgrößenänderung $w(k)$ entworfen. Dieser Fall entspricht auch einer sprungförmigen Störung $n(k)$ am Ausgang der Regelstrecke. Das resultierende

Frequenzspektrum dieser Einwirkung enthält in bezug auf das Verhalten der Regelstrecke wesentliche hochfrequente Anteile, so daß die entworfenen Regelungen genügend Abstand von der Stabilitätsgrenze bekommen. Das Regelverhalten wird auch für eine sprungförmige Änderung der Störgröße $v(k)$ am Regelstreckeneingang angegeben.

Die Gewichtung r der Stellgröße bedarf einer besonderen Erläuterung. Für die parameteroptimierten Regelalgorithmen 2 PR−2 und 3 PR−3 wurde im quadratischen Kriterium (5.2.6) $r = 0$ gesetzt, um relativ große Stellgrößen zu erzielen. Auch bei den Regelalgorithmen 2 PR−1 und 3 PR−2 wurde $r = 0$ gesetzt; der erste Stellgrößenwert $u(0)$ wurde jedoch so vorgegeben, daß $u(1) \simeq u(0)$, vgl. (5.2.31). Damit erhielt man Ergebnisse mit besonders kleinen Stellgrößen.

Für den Entwurf der Zustandsregler wurde die Bewertungsmatrix $\boldsymbol{Q}$ so besetzt, daß sich das Kriterium (5.2.6) ergab. Ferner wurde $\boldsymbol{R} = r$ derart gewählt, daß sich dieselben Stellgrößenwerte $u(0)$ wie bei 3 PR−3 und 3 PR−2 einstellten, um unmittelbar mit diesen Regelalgorithmen vergleichen zu können.

Der Stellgrößenwert $u(0)$ wurde beim Deadbeat-Regelalgorithmus DB$(v+1)$ zu $u(0) = u(1)$ gewählt, so daß sich ein möglichst kleiner Stelleingriff ergibt. Die Kennwerte der Regelalgorithmen sind in Tabelle 11.2 zusammengefaßt.

Der Verlauf von Regel- und Stellgrößen ist in den Bildern 11.1 und 11.2 für die drei wichtigsten Regelalgorithmen mit den Prozessen II und III für sprungförmige Änderung der Führungsgröße zum Vergleich dargestellt.

Bild 11.3 zeigt eine graphische Darstellung der in Abschn. 11.2 angegebenen Kennwerte des Regelverhaltens für Prozeß II (□) bzw. Prozeß III (o) und sprungförmige Führungsgrößenänderung $w(k)$ (links) bzw. sprungförmige Störgrößenänderung $v(k)$ (rechts).

Aus diesen Bildern lassen sich viele Eigenschaften der einzelnen Regelalgorithmen (für die untersuchten Prozesse) ablesen.

Verhalten bei Führung $w(k)$

Für sprungförmige Führungsgrößenänderung (den Auslegungsfall) können die wichtigsten Ergebnisse wie folgt zusammengefaßt werden.

Prozeß III (Tiefpaß-Verhalten)

3 PR−3 (PID-Verhalten)

Durch die Wahl von $r = 0$ ergibt sich ein großes $u(0)$ und ein relativ schwach gedämpftes Verhalten. Die mittlere quadratische Regelabweichung S_e ist relativ groß. Überschwingweite y_m und Ausregelzeit k_3 nehmen mittlere Werte an.

3 PR−2 (PID-Verhalten, mit Stellgrößenvorgabe)

Die Vorgabe des Stellgrößenwertes $u(0)$ auf einen relativ kleinen Wert bewirkt im Vergleich zu 3 PR−3: Wesentlich gedämpfteres Verhalten, etwas größeres S_e bei wesentlich kleinerem S_u, kleineres y_m und etwas kleineres k_3.

2 PR−2 (PI-Verhalten)

Im Vergleich zu 3 PR−3: Etwas größeres S_e bei kleinerem S_u, wesentlich kleineres $u(0)$, größeres y_m und größeres k_3, etwas kleinerer Rechenaufwand ℓ_Σ.

Tabelle 11.2. Parameter der untersuchten Regelalgorithmen

Para-meter	Regelalgorithmus							
	Prozeß II				Prozeß III			
	2PR-1	2PR-2	3PR-2	3PR-3	2PR-1	2PR-2	3PR-2	3PR-3
q_0	2,00	1,364	2.00	3,485	2,00	1,615	2,00	4,562
q_1	−1,886	−1,229	−2,596	−5,433	−1,802	−1,405	−2,400	−7,200
q_2	0	0	0,753	2,150	0	0	0,649	3,033
K	2,00	1,364	1,247	1,335	2,00	1,615	1,351	1,534
c_D	0,0	0,0	0,604	1,610	0,0	0,0	0,480	1,977
c_I	0,057	0,099	0,126	0,151	0,099	0,129	0,184	0,257
	DB(ν+1)		DB(ν)		DB(ν+1)		DB(ν)	
q_0	5,840		14,084		3,810		9,523	
q_1	−0,078		−20,070		−0,001		−14,285	
q_2	−8,851		6,985		−5,884		6,714	
q_3	4,089				3,647		− 0,952	
q_4					0,571			
p_1	−0,595		− 1,436		0		0	
p_2	0,169		2,436		0,247		0,619	
p_3	1,426		–		0,554		0,457	
p_4	–		–		0,244		− 0,076	
p_5	–		–		−0,046		–	
	ZR(1)		ZR(2)		ZR(1)		ZR(2)	
k_1	4,157		2,398		4,828		2,526	
k_2	3,441		1,983		5,029		2,445	
k_3	1,0		1,0		4,475		2,097	
k_4	–		–		0,532		0,263	
k_5	–		–		1,532		1,263	

2 PR − 1 (PI-Verhalten, mit Stellgrößenvorgabe)

Im Vergleich zu 2 PR − 2 wurde $u(0)$ größer gewählt. Deshalb etwas größeres S_e bei größerem S_u, größeres y_m und größeres k_3. Insgesamt also schlechteres Verhalten als 2 PR − 2.

ZR − 1 (Zustandsregler für $r = 0{,}043$)

Da $u(0)$ gleich ist wie beim 3 PR − 3, kann unmittelbar mit diesem Regelalgorithmus verglichen werden. Aus Bild 11.2 ergibt sich ein besser gedämpftes Vehalten. S_e und S_u sind geringfügig kleiner, y_m ist kleiner und k_3 wesentlich kleiner. Der Rechenaufwand ℓ_Σ ist jedoch 6fach größer.

ZR − 2 (Zustandsregler für $r = 0{,}18$)

$u(0)$ ist gleich wie bei 3 PR − 2. Im Vergleich zu diesem Regler zeigt sich wieder gedämpfteres Verhalten. Ferner: S_e und S_u etwa gleich, y_m und k_3 wesentlich kleiner. Im Vergleich zu ZR − 1: S_e größer, S_u kleiner, y_m kleiner, k_3 etwa gleich groß.

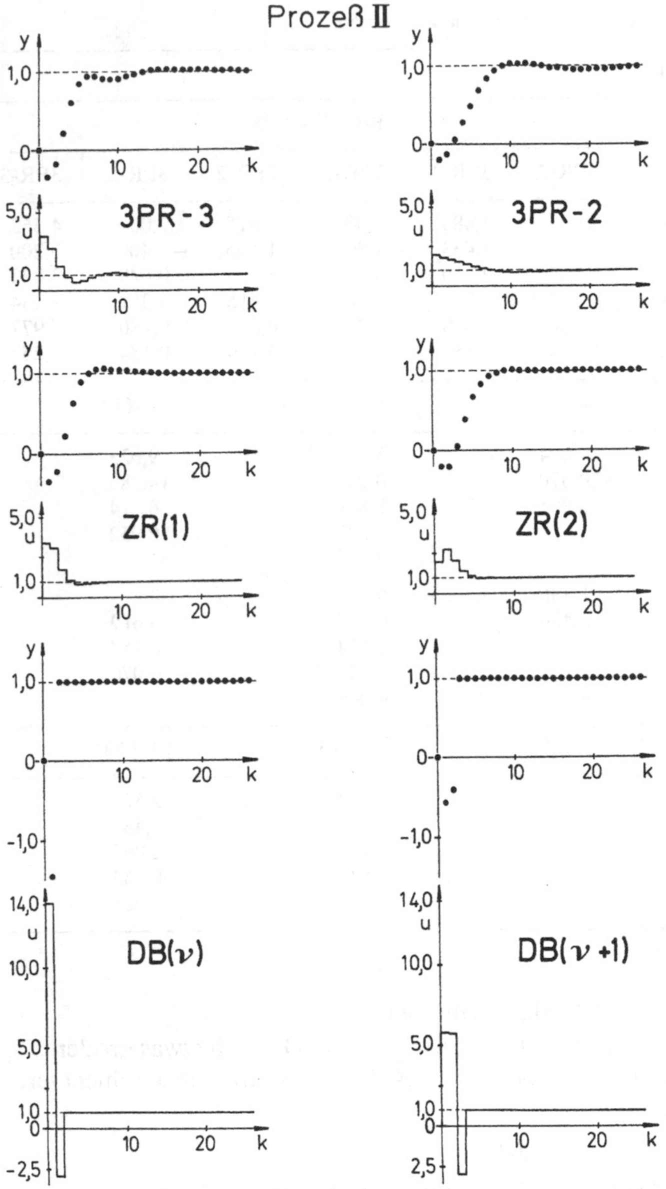

Bild 11.1. Verlauf von Regel- und Stellgröße für verschiedene Regelalgorithmen an Prozeß II (nichtminimales Phasenverhalten)

DB(ν): (Deadbeat-Regler)

Der bei $k = 4$ eingeschwungene Zustand wird durch ein sehr großes $u(0)$ und große nachfolgende $\Delta u(k)$ erkauft. Im Vergleich zu allen anderen Regelalgorithmen ergibt sich: kleinstes S_e bei größtem S_u, größtes $u(0)$, relativ kleines y_m, kleinstes k_3. Etwa doppelt soviel Rechenaufwand wie bei 3 PR – 3.

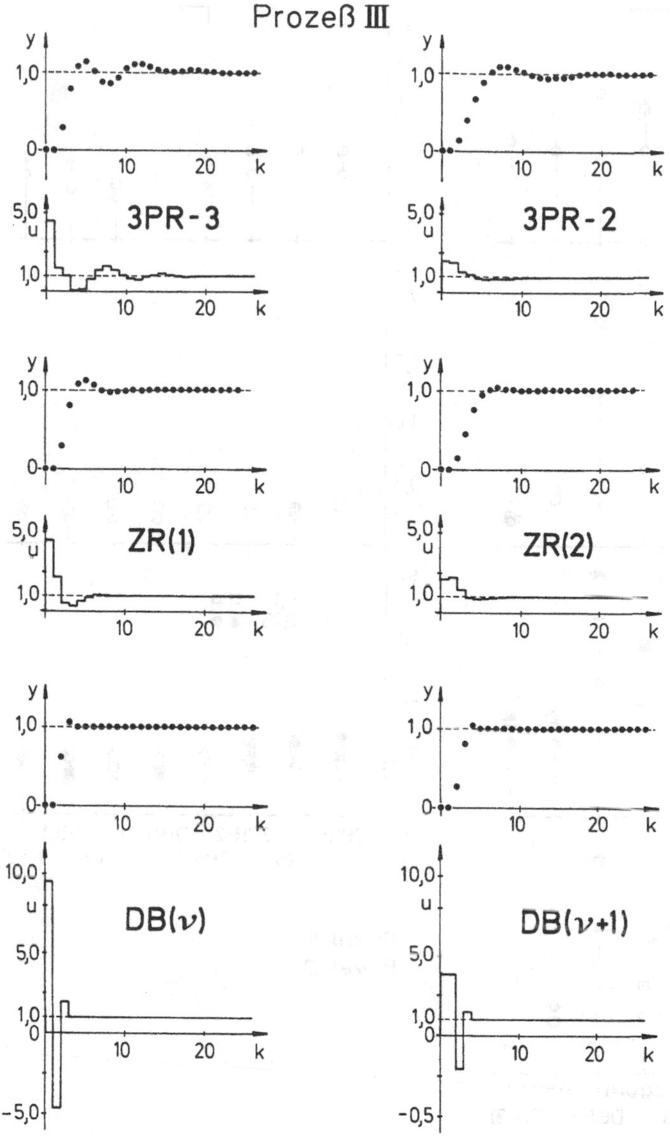

Bild 11.2. Verlauf von Regel – und Stellgröße für verschiedene Regelalgorithmen an Prozeß III (Tiefpaßprozeß)

DB($\nu+1$): (Deadbeat-Regler, mit Stellgrößenvorgabe)

Durch Erhöhen der Einschwingzeit um eine Abtastzeit auf $k = 5$ kann man $u(0)$ und die folgenden $\Delta u(k)$ im Vergleich zu DB(ν) wesentlich verkleinern. S_e wird etwas größer bei wesentlich kleinerem $S_u \cdot y_m$ und k_3 werden etwas größer. Der Rechenaufwand ℓ_Σ steigt ebenfalls wegen der um eins erhöhten Ordnung. Im Vergleich zu 3 PR – 3: Bei etwa gleichem S_e etwas größeres S_u, etwas kleineres $u(0)$, kleineres y_m, wesentlich kleineres k_3, aber 3facher Rechenaufwand ℓ_Σ.

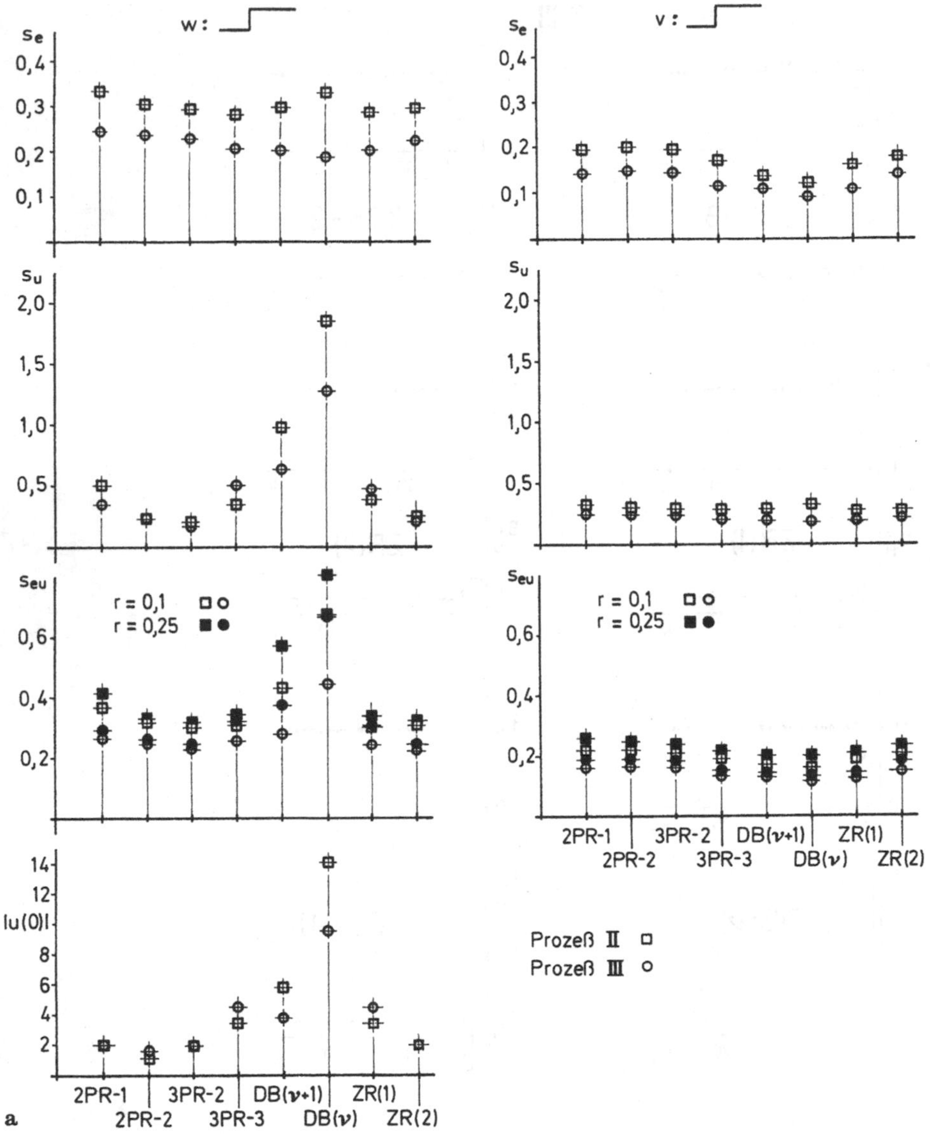

Bild 11.3a–c. Kennwerte des Regelverhaltens für verschiedene Regelalgorithmen

Eine Gesamtbeurteilung des Regelverhaltens aller Regelalgorithmen ist mit Hilfe des quadratischen Gütekriteriums S_{eu} möglich, in dem sich sowohl die Regelgüte als auch die dazu erforderliche, mit r gewichtete Stelleistung ausdrückt. Bei geringer Gewichtung der Stellgröße $r = 0{,}1$, ergeben sich mit 3 PR – 2, ZR – 2 und ZR – 1, bei größerer Gewichtung $r = 0{,}25$, mit 3 PR – 2, ZR – 2 und 2 PR – 2 die besten Resultate. Allgemein ist festzustellen, daß sich die parameteroptimierten Regelalgorithmen 3 PR – 3 und 3 PR – 2 nur wenig von den Zustandsregelalgorithmen ZR – 1 und ZR – 2 unterscheiden.

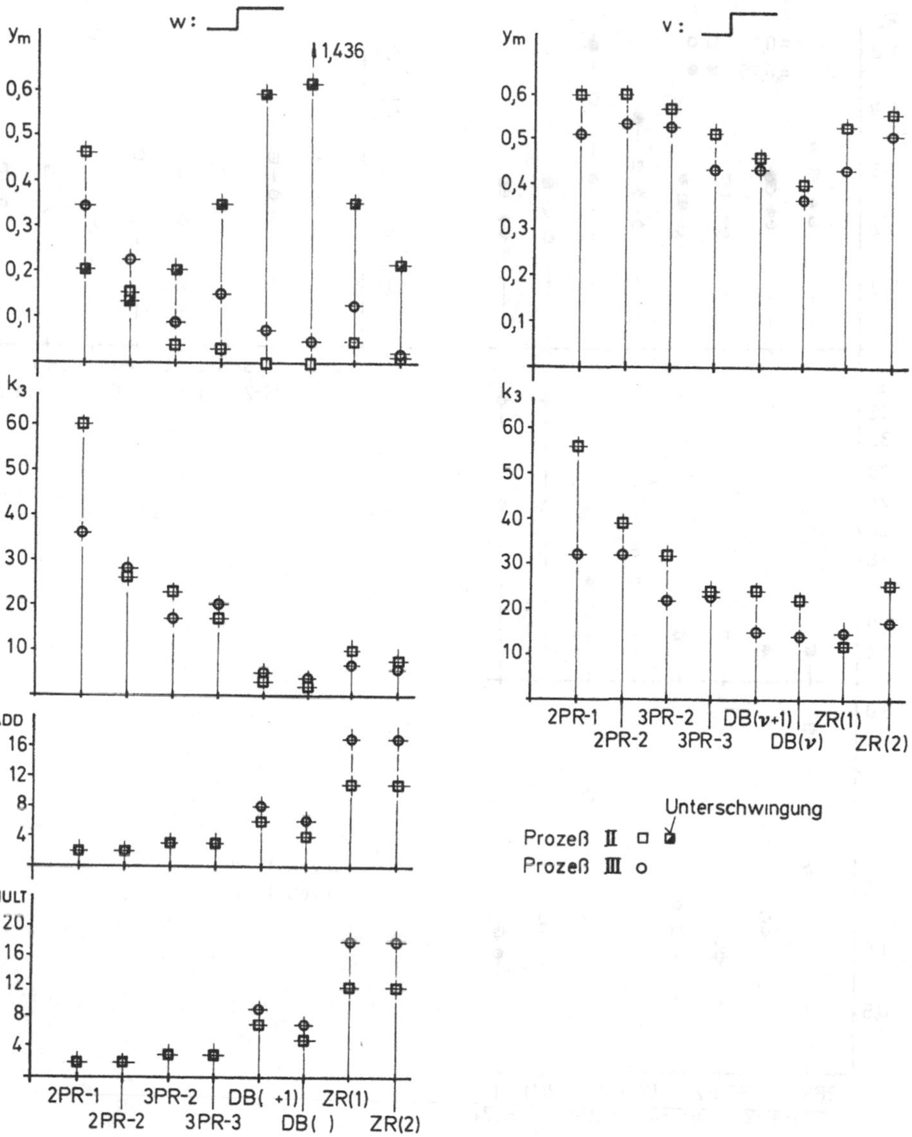

b

Prozeß II (Nichtminimales Phasenverhalten)

Aus Bild 11.1 ist zu sehen, daß der Deadbeatalgorithmus DB(ν) für diesen Prozeß ungeeignet ist, da er zu sehr großen Unterschwingungen führt. Eine Zunahme an Stelleistung S_u führt, nicht, wie bei Prozeß III über alle Regelalgorithmen hinweg zu einer Verkleinerung der mittleren Regelabweichung S_e. Zuviel Stelleistung bzw. zu großes $u(0)$, verschlechtert die Regelgüte.

Kleinste Werte von S_e bei noch kleinerem S_u, also günstigstes S_{eu}, zeigen für $r = 0{,}1$ und 0,25: 2 PR−2, 3 PR−2, 3 PR−3, ZR−1 und ZR−2. Sowohl eine

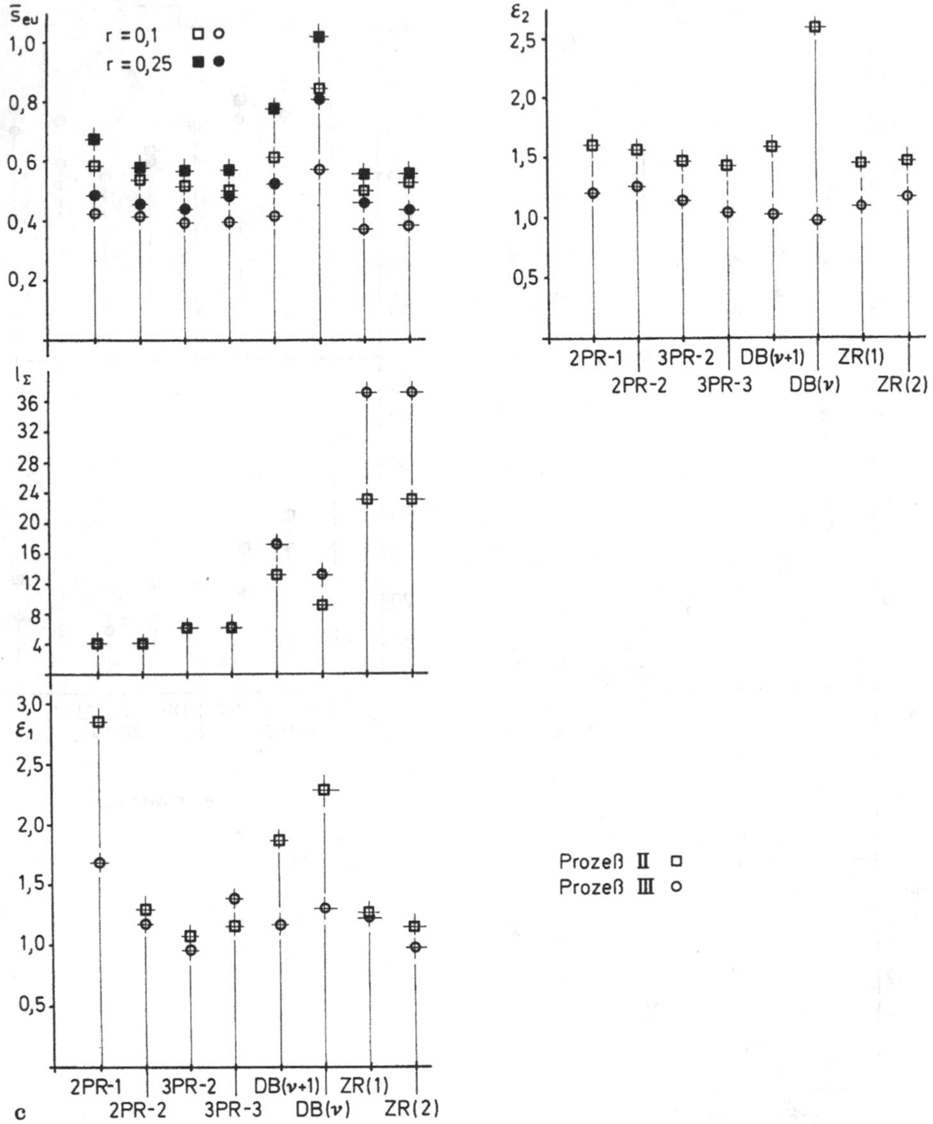

c

kleine Unterschwingung als auch eine kleine Überschwingung erhält man mit 3 PR − 2.

Verhalten bei Eingangsstörung $v(k)$

Für sprungförmige Änderung der Störgröße $v(k)$ entstehen für die Prozesse I und II etwa gleiche Tendenzen.

Besseres Verhalten: DB(ν), DB $(\nu+1)$, ZR − 1, 3 PR − 3,
(also die Regler mit der größten Verstärkung)

Schlechteres Verhalten: 2 PR − 2, 2 PR − 1, 3 PR − 2

Die Unterschiede der Kennwerte sind jedoch kleiner als beim Führungsverhalten, da die sprungförmige Störung $v(k)$ die höheren Frequenzen der Regelgröße weniger anregt, als die Störung $w(k)$ für den Auslegungsfall.

Zur Beurteilung des Verhaltens bei beiden Störungen, $w(k)$ und $v(k)$, wurde gebildet, Bild 11.3c),

$$\overline{S}_{eu} = (S_{eu})_w + (S_{eu})_v.$$

Ein im Mittel gutes Regelverhalten liefern mit kleinen Unterschieden:

Prozeß III:	$r = 0{,}1$:	ZR–1, ZR–2, 3 PR–2, 3 PR–3
	$r = 0{,}25$:	ZR–2, 3 PR–2, ZR–1, 2 PR–2
Prozeß II:	$r = 0{,}1$:	ZR–1, 3 PR–3, 3 PR–2, ZR–2
	$r = 0{,}25$:	ZR–1, ZR–2, 3 PR–2, 3 PR–3, 3 PR–2

Empfindlichkeit gegenüber ungenauem Prozeßmodell

In den meisten Fällen ist das den wirklichen Prozeß beschreibende Prozeßmodell eine Näherung. Deshalb kann man Regelalgorithmen nicht ohne Betrachtung ihrer Empfindlichkeit gegenüber Fehlern im Prozeßmodell beurteilen. Sowohl bei berechneten als auch identifizierten Prozeßmodellen treten Fehler in den einzelnen Parametern vielfach nicht unabhängig voneinander auf, so daß die Angabe der Empfindlichkeit gegenüber einzelnen Parametern nur unvollständige Rückschlüsse erlaubt.

Im folgenden wird die Empfindlichkeit der untersuchten Regelalgorithmen gegenüber ungenau identifizierten Prozeßmodellen betrachtet.

Die Prozesse II und III wurden deshalb mit vier verschiedenen On-line-Parameterschätzverfahren bei zwei verschiedenen Störsignal/Testsignal-Verhältnissen $\eta = 0{,}1$ und $0{,}2$ für drei verschiedene Identifikationszeiten mehrmals identifiziert [3.13]. Die Synthese der Regelalgorithmen wurde dann mit dem jeweils identifizierten Modell durchgeführt und es wurde die sich mit dem ungenauen Prozeßmodell ergebende Regelgröße $\hat{y}(k)$ und die sich mit dem exakten Prozeßmodell (dem wirklichen Prozeß) ergebende Regelgröße $y(k)$ berechnet. Der durch das ungenau bekannte Prozeßmodell verursachte Fehler im Regelgrößenverlauf ist dann

$$\Delta y(k) = \hat{y}(k) - y(k). \tag{11.3.1}$$

Somit läßt sich ein mittlerer quadratischer Regelgrößenfehler

$$\delta_y = \left[\sum_{k=0}^{N} \Delta y^2(k) \Big/ \sum_{k=0}^{N} y_0^2(k) \right]^{1/2} \tag{11.3.2}$$

angeben. $y_0(k)$ ist hierbei die Regelgröße für das exakte Modell mit seinem angepaßten Regelalgorithmus.

Dieser Regelgrößenfehler δ_y wird betrachtet in Abhängigkeit vom Gewichtsfunktionsfehler δ_g des Prozeßmodells

$$\delta_g = [\overline{\Delta g^2(k)} \,/\, \overline{g^2(k)}]^{1/2} \tag{11.3.3}$$

$$\Delta g(k) = \underset{\text{identifiziert}}{\hat{g}(k)} - \underset{\text{exakt}}{g(k)}. \tag{11.3.4}$$

Damit der Einfluß von statistischen Schwankungen gemindert wird, wurden die Standardabweichungen σ_{δ_g} und σ_{δ_y} dieser Fehler für jeweils fünf Identifikationsläufe ermittelt.

Für den Regelalgorithmus 3 PR – 3 wurde in [8.5] gezeigt, daß bei beiden untersuchten Prozessen für $0 \leqq \sigma_{\delta_g} \leqq 0{,}2$ näherungsweise eine lineare Abhängigkeit $\sigma_{\delta_y} = f(\sigma_{\delta_g})$ besteht. Dies ergab sich auch für alle anderen Regelalgorithmen. Ein direkter Zusammenhang mit den Parameterfehlern der Modelle konnte nicht festgestellt werden. Die Fehler der Gewichtsfunktion, in der sich das Ein/Ausgangsverhalten des Prozesses ausdrückt, sind somit geeignet, um den näherungsweisen Zusammenhang zwischen ungenau identifiziertem Prozeßmodell und Abweichungen der Regelgüte des Regelkreises anzugeben.

Somit lassen sich Werte der „Modell-Empfindlichkeit des Regelkreises"

$$\varepsilon_1 = \sigma_{\delta_y} / \sigma_{\delta_g} \tag{11.3.5}$$

bilden. Je kleiner ε_1 desto geringer ist der Einfluß des ungenauen Modells auf das Verhalten des geschlossenen Regelkreises.

Aus Bild 11.3c ist zu erkennen, daß die Empfindlichkteit bei Prozeß II im allgemeinen etwas größer ist als bei Prozeß III. Die geringste Empfindlichkeit ergibt sich bei beiden Prozessen mit den Regelalgorithmen 3 PR – 2 und ZR – 2, die größte mit 2 PR – 1.

Eine große Empfindlichkeit zeigt ferner der Deadbeat-Regler DB(ν) bei Prozeß II, was auf das nichtminimale Phasenverhalten dieses Prozesses zurückzuführen ist. Bei Prozeß III dagegen ist DB(ν) etwa gleich empfindlich wie 3 PR – 3. Der Deadbeat-Regler DB($\nu+1$) ist für beide Prozesse weniger empfindlich als DB(ν).

Laufender Rechenaufwand

Zur Beurteilung des Rechenaufwandes pro Abtastschritt werden verwendet:

$\ell_\Sigma = \ell_{add} + \ell_{mult}$: Anzahl der Rechenoperationen
ℓ_{add} : Anzahl der Additionen und Subtraktionen
ℓ_{mult}: Anzahl der Multiplikationen und Divisionen

Aus Tabelle 11.3. folgt, daß die parameteroptimierten Regelalgorithmen den geringsten, die Zustandsgrößen-Regelalgorithmen den größten und die Deadbeat-Regelalgorithmen einen mittelgroßen Rechenaufwand zwischen zwei Abtastungen haben.

Tabelle 11.3. Laufende Rechenzeit und Syntheseaufwand für Prozeß III. Prozeßrechner HP 2100 A

Regelalgorithmus	3PR-2	3PR-3	ZR	DB(v)	DB($v+1$)
Laufende Rechenzeit ℓ_Σ	6	6	34	14	18
Synthese-Rechenzeit in s	20...30	40...60	1	0,004	0,004
Synthese-Speicherplatz [Worte]	1881	1881	1996	342	342

Syntheseaufwand

Der Syntheseaufwand setzt sich aus dem Speicherplatzbedarf und der Rechenzeit für die Synthese des Regelalgorithmus zusammen. Beide sind vom Betriebssystem und von Hilfsprogrammen einzelner Prozeßrechner abhängig. Die in Tabelle 11.3 angegebenen Zahlwerte beziehen sich auf den Prozeßrechner HP 2100 A mit 24K-Kernspeicher, einem externen Plattenspeicher und festverdrahteter Gleitkommaarithmetik.

Die Syntheserechenzeit ist für die Deadbeat-Regler außerordentlich klein, für den Zustandsregler mittelgroß und für die parameteroptimierten Regler am größten. Hierzu ist zu bemerken, daß zur Parameteroptimierung die Hooke-Jeeves-Methode verwendet wurde, die einen relativ kleinen Speicherplatz erfordert. Das Abbruchkriterium war $|\Delta q| = 0{,}01$.

Der Synthesespeicherplatz ist, analog zur Syntheserechenzeit, am kleinsten für den Deadbeat-Regler, mittelgroß für den Zustandsregler und am größten für die parameteroptimierten Regler.

Zusammenhang zwischen Regelgüte und Stelleistung

In Bild 11.4 ist der Kennwert der erreichten Regelgüte S_e über der dazu jeweils erforderlichen Stelleistung S_u für den Auslegungsfall der verschiedenen Regelalgorithmen, also sprungförmige Führungsgrößenänderung, aufgetragen. Schließt man die Regelalgorithmen erster Ordnung 2 PR−1 und 2 PR−2 aus, dann erkennt man für die verbleibenden Regelalgorithmen zweiter und höherer Ordnung einen direkten Zusammenhang zwischen S_e und S_u. Bei Prozeß III ergibt eine Zunahme an S_u eine Abnahme von S_e in der Reihenfolge

$$\left.\begin{array}{l}3\,\mathrm{PR}-2\\ \mathrm{ZR}-2\end{array}\right\}\quad \begin{array}{l}\text{1. Gruppe}\\ u(0)=2{,}0\end{array}$$

$$\left.\begin{array}{l}\mathrm{ZR}-1\\ 3\,\mathrm{PR}-3\\ \mathrm{DB}(v+1)\end{array}\right\}\quad \begin{array}{l}\text{2. Gruppe}\\ u(0)=3{,}81\ldots 4{,}56\end{array}$$

$$\left.\mathrm{DB}(v)\right\}\quad \begin{array}{l}\text{3. Gruppe}\\ u(0)=9{,}52\,.\end{array}$$

Es bilden sich dabei Gruppen, die bestimmten Anfangsstellgrößen $u(0)$ zugeordnet werden können. Es ist ferner zu sehen, daß, ausgehend von der 1. Gruppe,

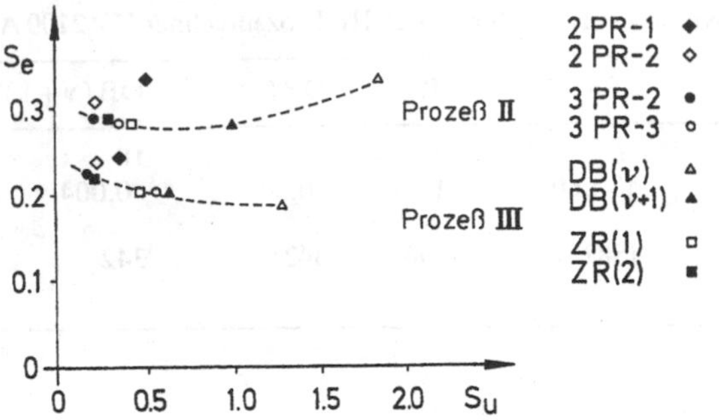

Bild 11.4. Abhängigkeit der quadratischen Regelabweichung S_e von der mittleren Stell–Leistung S_u für die untersuchten Regelalgorithmen und Prozesse II und III

geringe Verbesserungen der Regelgüte S_e durch immer größer werdende Zunahmen an Stelleistung S_u erkauft werden müssen.

Bei Prozeß II ergibt sich zunächst eine geringfügige Verbesserung von S_e in der Reihenfolge

$$\left.\begin{array}{l}3\,\mathrm{PR}-2\\ \mathrm{ZR}-2\end{array}\right\}\begin{array}{l}1.\ \text{Gruppe}\\ u(0)=2{,}0\end{array}$$

$$\left.\begin{array}{l}3\,\mathrm{PR}-3\\ \mathrm{ZR}-1\end{array}\right\}\begin{array}{l}2.\ \text{Gruppe}\\ u(0)=3{,}44\ldots3{,}49.\end{array}$$

Mit zunehmender Stelleistung S_u verschlechtert sich dann jedoch die Regelgüte über DB$(\nu+1)$ mit $u(0) = 5{,}84$, bis hin zu DB(ν) mit $u(0) = 14{,}09$.

Es ist ferner zu erkennen, daß bei gleichem S_u die Regelalgorithmen erster Ordnung 2 PR–1 und 2 PR–2 bei beiden Prozessen im Vergleich zu den Regelalgorithmen zweiter und höherer Ordnung eine schlechtere Regelgüte S_e liefern. Bei gleichem S_u ist die Regelgüte bei Prozeß II schlechter als bei Prozeß III.

Bild 11.4 zeigt somit, daß für die Regelalgorithmen zweiter und höherer Ordnung ein über die verschiedenen Regelalgorithmen hinweg bestehender Zusammenhang zwischen der erreichbaren Regelgüte S_e und der dazu erforderlichen mittleren Stelleistung S_u besteht. Dieser Zusammenhang ist allerdings nur für die zur Auslegung verwendete Störung $w(k)$ zu erkennen [8.5].

11.4 Vergleich des dynamischen Regelfaktors

Der Gütevergleich von Regelkreisen mit verschiedenen Regelalgorithmen wurde in Abschn. 11.3 für sprungförmige Änderungen der Führungsgröße $w(k)$ und der Prozeßeingangsstörgröße $v(k)$ durchgeführt. Für stochastische Störungen $n(k)$ werden entsprechende Simulationsergebnisse mit parameteroptimierten Reglern in Kap. 13 erörtert.

Zur Beurteilung der zu erwartenden Regelgüte bei verschiedenen Störsignalspektren ist der Verlauf des *dynamischen Regelfaktors* [5.14]

$$R(z) = \frac{1}{1 + G_R(z)G_P(z)} \qquad (11.4.1)$$

gut geeignet, denn für den geschlossenen Regelkreis gilt, je nach Eingangssignal,

$$\left.\begin{aligned} y(z) &= R(z)\ G_R(z)\ G_P(z)\ w(z) \\ y(z) &= R(z)\ n(z) \end{aligned}\right\} \tag{11.4.2}$$

bzw. bei Einwirken eines Störsignales $v(k)$ über ein beliebiges Störfilter $G_{pv}(z) = n(z)/v(z)$

$$y(z) = R(z)\ G_{Pv}(z)\ v(z) = R(z)\ n(z). \tag{11.4.3}$$

Gleichung (11.4.3) schließt (11.4.2) mit $v(z) = n(z)$, $G_{Pv}(z) = 1$ oder $v(z) = w(z)$ und $G_{Pv}(z) = G_R(z)\ G_P(z)$ ein.
Für deterministische Störungen gilt für die Amplitudendichtespektren

$$|n(z)| = |G_{Pv}(z)|\ |v(z)| \tag{11.4.4}$$

mit $z = e^{T_0 i\omega}$ und $0 \leqq \omega \leqq \omega_s$, wobei ω_s die Shannonsche Kreisfrequenz $\omega_s = \pi/T_0$ ist, vgl. Abschn. 3.2. Das Amplitudendichtespektrum der Regelgröße lautet somit

$$|y(z)| = |R(z)|\ |n(z)| = |R(z)|\ |G_{Pv}(z)|\ |v(z)|. \tag{11.4.5}$$

Bei stationären stochastischen Störungen gilt mit der Leistungsdichte

$$S_{nn}(z) = \sum_{\tau=-\infty}^{\infty} R_{nn}(\tau) z^{-\tau} \tag{11.4.6}$$

wobei

$$R_{nn}(\tau) = E\{[n(k) - \bar{n}]\ [n(k+\tau) - \bar{n}]\}$$

die Autokovarianzfunktion ist,

$$S_{nn}(z) = |G_{Pv}(z)|^2\ S_{vv}(z) \tag{11.4.7}$$

und

$$S_{yy}(z) = |R(z)|^2 S_{nn}(z) = |R(z)|^2\ |G_{Pv}(z)|^2\ S_{vv}(z). \tag{11.4.8}$$

Der Betrag des dynamischen Regelfaktors $|R(z)|$ bzw. sein Quadrat $|R(z)|^2$ geben somit an, wie stark die Amplituden- bzw. Leistungsdichten durch den Regelkreis gedämpft werden. Deshalb soll im folgenden der Verlauf $|R(z)|$ für $0 \leqq \omega \leqq \omega_s$ für verschiedene Regler, verschiedene Stellgrößengewichtungen und einen bestimmten Prozeß betrachtet werden.

Um den dynamischen Regelfaktor $R(z) = y(z)/n(z)$ auch für Zustandsregler mit Beobachter mit erträglichem Aufwand bestimmen zu können, wurde wie folgt vorgegangen.

Auf dem Analogrechner wurde der Tiefpaßprozeß mit mehreren kleinen Zeitkonstanten

$$G_P(s) = \frac{y(s)}{u(s)} = \frac{1}{(1+4{,}2s)(1+1s)(1+0{,}9s)(1+0{,}6s)(1+0{,}55s)^2} \tag{11.4.9}$$

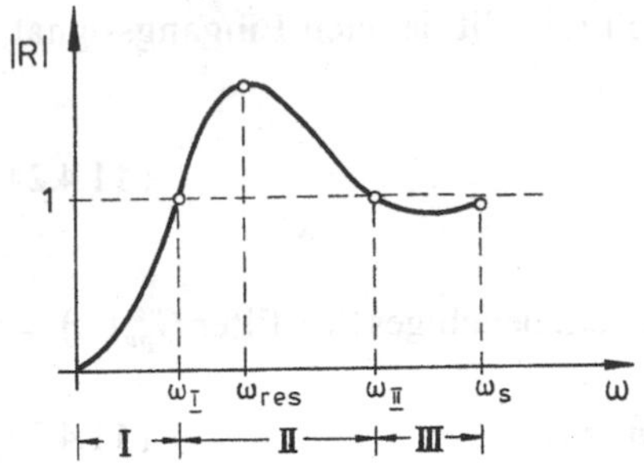

Bild 11.5. Frequenzbereiche des dynamischen Regelfaktors $|R(z)|$. $\omega_s = \pi/T_0$. ω_{res}: Resonanzfrequenz

simuliert und durch einen Prozeßrechner nach Anregen mit einem Pseudo-Binär-Rausch-Signal identifiziert. Die Methode „Korrelation und kleinste Quadrate" und die Ordnungssuche [3.13, 30.1 – 30.3] lieferten für die Abtastzeit $T_0 = 2$ s die Übertragungsfunktion

$$G_P(z) = \frac{y(z)}{u(z)} = \frac{0{,}0600z^{-1} + 0{,}1617z^{-2} + 0{,}0328z^{-3}}{1 - 0{,}9470z^{-1} + 0{,}2164z^{-2} - 0{,}0005z^{-3}}. \tag{11.4.10}$$

Aufgrund dieses Modells konnten dann verschiedene Regelalgorithmen auf dem Wege des rechnergestützten Entwurfs, ebenfalls mit dem Prozeßrechner, für sprungförmige Führungsgrößenänderung berechnet werden, s. Kap. 30. $|R(z)|$ wurde dann experimentell durch Frequenzgangmessung des Regelkreises, bestehend aus Analogrechner und Prozeßrechner ermittelt. Die Ergebnisse sind im folgenden dargestellt.

Beim dynamischen Regelfaktor sind bekanntlich drei Bereiche zu unterscheiden [5.14], vgl. Bild 11.5:

Bereich I: $0 \leqq \omega < \omega_I \rightarrow 0 \leqq |R| < 1$ (niedere Frequenzen)
Störungen $n(k)$ werden verkleinert

Bereich II: $\omega_I \leqq \omega < \omega_{II} \rightarrow 1 < |R|$ (mittlere Frequenzen)
Resonanzerscheinung. Störungen $n(k)$ werden verstärkt.

Bereich III: $\omega_{II} \leqq \omega < \omega_s \rightarrow |R| \approx 1$ (hohe Frequenzen)
Störungen $n(k)$ werden nicht beeinflußt.

Die positive Wirksamkeit des Regelkreises beschränkt sich also auf Bereich I. Parameteränderungen eines Reglers wirken sich (bei kontinuierlichen Signalen) so aus, daß Verkleinerungen von $|R|$ in einem Bereich Vergrößerungen und in einem anderen Bereich Verkleinerungen zur Folge haben [5.14].

Der Verlauf des Betrages des dynamischen Regelfaktors ist für verschiedene Regler in Bild 11.6 dargestellt. Die Daten der Regler sind in Tabelle 11.4 zusammengestellt. Die Veränderungen durch eine größere Gewichtung der Stellgröße zeigt Tabelle 11.5. Hiernach wird $|R|$ im Bereich I größer, die Störungen bei niederen Frequenzen werden also weniger gedämpft und die Regelgüte wird somit schlechter. Dasselbe gilt für den aufsteigenden Ast bei den mittleren Frequenzen im Bereich II. Beim absteigenden Ast in Bereich II, also jenseits der

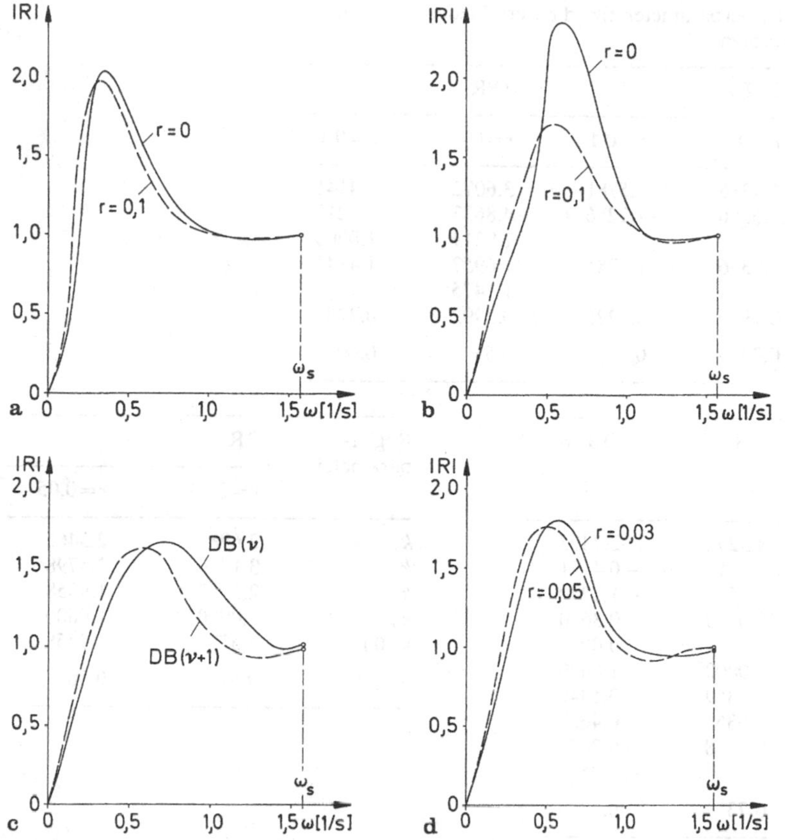

Bild 11.6. Verlauf des Betrages des dynamischen Regelfaktors für verschiedene Regler und verschiedene Stellgrößengewichtungen r bzw. verschiedene $u(0)$. **a** Parameteroptimierter Regler 2PR – 2 (PI); **b** Parameteroptimierter Regler 3PR – 3 (PID); **c** Deadbeat – Regler; **d** Zustandsregler mit Beobachter

Resonanzspitze, $\omega > \omega_{res}$, wird $|R|$ jedoch bei allen Reglern kleiner und die Regelgüte somit relativ besser (da $|R| > 1$, wäre hier jedoch gar kein Regler am besten). Im Bereich III ergeben sich nur vernachlässigbar kleine Änderungen. Für alle Regler trifft zu, daß eine größere Gewichtung der Stellgröße, bzw. ein kleineres $u(0)$, die Resonanzspitze im Betrag verkleinert und zu niederen Frequenzen verschiebt. Zum prinzipiellen Verlauf des dynamischen Regelfaktors bei Zustandsreglern sei auf (10.1.11) bis (10.1.14) und die zugehörigen Bemerkungen und Literaturangaben hingewiesen.

Auch aus dieser Betrachtung ist wieder zu erkennen, daß die Beurteilung des Regelverhaltens wesentlich vom Frequenzspektrum der anregenden Störungen, also insbesondere von (11.4.4) abhängt. Wenn nur sehr niederfrequente Störungen einwirken, dann kann r sehr klein bzw. $u(0)$ groß gemacht werden. Wesentliche Störkomponenten in der Nähe der Resonanzfrequenz verlangen große r bzw. kleine $u(0)$. Falls mittel/hochfrequente Störsignale auftreten, die nicht mit besonderen Störsignalfiltern weggefiltert werden können, s. Kap. 28,

Tabelle 11.4. Reglerparameter für die verschiedenen dynamischen Regelfaktoren

Regler-parameter	2PR-2		3PR-3	
	$r=0$	$r=0{,}1$	$r=0$	$r=0{,}1$
$q_0=u(0)$	1,9336	1,5781	3,6072	2,4141
q_1	−1,5586	−1,2266	−4,8633	−2,9219
q_2	–	–	1,9219	1,0000
K	1,9336	1,5781	1,6957	1,4141
c_D	–	–	1,1475	0,7072
c_I	0,1939	0,2225	0,3992	0,3481
ω_{res}	0,35	0,33	0,55	0,60

Regler-para-meter	DB(v)	DB($v+1$)
$q_0=u(0)$	3,9292	2,2323
q_1	−3,7210	−0,4171
q_2	0,8502	−1,1240
q_3	−0,0020	0,3660
q_4	–	−0,0009
p_0	1,0000	1,0000
p_1	−0,2359	−0,1340
p_2	−0,6353	−0,4628
p_3	−0,1288	−0,3475
p_4	–	−0,0556
ω_{res}	0,73	0,58

Regler-parameter	ZR	
	$r=0{,}03$	$r=0{,}05$
k_1	2,6989	2,3466
k_2	3,1270	2,5798
k_3	2,3777	1,9358
k_4	1,0000	1,0000
$u(0)$	2,3777	1,9358
ω_{res}	0,57	0,50

Tabelle 11.5. Veränderung von $|R(z)|$ für verschiedene Stellgrößengewichtungen

Regler	Veränderung beim Entwurf	$\|R(z)\|$ wird im			
		Bereich I	Bereich II		Bereich III
		$0\leqq\omega<\omega_I$	$\omega_I\leqq\omega<\omega_{res}$	$\omega_{res}\leqq\omega<\omega_{II}$	$\omega_{II}\leqq\omega\leqq\omega_s$
2PR-2	$r=0\rightarrow0{,}1$	größer	größer	kleiner	–
3PR-3	$r=0\rightarrow0{,}1$	größer	größer/kleiner	kleiner	–
DB	$v\rightarrow v+1$	größer	größer	kleiner	–
ZR	$r=0{,}03\rightarrow0{,}05$	größer	größer	kleiner	–

sollte insbesondere der Deadbeat-Regler DB(v) nicht verwendet werden, Bild 11.6c. Bei den übrigen Reglern kann r größer bzw. $u(0)$ kleiner gewählt werden.

In Bild 11.7 ist der dynamische Regelfaktor für verschiedene Regler in einem Bild dargestellt. Die Auswahl der Stellgrößengewichtungen wurde so getroffen, daß die nach einem Führungssprung auftretende Stellgröße $u(0)$ etwa gleich groß, $u(0)\approx 1{,}93 \ldots 2{,}41$, ist. $|R(z)|$ unterscheidet sich für 3 PR−3, DB($v+1$) und ZR nicht wesentlich. Lediglich der 2 PR−2 zeigt eine deutlich größere

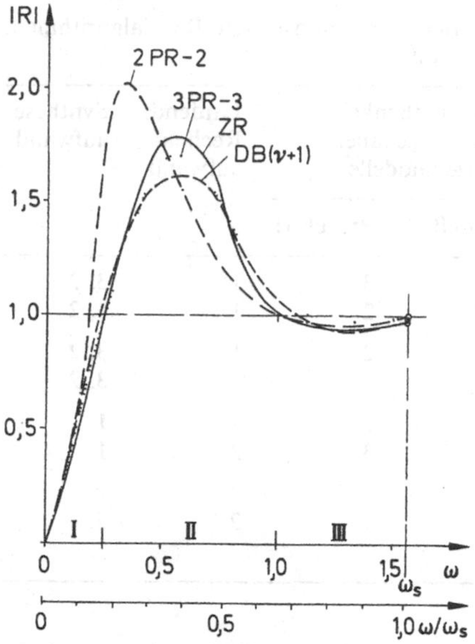

Bild 11.7. Betrag des dynamischen Regelfaktors für vier verschiedene Regler 2PR−2: $u(0)=1.93$, 3PR−3: $u(0)=2.41$, DB($\nu+1$): $u(0)=2.23$, ZR: $u(0)=2.38$

Resonanzspitze bei niederen Frequenzen. Im Bereich I ist ZR am günstigsten, im Bereich II der DB($\nu+1$) und im Bereich III der ZR.

Der dynamische Regelfaktor kann nicht nur zur Beurteilung der zu erhaltenden Regelgüte in Abhängigkeit vom Störsignalspektrum verwendet werden. Nach (10.1.10) ist der dynamische Regelfaktor gleich der *Empfindlichkeitsfunktion* $S(\boldsymbol{\Theta}_n, z)$ des Regelkreises, die Aufschluß über die Auswirkung von Änderungen des Prozeßverhaltens gibt. Kleines $|R(z)|$ bedeutet nicht nur gute Regelgüte, sondern auch kleine Empfindlichkeit, s. Kap. 10.

11.5 Folgerungen für die Anwendung der Regelalgorithmen

Die wesentlichen Eigenschaften der untersuchten Regelalgorithmen sind in Tabelle 11.6 für den Fall der betrachteten proportionalwirkenden Testprozesse mit Tiefpaßverhalten und nichtminimalem Phasenverhalten wiedergegeben.

Parameteroptimierte Regelalgorithmen

Die Drei-Parameter-Regelalgorithmen mit PID-Verhalten ergeben ein besseres Regelverhalten als die Zwei-Parameter-Regelalgorithmen mit PI-Verhalten, da eine bessere Regelgüte bei kleinerer Stelleistung, ein schnelleres Einschwingen bei kleinerer Überschwingung und eine kleinere Empfindlichkeit auf ungenaue Prozeßmodelle erzielbar sind.

Die parameteroptimierten Regelalgorithmen niederer Ordnung zeichnen sich durch besonders kleine Rechenzeit aus. Der Syntheseaufwand ist bei numerischer Parameteroptimierung und Gütekriterium Berechnung durch Simulation (Abschn. 5.4.1) als relativ groß anzusehen. Es ist jedoch auch ein Entwurf mit kleinerem Rechenaufwand möglich, s. Abschn. 5.4 und 26.5. Im Unterschied zu anderen Regelalgorithmen können für parameteroptimierte Regelalgorithmen niederer Ordnung auch einfache Einstellregeln angewandt werden.

Tabelle 11.6. Bewertung der wichtigsten Eigenschaften der untersuchten Regelalgorithmen. 1: „gut“ „klein“; 2:„mittel“ „mittel“; 3: „schlecht“ „groß“

Regelalgorithmus		Regelverhalten		Empfindlichkeit bzgl. ungenauer Prozeßmodelle		Laufend. Rechen-aufwand	Synthese-aufwand
		Prozeß III	Prozeß II	Prozeß III	Prozeß II		
PI	2PR-1	2	2	2	3	1	3, 2
	2PR-2	2	2	2	2	1	3, 2
PID	3PR-3	1	1	2	2	1	3, 2
	3PR-2	1	1	1	1	1	3, 2
Dead-beat	DB(ν)	3	3	2	3	2	1
	DB($\nu+1$)	2	3	2	3	2	1
Zust. größ. Reg.	ZR-1	1	1	2	2	2	2
	ZR-2	1	1	1	1	2	2

Parameteroptimierte Regelalgorithmen sind für folgende Fälle zu empfehlen:
- Gut regelbare Prozesse (kleine/mittlere Ordnung, kleine Totzeit)
- Übliche Anforderungen an die Regelgüte
- Ungenaue oder genaue Prozeßmodelle
- Parametereinstellung über Einstellregeln
- Große Anzahl von Regelkreisen
- Reglersynthese nur einmalig oder auch häufiger durchzuführen
- Gesteuerte Adaption der Reglerparameter in Abhängigkeit vom Arbeitspunkt
- Leichte Verständlichkeit für Bedienungspersonal.

Sie sind also für besonders viele Prozesse geeignet.

Zustandsgrößen-Regelalgorithmen

Die mit den Zustandsgrößenalgorithmen erreichbare Regelgüte unterscheidet sich bei den untersuchten Testprozessen nur wenig von der mit den Drei-Parameter-Regelalgorithmen erreichbaren Güte. Bei gleicher Anfangsstellgröße $u(0)$ ergeben die Zustandsgrößenalgorithmen einen etwas gedämpfteren Verlauf der Regelgröße und eine kleinere Einschwingzeit. Der Rechenaufwand zwischen zwei Abtastungen ist aber bei Prozessen ab zweiter Ordnung größer. Der Syntheseaufwand ist bei rechnergestütztem Entwurf mittelgroß. Die geeignete Wahl der zahlreichen Gewichtungsfaktoren sollte interaktiv erfolgen.

Zustandsgrößen-Regelalgorithmen sind besonders in folgenden Fällen vorzuziehen:
- Schwierig regelbare Prozesse (hohe Ordnung, große Totzeit, Allpaßverhalten)
- Hohe Anforderungen an die Regelgüte
- Genaue Prozeßmodelle
- Entwurf durch Digitalrechner
- Kleine Anzahl von Regelkreisen
- Instabile Prozesse, bei denen zur Stabilisierung die Rückführung von Zustandsgrößen erforderlich ist.

Deadbeat-Regelalgorithmen

Wegen der großen Stellgrößenänderungen sind Deadbeat-Regelalgorithmen der Ordnung $v = m$ und $v = m + d$ besonders bei kleinen Abtastzeiten im allgemeinen nicht zu empfehlen. Wenn die Abtastzeit nicht zu klein gewählt wird, sind jedoch Deadbeat-Regelalgorithmen der Ordnung $v + 1$ öfters einsetzbar, da sie kleinere Stellgrößenänderungen bewirken.

Einschwingzeit und Überschwingweite sind für die Deadbeat-Regelalgorithmen kleiner als bei den Drei-Parameter-Algorithmen. Der Rechenaufwand zwischen zwei Abtastungen ist für den Prozeß 4. Ordnung etwa 3fach größer. Ein Hauptvorteil der Deadbeat-Regelalgorithmen ist die sehr kleine Syntheserechenzeit.

Es ergeben sich also folgende Anwendungsbeispiele:
- Asymptotisch stabile Prozesse (ausgesprochene Tiefpaßprozesse)
- Genaue Prozeßmodelle
- Entwurf durch Digitalrechner
- Reglersynthese oft zu wiederholen (Adaptive Regelungen).

Diese Angaben beziehen sich auf die untersuchten Testprozesse. Sie können für lineare Prozesse dieser Art, ohne allzu große Fehler zu machen, wohl verallgemeinert werden.

Da die höherwertigen Regelalgorithmen im allgemeinen nur bei Kenntnis von relativ genauen mathematischen Prozeßmodellen ein gutes Regelverhalten erzielen können, kommt der Modellgewinnung eine entscheidende Bedeutung zu. Kombiniert man im Rechner Prozeßidentifikations- und Reglerentwurfsverfahren, dann erhält man selbsteinstellende bzw. adaptive Regelalgorithmen. In Kap. 26 wird gezeigt, welche Verbesserungen des Regelverhaltens mit adaptiven Deadbeat- und Zustandsreglern im Vergleich zu (adaptiven) PID-Reglern möglich ist.

Für proportionalwirkende Prozesse mit großen Totzeiten wurden in Kap. 9 bereits Angaben gemacht. Weitere Ergebnisse des Vergleichs von verschiedenen Regelalgorithmen werden für stochastische Störsignale in Kap. 13 und Kap. 14 gebracht.

Da Mehrgrößen-Regelsysteme sich sehr voneinander unterscheiden können, sind allgemeine Angaben zur Auswahl von Regelalgorithmen sehr schwierig. Die Vor- und Nachteile von parameteroptimierten und Zustandsgrößen-Regelalgorithmen sind in jedem Einzelfall zu untersuchen, s. Teil E.

Anhang A

A1 Tabelle der z-Transformierten und Laplace-Transformierten

Die folgende Tabelle enthält einige besonders häufig auftretende Zeitfunktionen $x(t)$ und ihre Laplace-Transformierten $x(s)$ und z-Transformierten $x(z)$. *Die Abtastzeit ist mit* T_0 bezeichnet. Ausführlichere Tabellen findet man in [2.15, 2.11, 2.25].

$x(t)$	$x(s)$	$x(z)$
1	$\frac{1}{s}$	$\frac{z}{z-1}$
t	$\frac{1}{s^2}$	$\frac{T_0 z}{(z-1)^2}$
t^2	$\frac{2}{s^3}$	$\frac{T_0^2 z(z+1)}{(z-1)^3}$
t^3	$\frac{6}{s^4}$	$\frac{T_0^3 z(z^2+4z+1)}{(z-1)^4}$
e^{-at}	$\frac{1}{s+a}$	$\frac{z}{z-e^{-aT_0}}$
$t \cdot e^{-at}$	$\frac{1}{(s+a)^2}$	$\frac{T_0 z e^{-aT_0}}{(z-e^{-aT_0})^2}$
$t^2 \cdot e^{-at}$	$\frac{2}{(s+a)^3}$	$\frac{T_0^2 z e^{-aT_0}(z+e^{-aT_0})}{(z-e^{-aT_0})^3}$
$1-e^{-at}$	$\frac{a}{s(s+a)}$	$\frac{(1-e^{-aT_0})z}{(z-1)(z-e^{-aT_0})}$
$at-1+e^{-at}$	$\frac{a^2}{s^2(s+a)}$	$\frac{(aT_0-1+e^{-aT_0})z^2+(1-aT_0e^{-aT_0}-e^{-aT_0})z}{(z-1)^2(z-e^{-aT_0})}$
$e^{-at}-e^{-bt}$	$\frac{b-a}{(s+a)(s+b)}$	$\frac{z(e^{-aT_0}-e^{-bT_0})}{(z-e^{-aT_0})(z-e^{-bT_0})}$
$1-(1+at)e^{-at}$	$\frac{a^2}{s(s+a)^2}$	$\frac{z}{z-1}-\frac{z}{z-e^{-aT_0}}-\frac{aT_0e^{-aT_0}z}{(z-e^{-aT_0})^2}$

Tabelle (Fortsetzung)

$x(t)$	$x(s)$	$x(z)$
$\sin \omega_1 t$	$\frac{\omega_1}{s^2+\omega_1^2}$	$\frac{z \sin \omega_1 T_0}{z^2-2z\cos\omega_1 T_0+1}$
$\cos \omega_1 t$	$\frac{s}{s^2+\omega_1^2}$	$\frac{z(z-\cos\omega_1 T_0)}{z^2-2z\cos\omega_1 T_0+1}$
$e^{-at}\sin\omega_1 T$	$\frac{\omega_1}{(s+a)^2+\omega_1^2}$	$\frac{z\cdot e^{-aT_0}\sin\omega_1 T_0}{z^2-2z\cdot e^{-aT_0}\cos\omega_1 T_0+e^{-2aT_0}}$
$e^{-at}\cos\omega_1 t$	$\frac{s+a}{(s+a)^2+\omega_1^2}$	$\frac{z^2-z\cdot e^{-aT_0}\cos\omega_1 T_0}{z^2-2z\cdot e^{-aT_0}\cos\omega_1 T_0+e^{-2aT_0}}$

A2 Tabelle einiger Übertragungsglieder mit kontinuierlichen und abgetasteten Signalen. Siehe S. 302 und 303

A3 Testprozesse zur Simulation

Zur Simulation von verschiedenen dynamischen Prozessen, von Regelkreisen mit verschiedenen Prozessen und Regelalgorithmen, von Identifikations- und Parameterschätzmethoden und von adaptiven Regelsystemen werden in diesem Buch mehrere „Testprozesse" verwendet. Diese Testprozesse sind Modelle von Prozessen mit verschiedenen Pol-Nullstellen-Konfigurationen und Totzeiten. Sie wurden in bezug auf die Identifikation und Regelung nach verschiedenen Gesichtspunkten ausgewählt und werden im folgenden zusammenfassend dargestellt. Die z-Übertragungsfunktionen wurden durch z-Transformation aus der Übertragungsfunktion $G(s)$ für kontinuierliche Signale mit vorgeschaltetem Halteglied nullter Ordnung (3.4.11) bzw. Abschn. 3.7.3, ermittelt (mit Ausnahme von Prozeß I).

Prozeß I: Zweiter Ordnung, oszillierendes Verhalten

$$G_I(z) = \frac{b_1 z^{-1}+b_2 z^{-2}}{1+a_1 z^{-1}+a_2 z^{-2}}$$

$a_1 = -1{,}5;\ a_2 = 0{,}7$

$b_1 = 1{,}0;\ b_2 = 0{,}5$

$T_0 = 2$ s.

Es existiert keine zugehörige Übertragungsfunktion $G(s)$. Aus Åström, K.J. und Bohlin, T. (1966), s. [3.13], entnommen.

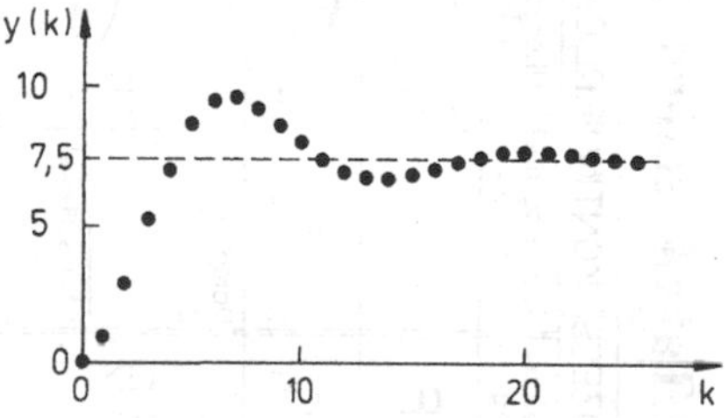

A 2 Tabelle einiger Übertragungsglieder mit kontinuierlichen und abgetasteten Signalen

PROZESS	KONTINUIERLICHE SIGNALE			ZEITDISKRETE SIGNALE, ABTASTZEIT T_0				
Bezeichnung	s-Übertragungsfunktion	Übergangsfunktion	s-Ebene o Nullstelle, x Pol	z-Übertragungsfunktion (mit Halteglied 0 Ordnung)		Übergangsfunktion	z-Ebene o Nullstelle, x Pol T_0 klein	T_0 groß
P	K	K	kein Pol, keine Nullstelle	b_0	$b_0=K$	K	kein Pol, keine Nullstelle	
PT_1	$\frac{K}{1+T_1 s}$	K, T_1	x at $-\frac{1}{T_1}$	$\frac{b_1 z^{-1}}{1+a_1 z^{-1}}$	$b_1=K[1-\exp(-\frac{T_0}{T_1})]$ $a_1=-\exp(-\frac{T_0}{T_1})$	K	x, 1	x, 1
PT_2	Dampfung D>1 $\frac{K}{(1+T_1 s)(1+T_2 s)}$	K	x at $-\frac{1}{T_2}$, x at $-\frac{1}{T_1}$	$\frac{b_1 z^{-1}+b_2 z^{-2}}{1+a_1 z^{-1}+a_2 z^{-2}}$	$z_1=\exp(-\frac{T_0}{T_1})$ $z_2=\exp(-\frac{T_0}{T_2})$ $b_1=\frac{K}{T_1-T_2}[T_1(1-z_1)-T_2(1-z_2)]$ $b_2=\frac{K}{T_1-T_2}[T_2 z_1(1-z_2)-T_1 z_2(1-z_1)]$ $a_1=-(z_1+z_2)$ $a_2=z_1 z_2$	K, $T_0<\frac{T_1+T_2}{2}$ K, $T_0\geq\frac{T_1+T_2}{2}$	o, xx, 1	oxx, 1
	D=1 $\frac{K}{(1+Ts)^2}$	K	x (doppelt) at $-\frac{1}{T}$	$\frac{b_1 z^{-1}+b_2 z^{-2}}{1+a_1 z^{-1}+a_2 z^{-2}}$	$z_0=\exp(-\frac{T_0}{T})$ $b_1=K[1-z_0(\frac{T_0}{T}+1)]$ $b_2=Kz_0[z_0+\frac{T_0}{T}-1]$ $a_1=-2z_0$ $a_2=z_0^2$	$T_0<T$, K $T_0>T$, K	o, x, 1	ox, 1
	D<1 $\frac{K}{1+2DTs+T^2 s^2}$	K	x, x at $-\frac{D}{T}$, $\pm\frac{\sqrt{1-D^2}}{T}$	$\frac{b_1 z^{-1}+b_2 z^{-2}}{1+a_1 z^{-1}+a_2 z^{-2}}$	$\delta=\frac{D}{T}$ $\omega=\frac{\sqrt{1-D^2}}{T}$ $z_0=\exp(-D\frac{T_0}{T})$ $b_1=K[1-z_0(\cos\omega T_0+\frac{\delta}{\omega}\sin\omega T_0)]$ $b_2=Kz_0(z_0-\cos\omega T_0+\frac{\delta}{\omega}\sin\omega T_0)$ $a_1=-2z_0\cos\omega T_0$ $a_2=z_0^2$	K, $T_0<\frac{\pi}{2\omega}$ K, $\frac{3\pi}{2\omega}>T_0>\frac{\pi}{2\omega}$	o, x, x, 1 $T_0<\frac{\pi}{2\omega}$	x, x, o, 1 $\frac{3\pi}{2\omega}>T_0>\frac{\pi}{2\omega}$
I	$\frac{1}{T_I s}$	1, T_I	x at 0	$\frac{b_1 z^{-1}}{1-z^{-1}}$	$b_1=\frac{T_0}{T_I}$	1, T_I	x, 1	x, 1
IT_1	$\frac{1}{T_I s(1+T_1 s)}$	$\frac{T_1}{T_I}$, T_1	x at $-\frac{1}{T_1}$, x at 0	$\frac{b_1 z^{-1}+b_2 z^{-2}}{1+a_1 z^{-1}+a_2 z^{-2}}$	$z_1=\exp(-\frac{T_0}{T_1})$ $b_1=[T_0-T_1(1-z_1)]/T_I$ $b_2=[T_1(1-z_1)-T_0 z_1]/T_I$ $a_1=-(1+z_1)$ $a_2=z_1$	$T_0<T_1$ $T_0>T_1$	o, xx, 1	ox, x, 1
PI	$K(1+\frac{1}{T_I s})$	K, $-T_I$	o at $-\frac{1}{T_I}$, x at 0	$\frac{b_0+b_1 z^{-1}}{1-z^{-1}}$	$b_0=K$ $b_1=K(\frac{T_0}{T_I}-1)$	K, $-T_I$	$T_0<T_I$, ox, 1	$T_0>2T_I$, o, x, 1

PROZESS	KONTINUIERLICHE SIGNALE			ZEITDISKRETE SIGNALE, ABTASTZEIT T_0				
Bezeichnung	s-Ubertragungsfunktion	Ubergangsfunktion	s-Ebene o Nullstelle, x Pol	z-Ubertragungsfunktion (mit Halteglied 0 Ordnung)		Ubergangsfunktion	z-Ebene o Nullstelle, x Pol T_0 klein	T_0 groß
PIT_1	$(1+\frac{1}{T_I s})\frac{K}{1+T_1 s}$	$-T_I$, T_1, K	$-\frac{1}{T_1}$ $-\frac{1}{T_I}$	$\frac{b_1z^{-1}+b_2z^{-2}}{1+a_1z^{-1}+a_2z^{-2}}$	$z_1=\exp(-\frac{T_0}{T_1})$ $b_1=\frac{K}{T_I}[T_0+(T_I-T_1)(1-z_1)]$ $b_2=-\frac{K}{T_I}[T_0z_1+(T_I-T_1)(1-z_1)]$ $a_1=-(1+z_1)$ $a_2=z_1$	$T_0<T_1$ $T_0>T_1$	1 $0<T_1<T_I$	1
DT_1	$\frac{T_Ds}{1+T_1s}$	$\frac{T_D}{T_1}$, T_1	$-\frac{1}{T_1}$	$\frac{b_0+b_1z^{-1}}{1+a_1z^{-1}}$	$b_0=\frac{T_D}{T_1}$ $b_1=-\frac{T_D}{T_1}$ $a_1=-\exp(-\frac{T_0}{T_1})$	$\frac{T_D}{T_1}$		
PDT_1	$K\frac{1+T_Ds}{1+T_1s}$	K, $K\frac{T_D}{T_1}$, T_1	$-\frac{1}{T_D}$ $-\frac{1}{T_1}$	$\frac{b_0+b_1z^{-1}}{1+a_1z^{-1}}$	$b_0=K\frac{T_D}{T_1}$ $b_1=K[1-\frac{T_D}{T_1}-\exp(-\frac{T_0}{T_1})]$ $a_1=-\exp(-\frac{T_0}{T_1})$		$0<T_D<T_1$	$2T_D<T_1$ $T_0=T_1\ln(\frac{T_1}{T_1-2T_D})$
ALLPASS 1 ORDNUNG	$K\frac{1-Ts}{1+Ts}$	K, $-K$, T	$-\frac{1}{T}$ $\frac{1}{T}$	$\frac{b_0+b_1z^{-1}}{1+a_1z^{-1}}$	$b_0=-K$ $b_1=K[2-\exp(-\frac{T_0}{T})]$ $a_1=-\exp(-\frac{T_0}{T})$	$T_0<T$ $T_0>T$	1 $T_D=-T_1$	1
PDT_2	$K\frac{1+T_Ds}{(1+T_1s)(1+T_2s)}$	K	$-\frac{1}{T_1}$ $-\frac{1}{T_D}$ $-\frac{1}{T_2}$ $0<T_2<T_D<T_1$	$\frac{b_1z^{-1}+b_2z^{-2}}{1+a_1z^{-1}+a_2z^{-2}}$	$z_1=\exp(-\frac{T_0}{T_1})$ $z_2=\exp(-\frac{T_0}{T_2})$ $b_1=\frac{K}{T_1-T_2}[z_1(T_D-T_1)-z_2(T_D-T_2)+T_1-T_2]$ $b_2=\frac{K}{T_1-T_2}[z_1(T_1z_2+T_2-T_D)-z_2(T_2z_1+T_1-T_D)]$ $a_1=-(z_1+z_2)$ $a_2=z_1z_2$	$T_0<\frac{T_1+T_2}{2}$ $T_0>\frac{T_1+T_2}{2}$	$0<T_2<T_D<T_1$	
T_t	$K\exp(-sT_t)$	K, T_t	o bei $\lvert s\rvert=+\infty$ x bei $\lvert s\rvert=-\infty$	Kz^{-d}	$T_t=dT_0$	K	d-fach	
REGLER								
Bezeichnung	s-Ubertragungsfunktion	Ubergangsfunktion	s-Ebene o Nullstelle x Pol	z-Ubertragungsfunktion (Diskretisierung mit Trapezintegration)		Ubergangsfunktion	z-Ebene o Nullstelle, x Pol T_0 klein	T_0 groß
PID	$K(1+T_Ds+\frac{1}{T_Is})$	KT_D, T_I	$T_I>4T_D$	$\frac{q_0+q_1z^{-1}+q_2z^{-2}}{1-z^{-1}}$	$q_0=K(1+\frac{T_0}{2T_I}+\frac{T_D}{T_0})$ $q_1=-K(1-\frac{T_0}{2T_I}+2\frac{T_D}{T_0})$ $q_2=K\frac{T_D}{T_0}$	q_0		

Prozeß II: Zweiter Ordnung, nichtminimales Verhalten

$$G_{II}(s) = \frac{K(1-T_1 s)}{(1+T_1 s)(1+T_2 s)}$$

$K = 1;\ T_1 = 4$ s; $T_2 = 10$ s

$$G_{II}(z) = \frac{b_1 z^{-1} + b_2 z^{-2}}{1 + a_1 z^{-1} + a_2 z^{-2}}$$

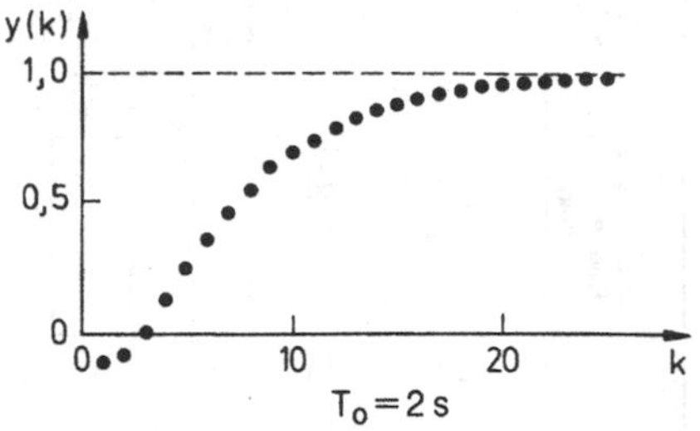

Parameter für $T_0 = 1; 4; 8; 16$ s
s. Tabelle 5.1.

Prozeß III: Dritter Ordnung mit Totzeit, Tiefpaßverhalten

$$G_{III}(s) = \frac{K(1+T_4 s)}{(1+T_1 s)(1+T_2 s)(1+T_3 s)} e^{-T_t s}$$

$K = 1;\ T_1 = 10$ s; $T_2 = 7$ s;

$T_t = 4$ s; $T_3 = 3$ s; $T_4 = 2$ s.

$$G_{III}(z) = \frac{b_1 z^{-1} + b_2 z^{-2} + b_3 z^{-3}}{1 + a_1 z^{-1} + a_2 z^{-2} + a_3 z^{-3}} z^{-d}$$

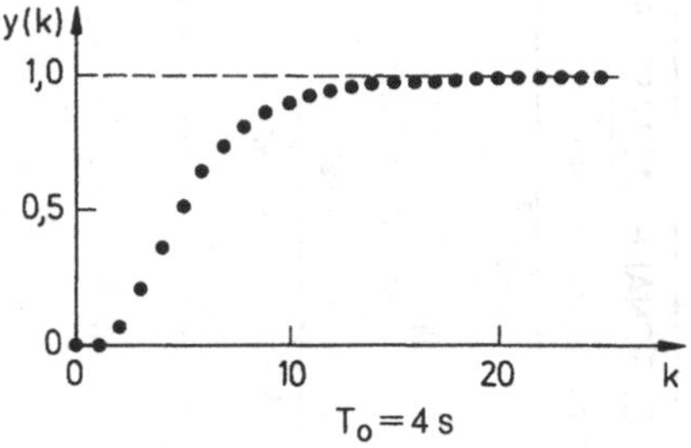

Parameter für $T_0 = 1; 4; 8; 16$ s
s. Tabelle 5.2
Prozeß I, II und III: s. auch [24.9, 3.13].

Prozeß IV: Fünfter Ordnung, Tiefpaßverhalten (Modell eines Dampfüberhitzers)

$$G_{IV}(s) = -\frac{(1+13{,}81\,s)^2(1+18{,}4s)}{(1+59s)^5} \left[\frac{K}{\%}\right]$$

$$G_{IV}(z) = \frac{b_2 z^{-1} + b_2 z^{-2} + b_3 z^{-3} + b_4 z^{-4} + b_5 z^{-5}}{1 + a_1 z^{-1} + a_3 z^{-2} + a_3 z^{-3} + a_4 z^{-4} + a_5 z^{-5}}$$

$T_0 = 20$ s:

$a_1 = -3{,}562473 \quad b_1 = -1{,}73 \cdot 10^{-3}$
$a_2 = 5{,}076484 \quad b_2 = -1{,}831 \cdot 10^{-3}$
$a_3 = -3{,}616967 \quad b_3 = 2{,}143 \cdot 10^{-3}$
$a_4 = 1{,}288535 \quad b_4 = -5{,}95 \cdot 10^{-4}$
$a_5 = -0{,}183615 \quad b_5 = 4{,}9 \cdot 10^{-5}$

$T_0 = 40$ s:

$a_1 = -2{,}538242 \quad b_1 = -9{,}725 \cdot 10^{-3}$
$a_2 = 2{,}577069 \quad b_2 = -2{,}1679 \cdot 10^{-2}$
$a_3 = -1{,}308245 \quad b_3 = 2{,}18 \cdot 10^{-3}$
$a_4 = 0{,}332064 \quad b_4 = 3{,}28 \cdot 10^{-4}$
$a_5 = -0{,}033714 \quad b_5 = -3{,}6 \cdot 10^{-5}$

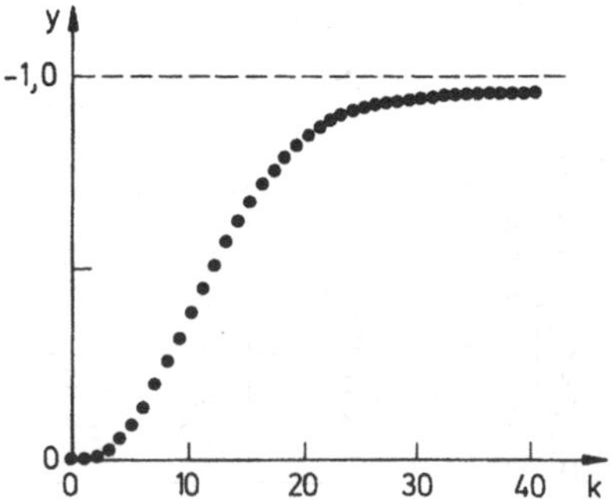

Prozeß V: Zweigrößenprozeß „Verdampfer und Überhitzer eines Trommeldampferzeugers" nach Bild 18.1.1

$$G_{11}(s) = G_{IV}(s)$$

$$G_{21}(s) = \frac{1{,}771}{(1+153{,}5s)(1+24s)(1+15s)} \left[\frac{K}{\%}\right]$$

$$G_{22}(s) = \frac{0{,}96}{695s(1+15s)} \left[\frac{bar}{\%}\right]$$

$$G_{12}(s) = \frac{0{,}0605}{695s} \left[\frac{bar}{\%}\right]$$

$T_0 = 20$ s:
$G_{11}(z) = G_{IV}(z)$ s. Prozeß IV

$$G_{21}(z) = \frac{2{,}476\cdot 10^{-2}z^{-1}+5{,}744\cdot 10^{-2}z^{-2}+7{,}859\cdot 10^{-3}z^{-3}}{1-1{,}576z^{-1}+0{,}7274z^{-2}-0{,}1006z^{-3}}$$

$$G_{22}(z) = \frac{0{,}01237z^{-1}+0{,}00798z^{-2}}{1-1{,}264z^{-1}+0{,}264z^{-2}}$$

$$G_{12}(z) = \frac{0{,}001741z^{-1}}{1-z^{-1}}$$

Die Ableitung dieser Modelle der Prozesse IV und V ist nachzulesen in: Isermann, R., Baur. U. und Blessing, P.: Test-case C for comparison of different identification methods. Proc. 5th IFAC-Congress, Boston 1975.

Prozeß VI: Dritter Ordnung, Tiefpaßverhalten

$$G_{VI}(s) = \frac{K}{(1+T_1 s)(1+T_2 s)(1+T_3 s)}$$

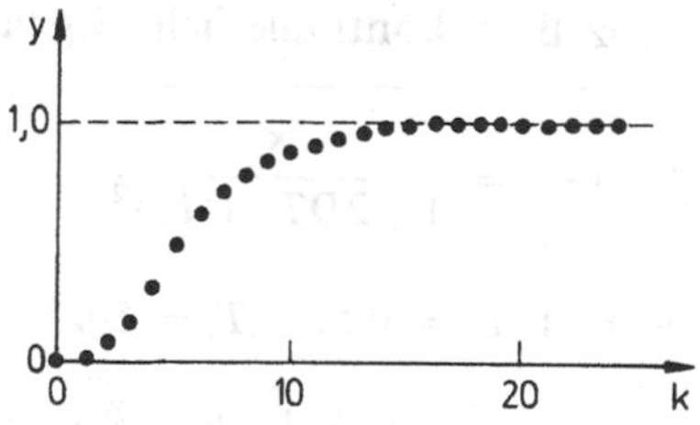

$K = 1;\ T_1 = 10$ s; $T_2 = 7{,}5$ s; $T_3 = 5$ s

$T_0 = 4$ s:

$$G_{VI}(z) = \frac{b_1 z^{-1}+b_2 z^{-2}+b_3 z^{-3}}{1+a_1 z^{-1}+a_2 z^{-2}+a_3 z^{-3}}$$

$a_1 = -1{,}7063;\ a_2 = +0{,}9580;\ a_3 = -0{,}1767$
$b_1 = 0{,}0186;\ b_2 = 0{,}0486;\ b_3 = 0{,}0078$

Für $T_0 = 2; 6; 8; 10; 12$ s; s. Tabelle 3.4.

Prozeß VII: Zweiter Ordnung, Tiefpaßverhalten

$$G_{VII}(s) = \frac{K}{(1+T_2 s)(1+T_3 s)}$$

$K = 1$; $T_2 = 7{,}5$ s; $T_3 = 5$ s

$$G_{VII}(z) = \frac{b_1 z^{-1} + b_2 z^{-2}}{1 + a_1 z^{-1} + a_2 z^{-2}}$$

$T_0 = 4$ s:
$a_1 = -1{,}036$; $a_2 = 0{,}2636$
$b_1 = 0{,}1387$; $b_2 = 0{,}0889$

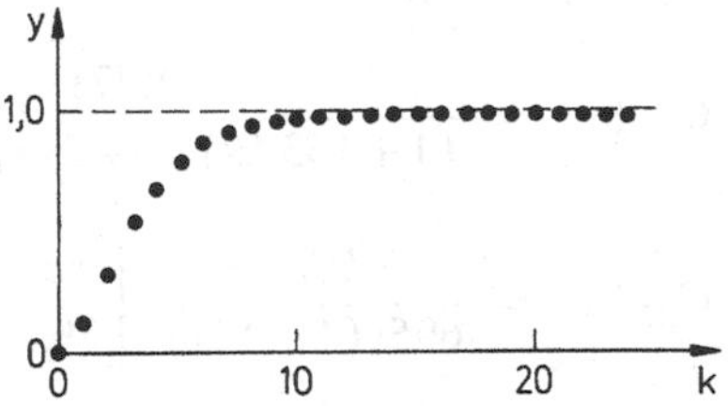

Prozeß VIII: Zweiter Ordnung, Tiefpaßverhalten

$$G_{VIII}(s) = \frac{K}{(1+T_1 s)(1+T_2 s)}$$

$K = 1$; $T_1 = 10$ s; $T_2 = 5$ s

$$G_{VIII}(z) = \frac{b_1 z^{-1} + b_2 z^{-2}}{1 + a_1 z^{-1} + a_2 z^{-2}}$$

$T_0 = 4$ s:
$a_1 = -1{,}1197$; $a_2 = 0{,}3012$
$b_1 = 0{,}1087$; $b_2 = 0{,}0729$

Für $T_0 = 1; 2; 6; 8; 12$ s; s. Tabelle 3.5.

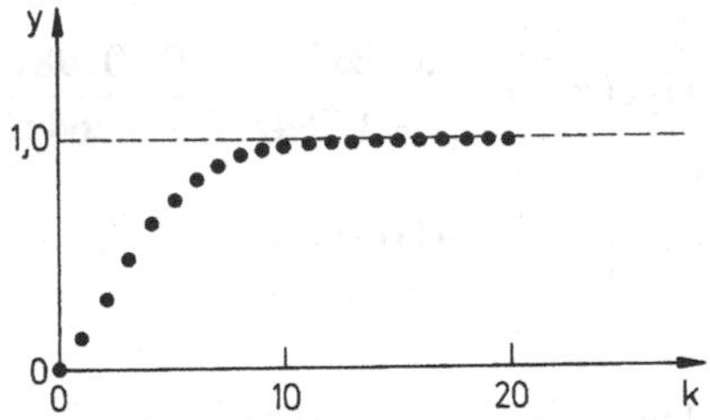

Prozeß IX: Zweiter Ordnung, schwingendes Verhalten (mit korrespondierendem Prozeß für kontinuierliche Signale (Unterschied zu Prozeß I))

$$G_{IX}(s) = \frac{K}{1 + 2DTs + T^2 s^2}$$

$K = 1$; $D = 0{,}5$; $T = 5$ s

$$G_{IX}(z) = \frac{b_1 z^{-1} + b_2 z^{-2}}{1 + a_1 z^{-1} + a_2 z^{-2}}$$

$T_0 = 1$ s:
$a_1 = -1{,}7826$; $a_2 = 0{,}8187$
$b_1 = 0{,}01867$; $b_2 = 0{,}01746$

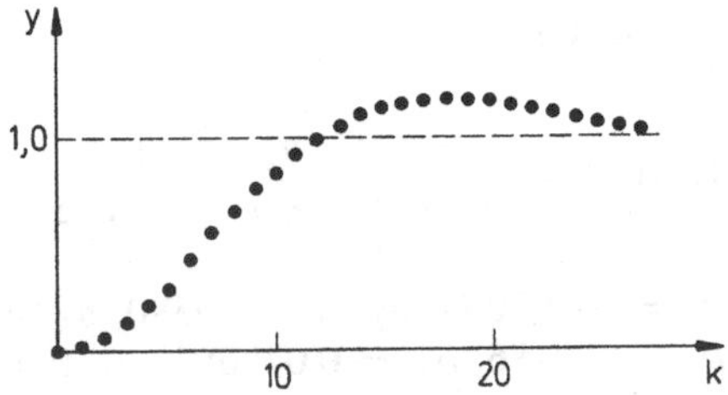

Prozeß X: Integralwirkender Prozeß zweiter Ordnung (s. Tabelle 26.5)

$$G_X(s) = \frac{1}{T_1 s(1+T_2 s)}$$

$T_1 = 1$ s; $T_2 = 5$ s

$$G_X(z) = \frac{b_1 z^{-1} + b_2 z^{-2}}{1 + a_1 z^{-1} + a_2 z^{-2}}$$

$T_0 = 0{,}3$ s:
$a_1 = -1{,}9418$; $a_2 = 0{,}9418$
$b_1 = 0{,}0088$; $b_2 = 0{,}0086$

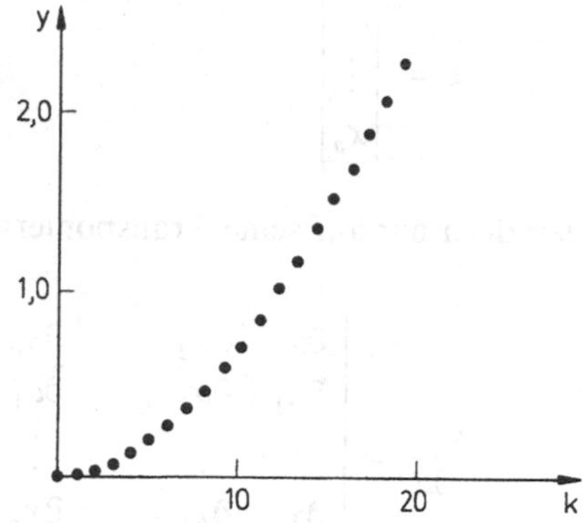

Prozeß XI: Instabiler Prozeß zweiter Ordnung (s. Tabelle 26.5)

$$G_{XI}(s) = \frac{K}{(1+T_1 s)(1+T_2 s)}$$

$K = 1$; $T_1 = 5$ s; $T_2 = -2$ s

$$G_{XI}(z) = \frac{b_1 z^{-1} + b_2 z^{-2}}{1 + a_1 z^{-1} + a_2 z^{-2}}$$

$T_0 = 0{,}5$ s:
$a_1 = -2{,}1889$; $a_2 = 1{,}1618$
$b_2 = -0{,}0132$; $b_2 = -0{,}0139$

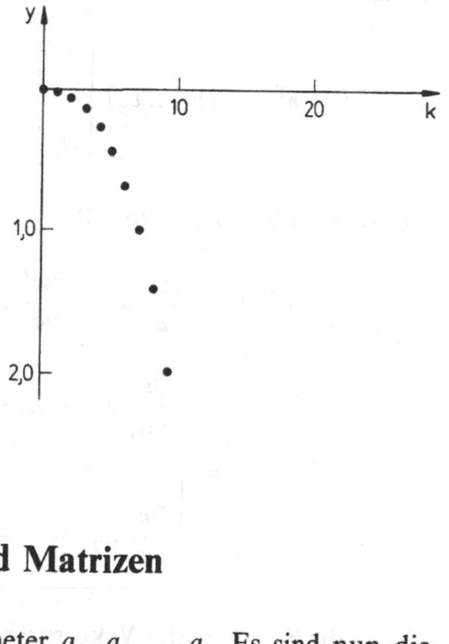

A4 Zur Ableitung von Vektoren und Matrizen

Der Vektor $\boldsymbol{x}$ sei eine Funktion der Parameter $a_1, a_2, ..., a_n$. Es sind nun die partiellen Ableitungen dieses Vektores nach den einzelnen Parametern gesucht. Hierzu werde ein partieller Ableitungsoperator als Vektor

$$\frac{\partial}{\partial \boldsymbol{a}} = \begin{bmatrix} \frac{\partial}{\partial a_i} \\ \vdots \\ \frac{\partial}{\partial a_n} \end{bmatrix}$$

definiert. Da dieser als Spaltenvektor definiert ist, kann er nicht auf

$$\boldsymbol{x} = \begin{bmatrix} x_1 \\ \vdots \\ x_p \end{bmatrix}$$

sondern nur auf seine Transponierte $\boldsymbol{x}^T$ angewendet werden. Dann ergibt sich

$$\frac{\partial \boldsymbol{x}^T}{\partial \boldsymbol{a}} = \begin{bmatrix} \frac{\partial x_1}{\partial a_1} & \frac{\partial x_2}{\partial a_1} & \cdots & \frac{\partial x_p}{\partial a_1} \\ \vdots & \vdots & & \vdots \\ \frac{\partial x_1}{\partial a_n} & \frac{\partial x_2}{\partial a_n} & \cdots & \frac{\partial x_p}{\partial a_n} \end{bmatrix}.$$

Falls x das Produkt zweier anderer Vektoren

$$x = \boldsymbol{v}^T\boldsymbol{w} = [v_1 \dots v_p] \begin{bmatrix} w_1 \\ \vdots \\ w_p \end{bmatrix} = v_1 w_1 + \dots + v_p w_p$$

ist, also ein Skalar, dann gilt

$$\frac{\partial}{\partial \boldsymbol{a}}[\boldsymbol{v}^T\boldsymbol{w}] = \frac{\partial v^T}{\partial \boldsymbol{a}}\boldsymbol{w} + \frac{\partial w^T}{\partial \boldsymbol{a}}\boldsymbol{v}$$

$$= \begin{bmatrix} \frac{\partial v_1}{\partial a_1} w_1 + \dots + \frac{\partial v_p}{\partial a_1} w_p \\ \vdots \\ \frac{\partial v_1}{\partial a_n} w_1 + \dots + \frac{\partial v_p}{\partial a_n} w_p \end{bmatrix} + \begin{bmatrix} \frac{\partial w_1}{\partial a_1} v_1 + \dots + \frac{\partial w_p}{\partial a_1} v_p \\ \\ \frac{\partial w_1}{\partial a_n} v_1 + \dots + \frac{\partial w_p}{\partial a_n} v_p \end{bmatrix}.$$

Wenn die Elemente des Vektors $\boldsymbol{v}$ keine Funktion der Parameter a_i sind und $\boldsymbol{w} = \boldsymbol{a}$, dann gilt

$$\frac{\partial}{\partial \boldsymbol{a}}[\boldsymbol{v}^T\boldsymbol{a}] = \boldsymbol{v}.$$

Falls, umgekehrt, die Elemente $\boldsymbol{w}$ keine Funktion der Parameter a_i sind und $\boldsymbol{v} = \boldsymbol{a}$, dann wird

$$\frac{\partial}{\partial \boldsymbol{a}}[\boldsymbol{a}^T\boldsymbol{w}] = \boldsymbol{w}.$$

Die letzten beiden Gleichungen gelten analog für die Matrizen $\boldsymbol{V}$ und $\boldsymbol{W}$ anstelle der Vektoren $\boldsymbol{v}$ und $\boldsymbol{w}$

$$\frac{\partial}{\partial \boldsymbol{a}}[\boldsymbol{V}\ \boldsymbol{a}]^T = \boldsymbol{V}^T$$

$$\frac{\partial}{\partial \boldsymbol{a}}[\boldsymbol{a}^T \boldsymbol{W}] = \boldsymbol{W}.$$

Es sei $\boldsymbol{A}$ eine quadratische Matrix. Dann gilt

$$\frac{\partial}{\partial \boldsymbol{x}}[\boldsymbol{x}^T \boldsymbol{A}\ \boldsymbol{y}] = \boldsymbol{A}\ \boldsymbol{y}$$

$$\frac{\partial}{\partial \boldsymbol{y}}[\boldsymbol{x}^T \boldsymbol{A}\ \boldsymbol{y}] = \boldsymbol{A}^T \boldsymbol{x}$$

$$\frac{\partial}{\partial \mathbf{x}}[\boldsymbol{x}^T \boldsymbol{A}\ \boldsymbol{x}] = 2\ \boldsymbol{A}\ \boldsymbol{x}\ \boldsymbol{A} \text{ symmetrisch.}$$

Anhang B

Übungsaufgaben

Im folgenden werden zur Vertiefung des Stoffes und zur eigenen Überprüfung mehrere Übungsaufgaben zu den Kap. 3, 5, 6, 7, 8 und 9 angegeben. Sie sind nach den einzelnen Abschnitten beziffert, z.B. ist B 3.3.5 die 5. Aufgabe zu Abschn. 3.3. Die Ergebnisse sind in Anhang C zu finden.

B 3.1.1 Diskretisieren einer Differentialgleichung
Ein Feder-Masse-Dämpfer System mit der Kennkreisfrequenz $\omega_0 = 0{,}5$ 1/s und der Dämpfung $D = 0{,}7$ werde durch die Differentialgleichung

$$a_2\ddot{x}(t) + a_1\dot{x}(t) + x(t) = b_0 w(t)$$

beschrieben, mit $a_2 = 1/\omega_0^2 = 4\ \mathrm{s}^2$, $a_1 = 2D/\omega_0 = 2{,}8$ s und $b_0 = 2$. Wie lautet die durch Diskretisieren entstehende Differenzengleichung, wenn die Abtastzeit $T_0 = 1$ s ist?

B 3.2.1 Shannonsches Abtasttheorem
Mit welcher Abtastzeit T_0 müssen harmonische Schwingungen mit den Frequenzen $f = 1$ und 50 Hz abgetastet werden, damit die kontinuierlichen Signale durch Tiefpaßfilterung des abgetasteten Signals wieder zurückgewonnen werden können?

B 3.3.1 Berechnung der z-Transformierten.
Man berechne die z-Transformierte zu $x(t) = ct$.

B 3.3.2 Berechnung der z-Transformierten.
Man berechne die z-Transformierte der folgenden Rampenfunktion für die Abtastzeit $T_0 = 4$ s

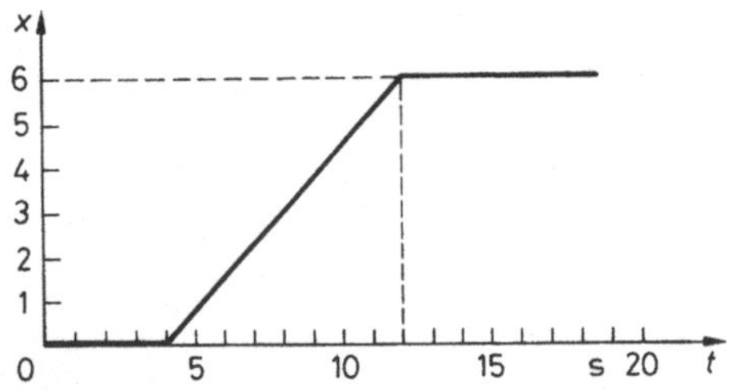

B 3.3.3 Anfangs- und Endwerte
Man bestimme die Anfangswerte und Endwerte der zeitdiskreten Funktion $x(k)$ mit den z-Transformierten

a) $x(z) = \dfrac{0{,}6z}{z^2-1{,}7z+0{,}7}$

b) $x(z) = \dfrac{1{,}5z}{z^2-1{,}732z+1}$

c) $x(z) = \dfrac{z^2-0{,}8z+1}{z^2-1{,}4z+0{,}4}$.

B 3.3.4 Berechnung der z-Rücktransformierten.
Gegeben ist

$$x(z) = \frac{1{,}6z^2-0{,}8}{z^3-2{,}6z^2+2{,}2z-0{,}6}$$

mit der Abtastzeit $T_0 = 1$ s. Gesucht ist $x(k)$ in expliziter Form und als Zahlenwerte für $k = 0, 1, ..., 4$. Man prüfe das Ergebnis durch Ausdividieren nach.

B 3.3.5 Berechnung der z-Transformierten.
Gegeben ist ein integralwirkendes Übertragungsglied $G(s) = y(s)/u(s) = 1/s$. Man ermittle die z-Transformierte des abgetasteten Ausgangssignales, wenn das Eingangssignal ein Einheitssprung ist und
a) kontinuierlich
b) abgetastet ohne Halteglied
c) abgetastet mit Halteglied nullter Ordnung
Man berechne die entstehenden Übergangsfunktionen.

B 3.4.1 Berechnung einer Ausgangsgröße mit der Faltungssumme
Gegeben ist ein Prozess mit der Übertragungsfunktion

$$G(s) = \frac{K}{1+T_1 s}e^{-T_t s}$$

mit $K = 1$; $T_1 = 2$ s $T_t = 3$ s und der Abtastzeit $T_0 = 1$ s. Man ermittle den Verlauf der Ausgangsgröße für einen Rechteckimpuls der Höhe 2 und Dauer $3T_0$ wenn dem Prozeß ein Halteglied nullter Ordnung vorgeschaltet ist.

B 3.4.2 Berechnung von $HG(z)$ aus $G(s)$
Man ermittle die z-Übertragungsfunktion für folgende s-Übertragungsfunktionen

a) $G(s) = \dfrac{1}{T_2 s(1+T_1 s)}$

$T_1 = 1$ s; $T_2 = 5$ s; $T_0 = 1$ s.

b) $G(s) = \dfrac{2}{(s+1)(2s+1)^2}$

$T_0 = 2$ s

c) $G(s) = \dfrac{1}{1+a_1 s+a_2 s^2}e^{-T_t s}$

$a_1 = 10$ 1/s; $a_2 = 21$ 1/s^2; $T_t = 8$ s; $T_0 = 4$ s

B 3.4.3 Eigenschaften von z-Übertragungsfunktionen
Gegeben sind folgende z-Übertragungsfunktionen:

$$G_1(z) = \frac{0{,}02z^{-2}-0{,}07z^{-3}}{z^{-1}-2z^{-2}+0{,}75z^{-3}}$$

$$G_2(z) = \frac{3{,}12z+1{,}56}{z^2+z+0{,}34}$$

$$G_3(z) = \frac{2{,}55z^{-1}}{z^{-2}+0{,}7z^{-3}}$$

$$G_4(z) = \frac{12z^3-6z^2}{z^4+5z^3+6z^2}$$

a) Welche $G(z)$ sind realisierbar?
b) Welche sind stabil oder instabil?
c) Wie groß ist der Verstärkungsfaktor bei den realisierbaren und stabilen $G(z)$?

B 3.4.4 Berechnung der Gewichtsfunktion
Für einen Prozeß mit Halteglied nullter Ordnung gelte

$$HG(z) = \frac{0{,}2z^{-1}}{1-0{,}8z^{-1}}$$

Man berechne die Gewichtsfunktion $g(k)$ und die Übergangsfunktion $h(k)$ für $k = 0, 1, 2, 3, 4$.

B 3.4.5 Zusammenschaltung linearer Abtastsysteme
Gegeben seien

$$G_1(s) = \frac{1}{T_1 s};\ G_2(s) = \frac{K_2}{1+T_2 s}.$$

mit $T_1 = 10$ s; $K_2 = 2$; $T_2 = 5$ s.

Wie lautet $G(z)$ bei einer Abtastzeit von $T_0 = 2$ s?
a) bei Hintereinanderschaltung nach Bild 3.11a
b) bei Hintereinanderschaltung nach Bild 3.11b

B 3.4.6 Abtast-Regelkreis
Der Prozeß nach Übung B 3.4.2a werde mit einem proportionalwirkenden Abtastregler, wobei $G_R(s) = K_R = 2$ ist, geregelt. Wie lautet die Führungsübertragungsfunktion $G_w(z)$ bei Anordnung nach Bild 3.11c.

B 3.4.7 Parameter aus Gewichtsfunktion
Gegeben ist die Gewichtsfunktion

$$g(0) = 0;\ g(1) = 0;\ g(2) = 0{,}5;\ g(3) = 0{,}85;\ g(4) = 0{,}925;\ g(5) = 0{,}7925$$

a) Wie groß ist die Totzeit d, wenn der Prozeß nicht sprungfähig ist $(b_0=0)$?
b) Wie lauten die Parameter von $G(z)$ für $m=2$?
c) Man berechne die Übergangsfunktion aus $g(k)$.

B 3.5.1 Pole und Nullstellen, Stabilität
Man ermittle für folgende z-Übertragungsfunktionen:

$$G_1(z) = \frac{z^2+0{,}4z+0{,}04}{z^3+0{,}4z^2-0{,}05z} \qquad G_2(z) = \frac{z^{-2}}{2+z^{-1}}$$

$$G_3(z) = \frac{2z^{-1}+z^{-2}}{z^{-1}+0{,}6z^{-2}+0{,}09z^{-3}} \qquad G_4(z) = \frac{z^2+0{,}5z}{z^2+1{,}6z+1{,}28}$$

$$G_5(z) = \frac{-0{,}21z^{-1}+0{,}25z^{-2}}{1-1{,}65z^{-1}+0{,}67z^{-2}}$$

a) Lage der Pole.
b) Lage der Nullstellen.
c) Welche sind stabil?
d) Welche haben Nullstellen innerhalb des Einheitskreises?
e) Welche sind realisierbar?
f) Existiert ein Korrespondierendes $G(s)$?

B 3.5.2 Lage der Pole
Gegeben ist ein Prozeß

$$G(s) = \frac{1}{(1+T_1s)(1+T_2s)}; \; T_1 = 10 \text{ min}; \; T_2 = 5 \text{ min}$$

Man berechne ohne und mit Halteglied nullter Ordnung die z-Übertragungsfunktion für die Abtastzeit $T_0 = 4$ min und prüfe die Stabilität. Wie ändern sich die Lagen der Pole und Nullstellen, wenn die Abtastzeit verdoppelt und halbiert wird?

B 3.5.3 Stabilitätsgrenze eines Regelkreises
Ein Prozeß

$$HG_p(z) = \frac{0{,}2z^{-1}+0{,}1z^{-2}}{1-1{,}5z^{-1}+0{,}7z^{-2}}$$

werde durch einen diskreten P-Regler geregelt. Wie groß ist die kritische Reglerverstärkung K_{Rkrit}?

B 3.5.4 Lage der Pole. Stabilität.
Welche der Übertragungsfunktionen

a) $G(z) = \dfrac{10}{(z-1)}$

b) $G(z) = \dfrac{2(z+1)}{(z-1)^2}$

c) $G(z) = \dfrac{3}{(z-0{,}8)}$

sind asymptotisch stabil, grenzstabil oder instabil?

B 3.5.5 Stabilität
Sind die zeitdiskreten Systeme mit den charakteristischen Gleichungen

a) $A(z) = z^3-3z^2+2{,}25z-0{,}5 = 0$
b) $A(z) = z^3+5z+3z+2 = 0$
c) $A(z) = z^4+9z^3+3z^2+9z+1 = 0$

stabil?

B 3.5.6 Stabilitätsgrenze
Man bestimme den stabilen Bereich der Kreisverstärkung K_0 für einen diskreten P-Regler mit Prozeß VI (Anhang A).

B 3.5.7 Stabiler Bereich von Reglerparametern
Man bestimme die stabilen Bereiche der Parameter eines PD-Reglers

$$u(k) = q_0 e(k) + q_1 e(k-1)$$

der mit einem Prozeß zweiter Ordnung im geschlossenen Regelkreis betrieben wird in allgemeiner Form. Für Zahlenwerte nehme man Prozeß VIII (Anhang A). In welchem Bereich darf q_0 gewählt werden, wenn $q_1 = -5$?

B 3.5.8 Lage der Nullstellen
Gegeben ist der Allpaß-Prozeß

$$G(s) = \frac{(s-1)}{s(s+2)}$$

Man ermittle mit einem Halteglied nullter Ordnung die Lage der Pole und Nullstellen für Abtastzeit $T_0 = 0{,}1$ s und 2 s.

B 3.5.9 Lage der Nullstellen
Gegeben ist der Allpaß-Prozeß

$$G(s) = \frac{(s-1)}{(s+1)(s+2)}$$

Man ermittle mit einem Halteglied nullter Ordnung die Lage der Pole und Nullstellen für die Abtastzeiten $T_0 = 0{,}1$ s, 1 s und 2 s.

B 3.6.1 Zustandsdarstellung
Ein Prozeß wird beschrieben durch die Differenzengleichung

$$\begin{aligned} y(k) + 1{,}2y(k-1) + 0{,}72y(k-2) + 0{,}32y(k-3) \\ = 0{,}4u(k-1) - 0{,}4u(k-2) + 0{,}84u(k-3) \end{aligned}$$

a) Man gebe die Zustandsdarstellung in Regelungsnormalform an
b) Wie lautet die charakteristische Gleichung?
c) Ist der Prozeß stabil? (Eine Wurzel lautet $z_1 = -0{,}8$)
d) Ist der Prozeß steuerbar und beobachtbar?

B 3.6.2 Zustandsdarstellung
Gegeben ist ein Zustandsmodell mit

$$\boldsymbol{A} = \begin{bmatrix} 0 & 0 & 0{,}1 \\ 1 & 0 & -0{,}7 \\ 0 & 1 & 1{,}5 \end{bmatrix} \quad \boldsymbol{b} = \begin{bmatrix} 0{,}1 \\ 0{,}06 \\ 0{,}04 \end{bmatrix} \quad \boldsymbol{c} = \begin{bmatrix} 0 \\ 0 \\ 1 \end{bmatrix}$$

a) Um welche kanonische Form handelt es sich?
b) Wie groß ist der Verstärkungsfaktor?
c) Wie groß sind die stationären Zustandsgrößen $\boldsymbol{x}(\infty)$ für $u(k) = 1$?

B 3.6.3 Eigenschaften des Zustandsmodells
Gegeben ist der Prozeß

$$G(z) = \frac{0{,}2z^{-2}}{1-0{,}8z^{-1}}$$

a) Wie lautet die Regelungsnormalform?
b) Wo liegen die Pole?
c) Ist der Prozeß steuerbar und beobachtbar?
d) Man ermittle aus der Zustandsdarstellung die Differenzengleichung.

B 5.1.1 Diskretisieren eines PID-Reglers
Gegeben ist ein kontinuierlicher PID-Regler mit $K = 3$; $T_I = 10\,\text{min}$; $T_D = 1\,\text{min}$. Man ermittle die Parameter q_0, q_1, q_2 des zeitdiskreten Regelalgorithmus bei Rechteckintegration und Abtastzeit $T_0 = 30$ s.

B 5.2.1 PID-Regler mit Stellgrößenvorgabe
Für den Prozeß

$$HG_P(z) = \frac{0{,}1z^{-1}+0{,}1z^{-2}}{1-1{,}1z^{-1}+0{,}3z^{-2}}$$

soll ein zeitdiskreter PID-Regler so entworfen werden, daß nach einem Sollwertsprung $w(k)$ von 0 auf 1 die Stellgröße $u(0) = 3$ und $u(1) = 1{,}2$ erzeugt werden. Für die Übergangsfunktion des Reglers gilt $\lim_{k\to\infty} (u(k)-u(k-1)) = 0{,}5$ für $e(k) = 1(k)$. Wie lauten die Reglerparameter q_0, q_1, q_2?

B 5.2.2 PID-Regler mit Stellgrößenvorgabe
Für den Prozeß VI (Anhang) sollen die Parameter eines PID-Regelalgorithmus so bestimmt werden, daß nach einer sprungförmigen Führungsgröße $w(k)$ die Stellgrößen $u(0) = u(1)$ sind. Wie groß ist q_1 wenn $q_0 = 2{,}5$ ist? Wie groß ist q_2 wenn die Reglerverstärkung $K = 1{,}5$ ist?

B 5.2.3 Stabilitätsbereich eines Regelkreises
Der Prozeß $HG_P(z) = \dfrac{b_1z^{-1}}{1+a_1z^{-1}}$ mit $a_1 = -0{,}3679$ und $b_1 = 0{,}6321$ werde mit einem PI-Regelalgorithmus

$$u(k) = u(k-1) + q_0e(k) + q_1e(k-1)$$

geregelt. Wie lauten die Stabilitätsbedingungen für die Reglerparameter? Man zeichne das Stabilitätsgebiet in ein Diagramm $q_0 = f(q_1)$ ein, vgl. Bild 5.3.

B 6.2.1 Kompensationsregler
Man berechne für den Testprozeß VIII (Anhang) mit $T_0 = 4$ s einen Kompensationsregler für das vorgegebene Verhalten

a) $G_w(z) = \beta_1z^{-1}/(1+\alpha_1z^{-1})$ mit $\alpha_1 = -0{,}6$ und $\beta_1 = 0{,}4$. Wie verläuft $u(k)$ und $y(k)$, wenn $w(k) = 1(k)$ (Einheitssprung)?
b) $G_w(z) = z^{-1}$. Wie verlaufen $u(k)$ und $y(k)$ für $w(k) = 1(k)$?

B 7.1.1 Deadbeat-Regler
Man berechne für den Testprozeß VIII (Anhang) für $T_0 = 4$ s einen Deadbeat-Regler ohne Stellgrößenvorgabe und gebe den Verlauf von $u(k)$ und $y(k)$ an.

B 7.1.2 Deadbeat-Regler
Welche der folgenden Prozesse können in der Praxis nicht mit einem Deadbeat-Regler geregelt werden?

$$G_1(z) = \frac{0{,}1z^{-1}+0{,}14z^{-2}}{1-z^{-1}+0{,}24z^{-2}} \quad G_2(z) = \frac{0{,}02z^{-1}+0{,}02z^{-2}}{1-2z^{-1}+0{,}96z^{-2}}$$

B 7.2.1 Deadbeat-Regler mit Stellgrößenvorgabe
Für den Prozeß

$$HG_P(z) = \frac{0{,}2z^{-1}+0{,}2z^{-2}}{1-1{,}5z^{-1}+0{,}7z^{-2}}$$

ist ein Deadbeat-Regler mit Stellgrößenvorgabe so zu bestimmen, daß die Stellgröße $u(0)$ gerade halb so groß ist wie die eines Deadbeat-Reglers ohne Stellgrößenvorgabe. Man berechne $u(k)$ und $y(k)$ für $w(k) = 1(k)$.

B 8.1.1 Optimale Zustandsrückführung
Gegeben ist ein Prozeß erster Ordnung

$$x(k+1) = -a_1 x(k) + u(k)$$
$$y(k) = b_1 x(k)$$

mit $a_1 = -0{,}6$ und $b_1 = 0{,}4$.

a) Man bestimme den Verstärkungsfaktor $k_{(N-j)}$ einer optimalen Zustandsrückführung durch rekursive Lösung der (skalaren) Riccati-Differenzengleichung entsprechend (8.1.31) für $j = 1, 2, \ldots, 5$ mit den Gewichtsfaktoren $q = 1$ und $r = 1$.
b) Wie groß ist der Wert des Gütekriteriums (8.1.32), falls vor Schließen der Rückführung der Prozeß im stationären Zustand für $u(k) = 1$ war?
c) Wie lautet die charakteristische Gleichung und wo liegt der Pol?

B 8.3.1 Zustandsrückführung durch Polvorgabe
Für einen Prozeß mit

$$\boldsymbol{A} = \begin{bmatrix} 0 & 1 & 0 \\ 0 & 0 & 1 \\ 0 & -0{,}6 & 1{,}5 \end{bmatrix} \quad \boldsymbol{b} = \begin{bmatrix} 0 \\ 0 \\ 1 \end{bmatrix} \quad \boldsymbol{c} = \begin{bmatrix} -0{,}01 \\ 0{,}11 \\ 0 \end{bmatrix}$$

sollen bestimmt werden:
a) Verstärkungsfaktor k
b) $G(z)$ und Pole
c) Zustandsrückführung so, daß alle Pole null werden.
d) Verlauf von $u(k)$ und $y(k)$ für $k = 0, 1, \ldots, 4$, mit $\boldsymbol{x}(0)$ aus eingeschwungenem Zustand für $u(k) = 1(k)$.

B 8.3.2 Zustandsrückführung durch Polvorgabe
Gegeben ist der Prozeß

$$\boldsymbol{A} = \begin{bmatrix} 0 & 1 \\ -0{,}35 & 1{,}2 \end{bmatrix} \quad \boldsymbol{b} = \begin{bmatrix} 0 \\ 1 \end{bmatrix} \quad \boldsymbol{c} = \begin{bmatrix} 0{,}06 \\ 0{,}1 \end{bmatrix}$$

a) Man bringe die Zustandsdarstellung in die Diagonalform
b) Wie lautet die Übertragungsfunktion?
c) Man bestimme eine Zustandsrückführung so, daß die Pole des geschlossenen Systems $\lambda_{1,2} = 0{,}5 \pm 0{,}3\,i$ lauten.

B 8.3.3 Zustandsrückführung
Gegeben ist das Zustandsmodell eines Prozesses in Beobachter-Normalform mit

$$\boldsymbol{A} = \begin{bmatrix} 0 & 0 & 0{,}1 \\ 1 & 0 & -0{,}7 \\ 0 & 1 & 1{,}5 \end{bmatrix} \quad \boldsymbol{b} = \begin{bmatrix} 0{,}1 \\ 0{,}06 \\ 0{,}04 \end{bmatrix} \quad \boldsymbol{c} = \begin{bmatrix} 0 \\ 0 \\ 1 \end{bmatrix}$$

Als Zustandsrückführung wird verwendet

$$\boldsymbol{k}^T = [\,5 \quad 4{,}5 \quad 3{,}77]$$

a) Man bestimme die charakteristische Gleichung und die Pole des geschlossenen Systems
b) Man berechne die stationären Zustandsgrößen $\boldsymbol{x}(\infty)$ und $y(\infty)$ des Prozesses (ohne Zustandsrückführung) für das konstante Eingangssignal $u(k) = 1$.
c) Wie groß ist die erste Stellgröße $u(0)$, falls, ausgehend vom Ruhezustand aus b), die oben angegebene Zustandsrückführung zum Zeitpunkt $k = 0$ eingeschaltet wird?

B 8.3.4 Zustandsrückführung mit Störgrößenaufschaltung
Gegeben ist der Prozeß

$$\boldsymbol{A} = \begin{bmatrix} 0{,}5 & 0 \\ -2 & 0{,}8 \end{bmatrix} \quad \boldsymbol{b} = \begin{bmatrix} -0{,}5 \\ 0 \end{bmatrix} \quad \boldsymbol{c} = \begin{bmatrix} -0{,}2 \\ 0{,}18 \end{bmatrix}$$

a) Man bestimme die Eigenwerte des Prozesses.
b) Man bestimme eine Zustandsrückführung so, daß die Pole $\lambda_1 = 0{,}1$ und $\lambda_2 = 0{,}2$ lauten
c) Auf den Prozeß mit der Zustandsrückführung $\boldsymbol{k}^T = [-2 \;\; 0{,}42]$ wirkt eine konstante Störgröße $v(k) = 1(k) =$ const, sodaß

$$\boldsymbol{x}(k+1) = \boldsymbol{A}\,\boldsymbol{x}(k) + \boldsymbol{b}u(k) + \boldsymbol{d}v(k)$$

mit $\boldsymbol{d}^T = [1{,}5 \;\; 2]$
Man nehme nun $v(k)$ als meßbar an und bestimme das f einer Steuerung

$$u(k) = -\boldsymbol{k}_1^T\boldsymbol{x}(k) + f\,v(k)$$

sodaß im Beharrungszustand $y(\infty) = 0$ gilt.

B 8.6.1 Zustandsgrößen-Beobachter
Gegeben sind die Prozesse mit der Übertragungsfunktion

$$G_{P1}(z) = \frac{0{,}6z^{-1}}{1-0{,}1z^{-1}+0{,}2z^{-2}}; \; G_{P2}(z)\text{: Testprozeß VIII (Anhang)}$$

a) Man gebe die Zustandsdarstellung in Regelungs- und Beobachternormalform an
b) Wie lauten die Beobachtergleichungen in Regelungs- und Beobachternormalform?
c) Man lege die Beobachterrückführung $\boldsymbol{h}$ so fest, daß der Beobachter

α) Deadbeat-Verhalten
β) die Pole G_{P1}: $z_1 = 0{,}8$ $z_2 = 0{,}5$
G_{P2}: $z_1 = 0{,}5$ $z_2 = 0{,}5$

erhält.
d) Dann berechne man die Zustandsregler für die Pole der charakteristischen Gleichung

G_{P1}: $z_1 = 0{,}2$ $\quad z_2 = -0{,}4$
G_{P2}: $z_1 = 0{,}1$ $\quad z_2 = 0{,}5$

e) Wie lauten die zu programmierenden Algorithmen der resultierenden Beobachter und Zustandsrückführung bei Darstellung in Beobachternormalform für den Deadbeat-Beobachter?

B 8.6.2 Zustandgrößen-Beobachter
Man gebe die Gleichungen eines Beobachters in Beobachternormalform an für den Prozeß von Aufgabe B 8.3.3. Die charakteristische Gleichung des Beobachters sei

$$z^3 - 0{,}5z^2 + 0{,}2z - 0{,}05 = 0$$

B 9.1.1 Modell eines Prozesses mit Totzeit
Für den Prozeß VII mit zusätzlicher Totzeit $T_t = 12$ s gebe man an
a) z-Übertragungsfunktion
b) Zustandsdarstellung in Regelungsnormalform (nach (9.1.6) und (9.1.7))

B 9.2.1 Prädiktorregler
Gegeben ist der lineare Prozeß

$$G(s) = \frac{K}{1+T_1 s} e^{-T_t s}$$

mit $K = 2$; $T_1 = 10$ s; $T_t = 16$ s; $T_0 = 4$ s.
Man entwerfe einen Prädiktorregler und bestimme den Verlauf der Stellgröße $u(k)$ für sprungförmiges $w(k) = 1(k)$.

Anhang C

Ergebnisse der Übungsaufgaben.

Im folgenden sind die Ergebnisse der Lösungen zu den Übungsaufgaben in Anhang B und eventuelle Hinweise zur Lösung angegeben.

C 3.1.1 $7{,}8x(k)-10{,}8x(k-1)+4x(k-2) = 2w(k)$

C 3.2.1 $\omega = 2\pi f;\ T_0 \leqq 1/2f;\ T_0 \leqq 0{,}5$ s und 0,01 s

C 3.3.1 $x(z) = \dfrac{cT_0z^{-1}}{(1-z^{-1})^2}$.

Man verwende die Potenzreihenentwicklung für $(1-z)^{-m}$

C 3.3.2 $x(z) = 3\,z^{-2}(1+z^{-1})/(1-z^{-1})$.

$x_1(t) = 3(t-3T_0)/4 \quad t \geqq 3T_0$

$x_2(t) = -3(t-T_0)/4 \quad t \geqq 3T_0$

C 3.3.3

a) $x(0) = 0;\ x(\infty) = 2$

$N(z) = (z-1)(z-0{,}7)$

b) $x(0) = 0$; $x(\infty)$ existiert nicht, da für die Pole von $(z-1)x(z)$ gilt: $|z| = 1$.

c) $x(0) = 1;\ x(\infty) = 2$

$N(z) = (z-1)(z-0{,}4)$

C 3.3.4 $x(k) = 3+2(u-1)-1{,}4e^{\ln 0{,}6(u-1)}$

$x(0) = 0;\ x(1) = 1{,}6;\ x(2) = 4{,}16;\ x(3) = 6{,}496$

$x(4) = 8{,}6976$.

C 3.3.5

a) $y(z) = \mathscr{Z}\{G(s)u(s)\} = \mathscr{Z}\{1/s^2\} = \dfrac{T_0z}{(z-1)^2}$

b) $y(z) = \mathscr{Z}\{G(s)\}u(z) = \dfrac{z^2}{(z-1)^2}$

c) $y(z) = \dfrac{z-1}{z}\mathscr{Z}\left\{\dfrac{G(s)}{s}\right\}u(z) = \dfrac{T_0z}{(z-1)^2}$

Übergangsfunktionen: Ausdividieren von Zähler und Nenner. Nach (3.4.33) folgt dann:

k	0	1	2	3
a)	0	1	2	3
b)	1	2	3	4
c)	0	1	2	3

C 3.4.1 $HG(z) = \frac{b_1 z}{z+a_1} z^{-4}; \; a_1 = -e^{-\frac{T_0}{T_1}} = -e^{-0,5} = -0{,}6065$

$$b_1 = \left(1-e^{-\frac{T_0}{T_1}}\right) = 1-e^{-0,5} = 0{,}3935$$

$$g(k) = \mathfrak{Z}^{-1}\{HG(z)\} = b_1 e^{-\frac{T_0}{T_1}k}$$

$$y(k) = \sum_{\nu=0}^{k} u(\nu) g(k-\nu)$$

k	0	1	2	3	4	5	6	7	8
$g(k)$	0	0	0	0	0,3935	0,2387	0,1447	0,0878	0,0533
$y(k)$	0	0	0	0	0,7869	1,2642	1,5537	0,9424	0,5716

C 3.4.2

a) $HG(z) = \frac{0{,}0736z^{-1}+0{,}0528z^{-2}}{1-1{,}3679z^{-1}+0{,}3679z^{-2}}$

b) $HG(z) = \frac{0{,}2578z^{-1}+0{,}3983z^{-2}+0{,}03489z^{-3}}{1-0{,}8711z^{-1}+0{,}2349z^{-2}-0{,}01832z^{-3}}$
(Partialbruchzerlegung durchführen)

c) $HG(z) = \frac{0{,}21z^{-1}+0{,}11z^{-2}}{1-0{,}83z^{-1}+0{,}15z^{-2}} z^{-2}$

C 3.4.3

$G_1(z)$: realisierbar; instabil;
$G_2(z)$: realisierbar; stabil; $K = 2$
$G_3(z)$: nicht realisierbar
$G_4(z)$: realisierbar, instabil

C 3.4.4

k	0	1	2	3	4
$g(k)$	0	0,2	0,16	0,128	0,1024
$h(k)$	0	0,2	0,36	0,488	0,5904

C 3.4.5 a) $G(z) = \dfrac{0{,}066z}{z^2-1{,}67z+0{,}67}$

b) $G(z) = \dfrac{0{,}04z^2}{z^2-1{,}67z+0{,}67}$

C 3.4.6 $G_w(z) = \dfrac{0{,}4z^{-1}+0{,}1057z^{-2}}{1-1{,}2207z^{-1}+0{,}1057z^{-2}}$

C 3.4.7

a) $d = 2$
b) $a_1 = -1{,}7 \quad a_2 = 1{,}04 \quad b_1 = 0 \quad b_2 = 0{,}5$
c) $h(0) = 0$; $h(1) = 0$; $h(2) = 0{,}5$; $h(3) = 1{,}35$; $h(4) = 2{,}275$; $h(5) = 2{,}9635$

C 3.5.1

$G_1(z)$: a) $z_1 = 0$; $z_2 = 0{,}1$; $z_3 = -0{,}5$ b) $z_{01,02} = -0{,}2$
c) stabil d) ja e) ja f) nein
$G_2(z)$: a) $z_1 = -0{,}5$; $z_2 = 0$ b) keine
c) stabil d) – e) ja f) nein
$G_3(z)$: a) $z_{1,2} = -0{,}3$ b) $z_{01} = -0{,}5$
c) ja d) ja e) ja f) ja
$G_4(z)$: a) $z_{1,2} = -0{,}8 \pm i0{,}8$ b) $z_{01} = -0{,}5$; $z_{02} = 0$
c) nein d) ja e) ja f) ja
$G_5(z)$: a) $z_1 = 0{,}928$ $z_2 = 0{,}722$ b) $z_{01} = 1{,}19$
c) stabil d) nein e) ja f) ja.

C 3.5.2

	Ohne Halteglied		Mit Halteglied	
T_0	Pole	Nullstellen	Pole	Nullstellen
2 min	0,8187; 0,6703	0	wie ohne Halteglied	−0,8187
4 min	0,6703; 0,4493	0	wie ohne Halteglied	−0,6703
8 min	0,4493; 0,2019	0	wie ohne Halteglied	−0,4493

Mit zunehmender Abtastzeit wandern Pole und Nullstellen zum Ursprung.

C 3.5.3 Anwendung der bilinearen Transformation und Stabilitätsbedingungen von Beispiel 3.5.1 ergibt $K_{R\,krit} = 3$.

C 3.5.4

a) grenzstabil, da einfacher Pol auf Einheitskreis
b) instabil, da doppelter Pol auf Einheitskreis
(Man stelle die homogene Differenzengleichung auf)
c) asymptotisch stabil, da Pol innerhalb Einheitskreis.

C 3.5.5

a) $A(1) = -0{,}25 < 0 \rightarrow$ instabil
b) $A(1) = 11 > 0;\ A(-1) = -3 < 0 \rightarrow$ instabil
c) $A(1) = 23 > 0;\ A(-1) = -13 < 0 \rightarrow$ instabil

C 3.5.6 $A(1) > 0{:}\ K_0 > -1;\ |b'_0| > |b'_2|{:}\ K_0 < 5.$

$-1 < K_0 < 5.$

C 3.5.7

$A(1) > 0 \rightarrow q_1 > -0{,}9994 - q_0$
$-A(-1) > 0 \rightarrow q_1 > -67{,}62 + q_0$
$|a'_0| < 1 \rightarrow |q_1| < 13{,}71$

$$|b'_0| > |b'_2| \rightarrow q_0 < \frac{131{,}85}{13{,}75 - 1{,}49q_1} - \frac{q_1^2 + 21{,}57q_1}{13{,}75 - 1{,}49q_1}$$

$q_1 = -5 \rightarrow q_0 < 4{,}0006$

C 3.5.8

$T_0 = 0{,}1$ s: Pole: $z_1 = 1;\ z_2 = 0{,}8187$
Nullstelle: $z_{01} = 1{,}1054$
$T_0 = 2$ s: Pole: $z_1 = 1;\ z_2 = 0{,}01831$
Nullstelle: $z_{01} = -2{,}7222$
(Nullstellen liegen außerhalb des Einheitskreises)

C 3.5.9

$$HG(z) = \frac{1}{2} \cdot \frac{(4e^{-T_0} - 3e^{-2T_0} - 1)z + (4e^{-2T_0} - e^{-3T_0} - 3e^{-T_0})}{z^2 - (e^{-T_0} + e^{-2T_0})z + e^{-3T_0}}$$

$T_0 = 0{,}1$ s: Pole: $z_1 = 0{,}9048;\ z_2 = 0{,}8187$
Nullstelle: $z_{01} = 1{,}1057$
$T_0 = 1$ s: Pole: $z_1 = 0{,}3679;\ z_2 = 0{,}1353$
Nullstelle: $z_{01} = 9{,}3431$
$T_0 = 2$ s: Pole: $z_1 = 0{,}1353;\ z_2 = 0{,}0183$
Nullstelle: $z_{01} = -0{,}6527$

Die Nullstelle liegt für $T_0 = 0{,}1$ und 1 s außerhalb, für $T_0 = 2$ s aber innerhalb des Einheitskreises.

C 3.6.1

a) $$\boldsymbol{A} = \begin{bmatrix} 0 & 1 & 0 \\ 0 & 0 & 1 \\ -0{,}32 & -0{,}72 & -1{,}2 \end{bmatrix} \quad \boldsymbol{b} = \begin{bmatrix} 0 \\ 0 \\ 1 \end{bmatrix} \quad \boldsymbol{c} = \begin{bmatrix} 0{,}84 \\ -0{,}4 \\ 0{,}4 \end{bmatrix}$$

b) $$\det[z\boldsymbol{I} - \boldsymbol{A}] = \det \begin{bmatrix} z & -1 & 0 \\ 0 & z & -1 \\ 0{,}32 & 0{,}72 & (z+1{,}2) \end{bmatrix}$$

$$= z^3 + 1{,}2z^2 + 0{,}72z + 0{,}32 = 0$$

c) $z_{2,3} = -0{,}2 \pm 0{,}6i \rightarrow$ stabil

d) $$\boldsymbol{Q}_s = \begin{bmatrix} 0 & 0 & 1 \\ 0 & 1 & -1{,}2 \\ 1 & -1{,}2 & 0{,}72 \end{bmatrix} \quad \det \boldsymbol{Q}_s = -1 \rightarrow \text{steuerbar}$$
(Voraussetzung!)

$$\boldsymbol{Q}_B = \begin{bmatrix} 0{,}84 & -0{,}4 & 0{,}4 \\ -0{,}128 & 0{,}552 & -0{,}88 \\ 0{,}2816 & 0{,}5056 & 1{,}608 \end{bmatrix} \quad \det \boldsymbol{Q}_B = 1{,}098 \rightarrow \text{beobachtbar}.$$

C 3.6.2

a) Beobachternormalform

b) $$G(z) = \frac{0{,}04z^{-1} + 0{,}06z^{-2} + 0{,}1z^{-3}}{1 - 1{,}5z^{-1} + 0{,}7z^{-2} - 0{,}1z^{-3}}$$

$$K = G(1) = \frac{0{,}2}{0{,}1} = 2$$

c) $\boldsymbol{x}(\infty) = [\boldsymbol{I} - \boldsymbol{A}]^{-1}\boldsymbol{b} \cdot 1$

$$= \begin{bmatrix} 1 & 0 & -0{,}1 \\ -1 & 1 & 0{,}7 \\ 0 & -1 & -0{,}5 \end{bmatrix}^{-1} \begin{bmatrix} 0{,}1 \\ 0{,}06 \\ 0{,}04 \end{bmatrix} = \begin{bmatrix} 0{,}3 \\ -1{,}04 \\ 2 \end{bmatrix}$$

C 3.6.3

a) $G(z) = \dfrac{0{,}2z^{-1}}{1 - 0{,}8z^{-1}} z^{-1}$; $a_1 = -0{,}8$; $b_1 = 0{,}2$

$$\boldsymbol{A} = \begin{bmatrix} 0 & 1 \\ 0 & 0{,}8 \end{bmatrix} \quad \boldsymbol{b} = \begin{bmatrix} 0 \\ 1 \end{bmatrix} \quad \boldsymbol{c} = \begin{bmatrix} 0{,}2 \\ 0 \end{bmatrix}$$

b) $$\det[z\boldsymbol{I} - \boldsymbol{A}] = \det\begin{bmatrix} z & -1 \\ 0 & (z-0{,}8) \end{bmatrix} = z(z-0{,}8) = 0$$

Pole: $z_1 = 0$; $z_2 = 0{,}8$

c) $$\det \boldsymbol{Q}_s = \det\begin{bmatrix} 0 & 1 \\ 1 & 0{,}8 \end{bmatrix} = -1 \neq 0 \rightarrow \text{steuerbar}$$

$$\det \boldsymbol{Q}_B = \det\begin{bmatrix} 0{,}2 & 0 \\ 0 & 0{,}2 \end{bmatrix} = 0{,}04 \neq 0 \rightarrow \text{beobachtbar}$$

d) $x_1(k+1) = -a_1 x_1(k) + x_2(k)$; $x_2(k) = u(k-1)$; $x_1(k) = \dfrac{y(k)}{b_1}$
$y(k) + a_1 y(k-1) = b_1 u(k-2)$

C 5.1.1 $q_0 = 9$; $q_1 = -14{,}85$; $q_2 = 6$

C 5.2.1 $q_0 = 3$; $q_1 = -3{,}9$; $q_2 = 1{,}4$

C 5.2.2

Aus (5.2.33) folgt $q_1 = -q_0(1-q_0 b_1) = -2{,}3838$

Gleichung (5.2.15) ergibt $q_2 = q_0 - K = 1{,}0$

C 5.2.3

$$N(z) = z^2 + (a_1 + q_0 b_1 - 1)z + b_1 q_1 - a_1$$

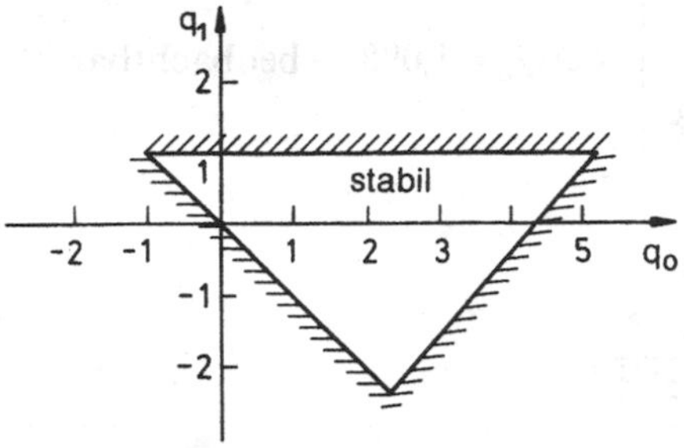

Aus Beispiel 3.5.1 folgt:

$N(1) > 0 \rightarrow \quad q_0 > -q_1$

$N(-1) > 0 \rightarrow q_0 < q_1 + \dfrac{2(1-a_1)}{b_1}$

$= q_1 + 4{,}328$

$b_1 q_1 - a_1 < 1 \rightarrow q_1 < \dfrac{1+a_1}{b_1} = 1$

C 6.2.1

a) $G_R(z) = \dfrac{3{,}6798 - 4{,}1203z^{-1} + 1{,}1084z^{-2}}{1 - 0{,}3293z^{-1} - 0{,}6706z^{-2}}$

k	0	1	2	3	4	5	6	7	8	9
$u(k)$	3,68	−0,70	2,19	0,23	1,53	0,65	1,24	0,84	1,10	0,93
$y(k)$	0	0,40	0,64	0,78	0,87	0,92	0,95	0,97	0,98	0,99

b) $G_R(z) = \dfrac{9{,}1995 - 10{,}3007z^{-1} + 2{,}7707z^{-2}}{1 - 0{,}3293z^{-1} - 0{,}6706z^{-2}}$

k	0	1	2	3	4	5	6	7	8	9
$u(k)$	9,20	−7,27	6,55	−2,73	3,49	−0,67	2,12	0,25	1,5	0,66
$y(k)$	0	1	1	1	1	1	1	1	1	1

C 7.1.1 $G_R(z) = \dfrac{5{,}5081 - 6{,}1672z^{-1} + 1{,}6590z^{-2}}{1 - 0{,}5987z^{-2} - 0{,}4013z^{-2}}$

k	0	1	2	3
$u(k)$	5,5081	−0,6590	1	1
$y(k)$	0	0,5987	1	1

C 7.1.2

Prozeß $G_2(z)$ ist instabil. Daher keine DB-Regelung.

C 7.2.1

$u(0) = 2{,}5$ für $DB(v)$
$u(0) = 1{,}25$ für $DB(v+1)$ vorgegeben

$$G_R(z) = \frac{1{,}25-0{,}625z^{-1}-1z^{-2}+0{,}875z^{-3}}{1-0{,}25z^{-1}-0{,}5z^{-2}-0{,}25z^{-3}}$$

k	0	1	2	3	4
$u(k)$	1,25	0,625	−0,375	0,5	0,5
$y(k)$	0	0,25	0,75	1,0	1,0

C 8.1.1

a) Aus (8.1.30) und (8.1.31) folgen

$$k_{N-j} = \frac{a_1\, p_{N-j+1}}{r + p_{N-j+1}}$$

$$p_{N-j} = q + a_1^2 p_{N-j+1} - k_{N-j}^2 (r + p_{N-j+1})$$

mit dem Startwert $p_N = q = 1$ ergeben sich

$k_{N-1} = 0{,}3$ $\quad p_{N-1} = 1{,}18$
$k_{N-2} = 0{,}32477$ $\quad p_{N-2} = 1{,}19486$
$k_{N-3} = 0{,}32663$ $\quad p_{N-3} = 1{,}19598$
$k_{N-4} = 0{,}32677$ $\quad p_{N-4} = 1{,}19606$
$k_{N-5} = 0{,}32678$ $\quad p_{N-5} = 1{,}19607$

b) Im eingeschwungenen Zustand ist

$x = a_1 x + 1 \rightarrow x(0) = 2{,}5$

Somit $I = x(0) p_0 x(0) \approx 2{,}5^2 \cdot 1{,}1961 = 7{,}4756$

c) Charakteristische Gleichung: $z + a_1 + k = 0$
Pol: $z_1 = -a_1 - k = 0{,}6 - 0{,}3268 = 0{,}2732$

C 8.3.1

a) $K = 1$

b) $$G(z) = \frac{-0{,}01 + 0{,}11z}{z(z^2-1{,}5z+0{,}6)}$$

Pol: $z_1 = 0$; $z_2 = 0{,}75 \pm 0{,}1963i$

c) $k_1 = 0$; $k_2 = -0{,}6$; $k_3 = 1{,}5$

d) $x^T(0) = [10\ 10\ 10]$

k	0	1	2	3	4
$u(k)$	−9	6	0	0	0
$y(k)$	1	1	−0,1	0	0

→ Deadbeat-Verhalten!

C 8.3.2

a) $A = \begin{bmatrix} 0{,}5 & 0 \\ 0 & 0{,}7 \end{bmatrix}$ $b = \begin{bmatrix} -3 \\ 5 \end{bmatrix}$ $c = \begin{bmatrix} 0{,}11 \\ 0{,}13 \end{bmatrix}$

b) $G(z) = \dfrac{0{,}1z^{-1} + 0{,}06z^{-2}}{1 - 1{,}2z^{-1} + 0{,}35z^{-2}}$

c) $k_1 = -0{,}01;\ k_2 = 0{,}2$

C 8.3.3

a) $z^3 - 0{,}5792z^2 + 0{,}1152z = 0$
$z_1 = 0;\ z_{2,3} = 0{,}2896 \pm 0{,}1770i$

b) $x_1(\infty) = 0{,}3;\ x_2(\infty) = -1{,}04;\ x_3(\infty) = 2;\ y(\infty) = 2$

c) $u(0) = -\boldsymbol{k}^T\boldsymbol{x}(0) = -4{,}36$

C 8.3.4

a) $z_1 = 0{,}5 \qquad z_2 = 0{,}8$

b) $k_1 = -2 \qquad k_2 = 0{,}42$

c) $\boldsymbol{x}(\infty) = [\boldsymbol{A} - \boldsymbol{b}\,\boldsymbol{k}^T]\boldsymbol{x}(\infty) + [\boldsymbol{b}f + \boldsymbol{d}]v(k)$
$\boldsymbol{x}(\infty) = [\boldsymbol{I} - \boldsymbol{A} + \boldsymbol{b}\,\boldsymbol{k}^T]^{-1}[\boldsymbol{b}f + \boldsymbol{d}]v(k)$
$0 = \boldsymbol{c}^T[\boldsymbol{I} - \boldsymbol{A} + \boldsymbol{b}\boldsymbol{k}^T]^{-1}[\boldsymbol{b}f + \boldsymbol{d}] \cdot 1$
$f = 0{,}72$

C 8.6.1

Prozeß $G_{P1}(z)$:

a) $\boldsymbol{A} = \begin{bmatrix} 0 & 1 \\ -0{,}2 & 0{,}1 \end{bmatrix} \quad \boldsymbol{b} = \begin{bmatrix} 0 \\ 1 \end{bmatrix} \quad \boldsymbol{c} = \begin{bmatrix} 0 \\ 0{,}6 \end{bmatrix}$

$\boldsymbol{A} = \begin{bmatrix} 0 & -0{,}2 \\ 1 & 0{,}1 \end{bmatrix} \quad \boldsymbol{b} = \begin{bmatrix} 0 \\ 0{,}6 \end{bmatrix} \quad \boldsymbol{c} = \begin{bmatrix} 0 \\ 1 \end{bmatrix}$

b) $\hat{\boldsymbol{x}}(k+1) = \begin{bmatrix} 0 & 1 - 0{,}6h_2 \\ -0{,}2 & 0{,}1 - 0{,}6h_1 \end{bmatrix} \hat{\boldsymbol{x}}(k) + \begin{bmatrix} 0 \\ 1 \end{bmatrix} u(k) + \begin{bmatrix} h_2 \\ h_1 \end{bmatrix} y(k)$

$\hat{\boldsymbol{x}}(k+1) = \begin{bmatrix} 0 & -0{,}2 - h_2 \\ 1 & 0{,}1 - h_1 \end{bmatrix} \hat{\boldsymbol{x}}(k) + \begin{bmatrix} 0 \\ 0{,}6 \end{bmatrix} u(k) + \begin{bmatrix} h_2 \\ h_1 \end{bmatrix} y(k)$

c) α) $\boldsymbol{h}^T = [-0{,}2 \quad 0{,}1]$

β) $\boldsymbol{h}^T = [0{,}2 \quad -1{,}2]$

d) $\boldsymbol{k}^T = [-0{,}28 \quad 0{,}3]$

e) $\hat{x}_1(k+1) = -0{,}2y(k);\ \hat{x}_2(k+1) = \hat{x}_1(k) + 0{,}6u(k) + 0{,}1y(k)$
$u(k) = -\hat{x}_1(k) + 0{,}8333\hat{x}_2(k)$

Prozeß $G_{P2}(z)$:

a) $\boldsymbol{A} = \begin{bmatrix} 0 & 1 \\ -0{,}3012 & 1{,}1197 \end{bmatrix} \quad \boldsymbol{b} = \begin{bmatrix} 0 \\ 1 \end{bmatrix} \quad \boldsymbol{c} = \begin{bmatrix} 0{,}0729 \\ 0{,}1087 \end{bmatrix}$

$\boldsymbol{A} = \begin{bmatrix} 0 & -0{,}3012 \\ 1 & 1{,}1197 \end{bmatrix} \quad \boldsymbol{b} = \begin{bmatrix} 0{,}0729 \\ 0{,}1087 \end{bmatrix} \quad \boldsymbol{c} = \begin{bmatrix} 0 \\ 1 \end{bmatrix}$

b) $$\hat{\boldsymbol{x}}(k+1) = \begin{bmatrix} -0{,}0729h_2 & 1-0{,}1087h_2 \\ -0{,}3012-0{,}0729h_1 & 1{,}120-0{,}0109h_1 \end{bmatrix} \hat{\boldsymbol{x}}(k) + \begin{bmatrix} 0 \\ 1 \end{bmatrix} u(k) + \begin{bmatrix} h_2 \\ h_1 \end{bmatrix} y(k)$$

$$\hat{\boldsymbol{x}}(k+1) = \begin{bmatrix} 0 & -0{,}3012-h_2 \\ 1 & 1{,}1197-h_1 \end{bmatrix} \hat{\boldsymbol{x}}(k) + \begin{bmatrix} 0{,}0729 \\ 0{,}1087 \end{bmatrix} u(k) + \begin{bmatrix} h_2 \\ h_1 \end{bmatrix} y(k)$$

c) α) $\boldsymbol{h}^T = [-0{,}3012 \quad 1{,}1197]$

β) $\boldsymbol{h}^T = [-0{,}0512 \quad 0{,}1197]$

d) $\boldsymbol{k}^T = [-0{,}2512 \quad 0{,}5197]$

e) $\hat{x}_1(k+1) = 0{,}0729u(k) - 0{,}3012y(k)$
$\hat{x}_2(k+1) = \hat{x}_1(k) + 0{,}1087u(k) + 1{,}1197y(k)$
$u(k) = -3{,}6728\hat{x}_1(k) - 2{,}3179\hat{x}_2(k)$

C 8.6.2

Charakteristische Gleichung

$$z^3 + (h_1-1{,}5)z^2 + (h_2+0{,}7)z + (h_3-0{,}1) = 0$$

$h_1 = 1;\ h_2 = -0{,}5;\ h_3 = 0{,}05$

$$\hat{\boldsymbol{x}}(k+1) = \begin{bmatrix} 0 & 0 & 0{,}05 \\ 1 & 0 & -1{,}2 \\ 0 & 1 & 0{,}5 \end{bmatrix} \boldsymbol{x}(k) + \begin{bmatrix} 0{,}1 \\ 0{,}06 \\ 0{,}04 \end{bmatrix} u(k) + \begin{bmatrix} 0{,}05 \\ -0{,}5 \\ 1 \end{bmatrix} y(k)$$

C 9.1.1

a) $$G(z) = \frac{0{,}1387z^{-1} + 0{,}0889z^{-2}}{1 - 1{,}036z^{-1} + 0{,}2636z^{-2}} z^{-3}$$

b) $\boldsymbol{x}(k+1) = \boldsymbol{A}\,\boldsymbol{x}(k) + \boldsymbol{b}\,u(k-3)$

$\boldsymbol{A} = \begin{bmatrix} 0 & 1 \\ -0{,}2636 & 1{,}036 \end{bmatrix} \quad \boldsymbol{b} = \begin{bmatrix} 0 \\ 1 \end{bmatrix} \quad \boldsymbol{c} = \begin{bmatrix} 0{,}0889 \\ 0{,}1387 \end{bmatrix}$

c) $\boldsymbol{x}(k+1) = \boldsymbol{A}\,\boldsymbol{x}(k) + \boldsymbol{b}\,u(k)$

$$\boldsymbol{A} = \begin{bmatrix} 0 & 1 & 0 & 0 & 0 \\ -0{,}2636 & 1{,}036 & 1 & 0 & 0 \\ 0 & 0 & 0 & 1 & 0 \\ 0 & 0 & 0 & 0 & 1 \\ 0 & 0 & 0 & 0 & 0 \end{bmatrix}; \quad \boldsymbol{b} = \begin{bmatrix} 0 \\ 0 \\ 0 \\ 0 \\ 1 \end{bmatrix}; \quad \boldsymbol{c} = \begin{bmatrix} 0{,}0889 \\ 0{,}1387 \\ 0 \\ 0 \\ 0 \end{bmatrix}$$

C 9.2.1

$$G_P(z) = \frac{0{,}6594z^{-5}}{1-0{,}6703z^{-1}}$$

$$G_R(z) = \frac{0{,}5 - 0{,}3352z^{-1}}{1 - 0{,}6703z^{-1} - 0{,}3297z^{-5}}$$

$$u(k) = 0{,}5w(k)$$

$$u(0) = u(1) = u(2) = \ldots = 0{,}5$$

Literatur

Kapitel 1

1.1 Thompson, A: Operating experience with direct digital control. IFAC/IFIP Conference on Application of Digital Computers for Process Control, Stockholm 1964, New York: Pergamon Press

1.2 Giusti, A.L.; Otto, R.E.; Williams, T.J.: Direct digital computer control. Control Eng 9 (1962) 104–108

1.3 Evans, C.S.; Gossling, T.H.: Digital computer control of a chemical plant. 2. IFAC-Congress, Basel 1963

1.4 Ankel, Th.: Prozeßrechner in der Verfahrenstechnik, gegenwärtiger Stand der Anwendungen. Regelungstechnik 16 (1968) 386–395

1.5 Ernst, D.: Digital control in power systems. 4. IFAC/IFIP Symp. on Digital Computer Applications to Process Control, Zürich 1974. Lecture Notes „Control Theory“ 93/94 Berlin: Springer 1974

1.6 Amrehn, H.: Digital computer applications in chemical and oil industries. 4 IFAC/IFIP Symp. on Digital Computer Applications to Process Control, Zürich 1974. Lecture Notes „Control Theory“ 93/94 Berlin: Springer 1974

1.7 Savas, E.S.: Computer control of industrial processes. London: McGraw-Hill 1965

1.8 Miller, W.E. (Ed.): Digital computer applications to process control. New York: Plenum Press 1965

1.9 Lee, T.H.; Adams, G.E.; Gaines, W.M.: Computer process control: modeling and optimization. New York: Wiley 1968

1.10 Schöne, A.: Prozeßrechensysteme der Verfahrensindustrie. München: Hanser 1969

1.11 Anke, K.; Kaltenecker, H.; Oetker, R.: Prozeßrechner. Wirkungsweise und Einsatz. München: Oldenbourg 1971

1.12 Smith, C.L.: Digital computer process control. Scranton: Intext Educ. Publish. 1972

1.13 Harrison, T.J. (Ed.): Handbook of industrial control computers. New York: Wiley-Interscience 1972

1.14 Syrbe, M.: Messen, Steuern, Regeln mit Prozeßrechnern. Frankfurt: Akad. Verlagsges. 1972

1.15 Kaltenecker, H.: Funktionelle und strukturelle Entwicklung der Prozeßautomatisierung. Regelungstech. Prax. 23 (1981) 348–355

1.16 Ernst, D.: New trends in the application of process computers. 7th IFAC-Congress, Helsinki 1978. Proc. Oxford: Pergamon Press

1.17 Schreiber, J.: Present state and development of microelectronics. In: Mikroelektronik in der Antriebstechnik, ETG-Fachbericht 11, Offenbach: VDE-Verlag, 1982

1.18 Larson, R.E.; Hall, W.E.: Control technology development during the first 25 years of IFAC. 25th Aniversary of IFAC, Heidelberg 1982. Düsseldorf: Preprints VDI/VDE-GMR

1.19 Prince, B.: Entwicklungen und Trends bei MOS-Speicherbausteinen. Elektronik 10 (1983) 47–50

1.20 Isermann, R.: The role of digital control in engineering. Trans. of the South African Institute of Electrical Engineers 75 (1984) 3–21

1.21 Isermann, R.: Bedeutung der Mikroelektronik für die Prozeßautomatisierung. ETZ 106 (1985) 330–337, 474–478, 602–606

Kapitel 2

2.1 Oldenbourg, R.C.; Sartorius, H.: Dynamik selbsttätiger Regelungen. München: Oldenbourg 1944 und 1951

2.2 Zypkin, J.S.: Differenzengleichungen der Impuls- und Regeltechnik. Berlin: VEB-Verlag Technik 1956

2.3 Jury, E.I.: Sampled-data control systems. New York: Wiley 1958

2.4 Ragazzini, J.R.; Franklin, G.F.: Sampled-data control systems. New York: McGraw-Hill 1958

2.5 Smith, O.J.M.: Feedback control systems. New York: McGraw-Hill 1958

2.6 Zypkin, J.S.: Theorie der Impulssysteme. Moskau: Staatl. Verl. für physikalisch-mathematische Lit. 1958

2.7 Tou, J.T.: Digital and sampled-data control systems. New York: McGraw-Hill 1959

2.8 Tschauner, J.: Einführung in die Theorie der Abtastsysteme. München: Oldenbourg 1960

2.9 Monroe, A.J.: Digital processes for sampled-data systems. New York: Wiley 1962

2.10 Kuo, B.C.: Analysis and synthesis of sampled-data control systems. Englewood-Cliffs, N.J.: Prentice Hall 1963

2.11 Jury, E.I.: Theory and application of the z-transform method. New York: Wiley 1964

2.12 Zypkin, J.S.: Sampling systems theory. New York: Pergamon Press 1964

2.13 Freeman, H.: Discrete-time systems. New York: Wiley 1965

2.14 Lindorff, D.P.: Theory of sampled-data control systems. New York: Wiley 1965

2.15 Strejc, V.: Synthese von Regelungssystemen mit Prozeßrechnern. Berlin: Adademie-Verlag 1967

2.16 Zypkin, J.S.: Theorie der linearen Impulssysteme. München: Oldenbourg 1967

2.17 Kuo, B.C.: Discrete-data control systems. Englewood-Cliffs, N.J.: Prentice Hall 1970

2.18 Cadzow, J.A.; Martens, H.R.: Discrete-time and computer control systems. Englewood-Cliffs, N.J.: Prentice Hall 1970

2.19 Ackermann, J.: Abtastregelung. Berlin: Springer 1972

2.20 Leonhard, W.: Diskrete Regelsysteme. Mannheim: Bibl. Inst. 1972

2.21 Föllinger, O.: Lineare Abtastsysteme. München: Oldenbourg 1974

2.22 Isermann, R.: Digitale Regelsysteme. 1. Aufl. Berlin: Springer-Verlag 1977

2.23 Isermann, R.: Digital control systems. Berlin: Springer-Verlag 1981

2.24 R.依扎尔曼 著 数字调节系统 机械工业出版社
chin. Übersetzung [2.22]. Verlag für mechan. Technik 1983

2.25 **Изерман Р.** Цифровые системы управления: Пер. с англ.—М.: Мир, 1984.
russ. Übersetzung von [2.23]. Moskau: MIR 1984

2.25 Kuo, B.C.: Digital control systems. Tokyo: Holt-Saunders 1980

2.26 Franklin, G.F.; Powell, J.D.: Digital control of dynamic systems. Reading, Mass.: Addison-Wesley 1980

2.27 Strejc, V.: State space theory of discrete linear control. Prag: Acedemia 1981

2.28 Ackermann, J.: Abtastregelung. 2 Aufl. Bd I und II. Berlin: Springer-Verlag 1983

2.29 Åström, K.J.; Wittenmark, B.: Computer controlled systems. Englewood-Cliffs, N.J.: Prentice Hall 1984

Kapitel 3

3.1 Kurzweil, F.: The control of multivariable processes in the presence of pure transport delays. IEEE Trans. Autom. Control (1963) 27–34

3.2 Koepcke, R.W.: On the control of linear systems with pure time delays. Trans. ASME (1965) 74–80

3.3 Tustin, A.: A method of analyzing the behaviour of linear systems in terms of time series. JIEE (London) 94 pt. IIA (1947) 130–142

3.4 Isermann, R.: Theoretische Analyse der Dynamik industrieller Prozesse. Mannheim: Bibliographisches Inst. 1971 Nr. 764/764a

3.5 Isermann, R.: Results on the simplification of dynamic process models. Int. J. Control (1973) 149–159
3.6 Campbell, D.P.: Process dynamics. New York: Wiley 1958
3.7 Profos, P.: Die Regelung von Dampfanlagen. Berlin: Springer-Verlag 1962
3.8 Gould, L.A.: Chemical process and control. Reading, Mass: Addison-Wesley 1969
3.9 Mac Farlane, A.G.J.: Dynamical system models. London: G.G. Harrap 1970
3.10 Gilles, E.D.: Systeme mit verteilten Parametern. München: Oldenbourg 1973
3.11 Isermann, R.: Experimentelle Analyse der Dynamik von Regelsystemen. Mannheim: Bibliographisches Inst. 1971 Nr. 515/515a
3.12 Eykhoff, P.: System identification. London: Wiley 1974
3.13 Isermann, R.: Prozeßidentifikation. Berlin: Springer-Verlag 1974
3.14 Wilson, R.G.; Fisher, D.G.; Seborg, D.E.: Model reduction for discrete-time dynamic systems. Int. J. Control (1972) 549–558
3.15 Gwinner, K.: Modellbildung technischer Prozesse unter besonderer Berücksichtigung der Modellvereinfachung. PDV-Entwicklungsnotiz PDV–E 51. Karlruhe: Ges. für Kernforschung 1975
3.16 Åström, K.J.; Hagander, P.; Sternby J.: Zeros of sampled systems. Automatica 20 (1984) 31–38
3.17 Tuschak, R.: Relation between transfer and pulse transfer functions of continuous processes. 8. IFAC-Kongreß, Kyoto. Oxford: Pergamon Press 1981
3.18 Isermann, R.: Practical aspects of process identification Automatica 16 (1980) 575–587
3.19 Litz, L.: Praktische Ergebnisse mit einem neuen modalen Verfahren der Ordnungsreduktion. Regelungstechnik 27 (1979) 273–280
3.20 Bonvin, D.; Mellichamp, D.A.: A unified derivation and critical review of model approaches to model reduction. Int. J. Control 35 (1982) 829–848

Kapitel 5

5.1 Bernard, J.W.; Cashen, J.F.: Direct digital control. Instrum. Control Sys. 38 (1965) 151–158
5.2 Cox, J.B.; Williams, L. J.; Banks, R.S.; Kirk, G.J.: A practical spectrum of DDC chemical process control algorithms. ISA J. 13 (1966) 65–72
5.3 Davies, W.T.D.: Control algorithms for DDC. Instrum. Prac. 21 (1967) 70–77
5.4 Lauber, R.: Einsatz von Digitalrechnern in Regelungssystemen. ETZ-A 88 (1967) 159–164
5.5 Amrehn, H.: Direkte digitale Regelung. Regelungstech. Prax. 10 (1968) 24–31, 55–57
5.6 Hoffmann, M.; Hofmann, H.: Einführung in die Optimierung. Weinheim: Verlag Chemie 1973
5.7 Isermann, R.; Bux, D.; Blessing, P.; Kneppo, P.: Regel- und Steueralgorithmen für die digitale Regelung mit Prozeßrechnern – Synthese, Simulation, Vergleich –. PDV-Bericht Nr. 54 KFK-PDV. Karlsruhe: Ges. für Kernforschung 1975
5.8 Rovira, A.A.; Murrill, P.W.; Smith, C.L.: Modified PI algorithm for digital control. Instrum. Control Syst. Aug. (1970) 101–102
5.9 Isermann, R.; Bamberger, W.; Baur, W.; Kneppo, P.; Siebert, H.: Comparison and evaluation of six on-line identification methods with three simulated processes. IFAC-Symp. on Identification, Den Haag 1973. IFAC-Automatica 10 (1974) 81–103
5.10 Lee, W.T.: Plant regulation by on-line digital computers. S.I.T. Symp. on Direct Digital Control
5.11 Goff, K.W.: Dynamics in direct digital control, I and II. ISA J. Nov. (1966) 45–49, Dec. (1966) 44–54
5.12 Beck, M.S.; Wainwright, N.: Direct digital control of chemical processes. Control (1968) 53–56

5.13 Bakke, R.M.: Theoretical aspects of direct digital control. ISA Trans. 8 (1969) 235–250
5.14 Oppelt, W.: Kleines Handbuch technischer Regelvorgänge. Weinheim: Verlag Chemie 1960
5.15 Lopez, A.M.; Murrill, P.W.; Smith, C.L.: Tuning PI- and PID-digital controllers. Instrum. Control Syst. 42 (1969) 89–95
5.16 Takahashi, Y.; Chan, C.S.; Auslander, D.M.: Parametereinstellung bei linearen DDC-Algorithmen. Regelungstech. Prozeßdatenverarb. 19 (1971) 237–244
5.17 Takahashi, Y.; Rabins, M.; Auslander, D.: Control and dynamic systems. Reading, Mass.: Addison-Wesley 1969
5.18 Schwarz, Th.: Einstellregeln für diskrete parameteroptimierte Regelalgorithmen. Studienarbeit Nr. 72/74, Abt. für Regelungstech. und Prozeßdynamik (IVD), Univ. Stuttgart 1975
5.19 Unbehauen, H.; Böttiger, F.: Regelalgorithmen für Prozeßrechner. Bericht KFK-PDV 26. Karlsruhe: Ges. für Kernforschung 1974
5.20 Smith, C.L.: Digital computer process control. Scranton: Intext Educational Publ. 1972
5.21 Chiv, K.C.; Corripio, A.B.; Smith, C.L.: Digital control algorithms, Part III: Tuning PI and PID controllers. Instrum. Control Syst. 46 (1973) 41–43
5.22 Wittenmark, B.; Åström, K.J.: Simple self-tuning controllers. Symp. on Methods and Applications in Adaptive Control. Bochum 1980
5.23 Kofahl, R.; Isermann, R.: A simple method for automatic tuning of PID-controllers based on process parameter estimation. Boston: American Control Conference 1985
5.24 Kofahl, R.: Selbsteinstellende digitale PID-Regler-Grundlagen und neue Entwicklungen. VDI-Bericht Nr. 550. Düsseldorf: VDI-Verlag 1985, 115–130
5.25 Eckelmann, W.; Hofmann, W.: Vergleich von Regelalgorithmen in Automatisierungssystemen. Regelungstech. Praxis 25 (1983) 423–426
5.26 Hensel, H.: Methoden des rechnergestützten Entwurfs und Echtzeiteinsatzes zeitdiskreter Mehrgrößenregelsysteme und ihre Realisierung in einem CAD-System. Interner Bericht. Inst. für Regelungstechnik, TH Darmstadt 1986
5.27 Radke, F.; Isermann R.: A parameteradaptive PID-controller with stepwise parameter optimization. Proc. 9th IFAC-Congress, Budapest 1984. Oxford: Pergamon Press
5.28 Tolle, H.: Optimierungsverfahren. Berlin: Springer-Verlag 1971
5.29 Wilde, D.J.: Optimum seeking methods. Englewood Cliffs, Mass.: Prentice Hall 1964
5.30 Horst, R.: Nichtlineare Optimierung. München: Hanser 1979
5.31 Hofer, E.; Lunderstädt, R.: Numerische Methoden der Optimierung. München: Oldenbourg 1975
5.32 Hengstenberg, J.; Sturm, B.; Winkler, O.: Messen, Steuern, Regeln in der Chemischen Technik. 3. Aufl. Bd. III Berlin: Springer-Verlag 1981
5.33 Hengstenberg, J.; Sturm, B.; Winkler O.: Messen, Steuern, Regeln in der Chemischen Technik. 3. Aufl. Bd IV. Berlin: Springer-Verlag 1983
5.34 Moore, C.F.; Smith, C.L.; Murrill, P.W.: Improved algorithm for direct digital control. Instrum. Control Syst. Jan (1970) 70–74
5.35 Bányasz, Cs.; Keviczky, L.: Direct methods for self-tuning PID-regulators. Proc. 6th IFAC-Symp. on Identification, Washington 1982. Oxford: Pergamon Press
5.36 Schwefel, H.P.: Numerische Optimierung von Computer-Modellen mittels Evolutionsstrategie. Basel: Birkhäuser-Verlag 1977

Kapitel 6

6.1 Bergen, A.R.; Ragazzini, J.R.: Sampled-data processing techniques for feedback control systems. AIEE Trans. 73 (1954) 236
6.2 Strejc, V.: Synthese von Regelkreisen mit Prozeßrechnern. Mess. Steuern Regeln (1967) 201–207
6.3 Dahlin, E.B.: Designing and tuning digital controllers. Instrum. Control Sys. 41 (1968) 77–83 und 87–92

Kapitel 7

7.1 Jury, E.I.; Schroeder, W.: Discrete compensation of sampled data and continuous control systems. Trans. AIEE 75 (1956) Pt. II
7.2 Kalman, R.E.: Diskussionsbemerkung zu einer Arbeit von Bergen, A.R. und Ragazzini, J.R. Trans. AIEE (1954) 236–247
7.3 Lachmann, K.H.; Goedecke, W.: Ein parameteradaptiver Regler für nichtlineare Prozesse. Regelungstechnik 30 (1982) 197–206

Kapitel 8

8.1 Bellman, R.E.: Dynamic programming. Princeton: Princeton University Press 1957
8.2 Kalman, R.; Koepcke, R.V.: Optimal synthesis of linear sampling control systems using generalized performance indexes. Trans. ASME (1958) 1820–1826
8.3 Athans, M. Falb, P.L.: Optimal control. New York: McGraw-Hill 1966
8.4 Kwakernaak, H.; Sivan, R.: Linear optimal control systems. New York: Wiley-Interscience 1972
8.5 Kneppo, P.: Vergleich von linearen Regelalgorithmen für Prozeßrechner. Diss. Univ. Stuttgart. PDV-Bericht KFK-PDV 96. Karlsruhe: Ges. für Kernforschung 1976
8.6 Johnson, C.D.: Accomodation of external disturbances in linear regulators and servomechanical problems. IEEE Trans. Autom. Control AC 16 (1971)
8.7 Kreindler, E.: On servo problems reducible to regulator problems. IEEE Trans. Autom. Control AC 14 (1969)
8.8 Bux, D.: Anwendung und Entwurf konstanter, linearer Zustandsregler bei linearen Systemen mit langsam veränderlichen Parametern. Diss. Univ. Stuttgart. Fortschritt-Ber. VDI-Z Reihe 8, Nr. 21. Düsseldorf: VDI-Verlag 1975
8.9 Rosenbrock, H.H.: Distinctive problems of process control. Chem. Eng. Prog. 58 (1962) 43–50
8.10 Porter, B. Crossley, T.R.: Modal control. London: Taylor and Francis 1972
8.11 Gould, L.A.: Chemical process control. Reading Mass.: Addison-Wesley 1969
8.12 Föllinger, 0.: Einführung in die modale Regelung. Regelungstechnik 23 (1975) 1–10
8.13 Luenberger, D.G.: Observing the state of a linear system. IEEE Trans. Mil. Electron. (1964) 74–80
8.14 Luenberger, D.G.: Observers for multivariable systems. IEEE Trans. AC (1966) 190–197
8.15 Luenberger, D.G.: An introduction to observers. IEEE Trans. AC 16 (1971) 596–602
8.16 Levis, A.H.; Athans, M.; Schlueter, R.A.: On the behavior of optimal linear sampled data regulators. Preprints Joint Automatic Control Conf. Atlanta (1970), S. 695–669
8.17 Schumann, R: Digitale parameteradaptive Mehrgrößenregelung. Diss. T.H. Darmstadt. PDV-Bericht 217. Karsruhe: Ges. für Kernforschung 1982
8.18 Radke, F.: Ein Mikrorechnersystem zur Erprobung parameteradaptiver Regelverfahren. Diss. T.H. Darmstadt. Fortschritt Ber. VDI-Z. Reihe 8, Nr. 77, Düsseldorf: VDI-Verlag 1984

Kapitel 9

9.1 Reswick, J.B.: Disturbance response feedback. A new control concept. Trans. ASME 78 (1956) 153
9.2 Smith, O.J.M.: Closer control of loops with dead time. Chem. Eng. Prog. 53 (1957) 217–219
9.3 Smith, O.J.M.: Feedback control systems. New York: McGraw-Hill 1958
9.4 Smith, O.J.M.: A controller to overcome dead time. ISA J. 6 (1958) 28–33

9.5 Giloi, W.: Zur Theorie und Verwirklichung einer Regelung für Laufzeitstrecken nach dem Prinzip der ergänzenden Rückführung. Diss. Univ. Stuttgart 1959
9.6 Schmidt, G.: Vergleich verschiedener Totzeitregelsysteme. Mess. Steuern Regeln 10 (1967) 71–75
9.7 Frank, P.M.: Vollständige Vorhersage im stetigen Regelkreis mit Totzeit. Regelungstechnik 16 (1968) 111–116 und 214–218
9.8 Mann, W.: Identifikation und digitale Regelung enes Trommeltrockners. Diss. T.H. Darmstadt. PDV-Bericht Nr. 189 Karlsruhe: Ges. für Kernforschung 1980

Kapitel 10

10.1 Horowitz, I.M.: Synthesis of feedback systems. New York: Academic Press 1963
10.2 Kreindler, E.: Closed-loop sensitivity reduction of linear optimal control systems. IEEE Trans. AC 13 (1968) 254–262
10.3 Perkins, W.R.; Cruz, J.B.: Engineering of dynamic systems. New York: Wiley 1969
10.4 2nd IFAC-Symp on System Sensitivity and Adaptivity, Dubrovnik (1968). Preprints Yugoslav Committee for Electronics and Automation (ETAN), Belgrad/Jugoslawien
10.5 3rd IFAC-Symp. on Sensitivity, Adaptivity and Optimality, Ischia (1973). Proceedings instrument Soc. of America (ISA), Pittsburgh.
10.6 Tomovic, R.; Vucobratovic, M.: General sensitivity theory. New York: Elsevier 1972
10.7 Frank, P.M.: Empfindlichkeitsanalyse dynamischer Systeme. München: Oldenbourg 1976
10.8 Anderson, B.D.O.; Moore, J.B.: Linear optimal control. Englewood Cliffs, N.J.: Prentice Hall 1971
10.9 Cruz, J.B.: System sensitivity analysis. Stroudsburg: Dowen, Hutchinson and Ross 1973
10.10 Andreev, Y.N.: Algebraic methods of state space in linear object control theory. Autom. and Remote Control 39 (1978) 305–342
10.11 Frank, P.M.: The present state and trends using sensitivity analysis and synthesis in linear optimal control. Acta polytechnica, Práce CVUT v Praze, Vedeeká Konference 1982
10.12 Kreindler, E: On minimization of trajectory sensitivity. Int. J. Control 8 (1968) 89–96
10.13 Elmetwelly, M.M.; Rao, N.D.: Design of low sensitivity optimal regulators for synchroneous machines. Int. J. Control 19 (1974) 593–607
10.14 Byrne, P.C.; Burke, M.: Optimization with trajectory sensitivity considerations. IEEE Trans. Autom. Control 21 (1976) 282–283
10.15 Rillings, J.H.; Roy, R.J.: Analog sensitivity design of Saturn V launch vehicle. IEEE Trans. AC 15 (1970) 437–442
10.16 Graupe, D.: Optimal linear control subject to sensitivity constraints. IEEE Trans. AC 19 (1974) 593–594
10.17 Subbayyan, R.; Sarma, V.V.S.; Vaithiluigam, M.C.: An approach for sensitivity reduced design of linear regulators. Int. J. Control 9 (1978) 65–74
10.18 Krishnan, K.R.; Brzezowski, S.: Design of robust linear regulator with prescribed trajectory insensitivity to parameter variations. IEEE Trans. AC 23 (1978) 474–478
10.19 Verde, C.; Frank, P.M.: A design procedure for robust linear suboptimal regulators with preassigned trajectory insensitivity. CDC-Conference, Florida 1982
10.20 Verde, M.C.: Empfindlichkeitsreduktion bei linearen optimalen Regelungen. Diss. GH Duisburg 1983
10.21 Kalman, R.E.: When is a linear system optimal? Trans. ASME, J. Basic Eng. 86 (1964) 51–60
10.22 Safonov, M.G.; Athans, M.: Gain and phase margin for multivariable LQR Regulators. IEEE Trans AC 22 (1977) 173–179
10.23 Safonov, M.G.: Stability and robustness of multivariable feedback systems. Boston: MIT-Press, 1980
10.24 Frank, P.M.: Entwurf parameterunempfindlicher und robuster Regelkreise im Zeitbereich-Definitionen, Verfahren und ein Vergleich. Automatisierungstechnik 33 (1985) 233–240
10.25 Horowitz, I; Sidi, M.: Synthesis of cascaded multiple-loop feedback systems with large plantparameter ignorance. Automatica 9 (1973) 588–600

10.26 Ackermann, J.: Entwurfsverfahren für robuste Regelungen. Regelungstechnik 32 (1984) 143–150

10.27 Ackermann, J (Ed.): Uncertainty and control. Lecture Notes 76. Berlin: Springer-Verlag (1985)

10.28 Tolle, H.: Mehrgrößen-Regelkreissynthese, Bd. I und II, München: Oldenbourg 1983 und 1985

10.29 Kofahl, R.: Robustheitsanalyse zeitdiskreter, optimaler Zustandsregler. Interner Ber. Inst. f. Regelungstechnik, T.H. Darmstadt (1984)

10.30 Bux, D.: A new closed solution design of constant feedback control for systems with large parameter variations. 3rd IFAC-Symp. on Sensitivity, Adaptivity and Optimality, Ischia, Haly (1973), Inst. Soc. Am.

10.31 Bux, D.: Anwendung und Entwurf konstanter, linearer Zustandsregler bei linearen Systemen mit langsam veränderlichen Parameter. Diss. Univ. Stuttgart. Fortschritt Ber. VDI–Z. Reihe 8 Nr. 21. Düsseldorf: VDI-Verlag 1975

10.32 Isermann, R.; Eichner M.: Über die Lastabhängigkeit der Dampftemperatur-Regelung des Mehrgrößen-Regelsystems „Trommelkessel“. Brennstoff, Wärme, Kraft 20 (1968) 453–459

Sachverzeichnis

9 783540 165965